CAD/CAM/CAE 入门与提高 系列丛书

AutoCAD 2020 中文版

入门与提高

市政工程设计

CAD/CAM/CAE技术联盟◎编著

U0343941

清华大学出版社

北京

内 容 简 介

本书以工程理论知识为基础，以典型的实际市政工程施工图为案例，带领读者全面学习 AutoCAD 2020 中文版，希望读者能从本书中重温 AutoCAD 的平面绘图基本知识，同时能够熟悉绘制市政工程实际建设施工图的基本要求和思路。

本书适合从事市政建设设计和施工的相关工程人员作为自学辅导教材，也适合相关学校作为授课教材使用。

图书在版编目（CIP）数据

AutoCAD 2020 中文版入门与提高.市政工程设计/CAD/CAM/CAE 技术联盟编著.—北京：清华大学出版社，2021.1

（CAD/CAM/CAE 入门与提高系列丛书）

ISBN 978-7-302-55451-6

Ⅰ．①A… Ⅱ．①C… Ⅲ．①市政工程－计算机辅助设计－AutoCAD 软件 Ⅳ．①TP391.72 ②TU99-39

中国版本图书馆 CIP 数据核字（2020）第 083956 号

责任编辑：秦　娜　赵从棉
封面设计：李召霞
责任校对：刘玉霞
责任印制：沈　露

出版发行：清华大学出版社
　　　　　网　　　址：http://www.tup.com.cn，http://www.wqbook.com
　　　　　地　　　址：北京清华大学学研大厦 A 座　　　　邮　　编：100084
　　　　　社 总 机：010-62770175　　　　　　　　　　　　邮　　购：010-62786544
　　　　　投稿与读者服务：010-62776969，c-service@tup.tsinghua.edu.cn
　　　　　质量反馈：010-62772015，zhiliang@tup.tsinghua.edu.cn
印 装 者：三河市龙大印装有限公司
经　　　销：全国新华书店
开　　　本：185mm×260mm　　印　　张：34.75　　　字　　数：798 千字
版　　　次：2021 年 2 月第 1 版　　　　　　　　　　印　　次：2021 年 2 月第 1 次印刷
定　　　价：109.80 元

产品编号：086270-01

AutoCAD 是美国 Autodesk 公司开发的通用计算机辅助设计软件,具有易于掌握、使用方便、体系结构开放等优点,能够绘制二维图形与三维图形、标注尺寸、渲染图形以及打印输出图纸,目前已广泛应用于机械、建筑、电子、航天、造船、石油化工、土木工程、冶金、地质、气象、纺织、轻工、商业等领域。

AutoCAD 2020 是 AutoCAD 系列软件中的优秀版本,与 AutoCAD 先前的版本相比,它在性能和功能方面都有较大的增强,同时保证与低版本完全兼容。AutoCAD 2020 软件为从事各种造型设计的客户提供了强大的功能和灵活性,可以帮助他们更好地完成设计和文档编制工作。AutoCAD 2020 强大的三维环境,能够帮助用户加速文档编制,共享设计方案,更有效地探索设计构想。AutoCAD 2020 具有上千个即时可用的插件,能够根据用户的特定需求轻松、灵活地进行定制。

一、本书特点

☑ 作者权威

本书由 Autodesk 中国认证考试管理中心首席专家胡仁喜博士领衔的 CAD/CAM/CAE 技术联盟编写,所有编者都是高校多年从事计算机辅助设计教学研究的一线人员,具有丰富的教学实践经验与教材编写经验,多年的教学工作使他们能够准确地把握学生的心理与实际需求,前期出版的一些相关书籍经过市场检验很受读者欢迎。本书是作者总结多年的设计经验以及教学的心得体会,历经多年的精心准备编写而成的,力求全面、细致地展现 AutoCAD 软件在工程设计应用领域的各种功能和使用方法。

☑ 实例丰富

本书的实例不管是数量还是种类,都非常丰富。从数量上说,本书结合大量的工程设计实例,详细讲解了 AutoCAD 的知识要点,让读者在学习案例的过程中潜移默化地掌握 AutoCAD 软件操作技巧。

☑ 突出提升技能

本书的特色在于将各种知识结合起来,解决综合的市政建设施工图问题,将写作的重心放在体现内容的实用性和普遍性上。因此无论从各种专业知识讲解,还是各种案例的选择,都与工程实践施工图紧密地联系在一起。采用了详细的实用案例式的讲解,同时附有简洁明了的步骤说明,使用户在制作过程中不仅巩固了知识,而且通过学习可以建立起市政施工图设计的基本思路,以便使今后的设计工作能达到触类旁通的效果。

二、本书的基本内容

本书共分 5 篇 19 章,其中第 1 篇为基础知识,介绍 AutoCAD 2020 基础知识,主要包括 AutoCAD 2020 入门、二维绘图命令、基本绘图工具、编辑命令和辅助工具。第 2

篇为道路施工,主要介绍道路工程设计图、道路路线、道路路基和附属设施的绘制。第3篇为桥梁施工,主要介绍桥梁设计要求及实例简介、桥梁总体布置图、桥梁结构图,以及桥墩和桥台结构图的绘制。第4篇为给水排水施工,主要介绍给水排水管道概述和给水工程施工图绘制。第5篇为市政园林施工,主要介绍园林景观概述、园林水景图、园林绿化图、园林建筑图和园林小品图的绘制。

三、本书的配套资源

本书通过二维码提供了极为丰富的学习配套资源,期望读者朋友能在最短的时间内学会并精通这门技术。

1. 配套教学视频

本书提供55个经典中小型案例,5个大型综合工程应用案例,专门制作了80节教材实例同步微视频。读者可以先看视频,像看电影一样轻松愉悦地学习本书内容,然后对照课本加以实践和练习,从而可以大大提高学习效率。

2. AutoCAD应用技巧、疑难问题解答等资源

(1)AutoCAD应用技巧大全:汇集了AutoCAD绘图的各类技巧,对提高作图效率很有帮助。

(2)AutoCAD疑难问题解答汇总:疑难问题解答的汇总,对入门者来讲非常有用,可以扫除学习障碍,让学习少走弯路。

(3)AutoCAD经典练习题:额外精选了不同类型的练习题,读者朋友只要认真练,到一定程度就可以实现从量变到质变的飞跃。

(4)AutoCAD常用图库:作者工作多年,积累了内容丰富的图库,可以直接用,或者稍加改动就可以用,可以提高作图效率。

(5)AutoCAD快捷命令速查手册:汇集了AutoCAD常用快捷命令,熟记可以提高作图效率。

(6)AutoCAD快捷键速查手册:汇集了AutoCAD常用的快捷键,绘图高手通常会直接使用快捷键。

(7)AutoCAD常用工具按钮速查手册:熟练掌握AutoCAD工具按钮的使用方法也是提高作图效率的方法之一。

(8)软件安装过程详细说明文本和教学视频:利用此说明文本或教学视频,可以解决让人烦恼的软件安装问题。

(9)AutoCAD官方认证考试大纲和模拟考试试题:本书完全参照官方认证考试大纲编写,模拟试题选自作者独家掌握的考试题库编写而成。

3. 10套大型图纸设计方案及长达12小时的同步教学视频

为了帮助读者拓展视野,特赠送10套设计图纸集、图纸源文件、视频教学录像(动画演示),总长12个小时。

4. 全书实例的源文件和素材

本书附带了很多实例,包含实例和练习实例的源文件和素材,读者可以安装AutoCAD 2020软件,打开并进行操作。

四、关于本书的服务

1. 关于本书的技术问题或有关本书信息的发布

读者朋友遇到有关本书的技术问题，可以登录网站 http://www.sjzswsw.com 或将问题发到邮箱 714491436@qq.com，我们将及时回复。也欢迎加入图书学习交流群 QQ：597056765 交流探讨。

2. 安装软件的获取

按照本书上的实例进行操作练习，以及使用 AutoCAD 进行市政设计与制图时，需要事先在计算机上安装相应的软件。读者可从网络下载相应软件，或者从软件经销商处购买。QQ 交流群会提供下载地址和安装方法教学视频，需要的读者可以关注。

本书由 CAD/CAM/CAE 技术联盟编著。CAD/CAM/CAE 技术联盟是一个集 CAD/CAM/CAE 技术研讨、工程开发、培训咨询和图书创作于一体的工程技术人员协作联盟，包含 20 多位专职和众多兼职 CAD/CAM/CAE 工程技术专家。

CAD/CAM/CAE 技术联盟负责人由 Autodesk 中国认证考试中心首席专家担任，全面负责 Autodesk 中国官方认证考试大纲制定、题库建设、技术咨询和师资力量培训工作，成员精通 Autodesk 系列软件。其创作的很多教材成为国内具有领导性的旗帜作品，在国内相关专业方向图书创作领域具有举足轻重的地位。

书中主要内容来自作者几年来使用 AutoCAD 的经验总结，也有部分内容取自国内外有关文献资料。虽然笔者几易其稿，但由于时间仓促，加之水平有限，书中纰漏与失误在所难免，恳请广大读者批评指正。

作　者

2020 年 11 月

目　录

Contents

第1篇　基础知识

Note

第2篇　道路施工

Note

第3篇　桥 梁 施 工

第4篇　给水排水施工

第5篇　市政园林施工

1

　　AutoCAD是美国Autodesk公司开发的通用计算机辅助设计软件，具有易于掌握、使用方便、体系结构开放等优点，能够绘制二维图形与三维图形、标注尺寸、渲染图形以及打印输出图纸，目前已广泛应用于机械、建筑、电子、航天、造船、石油化工、土木工程、冶金、地质、气象、纺织、轻工、商业等领域。

　　AutoCAD目前是市政施工设计中应用的主要软件，能够大大提高市政施工设计的效率，在具体设计工作中具有非常重要的作用。

第1篇　基础知识

　　本篇主要介绍AutoCAD 2020基础知识，主要包括AutoCAD 2020入门、二维绘图命令、基本绘图工具、编辑命令和辅助工具。通过本篇的学习，读者可以打下AutoCAD绘图的基础，为后面的具体专业设计技能学习进行必要的知识准备。

第 *1* 章

AutoCAD 2020入门

本章将初步介绍 AutoCAD 2020 绘图的有关基础知识,了解如何设置图形的系统参数和绘图环境,熟悉建立新的图形文件、打开已有文件的方法等,掌握 AutoCAD 基本输入操作方法,可为后面进入系统学习准备必要的前提知识。

学 习 要 点

◆ 操作界面
◆ 配置绘图系统
◆ 图形显示工具
◆ 基本输入操作

1.1 操作界面

AutoCAD 的操作界面是 AutoCAD 显示、编辑图形的区域。启动 AutoCAD 2020 后的默认界面，是 AutoCAD 2009 以后出现的新界面风格，为了便于学习和使用过 AutoCAD 2020 及以前版本的用户学习本书，本书采用 AutoCAD 操作界面进行介绍，如图 1-1 所示。

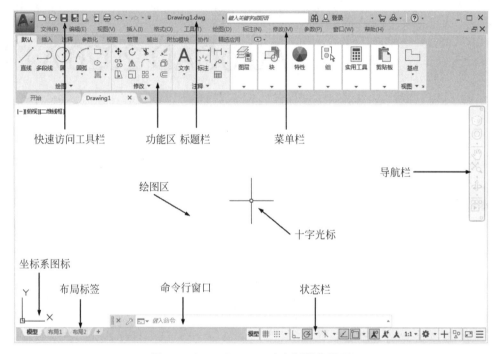

图 1-1　AutoCAD 2020 中文版操作界面

具体的转换方法是：单击界面右下角的"切换工作空间"按钮，在弹出的菜单中选择"草图与注释"选项，如图 1-2 所示，系统转换到 AutoCAD 草图与注释界面。

一个完整的 AutoCAD 经典操作界面包括标题栏、功能区、绘图区、十字光标、坐标系图标、命令行窗口、状态栏、布局标签、导航栏和快速访问工具栏等。

📞**注意**：安装 AutoCAD 2020 后，在绘图区中右击鼠标，打开快捷菜单，选择"选项"命令，打开"选项"对话框。选择"显示"选项卡，将"窗口元素"选项组中的"颜色主题"下拉列表框设置为"明"，如图 1-3 所示，单击"确定"按钮，退出对话框。其操作界面如图 1-1 所示。

图 1-2　工作空间转换

图1-3 "选项"对话框

1.1.1 标题栏

AutoCAD 2020操作界面的最上端是标题栏,显示了当前软件的名称和用户正在使用的图形文件,"DrawingN. dwg"(N是数字)是AutoCAD的默认图形文件名;最右边的三个按钮控制AutoCAD 2020当前的状态:最小化、正常化和关闭。

1.1.2 菜单栏

单击快速访问工具栏右侧的▼,在下拉菜单中选择"显示菜单栏"选项,如图1-4所示。调出后的菜单栏如图1-5所示。AutoCAD 2020的菜单栏位于标题栏的下方。同Windows程序一样,AutoCAD的菜单也是下拉形式的,并在菜单中包含子菜单。如图1-6所示是执行各种操作的途径之一。

一般来讲,AutoCAD 2020下拉菜单有以下三种类型。

(1) 右边带有小三角形的菜单项,表示该菜单后面带有子菜单,将光标放在上面会弹出其子菜单。

(2) 右边带有省略号的菜单项,表示单击该项后会弹出一个对话框。

(3) 右边没有任何内容的菜单项,选择它可以直接执行一个相应的AutoCAD命令,在命令行窗口中显示出相应的提示。

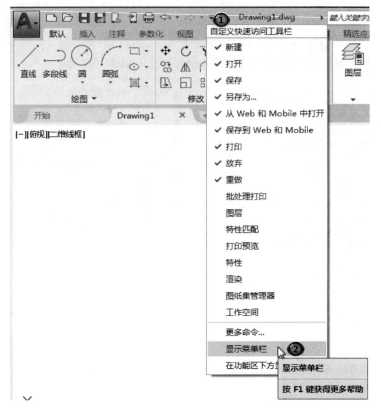

图 1-4　调出菜单栏

图 1-5　菜单栏显示界面

1.1.3　工具栏

选择菜单栏中的"工具"→"工具栏"→"AutoCAD"命令,调出所需要的工具栏,如图 1-7 所示。单击某个未在界面显示的工具栏名,系统自动在界面中打开该工具栏;反之,关闭该工具栏。利用工具栏是执行各种操作最方便的途径。工具栏是一组图标型按钮的集合,单击这些图标按钮就可调用相应的 AutoCAD 命令。AutoCAD 2020 的标准菜单提供有几十种工具栏,每一个工具栏都有一个名称。工具栏有以下两种。

(1) 固定工具栏:绘图区的四周边界为工具栏固定位置,在此位置上的工具栏不显示名称,在工具栏的最左端显示出一个句柄。

(2) 浮动工具栏:拖动固定工具栏的句柄到绘图区内,工具栏转变为浮动状态,此时显示出该工具栏的名称,拖动工具栏的左、右、下边框可以改变工具栏的形状。

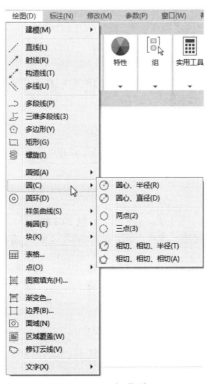

图 1-6 下拉菜单

图 1-7 调出工具栏

1.1.4 绘图区

绘图区是显示、绘制和编辑图形的矩形区域。左下角是坐标系图标,表示当前使用的坐标系和坐标方向,根据工作需要,可以打开或关闭该图标的显示。十字光标由鼠标控制,其交叉点的坐标值显示在状态栏中。

1. 改变绘图区的颜色

(1)选择菜单栏中的"工具"→"选项"命令,弹出"选项"对话框。

(2)选择"显示"选项卡,如图 1-8 所示。

图 1-8 "选项"对话框中的"显示"选项卡

(3)单击"窗口元素"选项组中的"颜色"按钮,打开如图 1-9 所示的"图形窗口颜色"对话框。

(4)从"颜色"下拉列表中选择某种颜色,例如白色,单击"应用并关闭"按钮,即可将绘图区改为白色。

2. 改变十字光标的大小

在图 1-8 所示的"显示"选项卡中拖动"十字光标大小"选项组中的滑块,或在文本框中直接输入数值,即可对十字光标的大小进行调整。

3. 设置自动保存时间和位置

(1)选择菜单栏中的"工具"→"选项"命令,弹出"选项"对话框。

(2)选择"打开和保存"选项卡,如图 1-10 所示。

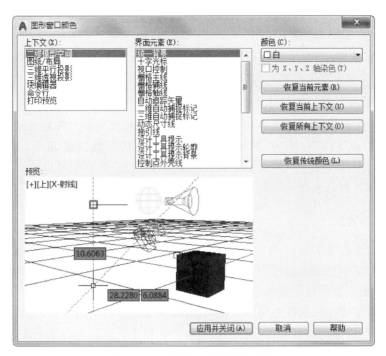

图 1-9 "图形窗口颜色"对话框

图 1-10 "选项"对话框中的"打开和保存"选项卡

（3）选中"文件安全措施"选项组中的"自动保存"复选框，在其下方的文本框中输入自动保存的间隔分钟数。建议设置为 10～30 分钟。

（4）在"文件安全措施"选项组中的"临时文件的扩展名"文本框中，可以改变临时文件的扩展名。默认为"ac＄"。

（5）打开"文件"选项卡，在"自动保存文件"中设置自动保存文件的路径，单击"浏览"按钮修改自动保存文件的存储位置，单击"确定"按钮。

4."模型"与"布局"标签

绘图区左下角有"模型"标签和"布局"标签来实现模型空间与布局空间的转换。模型空间提供了设计模型（绘图）的环境。布局是指可访问的图纸显示，专用于打印。AutoCAD 2020 可以在一个布局上建立多个视图，同时，一张图纸可以建立多个布局且每一个布局都有相对独立的打印设置。

1.1.5 命令行

命令行位于操作界面的底部，是用户与 AutoCAD 进行交互对话的窗口。在"命令："提示下，AutoCAD 接收用户使用各种方式输入的命令，然后显示出相应的提示，如命令选项、提示信息和错误信息等。

命令行中显示文本的行数可以改变，将光标移至命令行上边框处，光标变为双箭头后，按住鼠标左键拖动即可。命令行的位置可以在操作界面的上方或下方，也可以浮动在绘图区内。将光标移至该区左边框处，光标变为箭头，单击并拖动即可。使用 F2 键能放大显示命令行。

1.1.6 状态栏和滚动条

1.状态栏

状态栏在操作界面的最下部，能够显示有关的信息。例如，当光标在绘图区时，显示十字光标的三维坐标；当光标在工具栏的图标按钮上时，显示该按钮的提示信息。

状态栏上包括若干个功能按钮，它们是 AutoCAD 的绘图辅助工具，有多种方法控制这些功能按钮的开关。

➢ 单击即可打开/关闭。

➢ 使用相应的功能键。如按 F8 键可以循环打开/关闭正交模式。

➢ 使用快捷菜单。在一个功能按钮上单击右键，可弹出相关快捷菜单。

2.滚动条

打开"选项"对话框，选择"显示"选项卡，在"窗口元素"选项组中选中"在图形窗口中显示滚动条"复选框，此时滚动条将显示在绘图区中的右侧。滚动条包括水平滚动条和垂直滚动条，用于上下或左右移动绘图区内的图形。用鼠标拖动滚动条中的滑块或单击滚动条两侧的三角按钮，即可移动图形。

1.1.7 快速访问工具栏和交互信息工具栏

1.快速访问工具栏

"快速访问工具栏"包括"新建""打开""保存""另存为""从 Web 和 Mobile 中打开""保存到 Web 和 Mobile""打印""放弃"和"重做"等几个最常用的工具按钮。也可以单击本工具栏后面的下拉按钮设置需要的常用工具。

2. 交互信息工具栏

"交互信息工具栏"包括"搜索""Autodesk A360""Autodesk App Store""保持连接"和"单击此处访问帮助"等几个常用的数据交互访问工具。

1.1.8 功能区

在默认情况下,AutoCAD 包括"默认""插入""注释""参数化""视图""管理""输出""附加模块""A360"和"精选应用"等多个功能区,每个功能区集成了相关的操作工具,可方便用户的使用。可以单击功能区选项后面的 按钮控制功能的展开与收缩。

打开或关闭功能区的操作方式如下。

命令行:RIBBON(或 RIBBONCLOSE)。

菜单栏:选择菜单栏中的"工具"→"选项板"→"功能区"命令。

1.1.9 状态托盘

状态栏位于操作界面的底部,依次有"坐标""模型空间""栅格""捕捉模式""推断约束""动态输入""正交模式""极轴追踪""等轴测草图""对象捕捉追踪""二维对象捕捉""线宽""透明度""选择循环""三维对象捕捉""动态 UCS""选择过滤""小控件""注释可见性""自动缩放""注释比例""切换工作空间""注释监视器""单位""快捷特性""锁定用户界面""隔离对象""图形特性""全屏显示"和"自定义"等功能按钮。单击这些开关按钮,可以实现这些功能的开和关。通过部分按钮也可以控制图形或绘图区的状态。

注意:在默认情况下,不会显示所有工具,可以通过状态栏上最右侧的按钮,选择要从"自定义"菜单显示的工具。状态栏上显示的工具可能会发生变化,具体取决于当前的工作空间以及当前显示的是"模型"选项卡还是"布局"选项卡。

图 1-11 所示为状态栏。

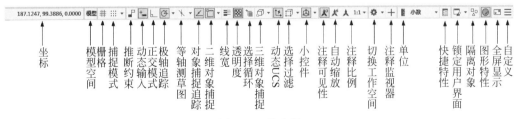

图 1-11 状态栏

1.2 配置绘图系统

因为每台计算机所使用的显示器、输入设备和输出设备的类型不同,用户喜好的风格及计算机的目录设置也是不同的,所以每台计算机都是独特的。一般来讲,使用

AutoCAD 2020 的默认配置就可以绘图。但为了使用用户的定点设备或打印机，以及提高绘图的效率，AutoCAD 推荐用户在开始作图前先进行必要的配置。

1．执行方式

命令行：preferences。

菜单栏：选择菜单栏中的"工具"→"选项"命令。

快捷菜单：在绘图区右击，系统打开快捷菜单，选择"选项"命令，如图 1-12 所示。

2．操作步骤

执行上述命令后，系统自动打开"选项"对话框。可以在该对话框中选择有关选项，对系统进行配置。下面只就其中主要的两个选项卡作一下说明，其他配置选项，在后面用到时再作具体说明。

1.2.1　显示配置

"选项"对话框中的第二个选项卡为"显示"选项卡，该选项卡控制 AutoCAD 窗口的外观，如图 1-8 所示。该选项卡用于设定屏幕菜单、滚动条显示与否，固定命令行窗口中文字行数，AutoCAD 的版面布局设置，各实体的显示分辨率以及 AutoCAD 运行时的其他各项性能参数的设定等。前面已经讲述了屏幕菜单设定、屏幕颜色、光标大小等知识，其余有关选项的设置读者可参照"帮助"文件学习。

在设置实体显示分辨率时，请务必记住，显示质量越高，即分辨率越高，计算机计算的时间越长。不必将其设置得太高，显示质量设定在一个合理的程度上是很重要的。

图 1-12　快捷菜单

1.2.2　系统配置

"选项"对话框中的第五个选项卡为"系统"选项卡，如图 1-13 所示。该选项卡用来设置 AutoCAD 系统的有关特性。

1．"当前定点设备"选项组

该选项组用于安装及配置定点设备，如数字化仪和鼠标。具体如何配置和安装，请参照定点设备的用户手册。

2．"常规选项"选项组

该选项组用于确定是否选择系统配置的有关基本选项。

图 1-13　"系统"选项卡

3．"布局重生成选项"选项组

该选项组用于确定切换布局时是否重生成或缓存模型选项卡和布局。

4．"数据库连接选项"选项组

该选项组用于确定数据库连接的方式。

5．"帮助"选项组

该选项组用于控制与帮助系统相关的选项。

1.3　设置绘图环境

1.3.1　绘图单位设置

1．执行方式

命令行：DDUNITS(或 UNITS)。

菜单栏：选择菜单栏中的"格式"→"单位"命令。

2．操作步骤

执行上述命令后，系统打开"图形单位"对话框，如图 1-14 所示。该对话框用于定义单位和角度格式。

图 1-14　"图形单位"对话框

3. 选项说明

各选项含义如表 1-1 所示。

表 1-1　"图形单位"对话框各选项含义

选　　项	含　　义
"长度"与"角度"选项组	指定测量的长度与角度当前单位及当前单位的精度
"插入时的缩放单位"选项组	控制插入到当前图形中的块和图形的测量单位。如果块或图形创建时使用的单位与该选项指定的单位不同，则在插入这些块或图形时，将对其按比例进行缩放。插入比例是原块或图形使用的单位与目标图形使用的单位之比。如果插入块时不按指定单位缩放，则在下拉列表中选择"无单位"选项
"输出样例"选项	显示用当前单位和角度设置的例子
"光源"选项组	控制当前图形中光度控制光源的强度测量单位。为创建和使用光度控制光源，必须在下拉列表框中指定非"常规"的单位。如果"用于缩放插入内容的单位"设置为"无单位"，则将显示警告信息，通知用户渲染输出可能不正确
"方向"按钮	单击该按钮，系统显示"方向控制"对话框，如图 1-15 所示。可以在该对话框中进行方向控制设置

1.3.2　图形边界设置

1. 执行方式

命令行：LIMITS。

菜单栏：选择菜单栏中的"格式"→"图形界限"命令。

图 1-15　"方向控制"对话框

2．操作步骤

命令：LIMITS ↙
重新设置模型空间界限：
指定左下角点或[开(ON)/关(OFF)] < 0.0000,0.0000 >:(输入图形边界左下角的坐标后按 Enter 键)
指定右上角点< 12.0000,9.0000 >:(输入图形边界右上角的坐标后按 Enter 键)

3．选项说明

各选项含义如表 1-2 所示。

表 1-2   "图形边界设置"命令各选项含义

选　　项	含　　义
开(ON)	使绘图边界有效。系统将在绘图边界以外拾取的点视为无效
关(OFF)	使绘图边界无效。可以在绘图边界以外拾取点或实体
动态输入角点坐标	使用动态输入功能可以直接在屏幕上输入角点坐标；输入横坐标值后，按下"，"键，接着输入纵坐标值，如图 1-16 所示。也可以按光标位置直接按下鼠标左键确定角点位置

图 1-16   动态输入

1.4   图形显示工具

　　对于一个较为复杂的图形来说，在观察整幅图形时，往往无法对其局部细节进行查看和操作；而当在屏幕上显示一个细部时，又看不到其他部分。为解决这类问题，AutoCAD 提供了缩放、平移、视图、鸟瞰视图和视口命令等一系列图形显示控制命令，可以用来任意地放大、缩小或移动屏幕上的图形显示，或者同时从不同的角度、不同的部位来显示图形。AutoCAD 还提供了重画和重新生成命令来刷新屏幕、重新生成图形。

1.4.1   图形缩放

　　图形缩放类似于照相机的镜头，可以放大或缩小屏幕所显示的范围，只改变视图的比例，对象的实际尺寸并不发生变化。当放大图形一部分的显示尺寸时，可以更清楚地查看这个区域的细节；相反，如果缩小图形的显示尺寸，则可以查看更大的区域，如整体浏览。

　　图形缩放功能在绘制大幅面机械图，尤其是装配图时非常有用，是使用频率最高的命令之一。这个命令可以透明地使用，也就是说，该命令可以在执行其他命令时运行。用户完成涉及透明命令的过程时，AutoCAD 会自动地返回用户调用透明命令前正在运行的命令。执行图形缩放命令的方法如下。

Note

1．执行方式

命令行：ZOOM。

菜单栏：选择菜单栏中的"视图"→"缩放"→"实时"命令。

工具栏：单击"标准"工具栏中的"实时缩放"按钮 ±ₐ，如图1-17所示。

图1-17　"缩放"工具栏

功能区：单击"视图"选项卡"导航"面板中的"范围"下拉菜单中的"实时"按钮 ±ₐ。

2．操作步骤

命令：ZOOM
指定窗口的角点，输入比例因子(nX 或 nXP)，或者[全部(A)/中心(C)/动态(D)/范围(E)/上一个(P)/比例(S)/窗口(W)/对象(O)] <实时>：

3．选项说明

各选项含义如表1-3所示。

表1-3　"缩放"命令各选项含义

选　项	含　义
实时	这是"缩放"命令的默认操作，即在输入"ZOOM"命令后，直接按 Enter 键，将自动执行实时缩放操作。实时缩放就是可以通过上下移动鼠标交替进行放大和缩小。在使用实时缩放时，系统会显示一个"＋"号或"－"号。当缩放比例接近极限时，AutoCAD 将不再与光标一起显示"＋"号或"－"号。需要从实时缩放操作中退出时，可按 Enter 键、Esc 键或是从菜单中选择"Exit"命令
全部(A)	执行"ZOOM"命令后，在提示文字后输入"A"，即可执行"全部(A)"缩放操作。不论图形有多大，该操作都将显示图形的边界或范围，即使对象不包括在边界以内，它们也将被显示。因此，使用"全部(A)"缩放选项，可查看当前视口中的整个图形
中心(C)	通过确定一个中心点，该选项可以定义一个新的显示窗口。操作过程中需要指定中心点以及输入比例或高度。默认新的中心点就是视图的中心点，默认的输入高度就是当前视图的高度，直接按 Enter 键后，图形将不会被放大。输入比例，则数值越大，图形放大倍数也将越大。也可以在数值后面紧跟一个 X，如 3X，表示在放大时不是按照绝对值变化，而是按相对于当前视图的相对值缩放
动态(D)	通过操作一个表示视口的视图框，可以确定所需显示的区域。选择该选项，在绘图区中出现一个小的视图框，按住鼠标左键左右移动可以改变该视图框的大小，定形后放开左键，再按下鼠标左键移动视图框，确定图形中的放大位置，系统将清除当前视口并显示一个特定的视图选择屏幕。这个特定屏幕由有关当前视图及有效视图的信息构成
范围(E)	可以使图形缩放至整个显示范围。图形的范围由图形所在的区域构成，剩余的空白区域将被忽略。应用这个选项，图形中所有的对象都尽可能地被放大
上一个(P)	在绘制一幅复杂的图形时，有时需要放大图形的一部分以进行细节的编辑。当编辑完成后，有时希望回到前一个视图。这种操作可以使用"上一个(P)"选项来实现。当前视口由"缩放"命令的各种选项或"移动"视图、视图恢复、平行投影或透视命令引起的任何变化，系统都将做保存。每一个视口最多可以保存 10 个视图。连续使用"上一个(P)"选项可以恢复前 10 个视图

选 项	含 义
比例(S)	提供了3种使用方法。在提示信息下,直接输入比例因子,AutoCAD将按照此比例因子放大或缩小图形的尺寸。如果在比例因子后面加一个"X",则表示相对于当前视图计算的比例因子。使用比例因子的第三种方法就是相对于图形空间,例如,可以在图纸空间阵列布排或打印出模型的不同视图。为了使每一张视图都与图纸空间单位成比例,可以使用"比例(S)"选项,每一个视图可以有单独的比例
窗口(W)	是最常使用的选项。通过确定一个矩形窗口的两个对角来指定所需缩放的区域,对角点可以由鼠标指定,也可以输入坐标确定。指定窗口的中心点将成为新的显示屏幕的中心点。窗口中的区域将被放大或者缩小。调用"ZOOM"命令时,可以在没有选择任何选项的情况下,用鼠标在绘图区中直接指定缩放窗口的两个对角点
对象(O)	缩放以便尽可能大地显示一个或多个选定的对象并使其位于视图的中心。可以在启动"ZOOM"命令前后选择对象

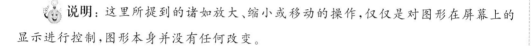 **说明**:这里所提到的诸如放大、缩小或移动的操作,仅仅是对图形在屏幕上的显示进行控制,图形本身并没有任何改变。

1.4.2 图形平移

当图形幅面大于当前视口时,例如使用图形缩放命令将图形放大,如果需要在当前视口之外观察或绘制一个特定区域时,可以使用平移命令来实现。平移命令能将在当前视口以外的图形的一部分移动进来进行查看或编辑,但不会改变图形的缩放比例。执行图形平移的方法如下。

执行方式

命令行:PAN。

菜单栏:选择菜单栏中的"视图"→"平移"命令。

工具栏:单击"标准"工具栏中的"实时平移"按钮 🖐。

快捷菜单:在绘图区中单击右键,选择"平移"命令。

激活平移命令后,光标将变成一只"小手" 🖐,可以在绘图区中任意移动,以示当前正处于平移模式。单击并按住鼠标左键将光标锁定在当前位置,即"小手"已经抓住图形,然后,拖动图形使其移动到所需位置,松开鼠标左键将停止平移图形。可以反复按下鼠标左键,拖动,松开,将图形平移到其他位置。

平移命令预先定义了一些不同的菜单选项与按钮,它们可用于在特定方向上平移图形,在激活平移命令后,这些选项可以从菜单栏中的"视图"→"平移"下的子命令中调用。

➢ 实时:是平移命令中最常用的选项,也是默认选项。前面提到的平移操作都是指实时平移,是通过鼠标的拖动来实现任意方向上的平移。

➢ 点:这个选项要求确定位移量,这就需要确定图形移动的方向和距离。可以通过输入点的坐标或用鼠标指定点的坐标来确定位移。

➢ 左:该选项移动图形使屏幕左部的图形进入显示窗口。

➢ 右:该选项移动图形使屏幕右部的图形进入显示窗口。

➢ 上:该选项向底部平移图形后,使屏幕顶部的图形进入显示窗口。

➢ 下：该选项向顶部平移图形后,使屏幕底部的图形进入显示窗口。

1.5 基本输入操作

AutoCAD 中有一些基本的输入操作方法,这些基本方法是进行 AutoCAD 绘图的必备知识基础,也是深入学习 AutoCAD 功能的前提。

1.5.1 命令输入方式

AutoCAD 交互绘图必须输入必要的指令和参数。AutoCAD 有多种命令输入方式(以画直线为例)。

(1) 在命令窗口输入命令名。命令字符可不区分大小写,例如,“命令:LINE↙”。执行命令时,在命令行提示中经常会出现命令选项,例如,输入绘制直线命令“LINE”后,命令行提示与操作如下。

```
命令:LINE↙
指定第一个点:(在屏幕上指定一点或输入一个点的坐标)
指定下一点或[放弃(U)]:
```

命令中不带括号的提示为默认选项,因此可以直接输入直线段的起点坐标或在屏幕上指定一点,如果要选择其他选项,则应该首先输入该选项的标识字符,如“放弃”选项的标识字符“U”,然后按系统提示输入数据即可。在命令选项的后面有时候还带有尖括号,尖括号内的数值为默认数值。

(2) 在命令窗口输入命令缩写字,如 L(Line)、C(Circle)、A(Arc)、Z(Zoom)、R(Redraw)、M(More)、CO(Copy)、PL(Pline)、E(Erase)等。

(3) 选择菜单栏中的“绘图”→“直线”命令。选取该选项后,在状态栏中可以看到对应的命令说明及命令名。

(4) 单击工具栏中的对应图标。单击图标后在状态栏中也可以看到对应的命令说明及命令名。

(5) 在绘图区打开快捷菜单。如果在前面刚使用过要输入的命令,可以在绘图区右击,打开快捷菜单,在“最近的输入”子菜单中选择需要的命令,如图 1-18 所示。“最近的输入”子菜单中储存着最近使用的几个命令。如果经常重复使用某几个命令,这种方法就比较快速。

(6) 在命令行直接按 Enter 键。如果要重复使用上次使用的命令,可以直接在命令行按 Enter 键,系统立即重复执行上次使用的命令。这种方法适用于重复执行某个命令。

1.5.2 命令的重复、撤销、重做

1. 命令的重复

不管上一个命令是完成了还是被取消了,在命令窗口中按 Enter 键可重复调用上一个命令。

2．命令的撤销

在命令执行的任何时刻都可以取消和终止命令的执行。

执行方式

命令行：UNDO。

菜单栏：选择菜单栏中的"编辑"→"放弃"命令。

快捷键：按 Esc 键。

3．命令的重做

已被撤销的命令还可以恢复重做。可采取以下方式恢复撤销的最后一个命令。

执行方式

命令行：REDO。

菜单栏：选择菜单栏中的"编辑"→"重做"命令。

该命令可以一次执行多重放弃和重做操作。单击"快速访问"工具栏中的"放弃"按钮 或"重做"按钮 后面的小三角，可以选择要放弃或重做的操作，如图 1-19 所示。

图 1-18　绘图区快捷菜单

图 1-19　多重放弃或重做

1.5.3　按键定义

在 AutoCAD 2020 中，除了可以通过在命令窗口输入命令、单击工具栏图标或选择菜单栏中的命令来完成外，还可以使用键盘上的一组功能键或快捷键。通过这些功能键或快捷键，可以快速实现指定功能。如按 F1 键，系统调用 AutoCAD 帮助对话框。

系统使用 AutoCAD 传统标准（Windows 之前）或 Microsoft Windows 标准解释快捷键。AutoCAD 的菜单中已经指出有些功能键或快捷键，如"粘贴"的快捷键为 Ctrl＋

V,只要用户在使用的过程中多加留意,就会熟练掌握。快捷键的定义见菜单命令后面的说明,如"剪切(Ctrl＋X)"。

1.5.4　命令执行方式

有的命令有两种执行方式:通过对话框或通过命令行输入命令。如指定使用命令行方式,可以在命令名前加短划来表示,如"_LAYER"表示用命令行方式执行"图层"命令。而如果在命令行输入"LAYER",系统则会自动打开"图层"对话框。

另外,有些命令同时存在命令行、菜单栏、工具栏和功能区四种执行方式,这时如果选择菜单栏、工具栏或功能区方式,命令行会显示该命令,并在前面加一下划线。如通过菜单栏、工具栏或功能区方式执行"直线"命令时,命令行会显示"_line",命令的执行过程和结果与命令行方式相同。

1.5.5　坐标系与数据的输入方法

1. 坐标系

AutoCAD采用两种坐标系:世界坐标系(WCS)与用户坐标系(UCS)。刚打开AutoCAD时的坐标系统就是世界坐标系,是固定的坐标系统。世界坐标系也是坐标系统中的基准,绘制图形时多数情况下都是在这个坐标系统下进行的。

执行方式

命令行:UCS。

菜单栏:选择菜单栏中的"工具"→"新建 UCS"子菜单中相应的命令。

工具栏:单击"UCS"工具栏中的相应按钮。

AutoCAD有两种视图显示方式:模型空间和图纸空间。模型空间使用单一视图显示,通常使用的都是这种显示方式;通过图纸空间能够在绘图区创建图形的多视图,可以对其中每一个视图进行单独操作。在默认情况下,当前 UCS 与 WCS 重合。如图 1-20 所示,图 1-20(a)为模型空间下的 UCS 坐标系图标,通常位于绘图区左下角处;也可以将其放在当前 UCS 的实际坐标原点位置,如图 1-20(b)所示,图 1-20(c)为图纸空间下的坐标系图标。

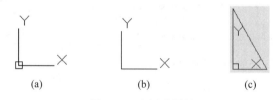

图 1-20　坐标系图标

2. 数据输入方法

在 AutoCAD 2020 中,点的坐标可以用直角坐标、极坐标、球面坐标和柱面坐标表示,每一种坐标又分别具有两种坐标输入方式:绝对坐标和相对坐标。其中,直角坐标和极坐标最为常用,下面主要介绍它们的输入。

（1）直角坐标法：用点的 X、Y 坐标值表示的坐标。

例如，在命令行中输入点的坐标提示下，输入"15,18"，则表示输入一个 X、Y 的坐标值分别为 15、18 的点，此为绝对坐标输入方式，表示该点的坐标是相对于当前坐标原点的坐标值，如图 1-21(a)所示。如果输入"@10,20"，则为相对坐标输入方式，表示该点的坐标是相对于前一点的坐标值，如图 1-21(c)所示。

（2）极坐标法：用长度和角度表示的坐标，只能用来表示二维点的坐标。

在绝对坐标输入方式下，表示为"长度＜角度"，如"25＜50"，其中长度为该点到坐标原点的距离，角度为该点至原点的连线与 X 轴正向的夹角，如图 1-21(b)所示。

在相对坐标输入方式下，表示"@长度＜角度"，如"@25＜45"，其中长度为该点到前一点的距离，角度为该点至前一点的连线与 X 轴正向的夹角，如图 1-21(d)所示。

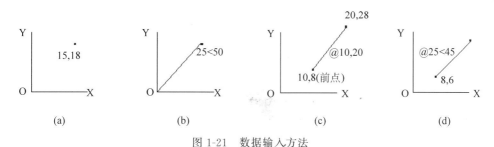

图 1-21　数据输入方法

3．动态数据输入

按下状态栏中的"动态输入"按钮，系统打开动态输入功能，可以在屏幕上动态地输入某些参数数据。例如，绘制直线时，在光标附近，会动态地显示"指定第一点"以及后面的坐标框，当前显示的是光标所在位置，可以输入数据，两个数据之间以逗号隔开，如图 1-22 所示。指定第一点后，系统动态显示直线的角度，同时要求输入线段长度值，如图 1-23 所示，其输入效果与"@长度＜角度"方式相同。

图 1-22　动态输入坐标值　　　　　　　图 1-23　动态输入长度值

下面分别讲述一下点与距离值的输入方法。

1）点的输入

在绘图过程中，常需要输入点的位置。AutoCAD 提供了如下几种输入点的方式。

（1）用键盘直接在命令窗口中输入点的坐标。直角坐标有两种输入方式："x,y"（点的绝对坐标值。例如"100,50"）和"@x,y"（相对于上一点的相对坐标值。例如"@50，−30"）。坐标值均相对于当前的用户坐标系。

极坐标的输入方式为"长度<角度"（其中，长度为点到坐标原点的距离，角度为原点至该点连线与 X 轴正向的夹角。例如："20<45"）或"@长度<角度"（相对于上一点的相对极坐标。例如："@50<-30"）。

（2）用鼠标等定标设备移动光标单击左键在屏幕上直接取点。

（3）用目标捕捉方式捕捉屏幕上已有图形的特殊点（如端点、中点、中心点、插入点、交点、切点、垂足点等）。

（4）直接距离输入。先用光标拖拉出橡筋线确定方向，然后用键盘输入距离，这样有利于准确控制对象的长度等参数。如要绘制一条 10mm 长的线段，命令行提示与操作如下。

```
命令：line↙
指定第一个点：(在绘图区指定一点)
指定下一点或[放弃(U)]：
```

这时在屏幕上移动鼠标指针指明线段的方向，但不要单击鼠标左键确认，如图 1-24 所示，然后在命令行输入"10"，这样就在指定方向上准确地绘制了长度为 10mm 的线段。

2）距离值的输入

在 AutoCAD 命令中，有时需要提供高度、宽度、半径、长度等距离值。AutoCAD 提供了两种输入距离值的方式：一种是用键盘在命令窗口中直接输入数值；另一种是在屏幕上拾取两点，以两点的距离值定出所需数值。

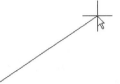

图 1-24　绘制直线

第 2 章

二维绘图命令

本章导读

　　二维图形是指在二维平面空间绘制的图形,AutoCAD 提供了大量的绘图工具,可以帮助用户完成二维图形的绘制。用户利用 AutoCAD 提供的二维绘图命令,可以快速方便地完成某些图形的绘制。

学 习 要 点

◆ 直线与点命令

◆ 圆类命令

◆ 平面图形

◆ 多段线

◆ 样条曲线

◆ 多线

◆ 图案填充

2.1 直线与点命令

直线命令和点命令是 AutoCAD 中最简单的绘图命令。直线类命令主要包括直线和构造线命令。

2.1.1 绘制点

1．执行方式

命令行：POINT。

菜单栏：选择菜单栏中的"绘图"→"点"→"单点或多点"命令。

工具栏：单击"绘图"工具栏中的"多点"按钮 。

功能区：单击"默认"选项卡"绘图"面板中的"多点"按钮 。

2．操作步骤

```
命令:POINT
当前点模式: PDMODE = 0  PDSIZE = 0.0000
指定点:(指定点所在的位置)
```

3．选项说明

各选项含义如表 2-1 所示。

表 2-1 "点"命令各选项含义

选项	含 义
点	通过菜单方法进行操作时(如图 2-1 所示)，"单点"命令表示只输入一个点，"多点"命令表示可输入多个点
对象捕捉	可以单击状态栏中的"对象捕捉"开关按钮，设置点的捕捉模式，帮助用户拾取点
点样式	点在图形中的表示样式，共有 20 种。可通过命令 DDPTYPE 或选择菜单栏中的"格式"→"点样式"命令，打开"点样式"对话框(图 2-2)来设置点样式

2.1.2 绘制直线段

1．执行方式

命令行：LINE。

菜单栏：选择菜单栏中的"绘图"→"直线"命令。

工具栏：单击"绘图"工具栏中的"直线"按钮 ╱。

功能区：单击"默认"选项卡"绘图"面板中的"直线"按钮 ╱(如图 2-3 所示)。

图 2-1　"点"子菜单

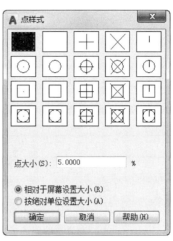

图 2-2　"点样式"对话框

图 2-3　绘图面板 1

2．操作步骤

命令：LINE
指定第一个点：(输入直线段的起点,用鼠标指定点或者给定点的坐标)
指定下一点或[放弃(U)]：(输入直线段的端点,也可以用鼠标指定一定角度后,直接输入直线段的长度)
指定下一点或[退出(E)/放弃(U)]：(输入下一直线段的端点。输入选项 U 表示放弃前面的输入；右击或按 Enter 键,结束命令)
指定下一点或[关闭(C)/退出(X)/放弃(U)]：(输入下一直线段的端点,或输入选项 C 使图形闭合,结束命令)

3．选项说明

各选项含义如表 2-2 所示。

表 2-2　"直线"命令各选项含义

选　项	含　义
指定第一个点	若按 Enter 键响应"指定第一个点："的提示,则系统会把上次绘线(或弧)的终点作为本次操作的起始点。特别地,若上次操作为绘制圆弧,按 Enter 键响应后,绘出通过圆弧终点的与该圆弧相切的直线段,该线段的长度由鼠标在屏幕上指定的一点与切点之间线段的长度确定

续表

选　项	含　义
指定下一点	在"指定下一点"的提示下,用户可以指定多个端点,从而绘出多条直线段。每一条直线段都是一个独立的对象,可以单独进行编辑操作
关闭(C)	绘制两条以上的直线段后,若用选项"C"响应"指定下一点"的提示,系统会自动连接起始点和最后一个端点,从而绘出封闭的图形
放弃(U)	若用选项"U"响应提示,则会擦除最近一次绘制的直线段
"正交"按钮	若设置正交方式(单击状态栏中的"正交"按钮),则只能绘制水平直线段或垂直直线段
动态数据输入	若设置动态数据输入方式(单击状态栏中的"DYN"按钮),则可以动态输入坐标或长度值。下面的命令同样可以设置动态数据输入方式,效果与非动态数据输入方式类似。除了特别需要外(以后不再强调),否则只按非动态数据输入方式输入相关数据

2.1.3　绘制构造线

1. 执行方式

命令行:XLINE。

菜单栏:选择菜单栏中的"绘图"→"构造线"命令。

工具栏:单击"绘图"工具栏中的"构造线"按钮。

功能区:单击"默认"选项卡"绘图"面板中的"构造线"按钮（如图 2-4 所示）。

图 2-4　绘图面板 2

2. 操作步骤

```
命令:XLINE
指定点或[水平(H)/垂直(V)/角度(A)/二等分(B)/偏移(O)]:(给出点)
指定通过点:(给定通过点 2,画一条双向的无限长直线)
指定通过点:(继续给点,继续画线,按 Enter 键,结束命令)
```

3. 选项说明

各选项含义如表 2-3 所示。

表 2-3　"构造线"命令各选项含义

选　项	含　义
6 种方式绘制构造线	执行选项中有"指定点""水平""垂直""角度""二等分"和"偏移"6 种方式绘制构造线
辅助绘图	这种线可以模拟手工绘图中的辅助绘图线。用特殊的线型显示,在绘图输出时,可不作输出。常用于辅助绘图

Note

2.1.4 上机练习——标高符号

 练习目标

绘制如图2-5所示的标高符号。

 设计思路

利用直线命令,并结合状态栏中的动态输入功能,绘制标高符号。

 **操作步骤**

绘制如图2-5所示的标高符号,命令行提示与操作如下。

```
命令:_line
指定第一个点:100,100✓(1点)
指定下一点或[放弃(U)]:@40,-135✓
指定下一点或[退出(E)/放弃(U)]:u✓(输入错误,取消上次操作)
指定下一点或[关闭(C)/退出(X)/放弃(U)]:@40<-135✓(2点.也可以按下状态栏中的
"DYN"按钮,在鼠标指针位置为135°时,动态输入40,如图2-6所示.下同)
指定下一点或[关闭(C)/退出(X)/放弃(U)]:@40<135✓(3点.相对极坐标数值输入方法,此
方法便于控制线段长度)
指定下一点或[关闭(C)/退出(X)/放弃(U)]:@180,0✓(4点.相对直角坐标数值输入方法,此
方法便于控制坐标点之间正交距离)
指定下一点或[关闭(C)/退出(X)/放弃(U)]:✓(按Enter键结束直线命令)
```

图2-5 标高符号

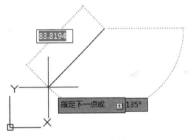

图2-6 动态输入

 说明:

(1)输入坐标时,逗号必须是在英文状态下,否则会出现错误。

(2)一般每个命令有四种执行方式,这里只给出了命令行执行方式,其他三种执行
方式的操作方法与命令行执行方式相同。

2.2 圆类命令

圆类命令主要包括"圆""圆弧""椭圆""椭圆弧"和"圆环"等命令,这几个命令是
AutoCAD中最简单的圆类命令。

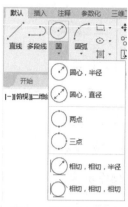

图 2-7 "圆"下拉菜单

2.2.1 绘制圆

1. 执行方式

命令行：CIRCLE。

菜单栏：选择菜单栏中的"绘图"→"圆"命令。

工具栏：单击"绘图"工具栏中的"圆"按钮 ⊙ 。

功能区：单击"默认"选项卡"绘图"面板中的"圆"下拉菜单（如图 2-7 所示）。

2. 操作步骤

命令：CIRCLE
指定圆的圆心或[三点(3P)/两点(2P)/切点、切点、半径(T)]：(指定圆心)
指定圆的半径或[直径(D)]：(直接输入半径数值或用鼠标指定半径长度)
指定圆的直径<默认值>：(输入直径数值或用鼠标指定直径长度)

3. 选项说明

各选项含义如表 2-4 所示。

表 2-4 "圆"命令各选项含义

选　　项	含　　义
三点(3P)	用指定圆周上三点的方法画圆
两点(2P)	按指定直径的两端点的方法画圆
切点、切点、半径(T)	按先指定两个相切对象，后给出半径的方法画圆。 选择功能区中的"相切、相切、相切"的绘制方法，当选择此方式时，命令行提示与操作如下。 　指定对象与圆的第一个切点：(指定圆上一点为切点) 　指定对象与圆的第二个切点：(指定另一个圆上一点) 　指定圆的半径<70>：(指定半径为切点)

2.2.2 上机练习——圆桌

 练习目标

绘制如图 2-8 所示的圆桌。

 设计思路

本实例绘制圆桌，首先利用圆命令，绘制半径为 50[1] 的圆，然后继续利用圆命令，绘制半径为 40 的圆。

 操作步骤

图 2-8 圆桌

（1）设置绘图环境。选取菜单栏中的"格式"→"图形界限"命令，设置图幅界限：

---

① 工程上不带单位的量默认单位为 mm。

297×210。

(2) 单击"默认"选项卡"绘图"面板中的"圆"按钮 ⊙ ,绘制圆。命令行提示与操作如下。

> 命令：CIRCLE
> 指定圆的圆心或[三点(3P)/两点(2P)/切点、切点、半径(T)]：100,100
> 指定圆的半径或[直径(D)]：50

绘制结果如图 2-9 所示。

图 2-9　绘制圆

重复"圆"命令，以(100,100)为圆心，绘制半径为 40 的圆。结果如图 2-8 所示。

(3) 单击"快速访问"工具栏中的"保存"按钮 ，保存图形。命令行提示与操作如下。

> 命令：SAVEAS　(将绘制完成的图形以"圆桌.dwg"为文件名保存在指定的路径中)

2.2.3　绘制圆弧

1．执行方式

命令行：ARC(缩写名：A)。

菜单栏：选择菜单栏中的"绘图"→"弧"命令。

工具栏：单击"绘图"工具栏中的"圆弧"按钮 。

功能区：单击"默认"选项卡"绘图"面板中的"圆弧"下拉菜单(如图 2-10 所示)。

2．操作步骤

> 命令：ARC
> 指定圆弧的起点或[圆心(C)]：(指定起点)
> 指定圆弧的第二个点或[圆心(C)/端点(E)]：(指定第二点)
> 指定圆弧的端点：(指定端点)

3．选项说明

各选项含义如表 2-5 所示。

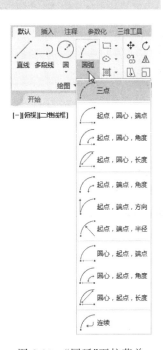

图 2-10　"圆弧"下拉菜单

表 2-5　"圆弧"命令各选项含义

选　　项	含　　义
11 种方式的功能	用命令行方式画圆弧时，可以根据系统提示选择不同的选项，具体功能和用"绘图"菜单中的"圆弧"子菜单提供的 11 种方式的功能相似。这 11 种方式绘制的圆弧分别如图 2-11(a)～(k)所示
"连续"方式	需要强调的是"连续"方式，绘制的圆弧与上一线段或圆弧相切，连续画圆弧段，因此只提供端点即可

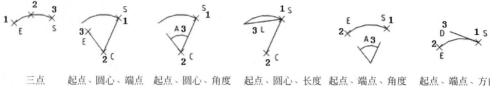

三点   起点、圆心、端点   起点、圆心、角度   起点、圆心、长度   起点、端点、角度   起点、端点、方向
(a)   (b)   (c)   (d)   (e)   (f)

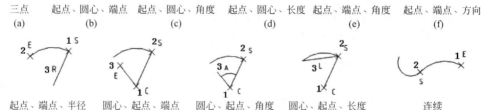

起点、端点、半径   圆心、起点、端点   圆心、起点、角度   圆心、起点、长度   连续
(g)   (h)   (i)   (j)   (k)

图 2-11   11 种方式的功能

2.2.4 上机练习——梅花式圆桌

练习目标

绘制如图 2-12 所示的梅花式圆桌。

设计思路

首先新建一个图形,然后利用圆弧命令绘制 5 段圆弧,最终完成对梅花式圆桌的绘制。

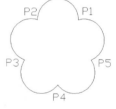

图 2-12   梅花式圆桌

操作步骤

(1) 单击"快速访问"工具栏中的"新建"按钮 ,系统创建一个新图形。

(2) 单击"默认"选项卡"绘图"面板中的"圆弧"按钮 ,绘制第一段圆弧。命令行提示与操作如下。

```
命令:_arc
指定圆弧的起点或 [圆心(C)]: 140,110 ↙
指定圆弧的第二个点或 [圆心(C)/端点(E)]: E ↙
指定圆弧的端点: @40<180 ↙
指定圆弧的中心点(按住 Ctrl 键以切换方向)或 [角度(A)/方向(D)/半径(R)]: R ↙
指定圆弧的半径(按住 Ctrl 键以切换方向): 20 ↙
```

(3) 单击"默认"选项卡"绘图"面板中的"圆弧"按钮 ,绘制第二段圆弧。命令行提示与操作如下。

```
命令:_arc
指定圆弧的起点或 [圆心(C)]: 选择刚才绘制的圆弧端点 P2
指定圆弧的第二个点或 [圆心(C)/端点(E)]: E ↙
指定圆弧的端点: @40<252 ↙
指定圆弧的中心点(按住 Ctrl 键以切换方向)或 [角度(A)/方向(D)/半径(R)]: A ↙
指定夹角(按住 Ctrl 键以切换方向): 180 ↙
```

（4）单击"默认"选项卡"绘图"面板中的"圆弧"按钮，绘制第三段圆弧。命令行提示与操作如下。

```
命令：_arc
指定圆弧的起点或[圆心(C)]：选择步骤(3)中绘制的圆弧的端点 P3
指定圆弧的第二个点或[圆心(C)/端点(E)]：C↙
指定圆弧的圆心：@20<324↙
指定圆弧的端点(按住 Ctrl 键以切换方向)或[角度(A)/弦长(L)]：A↙
指定夹角(按住 Ctrl 键以切换方向)：180↙
```

（5）单击"默认"选项卡"绘图"面板中的"圆弧"按钮，绘制第四段圆弧。命令行提示与操作如下。

```
命令：_arc
指定圆弧的起点或[圆心(C)]：选择步骤(4)中绘制的圆弧的端点 P4
指定圆弧的第二个点或[圆心(C)/端点(E)]：C↙
指定圆弧的圆心：@20<36↙
指定圆弧的起点：
指定圆弧的端点(按住 Ctrl 键以切换方向)或[角度(A)/弦长(L)]：L↙
指定弦长(按住 Ctrl 键以切换方向)：40↙
```

（6）单击"默认"选项卡"绘图"面板中的"圆弧"按钮，绘制第五段圆弧。命令行提示与操作如下。

```
命令：_arc
指定圆弧的起点或[圆心(C)]：选择步骤(5)中绘制的圆弧的端点 P5
指定圆弧的第二个点或[圆心(C)/端点(E)]：E↙
指定圆弧的端点：选择圆弧起点 P1
指定圆弧的中心点(按住 Ctrl 键以切换方向)或[角度(A)/方向(D)/半径(R)]：D↙
指定圆弧的相切方向(按住 Ctrl 键以切换方向)：@20<20↙
```

完成五瓣梅的绘制，最终绘制结果如图 2-12 所示。

（7）单击"快速访问"工具栏中的"保存"按钮，在打开的"图形另存为"对话框中输入文件名保存即可。

注意：绘制圆弧时，注意圆弧的曲率是遵循逆时针方向的，所以在选择指定圆弧两个端点和半径模式时，需要注意端点的指定顺序，否则有可能导致圆弧的凹凸形状与预期的相反。

2.2.5 绘制圆环

1．执行方式

命令行：DONUT。

菜单栏：选择菜单栏中的"绘图"→"圆环"命令。

功能区：单击"默认"选项卡"绘图"面板中的"圆环"按钮。

2．操作步骤

命令：DONUT
指定圆环的内径 <默认值>：(指定圆环内径)
指定圆环的外径 <默认值>：(指定圆环外径)
指定圆环的中心点或 <退出>：(指定圆环的中心点)
指定圆环的中心点或 <退出>：(继续指定圆环的中心点,则继续绘制具有相同内外径的圆环。按Enter键、空格键或右击,结束命令)

3．选项说明

各选项含义如表 2-6 所示。

表 2-6　"圆环"命令各选项含义

选　　项	含　　义
圆环的内径	若指定内径为零,则画出实心填充圆
圆环的外径	用命令 FILL 可以控制圆环是否填充。 命令：FILL 输入模式 [开(ON)/关(OFF)] <开>：(选择 ON 表示填充,选择 OFF 表示不填充)

2.2.6　绘制椭圆与椭圆弧

1．执行方式

命令行：ELLIPSE。

菜单栏：选择菜单栏中的"绘图"→"椭圆"→"圆弧"命令。

工具栏：单击"绘图"工具栏中的"椭圆"按钮 或单击"绘图"工具栏中的"椭圆弧"按钮 。

功能区：单击"默认"选项卡"绘图"面板中的"椭圆"下拉菜单(如图 2-13 所示)。

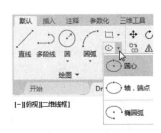

图 2-13　"椭圆"下拉菜单

2．操作步骤

命令：ELLIPSE
指定椭圆的轴端点或 [圆弧(A)/中心点(C)]：
指定轴的另一个端点：
指定另一条半轴长度或 [旋转(R)]：

3．选项说明

各选项含义如表 2-7 所示。

表 2-7　"椭圆与椭圆弧"命令各选项含义

选　　项	含　　义
指定椭圆的轴端点	根据两个端点,定义椭圆的第一条轴。第一条轴的角度确定了整个椭圆的角度。第一条轴既可定义为椭圆的长轴,也可定义为椭圆的短轴

续表

选　　项	含　　义
旋转(R)	通过绕第一条轴旋转圆来创建椭圆。相当于将一个圆绕椭圆轴翻转一个角度后的投影视图
中心点(C)	通过指定的中心点创建椭圆
椭圆弧(A)	该选项用于创建一段椭圆弧。与单击"绘图"工具栏中的"椭圆弧"按钮功能相同。其中第一条轴的角度确定了椭圆弧的角度。第一条轴既可定义为椭圆弧长轴,也可定义为椭圆弧短轴。选择该项,命令行提示与操作如下。 　指定椭圆弧的轴端点或 [中心点(C)]:(指定端点或输入 C) 　指定轴的另一个端点:(指定另一端点) 　指定另一条半轴长度或 [旋转(R)]: (指定另一条半轴长度或输入 R) 　指定起点角度或 [参数(P)]:(指定起始角度或输入 P) 　指定端点角度或 [参数(P)/夹角(I)]: 其中各选项含义如下:

	角度	指定椭圆弧端点的两种方式之一,光标与椭圆中心点连线的夹角为椭圆弧端点位置的角度
	参数(P)	指定椭圆弧端点的另一种方式,该方式同样是指定椭圆弧端点的角度,通过以下矢量参数方程式创建椭圆弧: $$p(u) = c + a * \cos(u) + b * \sin(u)$$ 式中,c 是椭圆的中心点,a 和 b 分别是椭圆的长轴和短轴,u 为光标与椭圆中心点连线的夹角
	夹角(I)	定义从起始角度开始的包含角度

2.2.7　上机练习——盥洗盆

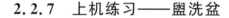 **练习目标**

绘制如图 2-14 所示的盥洗盆图形。

 设计思路

本实例绘制盥洗盆图形,首先利用直线和圆命令,绘制水龙头和水龙头的旋钮,然后利用椭圆和椭圆弧命令,绘制脸盆外沿和部分内沿,最后利用圆弧命令,绘制剩余脸盆内沿部分,最终绘制出盥洗盆图形。

图 2-14　盥洗盆图形

 操作步骤

(1) 单击"默认"选项卡"绘图"面板中的"直线"按钮 ╱,绘制水龙头图形。结果如图 2-15 所示。

(2) 单击"默认"选项卡"绘图"面板中的"圆"按钮 ⊙,绘制两个水龙头旋钮。结果如图 2-16 所示。

(3) 单击"默认"选项卡"绘图"面板中的"椭圆"按钮 ⊙,绘制盥洗盆外沿。命令行提示与操作如下。

2-4

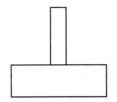

图 2-15　绘制水龙头

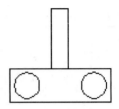

图 2-16　绘制旋钮

```
命令: _ellipse
指定椭圆的轴端点或[圆弧(A)/中心点(C)]:(用鼠标指定椭圆轴端点)
指定轴的另一个端点:(用鼠标指定另一端点)
指定另一条半轴长度或[旋转(R)]:(用鼠标在屏幕上拉出另一半轴长度)
```

绘制结果如图 2-17 所示。

（4）单击"默认"选项卡"绘图"面板中的"椭圆弧"按钮 ⊙，绘制脸盆部分内沿。命令行提示与操作如下。

```
命令: _ellipse
指定椭圆的轴端点或[圆弧(A)/中心点(C)]: _a
指定椭圆弧的轴端点或[中心点(C)]: C
指定椭圆弧的中心点:(单击状态栏中的"对象捕捉"按钮,捕捉刚才绘制的椭圆中心点。关于
"捕捉",后面进行介绍)
指定轴的端点:(适当指定一点)
指定另一条半轴长度或[旋转(R)]: R
指定绕长轴旋转的角度:(用鼠标指定椭圆轴端点)
指定起点角度或[参数(P)]:(用鼠标拉出起始角度)
指定端点角度或[参数(P)/夹角(I)]:(用鼠标拉出终止角度)
```

绘制结果如图 2-18 所示。

图 2-17　绘制脸盆外沿

图 2-18　绘制脸盆部分内沿

（5）单击"默认"选项卡"绘图"面板中的"圆弧"按钮，绘制脸盆其他部分内沿。最终结果如图 2-14 所示。

2.3　平　面　图　形

2.3.1　绘制矩形

1. 执行方式

命令行：RECTANG（缩写名：REC）。

菜单栏：选择菜单栏中的"绘图"→"矩形"命令。

工具栏：单击"绘图"工具栏中的"矩形"按钮 □ 。

功能区：单击"默认"选项卡"绘图"面板中的"矩形"按钮 □ 。

2．操作步骤

```
命令：RECTANG↙
指定第一个角点或 [倒角(C)/标高(E)/圆角(F)/厚度(T)/宽度(W)]:
指定另一个角点或 [面积(A)/尺寸(D)/旋转(R)]:
```

3．选项说明

各选项含义如表 2-8 所示。

表 2-8 "绘制矩形"命令各选项含义

选 项	含 义
第一个角点	通过指定两个角点来确定矩形,如图 2-19(a)所示
倒角(C)	指定倒角距离,绘制带倒角的矩形(如图 2-19(b)所示),每一个角点的逆时针和顺时针方向的倒角可以相同,也可以不同,其中第一个倒角距离是指角点逆时针方向的倒角距离,第二个倒角距离是指角点顺时针方向的倒角距离
标高(E)	指定矩形标高(Z 坐标),即把矩形画在标高为 Z,与 XOY 坐标面平行的平面上,并作为后续矩形的标高值
圆角(F)	指定圆角半径,绘制带圆角的矩形,如图 2-19(c)所示
厚度(T)	指定矩形的厚度,如图 2-19(d)所示
宽度(W)	指定线宽,如图 2-19(e)所示
尺寸(D)	使用长和宽创建矩形。第二个指定点将矩形定位在与第一角点相关的四个位置之一内
面积(A)	通过指定面积和长或宽来创建矩形。选择该项,命令行提示与操作如下。 输入以当前单位计算的矩形面积 <20.0000>: (输入面积值) 计算矩形标注时依据 [长度(L)/宽度(W)] <长度>:(按 Enter 键或输入 W) 输入矩形长度 <4.0000>: (指定长度或宽度) 指定长度或宽度后,系统自动计算出另一个维度后绘制出矩形。如果矩形被倒角或圆角,则在长度或宽度计算中,会考虑此设置。按面积绘制矩形如图 2-20 所示
旋转(R)	旋转所绘制矩形的角度。选择该项,命令行提示与操作如下。 指定旋转角度或 [拾取点(P)] <135>: (指定角度) 指定另一个角点或 [面积(A)/尺寸(D)/旋转(R)]: (指定另一个角点或选择其他选项) 指定旋转角度后,系统按指定旋转角度创建矩形,如图 2-21 所示

(a)　　　　　　(b)　　　　　　(c)

(d)　　　　　　(e)

图 2-19　绘制矩形

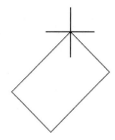

倒角距离(1,1)　　　圆角半径：1.0
面积：20 长度：6　　面积：20 宽度：6

图 2-20　按面积绘制矩形　　　图 2-21　按指定旋转角度创建矩形

2.3.2　上机练习——办公桌

 练习目标

绘制如图 2-22 所示的办公桌。

 设计思路

首先利用直线命令绘制 4 条直线，作为办公桌的外轮廓线，然后利用矩形命令绘制一个矩形，作为办公桌的内轮廓线，最终完成对办公桌的绘制。

 操作步骤

（1）单击"默认"选项卡"绘图"面板中的"直线"按钮✏，绘制外轮廓线。命令行提示与操作如下。

图 2-22　办公桌

```
命令：LINE↙
指定第一个点：0,0↙
指定下一点或 [放弃(U)]：@150,0↙
指定下一点或 [退出(E)/放弃(U)]：@0,70↙
指定下一点或 [关闭(C)/退出(X)/放弃(U)]：@-150,0↙
指定下一点或 [关闭(C)/退出(X)/放弃(U)]：c↙
```

结果如图 2-23 所示。

图 2-23 绘制外轮廓线

（2）单击"默认"选项卡"绘图"面板中的"矩形"按钮 □，绘制内轮廓线。命令行提示与操作如下。

Note

```
命令：RECTANG ↙
指定第一个角点或 [倒角(C)/标高(E)/圆角(F)/厚度(T)/宽度(W)]：2,2 ↙
指定另一个角点或 [面积(A)/尺寸(D)/旋转(R)]：@146,66 ↙
```

最终结果如图 2-22 所示。

2.3.3 绘制正多边形

1．执行方式

命令行：POLYGON。

菜单栏：选择菜单栏中的"绘图"→"多边形"命令。

工具栏：单击"绘图"工具栏中的"多边形"按钮 ⬡。

功能区：单击"默认"选项卡"绘图"面板中的"多边形"按钮 ⬡。

2．操作步骤

```
命令：POLYGON
输入侧面数 <4>：(指定多边形的边数,默认值为4)
指定正多边形的中心点或 [边(E)]：(指定中心点)
输入选项 [内接于圆(I)/外切于圆(C)] <I>：(指定是内接于圆或外切于圆：I 表示内接于圆,如图 2-24(a)所示；C 表示外切于圆,如图 2-24(b)所示)
指定圆的半径：(指定外接圆或内切圆的半径)
```

3．选项说明

各选项含义如表 2-9 所示。

表 2-9 "绘制正多边形"命令各选项含义

选 项	含 义
画正多边形	如果选择"边"选项,则只要指定多边形的一条边,系统就会按逆时针方向创建该正多边形,如图 2-24(c)所示

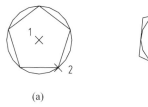

(a) (b) (c)

图 2-24 画正多边形

Note

2.3.4 上机练习——园凳

 练习目标

绘制如图 2-25 所示的园凳。

 设计思路

本实例绘制园凳,首先设置图形界限,然后利用多边形命令绘制两个多边形,最终完成对园凳的绘制。

 操作步骤

(1) 选择菜单栏中的"格式"→"图形界限"命令,设置图幅界限:297×210。

(2) 绘制轮廓线。

① 单击"默认"选项卡"绘图"面板中的"多边形"按钮 ⬠,绘制外轮廓线。命令行提示与操作如下:

```
命令: polygon
输入侧面数 <8>: 8
指定正多边形的中心点或 [边(E)]: 0,0
输入选项 [内接于圆(I)/外切于圆(C)] < I >: c
指定圆的半径: 100
```

绘制结果如图 2-26 所示。

图 2-25　园凳

图 2-26　绘制外轮廓线

② 采取同样方法绘制另一个正多边形,该正多边形是中心点在(0,0)的正八边形,其内切圆半径为 95。

绘制结果如图 2-25 所示。

2.4　多　段　线

多段线是一种由线段和圆弧组合而成的、不同线宽的多线。这种线由于其组合形式的多样和线宽的不同,弥补了直线或圆弧功能的不足,适合绘制各种复杂的图形轮廓,因而得到了广泛的应用。

2.4.1　绘制多段线

1. 执行方式

命令行:PLINE(缩写名:PL)。

菜单栏：选择菜单栏中的"绘图"→"多段线"命令。

工具栏：单击"绘图"工具栏中的"多段线"按钮 。

功能区：单击"默认"选项卡"绘图"面板中的"多段线"按钮 。

2．操作步骤

命令：PLINE
指定起点：(指定多段线的起点)
当前线宽为 0.0000
指定下一个点或 [圆弧(A)/半宽(H)/长度(L)/放弃(U)/宽度(W)]：(指定多段线的下一点)

3．选项说明

各选项含义如表 2-10 所示。

表 2-10 "绘制多段线"命令各选项含义

选项	含 义
圆弧	多段线主要由不同长度的连续的线段或圆弧组成,如果在上述提示中选择"圆弧"选项,命令行提示与操作如下。 指定圆弧的端点(按住 Ctrl 键以切换方向)或[角度(A)/圆心(CE)/闭合(CL)/方向(D)/半宽(H)/直线(L)/半径(R)/第二个点(S)/放弃(U)/宽度(W)]： 绘制圆弧的方法与"圆弧"命令相似

2.4.2 编辑多段线

1．执行方式

命令行：PEDIT(缩写名：PE)。

菜单栏：选择菜单栏中的"修改"→"对象"→"多段线"命令。

工具栏：单击"修改Ⅱ"工具栏中的"编辑多段线"按钮 。

快捷菜单：选择要编辑的多段线,在绘图区右击,从打开的快捷菜单中选择"编辑多段线"命令。

2．操作步骤

命令：PEDIT
选择多段线或 [多条(M)]：(选择一条要编辑的多段线)
输入选项 [闭合(C)/合并(J)/宽度(W)/编辑顶点(E)/拟合(F)/样条曲线(S)/非曲线化(D)/线型生成(L)/反转(R)/放弃(U)]：

3．选项说明

各选项含义如表 2-11 所示。

表 2-11　"编辑多段线"命令各选项含义

选项	含　义
合并(J)	以选中的多段线为主体,合并其他直线段、圆弧或多段线,使其成为一条多段线。能合并的条件是各段线的端点首尾相连。图 2-27 所示为合并多段线
宽度(W)	修改整条多段线的线宽,使其具有同一线宽。图 2-28 所示为修改整条多段线的线宽
编辑顶点(E)	选择该项后,在多段线起点处出现一个斜的十字叉"×",它为当前顶点的标记,并在命令行出现进行后续操作的命令行提示与操作如下。 [下一个(N)/上一个(P)/打断(B)/插入(I)/移动(M)/重生成(R)/拉直(S)/切向(T)/宽度(W)/退出(X)] <N>: 这些选项允许用户进行移动、插入顶点和修改任意两点间线的线宽等操作
拟合(F)	从指定的多段线生成由光滑圆弧连接而成的圆弧拟合曲线,该曲线经过多段线的各顶点。图 2-29 所示为生成圆弧拟合曲线
样条曲线(S)	以指定的多段线的各顶点作为控制点生成 B 样条曲线,如图 2-30 所示
非曲线化(D)	用直线代替指定的多段线中的圆弧。对于选择"拟合(F)"选项或"样条曲线(S)"选项后生成的圆弧拟合曲线或样条曲线,删去其生成曲线时插入的顶点,则恢复成由直线段组成的多段线
线型生成(L)	当多段线的线型为点划线时,控制多段线的线型生成方式开关。选择此项,命令行提示与操作如下。 输入多段线线型生成选项 [开(ON)/关(OFF)] <关>: 选择 ON 时,将在每个顶点处允许以短划开始或结束生成线型;选择 OFF 时,将在每个顶点处允许以长划开始或结束生成线型。"线型生成"不能用于包含变宽的线段的多段线。图 2-31 所示为控制多段线的线型(线型为点划线时)
反转(R)	反转多段线顶点的顺序。使用此选项可反转使用包含文字线型的对象的方向

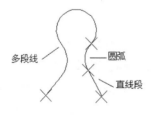

(a) 合并前

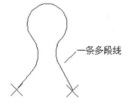

(b) 合并后

图 2-27　合并多段线

(a) 修改前　　(b) 修改后

图 2-28　修改整条多段线的线宽

(a) 生成前　　(b) 生成后

图 2-29　生成圆弧拟合曲线

(a) 生成前　　　　(b) 生成后

图 2-30　生成 B 样条曲线

(a) 关　　　　　　　(b) 开

图 2-31　控制多段线的线型(线型为点划线时)

2.4.3　上机练习——交通标志的绘制

练习目标

绘制如图 2-32 所示的交通标志。

**设计思路**

本实例绘制交通标志,主要用到圆环、多段线命令。在绘制过程中,必须注意不同线条绘制的先后顺序。

操作步骤

(1) 单击"默认"选项卡"绘图"面板中的"圆环"按钮◎,绘制外圆环。命令行提示与操作如下。

```
命令: donut
指定圆环的内径 < 0.5000 >: 110
指定圆环的外径 < 1.0000 >: 140
指定圆环的中心点或 <退出>: 100,100
指定圆环的中心点或 <退出>:
```

结果如图 2-33 所示。

图 2-32　交通标志　　　　　　　图 2-33　绘制外圆环

（2）单击"默认"选项卡"绘图"面板中的"多段线"按钮 ，绘制斜直线。命令行提示与操作如下。

```
命令：_pline
指定起点：(在圆环左上方适当捕捉一点)
当前线宽为 0.0000
指定下一个点或 [圆弧(A)/半宽(H)/长度(L)/放弃(U)/宽度(W)]：W↙
指定起点宽度 <0.0000>：10 ↙
指定端点宽度 <10.0000>：↙
指定下一个点或 [圆弧(A)/半宽(H)/长度(L)/放弃(U)/宽度(W)]：(斜向向下在圆环上捕捉一
点)
指定下一点或 [圆弧(A)/闭合(C)/半宽(H)/长度(L)/放弃(U)/宽度(W)]：↙
```

结果如图 2-34 所示。

（3）单击"颜色控制"下拉按钮，设置当前图层颜色为黑色。单击"默认"选项卡"绘图"面板中的"圆环"按钮 ，绘制圆心坐标为(128,83)和(83,83)，圆环内径为 9，外径为 14 的两个圆环。结果如图 2-35 所示。

图 2-34　绘制斜杠　　　　　　　　图 2-35　绘制车轱辘

（4）单击"默认"选项卡"绘图"面板中的"多段线"按钮 ，绘制车身。命令行提示与操作如下。

```
命令：_pline
指定起点：140,83
当前线宽为 0.0000
指定下一个点或 [圆弧(A)/半宽(H)/长度(L)/放弃(U)/宽度(W)]：136.775,83
指定下一点或 [圆弧(A)/闭合(C)/半宽(H)/长度(L)/放弃(U)/宽度(W)]：a
指定圆弧的端点(按住 Ctrl 键以切换方向)或 [角度(A)/圆心(CE)/闭合(CL)/方向(D)/半宽
(H)/直线(L)/半径(R)/第二个点(S)/放弃(U)/宽度(W)]：ce
指定圆弧的圆心：128,83
指定圆弧的端点(按住 Ctrl 键以切换方向)或[角度(A)/长度(L)]：指定一点(在极限追踪的条
件下拖动鼠标向左在屏幕上点击)
指定圆弧的端点(按住 Ctrl 键以切换方向)或 [角度(A)/圆心(CE)/闭合(CL)/方向(D)/半宽
(H)/直线(L)/半径(R)/第二个点(S)/放弃(U)/宽度(W)]：
指定下一点或 [圆弧(A)/闭合(C)/半宽(H)/长度(L)/放弃(U)/宽度(W)]：@-27.22,0
指定下一点或 [圆弧(A)/闭合(C)/半宽(H)/长度(L)/放弃(U)/宽度(W)]：a
指定圆弧的端点(按住 Ctrl 键以切换方向)或[角度(A)/圆心(CE)/闭合(CL)/方向(D)/半宽(H)/
直线(L)/半径(R)/第二个点(S)/放弃(U)/宽度(W)]：ce
指定圆弧的圆心：83,83
指定圆弧的端点(按住 Ctrl 键以切换方向)或 [角度(A)/长度(L)]：a
指定夹角(按住 Ctrl 键以切换方向)：180
```

指定圆弧的端点(按住 Ctrl 键以切换方向)或[角度(A)/圆心(CE)/闭合(CL)/方向(D)/半宽(H)/直线(L)/半径(R)/第二个点(S)/放弃(U)/宽度(W)]:
指定下一点或 [圆弧(A)/闭合(C)/半宽(H)/长度(L)/放弃(U)/宽度(W)]: 58,83
指定下一点或 [圆弧(A)/闭合(C)/半宽(H)/长度(L)/放弃(U)/宽度(W)]: 58,104.5
指定下一点或 [圆弧(A)/闭合(C)/半宽(H)/长度(L)/放弃(U)/宽度(W)]: 71,127
指定下一点或 [圆弧(A)/闭合(C)/半宽(H)/长度(L)/放弃(U)/宽度(W)]: 82,127
指定下一点或 [圆弧(A)/闭合(C)/半宽(H)/长度(L)/放弃(U)/宽度(W)]: 82,106
指定下一点或 [圆弧(A)/闭合(C)/半宽(H)/长度(L)/放弃(U)/宽度(W)]: 140,106
指定下一点或 [圆弧(A)/闭合(C)/半宽(H)/长度(L)/放弃(U)/宽度(W)]: c

结果如图 2-36 所示。

图 2-36　绘制车身

（5）绘制货箱。单击"默认"选项卡"绘图"面板中的"矩形"按钮 ⬜，在车身后部合适的位置绘制几个矩形。结果如图 2-32 所示。

2.5　样条曲线

AutoCAD 使用一种称为非一致有理 B 样条（NURBS）曲线的特殊样条曲线类型。NURBS 曲线在控制点之间产生一条光滑的样条曲线，如图 2-37 所示。样条曲线可用于创建形状不规则的曲线，例如，为地理信息系统应用或汽车设计绘制轮廓线。

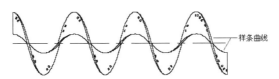

图 2-37　样条曲线

2.5.1　绘制样条曲线

1. 执行方式

命令行：SPLINE。

菜单栏：选择菜单栏中的"绘图"→"样条曲线"命令。

工具栏：单击"绘图"工具栏中的"样条曲线"按钮 ∿。

功能区：单击"默认"选项卡"绘图"面板中的"样条曲线拟合"按钮 ∿（如图 2-38 所示）或"样条曲线控制点"按钮 ∿。

图 2-38　"绘图"面板

2．操作步骤

```
命令：SPLINE↙
当前设置：方式＝拟合 节点＝弦
指定第一个点或［方式(M)/节点(K)/对象(O)］：(指定一点或选择"对象(O)"选项)
输入下一个点或［起点切向(T)/公差(L)］：(指定一点)
输入下一个点或［端点相切(T)/公差(L)/放弃(U)］：
输入下一个点或［端点相切(T)/公差(L)/放弃(U)/闭合(C)］：
```

3．选项说明

各选项含义如表 2-12 所示。

表 2-12 "绘制样条曲线"命令各选项含义

选 项	含 义
方式(M)	控制是使用拟合点还是使用控制点来创建样条曲线。选项会因用户选择的是使用拟合点创建样条曲线的选项还是使用控制点创建样条曲线的选项而异
节点(K)	指定节点参数化，它会影响曲线在通过拟合点时的形状
对象(O)	将二维或三维的二次或三次样条曲线拟合多段线转换为等价的样条曲线，然后(根据 DELOBJ 系统变量的设置)删除该多段线
起点切向(T)	基于切向创建样条曲线
公差(L)	指定与样条曲线必须经过的指定拟合点的距离。公差应用于除起点和端点外的所有拟合点
端点相切(T)	停止基于切向创建曲线。可通过指定拟合点继续创建样条曲线。 选择"端点相切"后，将提示用户指定最后一个输入拟合点的最后一个切点
闭合(C)	将最后一点定义为与第一点一致，并使它在连接处相切，这样可以闭合样条曲线。选择该项，命令行提示与操作如下。 指定切向：(指定点或按 Enter 键) 可以指定一点来定义切向矢量，或者使用"切点"和"垂足"对象捕捉模式使样条曲线与现有对象相切或垂直

2.5.2 编辑样条曲线

1．执行方式

命令行：SPLINEDIT。

菜单栏：选择菜单栏中的"修改"→"对象"→"样条曲线"命令。

快捷菜单：选择要编辑的样条曲线，在绘图区右击，从打开的快捷菜单中选择"编辑样条曲线"命令。

工具栏：单击"修改Ⅱ"工具栏中的"编辑样条曲线"按钮 。

2. 操作步骤

命令：SPLINEDIT
选择样条曲线：(选择要编辑的样条曲线。若选择的样条曲线是用 SPLINE 命令创建的,其近似点以夹点的颜色显示出来；若选择的样条曲线是用 PLINE 命令创建的,其控制点以夹点的颜色显示出来)
输入选项 [闭合(C)/ 合并(J)/拟合数据(F)/编辑顶点(E)/转换为多段线(P)/反转(R)/放弃(U)/退出(X)]：

3. 选项说明

各选项含义如表 2-13 所示。

表 2-13　"编辑样条曲线"命令各选项含义

选　　项	含　　义
拟合数据(F)	编辑近似数据。选择该项后,创建该样条曲线时指定的各点将以小方格的形式显示出来
编辑顶点(E)	精密调整样条曲线定义
转换为多段线(P)	将样条曲线转换为多段线。精度值决定结果多段线与源样条曲线拟合的精确程度。有效值为 0～99 之间的任意整数
反转(R)	反转样条曲线的方向。此选项主要适用于第三方应用程序

2.5.3　上机练习——壁灯

 练习目标

绘制如图 2-39 所示的壁灯图形。

 设计思路

首先利用矩形和直线命令绘制底座,然后利用多段线命令绘制灯罩,最后利用样条曲线和多段线命令绘制装饰,最终完成对壁灯的绘制。

图 2-39　壁灯

操作步骤

(1) 单击"默认"选项卡"绘图"面板中的"矩形"按钮 ，在适当位置绘制一个 220mm×50mm 的矩形。

(2) 单击"默认"选项卡"绘图"面板中的"直线"按钮 ，在矩形中绘制 5 条水平直线。结果如图 2-40 所示。

图 2-40　绘制底座

(3) 单击"默认"选项卡"绘图"面板中的"多段线"按钮 ，绘制灯罩。命令行提示与操作如下。

```
命令:_pline
指定起点:(在矩形上方适当位置)
当前线宽为 0.0000
指定下一个点或 [圆弧(A)/半宽(H)/长度(L)/放弃(U)/宽度(W)]:a
指定圆弧的端点(按住 Ctrl 键以切换方向)或[角度(A)/圆心(CE)/方向(D)/半宽(H)/直线(L)/
半径(R)/第二个点(S)/放弃(U)/宽度(W)]:s
指定圆弧上的第二个点:(捕捉矩形上边线中点)
指定圆弧的端点(按住 Ctrl 键以切换方向)或[角度(A)/圆心(CE)/闭合(CL)/方向(D)/半宽(H)/
直线(L)/半径(R)/第二个点(S)/放弃(U)/宽度(W)]:1
指定下一点或 [圆弧(A)/闭合(C)/半宽(H)/长度(L)/放弃(U)/宽度(W)]:(捕捉圆弧起点)
```

重复"多段线"命令,在灯罩上绘制一个不等四边形,如图 2-41 所示。

(4) 单击"默认"选项卡"绘图"面板中的"样条曲线拟合"按钮 ,绘制装饰物,如图 2-42 所示。

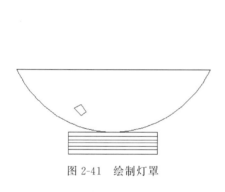

图 2-41　绘制灯罩

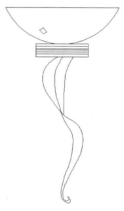

图 2-42　绘制装饰物

(5) 单击"默认"选项卡"绘图"面板中的"多段线"按钮 ,在矩形的两侧绘制月亮装饰。结果如图 2-39 所示。

2.6　多　　线

多线是一种复合线,由连续的直线段复合组成。多线的一个突出优点是能够提高绘图效率,保证图线之间的统一性。

2.6.1　绘制多线

1. 执行方式

命令行:MLINE。

菜单栏:选择菜单栏中的"绘图"→"多线"命令。

2．操作步骤

```
命令：MLINE
当前设置：对正 = 上,比例 = 20.00,样式 = STANDARD
指定起点或 [对正(J)/比例(S)/样式(ST)]：(指定起点)
指定下一点：(给定下一点)
指定下一点或 [放弃(U)]：(继续给定下一点,绘制线段。输入"U",则放弃前一段的绘制;右击
或按 Enter 键,结束命令)
指定下一点或 [闭合(C)/放弃(U)]：(继续给定下一点,绘制线段。输入"C",则闭合线段,结束
命令)
```

3．选项说明

各选项含义如表 2-14 所示。

表 2-14　"绘制多线"命令各选项含义

选　项	含　义
对正(J)	该项用于给定绘制多线的基准。共有 3 种对正类型："上""无"和"下"。其中，"上"表示以多线上侧的线为基准,以此类推
比例(S)	选择该项,要求用户设置平行线的间距。输入值为零时,平行线重合;输入值为负时,多线的排列倒置
样式(ST)	该项用于设置当前使用的多线样式

2.6.2　定义多线样式

1．执行方式

命令行：MLSTYLE。

2．操作步骤

系统自动执行该命令后,弹出如图 2-43 所示的"多线样式"对话框。在该对话框中,可以对多线样式进行定义、保存和加载等操作。

2.6.3　编辑多线

1．执行方式

命令行：MLEDIT。

菜单栏：选择菜单栏中的"修改"→"对象"→"多线"命令。

2．操作步骤

选择该命令后,弹出"多线编辑工具"对话框,如图 2-44 所示。

利用该对话框,可以创建或修改多线的模式。对话框中分 4 列显示了示例图形。其中,第一列管理十字交叉形式的多线,第二列管理 T 形多线,第三列管理拐角接合点和节点形式的多线,第四列管理多线被剪切或连接的形式。

单击选择某个示例图形,然后单击"关闭"按钮,就可以调用该项编辑功能。

图 2-43 "多线样式"对话框

图 2-44 "多线编辑工具"对话框

2.6.4 上机练习——墙体

 练习目标

绘制如图 2-45 所示的墙体。

 设计思路

首先利用构造线命令绘制辅助线,然后设置多线样式,并利用多线命令绘制墙体,最后将所绘制的墙体进行编辑操作。

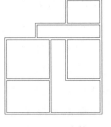

图 2-45 墙体

操作步骤

（1）单击"默认"选项卡"绘图"面板中的"构造线"按钮 ，绘制一条水平构造线和一条垂直构造线，组成"十"字形辅助线，如图 2-46 所示。

（2）单击"默认"选项卡"修改"面板中的"偏移"按钮 ⊆ ，将水平构造线依次向上偏移 4500、5100 和 3000，偏移得到的水平构造线如图 2-47 所示。重复"偏移"命令，将垂直构造线依次向右偏移 3900、1800、2100 和 4500。结果如图 2-48 所示。

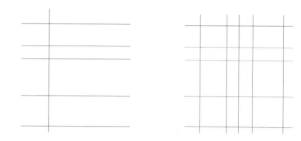

图 2-46 "十"字形辅助线 　　　图 2-47 水平构造线 　　　图 2-48 居室的辅助线网格

（3）选择菜单栏中的"格式"→"多线样式"命令，系统打开"多线样式"对话框。在该对话框中单击"新建"按钮，系统打开"创建新的多线样式"对话框。在该对话框的"新样式名"文本框中输入"墙体线"，单击"继续"按钮。

（4）系统弹出"新建多线样式：墙体线"对话框，进行图 2-49 所示的设置。

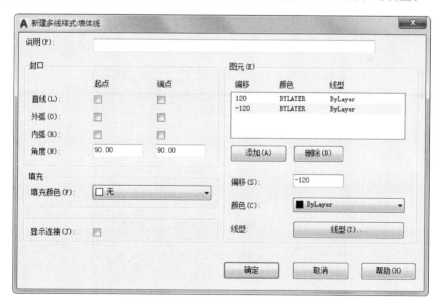

图 2-49 设置多线样式

（5）选择菜单栏中的"绘图"→"多线"命令，绘制多线墙体。命令行提示与操作如下。

```
命令：MLINE
当前设置：对正 = 上,比例 = 20.00,样式 = STANDARD
```

```
指定起点或 [对正(J)/比例(S)/样式(ST)]: S
输入多线比例 <20.00>: 1
当前设置: 对正 = 上,比例 = 1.00,样式 = STANDARD
指定起点或 [对正(J)/比例(S)/样式(ST)]: J
输入对正类型 [上(T)/无(Z)/下(B)] <上>: Z
当前设置: 对正 = 无,比例 = 1.00,样式 = STANDARD
指定起点或 [对正(J)/比例(S)/样式(ST)]:(在绘制的辅助线交点上指定一点)
指定下一点:(在绘制的辅助线交点上指定下一点)
指定下一点或 [放弃(U)]:(在绘制的辅助线交点上指定下一点)
指定下一点或 [闭合(C)/放弃(U)]:(在绘制的辅助线交点上指定下一点)
指定下一点或 [闭合(C)/放弃(U)]:C
```

　　根据辅助线网格,用相同方法绘制多线。绘制结果如图 2-50 所示。

　　(6) 编辑多线。选择菜单栏中的"修改"→"对象"→"多线"命令,系统弹出"多线编辑工具"对话框,如图 2-51 所示。单击其中的"T 形合并"选项,单击"关闭"按钮后,命令行提示与操作如下。

```
命令: MLEDIT
选择第一条多线:(选择多线)
选择第二条多线:(选择多线)
选择第一条多线或 [放弃(U)]:
```

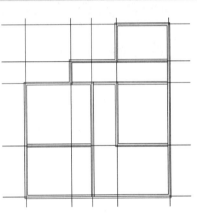

图 2-50　全部多线绘制结果

　　重复"编辑多线"命令,继续进行多线编辑。编辑的最终结果如图 2-45 所示。

图 2-51　"多线编辑工具"对话框

2.7 图 案 填 充

当需要用一个重复的图案填充某个区域时，可以使用 BHATCH 命令建立一个相关联的填充阴影对象，即所谓的图案填充。

2.7.1 基本概念

1. 图案边界

当进行图案填充时，首先要确定图案填充的边界。定义边界的对象只能是直线、双向射线、单向射线、多段线、样条曲线、圆弧、圆、椭圆、椭圆弧、面域等对象或用这些对象定义的块，而且作为边界的对象，在当前屏幕上必须全部可见。

2. 孤岛

在进行图案填充时，把位于总填充域内的封闭区域称为孤岛，如图 2-52 所示。在用 BHATCH 命令进行图案填充时，AutoCAD 允许用户以拾取点的方式确定填充边界，即在希望填充的区域内任意拾取一点，AutoCAD 会自动确定出填充边界，同时也确定该边界内的孤岛。如果用户是以点取对象的方式确定填充边界的，则必须确切地点取这些孤岛。有关知识将在 2.7.2 小节介绍。

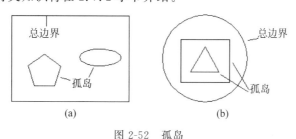

图 2-52 孤岛

3. 填充方式

在进行图案填充时，需要控制填充的范围。AutoCAD 系统为用户设置了以下三种填充方式，实现对填充范围的控制。

（1）普通方式：如图 2-53(a)所示，该方式从边界开始，从每条填充线或每个剖面符号的两端向里画，遇到内部对象与之相交时，填充线或剖面符号断开，直到遇到下一次相交时再继续画。采用这种方式时，要避免填充线或剖面符号与内部对象的相交次数为奇数。该方式为系统内部的默认方式。

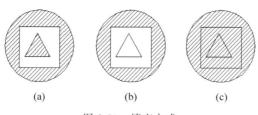

图 2-53 填充方式

（2）最外层方式：如图2-53（b）所示，该方式从边界开始，向里画剖面符号，只要在边界内部与对象相交，则剖面符号由此断开，而不再继续画。

（3）忽略方式：如图2-53（c）所示，该方式忽略边界内部的对象，所有内部结构都被剖面符号覆盖。

2.7.2 图案填充的操作

1．执行方式

命令行：BHATCH。

菜单栏：选择菜单栏中的"绘图"→"图案填充"命令。

工具栏：单击"绘图"工具栏中的"图案填充"按钮▨或单击"绘图"工具栏中的"渐变色"按钮▨。

功能区：单击"默认"选项卡"绘图"面板中的"图案填充"按钮▨。

2．操作步骤

执行上述命令后，系统弹出如图2-54所示的"图案填充创建"选项卡，各参数的含义如下。

图2-54 "图案填充创建"选项卡

1）"边界"面板

（1）拾取点：通过选择由一个或多个对象形成的封闭区域内的点，确定图案填充边界，如图2-55所示。指定内部点时，可以随时在绘图区域中单击鼠标右键以显示包含多个选项的快捷菜单。

选择一点　　　　　　填充区域　　　　　　填充结果

图2-55 边界确定

（2）选择边界对象：指定基于选定对象的图案填充边界。使用该选项时，不会自动检测内部对象，必须选择选定边界内的对象，以按照当前孤岛检测样式填充这些对象，如图2-56所示。

（3）删除边界对象：从边界定义中删除之前添加的任何对象，如图2-57所示。

（4）重新创建边界：围绕选定的图案填充或填充对象创建多段线或面域，并使其与图案填充对象相关联（可选）。

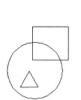 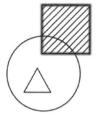 

原始图形　　　　　　　选取边界对象　　　　　　填充结果

图 2-56　选择边界对象

 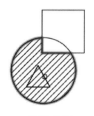 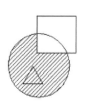

选取边界对象　　　　　　删除边界　　　　　　填充结果

图 2-57　删除"岛"后的边界

　　（5）显示边界对象：选择构成选定关联图案填充对象的边界的对象，使用显示的夹点可修改图案填充边界。

　　（6）保留边界对象：指定如何处理图案填充边界对象，包括以下选项。

➢ 不保留边界：不创建独立的图案填充边界对象。

➢ 保留边界-多段线：创建封闭图案填充对象的多段线。

➢ 保留边界-面域：创建封闭图案填充对象的面域对象。

➢ 选择新边界集：指定对象的有限集（称为边界集），以便通过创建图案填充时的拾取点进行计算。

　　2）"图案"面板

　　显示所有预定义和自定义图案的预览图像。

　　3）"特性"面板

　　（1）图案填充类型：指定是使用纯色、渐变色、图案还是用户定义的填充。

　　（2）图案填充颜色：替代实体填充和填充图案的当前颜色。

　　（3）背景色：指定填充图案背景的颜色。

　　（4）图案填充透明度：设定新图案填充或填充的透明度，替代当前对象的透明度。

　　（5）图案填充角度：指定图案填充或填充的角度。

　　（6）填充图案比例：放大或缩小预定义或自定义填充图案。

　　（7）相对图纸空间：（仅在布局中可用）相对于图纸空间单位缩放填充图案。使用此选项，可以很容易地做到以适合于布局的比例显示填充图案。

　　（8）双向：（仅当"图案填充类型"设定为"用户定义"时可用）将绘制第二组直线，与原始直线成 90°，从而构成交叉线。

　　（9）ISO 笔宽：（仅对于预定义的 ISO 图案可用）基于选定的笔宽缩放 ISO 图案。

　　4）"原点"面板

　　（1）设定原点：直接指定新的图案填充原点。

（2）左下：将图案填充原点设定在图案填充边界矩形范围的左下角。

（3）右下：将图案填充原点设定在图案填充边界矩形范围的右下角。

（4）左上：将图案填充原点设定在图案填充边界矩形范围的左上角。

（5）右上：将图案填充原点设定在图案填充边界矩形范围的右上角。

（6）中心：将图案填充原点设定在图案填充边界矩形范围的中心。

（7）使用当前原点：将图案填充原点设定在 HPORIGIN 系统变量中存储的默认位置。

（8）存储为默认原点：将新图案填充原点的值存储在 HPORIGIN 系统变量中。

5）"选项"面板

（1）关联：指定图案填充或填充为关联图案填充。关联的图案填充或填充在用户修改其边界对象时将会更新。

（2）注释性：指定图案填充为注释性。此特性会自动完成缩放注释过程，从而使注释能够以正确的大小在图纸上打印或显示。

（3）特性匹配

➤ 使用当前原点：使用选定图案填充对象（除图案填充原点外）设定图案填充的特性。

➤ 使用源图案填充的原点：使用选定图案填充对象（包括图案填充原点）设定图案填充的特性。

（4）允许的间隙：设定将对象用作图案填充边界时可以忽略的最大间隙。默认值为 0，此值指定对象必须封闭区域而没有间隙。

（5）创建独立的图案填充：控制当指定了几个单独的闭合边界时，是创建单个图案填充对象，还是创建多个图案填充对象。

（6）孤岛检测

➤ 普通孤岛检测：从外部边界向内填充。如果遇到内部孤岛，填充将关闭，直到遇到孤岛中的另一个孤岛。

➤ 外部孤岛检测：从外部边界向内填充。此选项仅填充指定的区域，不会影响内部孤岛。

➤ 忽略孤岛检测：忽略所有内部的对象，填充图案时将通过这些对象。

（7）绘图次序：为图案填充或填充指定绘图次序。选项包括不更改、后置、前置、置于边界之后和置于边界之前。

6）"关闭"面板

关闭"图案填充创建"：退出 HATCH，并关闭上下文选项卡。也可以按 Enter 键或 Esc 键退出 HATCH。

2.7.3　编辑填充的图案

利用 HATCHEDIT 命令，编辑已经填充的图案。

1. 执行方式

命令行：HATCHEDIT。

菜单栏：选择菜单栏中的"修改"→"对象"→"图案填充"命令。

工具栏：单击"修改Ⅱ"工具栏中的"编辑图案填充"按钮 。

功能区：单击"默认"选项卡"修改"面板中的"编辑图案填充"按钮 。

2．操作步骤

选择关联填充对象：

选取关联填充物体后，系统弹出如图 2-58 所示的"图案填充编辑器"选项卡。

在图 2-58 中，只有正常显示的选项，才可以对其进行操作。该选项卡中各项的含义与图 2-54 所示的"图案填充创建"选项卡中各项的含义相同。利用该选项卡，可以对已填充的图案进行一系列的编辑修改。

图 2-58 "图案填充编辑器"选项卡

2.7.4 上机练习——公园一角

 练习目标

绘制如图 2-59 所示的公园一角图形。

 设计思路

本例首先利用矩形和样条曲线命令绘制公园一角的外轮廓，然后利用图案填充命令对图形进行图案填充，最终完成对公园一角图形的绘制。

操作步骤

（1）单击"默认"选项卡"绘图"面板中的"矩形"按钮 和"样条曲线拟合"按钮 ，绘制花园外形，如图 2-60 所示。

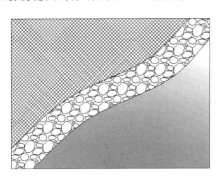

图 2-59 公园一角

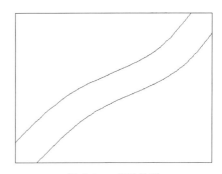

图 2-60 花园外形

（2）单击"默认"选项卡"绘图"面板中的"图案填充"按钮▨，系统弹出"图案填充创建"选项卡。选择"GRAVEL"的填充图案，如图 2-61 所示，填充鹅卵石小路，如图 2-62 所示。

图 2-61　"图案填充创建"选项卡

（3）从图 2-62 中可以看出，填充图案过于细密，可以对其进行编辑修改。选中填充图案右击，在弹出的快捷菜单中选择"图案填充编辑"命令，系统打开"图案填充编辑"选项卡。将图案填充"比例"改为"3"。修改后的填充图案如图 2-63 所示。

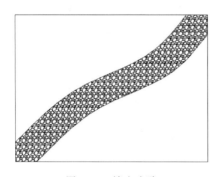

图 2-62　填充小路

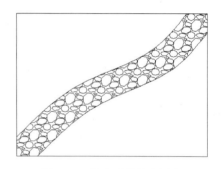

图 2-63　修改后的填充图案

（4）单击"默认"选项卡"绘图"面板中的"图案填充"按钮▨，系统弹出"图案填充创建"选项卡。单击"选项"面板中的斜三角按钮 ⬎，打开"图案填充和渐变色"对话框。在"图案填充"选项卡中选择图案"类型"为"用户定义"，填充"角度"为"45"，选中"双向"复选框，"间距"为"10"，如图 2-64 所示。单击"拾取点"按钮 ▣，在绘制的图形左上方拾取一点，按 Enter 键，完成草坪的绘制，如图 2-65 所示。

（5）单击"默认"选项卡"绘图"面板中的"图案填充"按钮▨，系统弹出"图案填充创建"选项卡。单击"选项"面板中的斜三角按钮 ⬎，打开"图案填充和渐变色"对话框。在"渐变色"选项卡中选择"单色"单选按钮，如图 2-66 所示。单击"单色"显示框右侧的 ⋯ 按钮，打开"选择颜色"对话框。选择如图 2-67 所示的绿色，单击"确定"按钮，返回"图案填充和渐变色"对话框。选择如图 2-66 所示的颜色变化方式后，单击"拾取点"按钮 ▣，在绘制的图形右下方拾取一点，按 Enter 键，完成池塘的绘制。最终绘制结果如图 2-59 所示。

图 2-64 "图案填充创建"选项卡

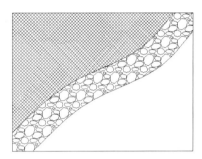

图 2-65 填充草坪

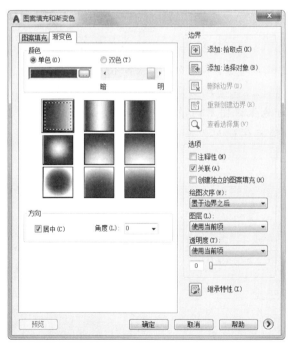

图 2-66 "渐变色"选项卡

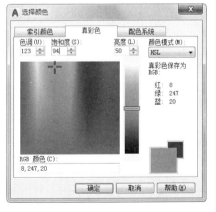

图 2-67 "选择颜色"对话框

第 **3** 章

基本绘图工具

　　为了快捷准确地绘制图形，AutoCAD 提供了多种必要的和辅助的绘图工具，如图层工具、对象约束工具、对象捕捉工具、栅格和正交模式等。利用这些工具，可以方便、迅速、准确地实现图形的绘制和编辑，不仅可提高工作效率，而且能更好地保证图形的质量。

　　本章将详细讲述这些工具的具体使用方法和技巧。

学　习　要　点

◆ 图层设置
◆ 绘图辅助工具
◆ 表格
◆ 尺寸标注

3.1 图层设置

AutoCAD 中的图层就如同在手工绘图中使用的重叠透明图纸，如图 3-1 所示，可以使用图层来组织不同类型的信息。在 AutoCAD 中，图形的每个对象都位于一个图层上，所有图形对象都具有图层、颜色、线型和线宽等基本属性。在绘图的时候，图形对象将创建在当前的图层上。每个 CAD 文档中图层的数量是不受限制的，每个图层都有自己的名称。

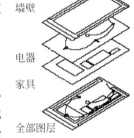

墙壁

电器

家具

全部图层

图 3-1 图层示意图

3.1.1 建立新图层

新建的 CAD 文档中只能自动创建一个名为"0"的特殊图层。默认情况下，图层 0 将被指定使用 7 号颜色、CONTINUOUS 线型、默认线宽以及 NORMAL 打印样式，并且不能被删除或重命名。通过创建新的图层，可以将类型相似的对象指定给同一个图层使其相关联。例如，可以将构造线、文字、标注和标题栏置于不同的图层上，并为这些图层指定通用特性。通过将对象分类放到各自的图层中，可以快速有效地控制对象的显示以及对其进行更改。

执行方式

命令行：LAYER。

菜单栏：选择菜单栏中的"格式"→"图层"命令。

工具栏：单击"图层"工具栏中的"图层特性管理器"按钮 。

功能区：单击"默认"选项卡"图层"面板中的"图层特性"按钮 ，或单击"视图"选项卡"选项板"面板中的"图层特性"按钮 。

执行上述操作之一后，系统弹出"图层特性管理器"选项板，如图 3-2 所示。单击"图层特性管理器"选项板中的"新建图层"按钮 ，建立新图层，默认的图层名为"图层 1"。可以根据绘图需要，更改图层名。在一个图形中可以创建的图层数以及在每个

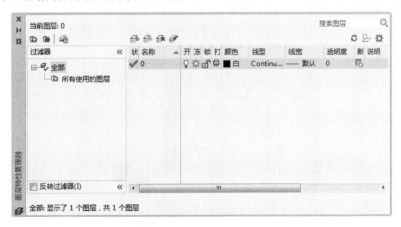

图 3-2 "图层特性管理器"选项板

图层中可以创建的对象数实际上是无限的。图层最长可使用 255 个字符的字母、数字命名，图层特性管理器按名称的字母顺序排列图层。

说明：如果要建立不止一个图层，无须重复单击"新建"按钮。更有效的方法是：在建立一个新的图层"图层1"后，改变图层名，在其后输入逗号"，"，这样系统会自动建立一个新图层"图层1"；改变图层名，再输入一个逗号，又一个新的图层建立了，这样可以依次建立各个图层。也可以按两次 Enter 键，建立另一个新的图层。

在每个图层属性设置中，包括图层名称、关闭/打开图层、冻结/解冻图层、锁定/解锁图层、图层线条颜色、图层线条线型、图层线条宽度、图层打印样式以及图层是否打印等参数。

1. 设置图层线条颜色

在工程图中，整个图形包含多种不同功能的图形对象，如实体、剖面线与尺寸标注等，为了便于直观地区分它们，就有必要针对不同的图形对象使用不同的颜色，例如实体层使用白色、剖面线层使用青色等。

要改变图层的颜色时，单击图层所对应的颜色图标，弹出"选择颜色"对话框，如图 3-3 所示。它是一个标准的颜色设置对话框，可以使用"索引颜色""真彩色"和"配色系统"三个选项卡中的参数来设置颜色。

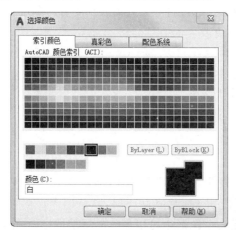

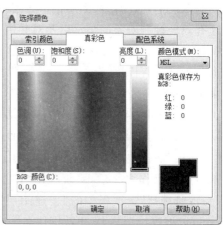

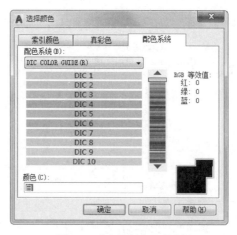

图 3-3 "选择颜色"对话框

2．设置图层线型

线型是指作为图形基本元素的线条的组成和显示方式，如实线、点划线等。在许多绘图工作中，常常以线型划分图层，为某一个图层设置适合的线型。在绘图时，只需将该图层设置为当前工作层，即可绘制出符合线型要求的图形对象，从而可极大地提高绘图效率。

单击图层所对应的线型图标，弹出"选择线型"对话框，如图 3-4 所示。默认情况下，在"已加载的线型"列表框中，系统中只添加了 Continuous 线型。单击"加载"按钮，弹出"加载或重载线型"对话框，如图 3-5 所示，可以看到 AutoCAD 提供了许多线型。用鼠标选择所需的线型，单击"确定"按钮，即可把该线型加载到"已加载的线型"列表框中。可以按住 Ctrl 键选择几种线型同时加载。

图 3-4 "选择线型"对话框

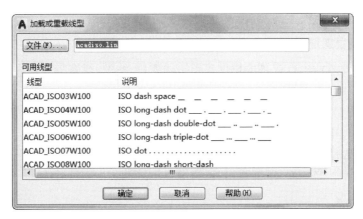

图 3-5 "加载或重载线型"对话框

3．设置图层线宽

线宽设置顾名思义就是改变线条的宽度。用不同宽度的线条表现图形对象的类型，可以提高图形的表达能力和可读性，例如绘制外螺纹时大径使用粗实线，小径使用细实线。

单击"图层特性管理器"选项板中图层所对应的线宽图标，弹出"线宽"对话框，如图 3-6 所示。选择一个线宽，单击"确定"按钮完成对图层线宽的设置。

Note

图层线宽的默认值为0.25mm。在状态栏为"模型"状态时,显示的线宽同计算机的像素有关。线宽为零时,显示为一个像素的线宽。单击状态栏中的"显示/隐藏线宽"按钮 ，显示的图形线宽与实际线宽成比例,如图3-7所示,但线宽不随着图形的放大和缩小而变化。线宽功能关闭时,不显示图形的线宽,图形的线宽均为默认宽度值显示。可以在"线宽"对话框中选择所需的线宽。

图3-6 "线宽"对话框

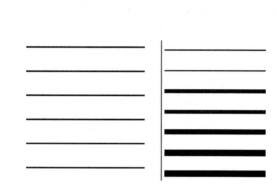

图3-7 线宽显示效果

3.1.2 设置图层

除了前面讲述的通过图层管理器设置图层的方法,还有其他几种简便方法可以设置图层的颜色、线宽、线型等参数。

1. 直接设置图层

可以直接通过命令行或菜单栏设置图层的颜色、线型、线宽等参数。

1)设置颜色

执行方式

命令行:COLOR。

菜单栏:选择菜单栏中的"格式"→"颜色"命令。

执行上述操作之一后,系统弹出"选择颜色"对话框。

2)设置线型

执行方式

命令行:LINETYPE。

菜单栏:选择菜单栏中的"格式"→"线型"命令。

执行上述操作之一后,系统弹出"线型管理器"对话框,如图3-8所示。该对话框的使用方法与图3-4所示的"选择线型"对话框类似。

3)设置线宽

执行方式

命令行:LINEWEIGHT 或 LWEIGHT。

图 3-8 "线型管理器"对话框

菜单栏：选择菜单栏中的"格式"→"线宽"命令。

执行上述操作之一后，系统弹出"线宽设置"对话框，如图 3-9 所示。该对话框的使用方法与图 3-6 所示的"线宽"对话框类似。

2．利用"特性"面板设置图层

AutoCAD 提供了一个"特性"面板，如图 3-10 所示。用户能够控制和使用面板中的对象特性工具快速地查看和改变所选对象的颜色、线型、线宽等特性。"特性"面板增强了查看和编辑对象属性的功能，在绘图区选择任意对象都将在该面板中自动显示其所在的图层、颜色、线型等属性。

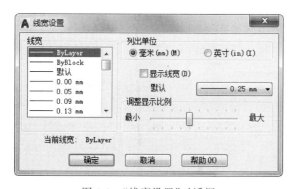

图 3-9 "线宽设置"对话框

图 3-10 "特性"面板

也可以在"特性"面板的"颜色""线型""线宽"和"打印样式"下拉列表中选择需要的参数值。如果在"颜色"下拉列表中选择"更多颜色"选项，如图 3-11 所示，系统就会弹出"选择颜色"对话框。同样，如果在"线型"下拉列表中选择"其他"选项，如图 3-12 所示，系统就会弹出"线型管理器"对话框。

图 3-11　"更多颜色"选项

图 3-12　"其他"选项

3．利用"特性"选项板设置图层

执行方式

命令行：DDMODIFY 或 PROPERTIES。

菜单栏：选择菜单栏中的"修改"→"特性"命令。

工具栏：单击"标准"工具栏中的"特性"按钮 。

执行上述操作之一后，系统弹出"特性"选项板，如图 3-13 所示。在其中可以方便地设置或修改图层、颜色、线型、线宽等属性。

3.1.3　控制图层

1．切换当前图层

不同的图形对象需要绘制在不同的图层中，在绘制前，需要将工作图层切换到所需的图层上来。单击"默认"选项卡"图层"面板中的"图层特性"按钮 ，弹出"图层特性管理器"选项板。选择图层，单击"置为当前"按钮 即可完成设置。

2．删除图层

图 3-13　"特性"选项板

在"图层特性管理器"选项板的图层列表框中选择要删除的图层，单击"删除图层"按钮 即可删除该图层。从图形文件定义中删除选定的图层时，只能删除未参照的图层。参照图层包括图层 0 及 DEFPOINTS、包含对象（包括块定义中的对象）的图层、当前图层和依赖外部参照的图层。不包含对象（包括块定义中的对象）的图层、非当前图层和不依赖外部参照的图层都可以删除。

3．关闭/打开图层

在"图层特性管理器"选项板中，单击 图标，可以控制图层的可见性。图层打开时,图标小灯泡呈鲜艳的颜色时,该图层上的图形可以显示在屏幕上或绘制在绘图仪上。单击该属性图标后,图标小灯泡呈灰暗色时,该图层上的图形不显示在屏幕上,而且不能被打印输出,但仍然作为图形的一部分保留在文件中。

4．冻结/解冻图层

在"图层特性管理器"选项板中,单击 ☼ 图标,可以冻结图层或将图层解冻。图标呈雪花灰暗色时,该图层处于冻结状态;图标呈太阳鲜艳色时,该图层处于解冻状态。冻结图层上的对象不能显示,也不能打印,同时也不能编辑修改。在冻结图层后,该图层上的对象不影响其他图层上对象的显示和打印。例如,在使用"HIDE"命令消隐对象的时候,被冻结图层上的对象不隐藏。

5．锁定/解锁图层

在"图层特性管理器"选项板中,单击 🔒 或 🔓 图标,可以锁定图层或将图层解锁。锁定图层后,该图层上的图形依然显示在屏幕上并可打印输出,也可以在该图层上绘制新的图形对象,但不能对该图层上的图形进行编辑修改操作。可以对当前图层进行锁定,也可对锁定图层上的图形对象进行查询或捕捉。锁定图层可以防止对图形的意外修改。

6．打印样式

在 AutoCAD 2020 中,可以使用一个名为"打印样式"对象特性。打印样式控制对象的打印特性,包括颜色、抖动、灰度、笔号、虚拟笔、淡显、线型、线宽、线条端点样式、线条连接样式和填充样式。打印样式功能给用户提供了很大的灵活性,可以设置打印样式来替代其他对象特性,也可以根据需要关闭这些替代设置。

7．打印/不打印

在"图层特性管理器"选项板中,单击 🖶 或 🖷 图标,可以设定该图层是否打印,以保证在图形可见性不变的条件下,控制图形的打印特征。打印功能只对可见的图层起作用,对于已经被冻结或被关闭的图层不起作用。

8．新视口冻结

新视口冻结功能用于控制在当前视口中图层的冻结和解冻,不解冻图形中设置为"关"或"冻结"的图层,对于模型空间视口不可用。

9．透明度

透明度功能用于控制所有对象在选定图层上的可见性。对单个对象应用透明度功能时,对象的透明度特性将替代图层的透明度设置。

10．说明

说明功能(可选)用于描述图层或图层过滤器。

3.2　绘图辅助工具

要快速顺利地完成图形绘制工作,有时要借助一些辅助工具,比如用于准确确定绘制位置的精确定位工具和调整图形显示范围与显示方式的对象捕捉工具等。下面简要介绍一下这两种非常重要的辅助绘图工具。

3.2.1 精确定位工具

在绘制图形时,可以使用直角坐标和极坐标精确定位点,但是有些点(如端点、中心点等)的坐标我们是不知道的,如果想精确地指定这些点是很困难的,有时甚至是不可能的。AutoCAD中提供了精确定位工具,使用这类工具,可以很容易地在屏幕中捕捉到这些点,从而进行精确绘图。

1.推断约束

可以在创建和编辑几何对象时自动应用几何约束。

启用"推断约束"模式,会自动在正在创建或编辑的对象与对象捕捉的关联对象或点之间应用约束。

与"AUTOCONSTRAIN"命令相似,约束也只在对象符合约束条件时才能应用。推断约束后不会重新定位对象。

打开"推断约束"时,用户在创建几何图形时指定的对象捕捉将用于推断几何约束。但是,不支持下列对象捕捉:交点、外观交点、延长线和象限点。

无法推断下列约束:固定、平滑、对称、同心、等于、共线。

2.捕捉模式

捕捉是指AutoCAD可以生成一个隐含分布于屏幕上的栅格,这种栅格能够捕捉光标,使光标只能落到其中的某一个栅格点上。捕捉可分为矩形捕捉和等轴测捕捉两种类型,默认设置为矩形捕捉,即捕捉点的阵列类似于栅格,如图3-14所示。可以指定捕捉模式在X轴方向和Y轴方向上的间距,也可改变捕捉模式与图形界限的相对位置。与栅格不同之处在于,捕捉间距的值必须为正实数,且捕捉模式不受图形界限的约束。等轴测捕捉表示捕捉模式为等轴测模式,此模式是绘制正等轴测图时的工作环境,如图3-15所示。在等轴测捕捉模式下,栅格和光标十字线成绘制等轴测图时的特定角度。

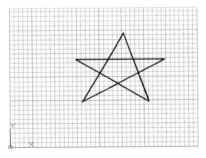

图 3-14　矩形捕捉

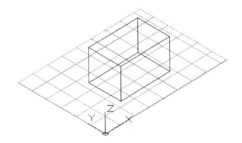

图 3-15　等轴测捕捉

在绘制图3-14和图3-15所示的图形时,输入参数点时光标只能落在栅格点上。选择菜单栏中的"工具"→"草图设置"命令,弹出"草图设置"对话框。在"捕捉和栅格"选项卡的"捕捉类型"选项组中,通过选择"矩阵捕捉"或"等轴测捕捉"单选按钮,即可切换两种模式。

3. 栅格显示

AutoCAD 中的栅格由有规则的点的矩阵组成,延伸到指定为图形界限的整个区域。使用栅格绘图与在坐标纸上绘图十分相似,利用栅格可以对齐对象并直观显示对象之间的距离。如果放大或缩小图形,可能需要调整栅格间距,使其适合新的比例。虽然栅格在屏幕上是可见的,但它并不是图形对象,因此不会被打印成图形中的一部分,也不会影响在何处绘图。

可以单击状态栏中的"栅格显示"按钮 ⊞ 或按 F7 键打开或关闭栅格。启用栅格并设置栅格在 X 轴方向和 Y 轴方向上的间距的方法如下。

执行方式

命令行:DSETTINGS(快捷命令为 DS、SE 或 DDRMODES)。

菜单栏:选择菜单栏中的"工具"→"绘图设置"命令。

快捷菜单:在"栅格显示"按钮 ⊞ 上右击,在弹出的快捷菜单中选择"设置"命令。

执行上述操作之一后,系统弹出"草图设置"对话框,如图 3-16 所示。

图 3-16 "草图设置"对话框

如果要显示栅格,需选中"启用栅格"复选框。在"栅格 X 轴间距"文本框中,输入栅格点之间的水平距离,单位为"毫米"。如果使用相同的间距设置垂直和水平分布的栅格点,则按 Tab 键。否则,在"栅格 Y 轴间距"文本框中输入栅格点之间的垂直距离。

可改变栅格与图形界限的相对位置。默认情况下,栅格以图形界限的左下角为起点,沿着与坐标轴平行的方向填充整个由图形界限所确定的区域。

说明:如果栅格的间距设置得太小,当进行打开栅格操作时,AutoCAD 将在命令行中显示"栅格太密,无法显示"提示信息,而不在屏幕上显示栅格点。使用缩放功能时,将图形缩放得很小,也会出现同样的提示,不显示栅格。

使用捕捉功能可以使用户直接使用鼠标快速地定位目标点。捕捉模式有几种不同的形式：栅格捕捉、对象捕捉、极轴捕捉和自动捕捉，下文中将进行详细讲解。

另外，还可以使用"GRID"命令通过命令行方式设置栅格，功能与"草图设置"对话框类似，不再赘述。

4．正交绘图

正交绘图模式，即在命令的执行过程中，光标只能沿 X 轴或者 Y 轴移动。所有绘制的线段和构造线都将平行于 X 轴或 Y 轴，因此它们相互垂直成 90°相交，即正交。使用正交绘图模式，对于绘制水平线和垂直线非常有用，特别是绘制构造线时经常使用。而且当捕捉模式为等轴测模式时，它还迫使直线平行于三个坐标轴中的一个。

设置正交绘图模式，可以直接单击状态栏中的"正交模式"按钮 ┗ ，或按 F8 键，相应地会在文本窗口中显示开/关提示信息。也可以在命令行中输入"ORTHO"命令，执行开启或关闭正交绘图模式的操作。

5．极轴捕捉

极轴捕捉是在创建或修改对象时，按事先给定的角度增量和距离增量来追踪特征点，即捕捉相对于初始点，且满足指定极轴距离和极轴角的目标点。

极轴追踪设置主要是设置追踪的距离增量和角度增量，以及与之相关联的捕捉模式。这些设置可以通过"草图设置"对话框中的"捕捉和栅格"选项卡与"极轴追踪"选项卡来实现。

1）设置极轴距离

如图 3-16 所示，在"草图设置"对话框的"捕捉和栅格"选项卡中，可以设置极轴距离增量，单位是毫米。绘图时，光标将按指定的极轴距离增量进行移动。

2）设置极轴角度

在"草图设置"对话框的"极轴追踪"选项卡中，可以设置极轴角增量角度，如图 3-17 所示。设置时，可以使用"增量角"下拉列表中预设的角度，也可以直接输入其他任意角

图 3-17　"极轴追踪"选项卡

度。光标移动时，如果接近极轴角，将显示对齐路径和工具栏提示。例如，图 3-18 所示为当极轴角增量设置为 30°，光标移动时显示的对齐路径。

图 3-18　极轴捕捉

"附加角"用于设置极轴追踪时是否采用附加角度追踪。选中"附加角"复选框，通过"新建"按钮或者"删除"按钮来增加、删除附加角度值。

3）对象捕捉追踪设置

对象捕捉追踪设置用于设置对象捕捉追踪的模式。如果在"极轴追踪"选项卡的"对象捕捉追踪设置"选项组中选择"仅正交追踪"单选按钮，则当采用追踪功能时，系统仅在水平和垂直方向上显示追踪数据；如果选择"用所有极轴角设置追踪"单选按钮，则当采用追踪功能时，系统不仅可以在水平和垂直方向显示追踪数据，还可以在设置的极轴追踪角度与附加角度所确定的一系列方向上显示追踪数据。

4）极轴角测量

极轴角测量用于设置极轴角的角度测量采用的参考基准。"绝对"是相对水平方向逆时针测量，"相对上一段"则是以上一段对象为基准进行测量。

6．允许/禁止动态 UCS

使用动态 UCS 功能，可以在创建对象时使 UCS 的 XY 平面自动与实体模型上的平面临时对齐。

使用绘图命令时，可以通过在面的一条边上移动指针对齐 UCS，而无须使用 UCS 命令。结束该命令后，UCS 将恢复到其上一个位置和方向。

7．动态输入

"动态输入"在光标附近提供了一个命令界面，以帮助用户专注于绘图区域。

打开动态输入时，将在光标旁边显示工具提示信息，该信息会随光标移动动态更新。当某命令处于活动状态时，工具提示将为用户提供输入的位置。

8．显示/隐藏线宽

可以在图形中打开和关闭线宽，并在模型空间中以不同于在图纸空间布局中的方式显示。

9．快捷特性

对于选定的对象，可以使用"快捷特性"选项板访问可通过特性选项板访问的特性的子集。

可以自定义显示在"快捷特性"选项板上的特性。选定对象后所显示的特性是所有对象类型的共通特性，也是选定对象的专用特性。可用特性与特性选项板上的特性以及用于鼠标悬停工具提示的特性相同。

Note

3.2.2　对象捕捉工具

1. 对象捕捉

AutoCAD给所有的图形对象都定义了特征点，对象捕捉则是指在绘图过程中，通过捕捉这些特征点，迅速准确地将新的图形对象定位在现有对象的确切位置上，如圆的圆心、线段中点或两个对象的交点等。在AutoCAD 2020中，可以通过单击状态栏中的"对象捕捉追踪"按钮 ，或在"草图设置"对话框的"对象捕捉"选项卡中选中"启用对象捕捉"复选框，来启用对象捕捉功能。在绘图过程中，对象捕捉功能的调用可以通过以下方式完成。

1）使用"对象捕捉"工具栏

在绘图过程中，当系统提示需要指定点的位置时，可以单击"对象捕捉"工具栏（图3-19）中相应的特征点按钮，再把光标移动到要捕捉对象的特征点附近，AutoCAD

图 3-19　"对象捕捉"工具栏

会自动提示并捕捉到这些特征点。例如，如果需要用直线连接一系列圆的圆心，可以将圆心设置为捕捉对象。如果有多个可能的捕捉点落在选择区域内，AutoCAD将捕捉离光标中心最近的符合条件的点。在指定位置有多个符合捕捉条件的对象时，需要检查哪一个对象捕捉有效，在捕捉点之前，按Tab键可以遍历所有可能的点。

2）使用"对象捕捉"快捷菜单

在需要指定点的位置时，还可以按住Ctrl键或Shift键并右击，弹出"对象捕捉"快捷菜单，如图3-20所示。在该菜单上同样可以选择某一种特征点执行对象捕捉，把光标移动到要捕捉对象的特征点附近，即可捕捉到这些特征点。

3）使用命令行

当需要指定点的位置时，在命令行中输入相应特征点的关键字，然后把光标移动到要捕捉对象的特征点附近，即可捕捉到这些特征点。对象捕捉特征点的关键字如表3-1所示。

图 3-20　"对象捕捉"快捷菜单

表 3-1　对象捕捉特征点的关键字

模式	关键字	模式	关键字	模式	关键字
临时追踪点	TT	捕捉自	FROM	端点	END
中点	MID	交点	INT	外观交点	APP

模式	关键字	模式	关键字	模式	关键字
延长线	EXT	圆心	CEN	象限点	QUA
切点	TAN	垂足	PER	平行线	PAR
节点	NOD	最近点	NEA	无捕捉	NON

 说明:

(1) 对象捕捉不可单独使用,必须配合其他绘图命令一起使用。仅当 AutoCAD 提示输入点时,对象捕捉才生效。如果试图在命令提示下使用对象捕捉,AutoCAD 将显示错误信息。

(2) 对象捕捉只影响屏幕上可见的对象,包括锁定图层上的对象、布局视口边界和多段线上的对象,不能捕捉不可见的对象,如未显示的对象、关闭或冻结图层上的对象或虚线的空白部分。

2. 三维镜像捕捉

三维镜像捕捉功能用于控制三维对象的执行对象捕捉设置。使用执行对象捕捉设置(也称为对象捕捉),可以在对象上的精确位置指定捕捉点。选择多个选项后,将应用选定的捕捉模式,以返回距离靶框中心最近的点。按 Tab 键可以在这些选项之间循环。

三维对象捕捉:打开和关闭三维对象捕捉。当对象捕捉打开时,在"三维对象捕捉模式"下选定的三维对象捕捉处于活动状态。

3. 对象捕捉追踪

在绘制图形的过程中,使用对象捕捉的频率非常高,如果每次在捕捉时都要先选择捕捉模式,将使工作效率大大降低。出于上述考虑,AutoCAD 提供了自动对象捕捉模式。如果启用了自动捕捉功能,当光标距指定的捕捉点较近时,系统会自动精确地捕捉这些特征点,并显示出相应的标记以及该捕捉的提示。在"草图设置"对话框的"对象捕捉"选项卡中选中"启用对象捕捉追踪"复选框,可以调用自动捕捉功能,如图 3-21 所示。

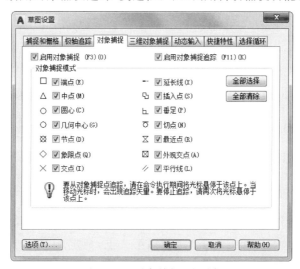

图 3-21 "对象捕捉"选项卡

说明：可以设置自己经常要用的捕捉方式。一旦设置捕捉方式后，在每次运行时，所设定的目标捕捉方式就会被激活，而不是仅对一次选择有效。当同时使用多种捕捉方式时，系统将捕捉距光标最近、同时又满足多种目标捕捉方式之一的点。当光标距要获取的点非常近时，按 Shift 键将暂时不获取对象。

3.2.3　上机练习——路灯杆

 练习目标

绘制如图 3-22 所示的路灯杆。

 设计思路

首先利用多段线命令绘制路灯杆，然后利用直线和多段线命令绘制灯罩，最后利用删除命令删除多余的直线，并对图形进行标注。最终结果如图 3-22 所示。

操作步骤

（1）单击"默认"选项卡"绘图"面板中的"多段线"按钮，绘制路灯杆。指定 A 点为起点，输入 w，设置多段线的宽为 0.0500，然后垂直向上 1.4，接着垂直向上 2.6，然后垂直向上 1，接着垂直向上 4，最后垂直向上 2。完成的图形如图 3-23（a）所示。

图 3-22　路灯杆

（2）单击"默认"选项卡"绘图"面板中的"直线"按钮，指定 B 点为起点，水平向右绘制一条长为 1 的直线，然后绘制一条垂直向上、长为 0.3 的直线。

（3）单击"默认"选项卡"绘图"面板中的"直线"按钮，以刚刚绘制好的水平直线的端点为起点，水平向右绘制一条长为 0.5 的直线，然后绘制一条垂直向上、长为 0.6 的直线。

（4）单击"默认"选项卡"绘图"面板中的"直线"按钮，以刚刚绘制好的 0.5 长的水平直线的右端点为起点，水平向右绘制一条长为 0.5 的直线，然后绘制一条垂直向上、长为 0.35 的直线。

（5）单击"默认"选项卡"绘图"面板中的"多段线"按钮，绘制灯罩。指定 F 点为起点，输入 w，设置多段线的宽为 0.0500，指定 D 点为第二点，指定 E 点为第三点。完成的图形如图 3-23（b）所示。

（6）单击"默认"选项卡"绘图"面板中的"多段线"按钮，绘制灯罩。指定 B 点为起点，输入 w，设置多段线的宽为 0.0300，输入 a 来绘制圆弧。在状态栏中，单击"对象捕捉"按钮，打开"对象捕捉"。指定 G 点为圆弧第二点，指定 H 点为圆弧第三点，指定 I 点为圆弧第四点，指定 E 点为圆弧第五点。完成的图

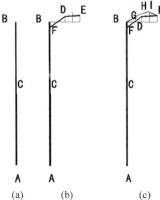

图 3-23　路灯杆绘制流程

形如图 3-23(c)所示。

（7）单击"默认"选项卡"修改"面板中的"删除"按钮 ，删除多余的直线，然后对该图进行标注。结果如图 3-22 所示。

3.3 对象约束

约束能够用于精确地控制草图中的对象。草图约束有两种类型：几何约束和尺寸约束。

几何约束建立起草图对象的几何特性（如要求某一直线具有固定长度）以及两个或多个草图对象的关系类型（如要求两条直线垂直或平行，或是几个弧具有相同的半径）。

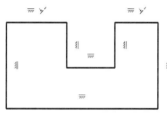

图 3-24 "几何约束"示意图

在二维草图与注释环境下，可以单击"参数化"选项卡中的"全部显示""全部隐藏"或"显示"按钮来显示有关信息，并显示代表这些约束的直观标记（如图 3-24 所示的水平标记 和共线标记 等）。

尺寸约束用于建立草图对象的大小（如直线的长度、圆弧的半径等）以及两个对象之间的关系（如两点之间的距离）。如图 3-25 所示为一个带有尺寸约束的示例。

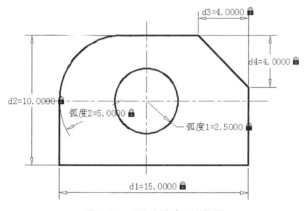

图 3-25 "尺寸约束"示意图

3.3.1 建立几何约束

使用几何约束，可以指定草图对象必须遵守的条件，或是草图对象之间必须维持的关系。"几何约束"面板及"几何约束"工具栏如图 3-26 所示，其主要几何约束选项的功能如表 3-2 所示。

图 3-26 "几何约束"面板及"几何约束"工具栏

Note

表 3-2　"几何约束"各选项的含义

约束模式	功　　能
重合	约束两个点使其重合,或者约束一个点使其位于曲线(或曲线的延长线)上。可以使对象上的约束点与某个对象重合,也可以使其与另一对象上的约束点重合
共线	使两条或多条直线段沿同一直线方向
同心	将两个圆弧、圆或椭圆约束到同一个中心点,与将重合约束应用于曲线的中心点所产生的结果相同
固定	将几何约束应用于一对对象时,选择对象的顺序以及选择每个对象的点都可能会影响对象彼此间的放置方式
平行	使选定的直线位于彼此平行的位置。平行约束在两个对象之间应用
垂直	使选定的直线位于彼此垂直的位置。垂直约束在两个对象之间应用
水平	使直线或点位于与当前坐标系的 X 轴平行的位置。默认选择类型为对象
竖直	使直线或点位于与当前坐标系的 Y 轴平行的位置
相切	将两条曲线约束为保持彼此相切或其延长线保持彼此相切。相切约束在两个对象之间应用
平滑	将样条曲线约束为连续,并与其他样条曲线、直线、圆弧或多段线保持 G2 连续性
对称	使选定对象受对称约束,相对于选定直线对称
相等	将选定的圆弧和圆重新调整为半径相同,或将选定的直线重新调整为长度相同

绘图过程中可指定二维对象或对象上的点之间的几何约束。之后编辑受约束的几何图形时,将保留约束。因此,通过使用几何约束,可以在图形中包括设计要求。

3.3.2　几何约束设置

在使用 AutoCAD 绘图时,使用"约束设置"对话框,可以控制显示或隐藏的几何约束类型。

1. 执行方式

命令行:CONSTRAINTSETTINGS(缩写名:CSETTINGS)。

菜单栏:选择菜单栏中的"参数"→"约束设置"命令。

工具栏:单击"参数化"工具栏中的"约束设置"按钮 。

功能区:在二维草图与注释环境下单击"参数化"选项卡"几何约束"面板中的"约束设置"按钮 。

执行上述操作之一后,系统弹出"约束设置"对话框,该对话框中的"几何"选项卡如图 3-27 所示,利用该选项卡可以控制约束栏上约束类型的显示。

2. 选项说明

各选项含义如表 3-3 所示。

表 3-3　"几何"选项卡各选项含义

选　　项	含　　义
"约束栏显示设置"选项组	此选项组用于控制图形编辑器中是否为对象显示约束栏或约束点标记。例如,可以为水平约束和竖直约束隐藏约束栏
"全部选择"按钮	用于选择几何约束类型

选 项	含 义
"全部清除"按钮	用于清除选定的几何约束类型
"仅为处于当前平面中的对象显示约束栏"复选框	仅为当前平面上受几何约束的对象显示约束栏
"约束栏透明度"选项组	用于设置图形中约束栏的透明度
"将约束应用于选定对象后显示约束栏"复选框	手动应用约束后或使用"AUTOCONSTRAIN"命令时显示相关约束栏
"选定对象时显示约束栏"复选框	临时显示选定对象的约束栏

图 3-27 "约束设置"对话框

3.3.3 建立尺寸约束

建立尺寸约束就是限制图形几何对象的大小,与在草图上标注尺寸相似,同样设置尺寸标注线,与此同时建立相应的表达式,不同的是可以在后续的编辑工作中实现尺寸的参数化驱动。"标注"面板如图 3-28 所示。

生成尺寸约束时,可以选择草图曲线、边、基准平面或基准轴上的点,以生成水平、竖直、平行、垂直或角度尺寸。

生成尺寸约束时,系统会生成一个表达式,其名称和值显示在一个弹出的文本区域中,如图 3-29 所示,可以接着编辑该表达式的名称和值。

图 3-28 "标注"面板

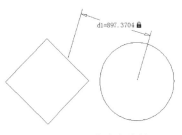

图 3-29 尺寸约束编辑

Note

生成尺寸约束时,只要选中了几何体,其尺寸及其延伸线和箭头就会全部显示出来。将尺寸拖动到位后单击,即可完成尺寸的约束。完成尺寸约束后,可以随时更改。只需在绘图区选中该值并双击,就可以使用与生成过程相同的方式,编辑其名称、值和位置。

3.3.4　尺寸约束设置

在使用 AutoCAD 绘图时,使用"约束设置"对话框中的"标注"选项卡,可以控制显示标注约束时的系统配置。尺寸可以约束以下内容:

(1)对象之间或对象上的点之间的距离;

(2)对象之间或对象上的点之间的角度。

在"约束设置"对话框中选择"标注"选项卡,对话框显示如图 3-30 所示。利用该选项卡可以控制约束类型的显示。

图 3-30　"标注"选项卡

各选项含义如表 3-4 所示。

表 3-4　"标注"选项卡各选项含义

选　　项		含　　义
"标注约束格式"选项组	在该选项组中可以设置标注名称格式以及锁定图标的显示	
	"名称和表达式"下拉列表框	选择应用标注约束时显示的文字指定格式
	"为注释性约束显示锁定图标"复选框	针对已应用注释性约束的对象显示锁定图标
"为选定对象显示隐藏的动态约束"复选框	显示选定时已设置为隐藏的动态约束	

3.3.5　自动约束

选择"约束设置"对话框中的"自动约束"选项卡,对话框显示如图 3-31 所示。利用该选项卡可以控制自动约束相关参数。

图 3-31　"自动约束"选项卡

各选项含义如表 3-5 所示。

表 3-5　"自动约束"选项卡各选项含义

选　　项	含　　义
"自动约束"列表框	显示自动约束的类型以及优先级。可以通过"上移"和"下移"按钮调整优先级的先后顺序。可以单击 ✔ 图标选择或取消选择某约束类型作为自动约束类型
"相切对象必须共用同一交点"复选框	指定两条曲线必须共用一个点(在距离公差范围内指定)以便应用相切约束
"垂直对象必须共用同一交点"复选框	指定直线必须相交或者一条直线的端点必须与另一条直线或直线的端点重合(在距离公差范围内指定)
"公差"选项组	设置可接受的"距离"和"角度"公差值以确定是否可以应用约束

3.4　文　　字

在工程制图中,文字标注往往是必不可少的环节。AutoCAD 2020 提供了文字相关命令来进行文字的输入与标注。

3.4.1　文字样式

AutoCAD 2020 提供了"文字样式"对话框,通过这个对话框可方便直观地设置需要的文字样式,或对已有的样式进行修改。

1. 执行方式

命令行:STYLE。

菜单栏:选择菜单栏中的"格式"→"文字样式"命令。

工具栏:单击"文字"工具栏中的"文字样式"按钮 **A**。

功能区:单击"默认"选项卡"注释"面板(图 3-32)中的"文字样式"按钮 **A**,或单击"注释"选项卡"文字"面板中的"文字样式"下拉菜单中的"管理文字样式"按钮(图 3-33),或单击"注释"选项卡"文字"面板中的"对话框启动器"按钮 **ˎ**。

图 3-32 "注释"面板

执行上述操作之一后,系统弹出"文字样式"对话框,如图 3-34 所示。

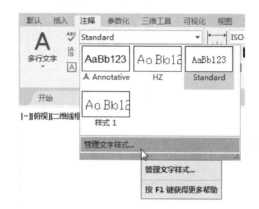

图 3-33 "文字"面板

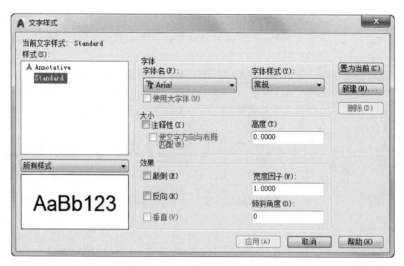

图 3-34 "文字样式"对话框

2. 选项说明

各选项含义如表 3-6 所示。

表 3-6　"文字样式"对话框各选项含义

选项	含　　义
"字体"选项组	确定字体式样。在 AutoCAD 中，除了它固有的 SHX 字体外，还可以使用 TrueType 字体(如宋体、楷体、Italic 等)。一种字体可以设置不同的效果，从而可被多种文字样式使用
"大小"选项组	用来确定文字样式使用的字体文件、字体风格及字高等
	"注释性"复选框　　指定文字为注释性文字
	"使文字方向与布局匹配"复选框　　指定图纸空间视口中的文字方向与布局方向匹配。如果取消选中"注释性"复选框，则此选项不可用
	"高度"文本框　　如果在"高度"文本框中输入一个数值，则它将作为添加文字时的固定字高，在用"TEXT"命令输入文字时，AutoCAD 将不再提示输入字高参数。如果在此文本框中设置字高为 0，文字默认值为 0.2，AutoCAD 会在每一次创建文字时提示输入字高
"效果"选项组	用于设置字体的特殊效果
	"颠倒"复选框　　选中该复选框，表示将文本文字倒置标注，如图 3-35(a)所示
	"反向"复选框　　确定是否将文本文字反向标注。如图 3-35(b)所示给出了这种标注效果
	"垂直"复选框　　确定文本是水平标注还是垂直标注。选中该复选框为垂直标注，否则为水平标注，如图 3-36 所示
	"宽度因子"文本框　　用于设置宽度系数，确定文本字符的宽高比。当宽度因子为 1 时，表示将按字体文件中定义的宽高比标注文字；小于 1 时文字会变窄，反之变宽
	"倾斜角度"文本框　　用于确定文字的倾斜角度。角度为 0 时不倾斜，为正时向右倾斜，为负时向左倾斜

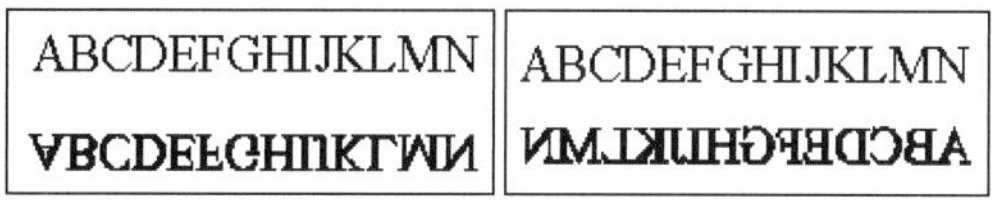

(a)　　　　　　　　(b)

图 3-35　文字倒置标注与反向标注　　　　　图 3-36　水平和垂直标注文字

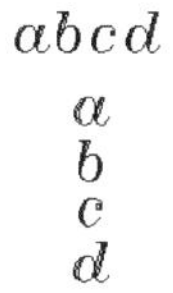

3.4.2　单行文本标注

1. 执行方式

命令行：TEXT 或 DTEXT。

菜单栏：选择菜单栏中的"绘图"→"文字"→"单行文字"命令。

工具栏：单击"文字"工具栏中的"单行文字"按钮 Ａ。

功能区：单击"默认"选项卡"注释"面板中的"单行文字"按钮 Ａ，或单击"注释"选项卡"文字"面板中的"单行文字"按钮 Ａ。

执行上述操作之一后，选择相应的菜单项或在命令行中输入"TEXT"命令，命令行

提示与操作如下。

> 当前文字样式：Standard 当前文字高度：0.2000 注释性：否
> 指定文字的起点或[对正(J)/样式(S)]：

2. 选项说明

各选项含义如表 3-7 所示。

表 3-7　"单行文本标注"命令各选项含义

选项	含 义
指定文字的起点	在此提示下直接在绘图区拾取一点作为文本的起始点。利用"TEXT"命令也可创建多行文本，只是这种多行文本每一行都是一个对象，因此不能对多行文本同时进行操作，但可以单独修改每一单行的文字样式、字高、旋转角度和对齐方式等
对正(J)	在命令行中输入"J"，用来确定文本的对齐方式。对齐方式决定文本的哪一部分与所选的插入点对齐
样式(S)	指定文字样式，文字样式决定文字字符的外观。创建的文字使用当前文字样式。 实际绘图时，有时需要标注一些特殊字符，例如直径符号、上划线或下划线、温度符号等，由于这些符号不能直接从键盘上输入，AutoCAD提供了一些控制码，用来实现这些要求。控制码用两个百分号（％％）加一个字符构成，常用的控制码如表 3-8 所示。表中，％％O 和％％U 分别是上划线和下划线的开关，第一次出现此符号时开始画上划线和下划线，第二次出现此符号时上划线和下划线终止。例如，在"输入文字："提示后输入"I want to ％％U go to Beijing％％U."，则得到如图 3-37(a)所示的文本行；输入"50％％D＋％％C75％％P12"，则得到如图 3-37(b)所示的文本行。 用"TEXT"命令可以创建一个或若干个单行文本，也就是说用此命令可以标注多行文本。在"输入文字："提示下输入一行文本后按 Enter 键，可输入第二行文本，依次类推，直到文本全部输完，再在此提示下按 Enter 键，结束文本输入命令。每按一次 Enter 键，就结束一个单行文本的输入。 用"TEXT"命令创建文本时，在命令行中输入的文字同时显示在屏幕上，而且在创建过程中可以随时改变文本的位置，只要将光标移到新的位置单击，则当前行结束，随后输入的文本出现在新的位置上。用这种方法可以把多行文本标注到屏幕的任何地方

表 3-8　AutoCAD 常用控制码

符　　号	功　　能	符　　号	功　　能
％％O	上划线	\u+0278	电相位
％％U	下划线	\u+E101	流线
％％D	"度"符号	\u+2261	标识
％％P	正负符号	\u+E102	界碑线
％％C	直径符号	\u+2260	不相等
％％％	百分号（％）	\u+2126	欧姆
\u+2248	几乎相等	\u+03A9	欧米加
\u+2220	角度	\u+214A	低界线
\u+E100	边界线	\u+2082	下标 2
\u+2104	中心线	\u+00B2	上标 2
\u+0394	差值		

I want to go to Beijing.　　　　50°+⌀75±12

(a)　　　　　　　　　　　　　　(b)

图 3-37　文本行

3.4.3　多行文本标注

1. 执行方式

命令行：MTEXT。

菜单栏：选择菜单栏中的"绘图"→"文字"→"多行文字"命令。

工具栏：单击"绘图"工具栏中的"多行文字"按钮 **A** 或单击"文字"工具栏中的"多行文字"按钮 **A**。

功能区：单击"默认"选项卡"注释"面板中的"多行文字"按钮 **A**，或单击"注释"选项卡"文字"面板中的"多行文字"按钮 **A**。

执行上述操作之一后，命令行提示与操作如下。

当前文字样式：Standard 当前文字高度：1.9122 注释性：否
指定第一角点：(指定矩形框的第一个角点)
指定对角点或[高度(H)/对正(J)/行距(L)/旋转(R)/样式(S)/宽度(W)/栏(C)]：

2. 选项说明

各选项含义如表 3-9 所示。

表 3-9　"多行文本标注"命令各选项含义

选　　项	含　　义
指定对角点	直接在屏幕上拾取一个点作为矩形框的第二个角点，AutoCAD 以这两个点为对角点形成一个矩形区域，其宽度作为将来要标注的多行文本的宽度，而且第一个点作为第一行文本顶线的起点。响应后系统弹出如图 3-38 所示的"文字编辑器"选项卡，可利用此编辑器输入多行文本并对其格式进行设置。关于对话框中各选项的含义与编辑器功能，稍后再详细介绍
对正(J)	确定所标注文本的对齐方式。 这些对齐方式与"TEXT"命令中的各对齐方式相同，在此不再重复。选择一种对齐方式后按 Enter 键，AutoCAD 回到上一级提示
行距(L)	确定多行文本的行间距，这里所说的行间距是指相邻两文本行的基线之间的垂直距离。选择此选项，命令行提示与操作如下： 　　输入行距类型[至少(A)/精确(E)]<至少(A)>： 在此提示下有两种方式确定行间距："至少"方式和"精确"方式。"至少"方式下，AutoCAD 根据每行文本中最大的字符自动调整行间距。"精确"方式下，AutoCAD 给多行文本赋予一个固定的行间距。可以直接输入一个确切的间距值，也可以输入"nx"的形式，其中"n"是一个具体数，表示行间距设置为单行文本高度的 n 倍，而单行文本高度是本行文本字符高度的 1.66 倍
旋转(R)	确定文本行的倾斜角度。选择此选项，命令行提示与操作如下。 　　指定旋转角度<0>：(输入倾斜角度) 输入角度值后按 Enter 键，返回到"指定对角点或[高度(H)/对正(J)/行距(L)/旋转(R)/样式(S)/宽度(W)]："提示

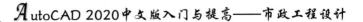

Note

续表

选　　项	含　　义
样式（S）	确定当前的文字样式
宽度（W）	指定多行文本的宽度。可在屏幕上拾取一点，将其与前面确定的第一个角点组成的矩形框的宽度作为多行文本的宽度，也可以输入一个数值，精确设置多行文本的宽度。 　　在创建多行文本时，只要给定了文本行的起始点和宽度后，AutoCAD 就会打开如图 3-38 所示的多行文字编辑器，该编辑器包括一个"文字格式"工具栏和一个快捷菜单。可以在编辑器中输入和编辑多行文本，包括设置字高、文字样式以及倾斜角度等。 　　该编辑器与 Microsoft 的 Word 编辑器界面类似，事实上该编辑器与 Word 编辑器在某些功能上趋于一致
栏（C）	可以将多行文字对象的格式设置为多栏。可以指定栏和栏之间的宽度、高度及栏数，以及使用夹点编辑栏宽和栏高。其中提供了 3 个栏选项："不分栏""静态栏"和"动态栏"
"文字格式"工具栏	"文字格式"工具栏用来控制文本的显示特性。可以在输入文本之前设置文本的特性，也可以改变已输入文本的特性。要改变已有文本的显示特性，首先应选中要修改的文本。选择文本有以下 3 种方法。 　　➤ 将光标定位到文本开始处，按住鼠标左键，将光标拖到文本末尾。 　　➤ 双击某一个字，则该字被选中。 　　➤ 三击鼠标，则选中全部内容。 　　下面介绍"文字格式"工具栏中部分选项的功能

"文字高度"下拉列表框	用于确定文本的字符高度，可在其中直接输入新的字符高度，也可在下拉列表中选择已设定的高度
"粗体"按钮 **B** 和"斜体"按钮 *I*	用于设置粗体和斜体效果。这两个按钮只对 TrueType 字体有效
"下划线"按钮 U 和"上划线"按钮 Ō	用于设置或取消上（下）划线
"堆叠"按钮 **b̪ₐ**	该按钮为层叠/非层叠文本按钮，用于层叠所选的文本，也就是创建分数形式。当文本中某处出现"/""^"或"#"这 3 种层叠符号之一时可层叠文本。方法是：选中需层叠的文字，然后单击此按钮，则符号左边的文字作为分子，符号右边的文字作为分母进行层叠
"倾斜角度"文本框 *0/*	用于设置文本的倾斜角度
"符号"按钮 **@**	用于输入各种符号。单击该按钮，系统弹出符号列表，如图 3-39 所示，可以从中选择符号输入到文本中
"插入字段"按钮 📑	用于插入一些常用或预设字段。单击该按钮，系统弹出"字段"对话框，如图 3-40 所示，可以从中选择字段插入到标注文本中
"追踪"文本框 ab	用于增大或减小选定字符之间的距离。1.0 是常规间距，设置为大于 1.0 可增大间距，设置为小于 1.0 可减小间距
"宽度比例"文本框 **〇**	用于扩展或收缩选定字符。1.0 代表此字体中字母的常规宽度。可以增大或减小该宽度
"栏"下拉列表 **诸·**	显示栏菜单，该菜单中提供 3 个栏选项："不分栏""静态栏""动态栏"
"多行文字对齐"下拉列表 **A**	显示"多行文字对正"菜单，有 9 个对齐选项可用，"左上"为默认设置

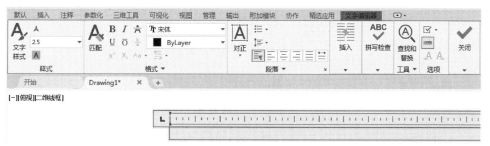

图 3-38 "文字编辑器"选项卡

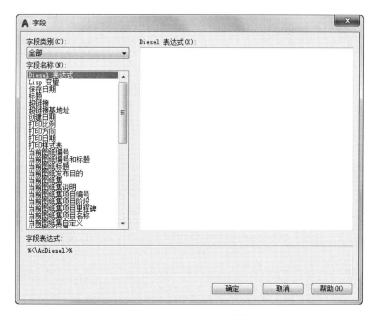

图 3-39 符号列表　　　　　　　　　　图 3-40 "字段"对话框

3.4.4 文本编辑

执行方式

命令行：DDEDIT。

菜单栏：选择菜单栏中的"修改"→"对象"→"文字"→"编辑"命令。

工具栏：单击"文字"工具栏中的"编辑"按钮 。

执行上述操作之一后，命令行提示与操作如下。

> 命令：DDEDIT ↙
> 选择注释对象或[放弃(U)]：

要求选择想要修改的文本，同时光标变为拾取框。单击选择对象，如果选择的文本是用"TEXT"命令创建的单行文本，则亮显该文本，此时可对其进行修改；如果选择的文本是用"MTEXT"命令创建的多行文本，选择后则打开多行文字编辑器，可根据前面的介绍对各项设置或内容进行修改。

3.4.5 上机练习——标注道路横断面图说明文字

 练习目标

给如图 3-41 所示的道路横断面图标注说明文字。

 设计思路

利用源文件中的园林道路横断面图，新建图层，设置文字样式，然后绘制高程符号，最后绘制箭头和标注文字。

图 3-41　道路横断面图

操作步骤

1. 设置图层

打开源文件中的"园林道路横断面图"，新建一个"文字"图层，其设置如图 3-42 所示。

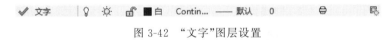

图 3-42　"文字"图层设置

2. 文字样式的设置

单击"默认"选项卡"注释"面板中的"文字样式"按钮 ，打开"文字样式"对话框。选择仿宋字体，宽度因子设置为 0.8。文字样式的设置如图 3-43 所示。

图 3-43　"文字样式"对话框

3. 绘制高程符号

（1）把"尺寸线"图层设置为当前图层。单击"默认"选项卡"绘图"面板中的"多边形"按钮 ，在平面上绘制一个封闭的倒立正三角形 ABC。

（2）把"文字"图层设置为当前图层。单击"默认"选项卡"注释"面板中的"多行文字"按钮 **A**，标注标高文字"设计高程"，指定高度为 0.7，旋转角度为 0。绘制流程如图 3-44 所示。

4．绘制箭头以及标注文字

（1）单击"默认"选项卡"绘图"面板中的"多段线"按钮 ，绘制箭头。指定 A 点为起点，输入 w，设置多段线的宽为 0.0500；指定 B 点为第二点，输入 w，指定起点宽度为 0.1500，指定端点宽度为 0；指定 C 点为第三点。

（2）单击"默认"选项卡"注释"面板中的"多行文字"按钮 **A**，标注标高为"1.5％"，指定高度为 0.5，旋转角度为 0。注意文字标注时需要把文字图层设置为当前图层。

绘制流程如图 3-45 所示。

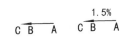

图 3-44　高程符号绘制流程　　　　图 3-45　道路横断面图坡度绘制流程

（3）同上标注其他文字。完成的图形如图 3-46 所示。

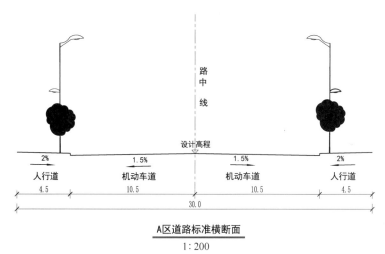

图 3-46　道路横断面图文字标注

3.5　表　　格

使用 AutoCAD 提供的表格功能，创建表格就变得非常容易，可以直接插入设置好样式的表格，而不用由单独的图线重新绘制。

3.5.1　定义表格样式

表格样式是用来控制表格基本形状和间距的一组设置。和文字样式一样，所有 AutoCAD 图形中的表格都有和其相对应的表格样式。当插入表格对象时，AutoCAD

使用当前设置的表格样式。模板文件"acad.dwt"和"acadiso.dwt"中定义了名为Standard 的默认表格样式。

1. 执行方式

命令行：TABLESTYLE。

菜单栏：选择菜单栏中的"格式"→"表格样式"命令。

工具栏：单击"样式"工具栏中的"表格样式"按钮 ⊞。

功能区：单击"默认"选项卡"注释"面板中的"表格样式"按钮 ⊞（如图 3-47 所示），或单击"注释"选项卡"表格"面板中的"表格样式"下拉菜单中的"管理表格样式"按钮（如图 3-48 所示），或单击"注释"选项卡"表格"面板中的"对话框启动器"按钮 ⟍。

图 3-47 "注释"面板

图 3-48 "表格"面板

执行上述操作之一后，弹出"表格样式"对话框，如图 3-49 所示。单击"新建"按钮，弹出"创建新的表格样式"对话框，如图 3-50 所示。输入新的表格样式名后，单击"继续"按钮，弹出"新建表格样式：Standard 副本"对话框，如图 3-51 所示，从中可以定义新的表格样式。

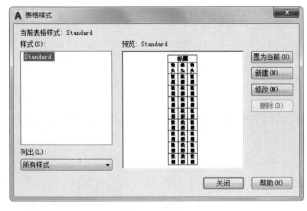

图 3-49 "表格样式"对话框

图 3-50 "创建新的表格样式"对话框

"新建表格样式：Standard 副本"对话框中有 3 个选项卡："常规""文字"和"边框"，分别用于控制表格中的数据、表头和标题的有关参数。图 3-52 所示为表格样式。

2．选项说明

各选项含义如表 3-10 所示。

图 3-51　"新建表格样式：Standard 副本"对话框

标题		
表头	表头	表头
数据	数据	数据
数据	数据	数据
数据	数据	数据
数据	数据	数据
数据	数据	数据
数据	数据	数据

图 3-52　表格样式

表 3-10　"新建表格样式"对话框各选项含义

选　项	含　义	
"常规"选项卡	"特性"选项组	
	"填充颜色"下拉列表框	用于指定填充颜色
	"对齐"下拉列表框	用于为单元内容指定一种对齐方式
	"格式"选项	用于设置表格中各行的数据类型和格式
	"类型"下拉列表框	将单元样式指定为标签或数据，在包含起始表格的表格样式中插入默认文字时使用。也用于在工具选项板上创建表格工具的情况
	"页边距"选项组	
	"水平"文本框	设置单元中的文字或块与左右单元边界之间的距离
	"垂直"文本框	设置单元中的文字或块与上下单元边界之间的距离
	"创建行/列时合并单元"复选框：将使用当前单元样式创建的所有新行或列合并到一个单元中	
"文字"选项卡	"文字样式"下拉列表框	用于指定文字样式
	"文字高度"文本框	用于指定文字高度
	"文字颜色"下拉列表框	用于指定文字颜色
	"文字角度"文本框	用于设置文字角度

续表

选　　项	含　　义	
"边框"选项卡	"线宽"下拉列表框	用于设置要用于显示边界的线宽
	"线型"下拉列表框	通过单击"边框"按钮，设置线型以应用于指定的边框
	"颜色"下拉列表框	用于指定颜色以应用于显示的边界
	"双线"复选框	选中该复选框，指定选定的边框为双线

3.5.2　创建表格

设置好表格样式后，可以利用"TABLE"命令创建表格。

1. 执行方式

命令行：TABLE。

菜单栏：选择菜单栏中的"绘图"→"表格"命令。

工具栏：单击"绘图"工具栏中的"表格"按钮 ⊞ 。

功能区：单击"默认"选项卡"注释"面板中的"表格"按钮 ⊞ ，或单击"注释"选项卡"表格"面板中的"表格"按钮 ⊞ 。

执行上述操作之一后，弹出"插入表格"对话框，如图 3-53 所示。

图 3-53　"插入表格"对话框

2. 选项说明

各选项含义如表 3-11 所示。

表 3-11　"插入表格"对话框各选项含义

选　　项	含　　义
"表格样式"选项组	可以在下拉列表中选择一种表格样式，也可以单击右侧的"启动'表格样式'对话框"按钮，新建或修改表格样式

续表

选　　项		含　　义
"插入方式"选项组	"指定插入点"单选按钮	用于指定表格左上角的位置。可以使用定点设备,也可以在命令行中输入坐标值。如果表格样式将表的方向设置为由下而上读取,则插入点位于表的左下角
	"指定窗口"单选按钮	用于指定表格的大小和位置。可以使用定点设备,也可以在命令行中输入坐标值。选择该单选按钮时,行数、列数、列宽和行高取决于窗口的大小以及列和行的设置
"列和行设置"选项组		指定列和行的数目以及列宽与行高。 在"插入表格"对话框中进行相应的设置后,单击"确定"按钮,系统在指定的插入点处自动插入一个空表格,并打开"文字编辑器"选项卡,可以逐行逐列输入相应的文字或数据,如图3-54所示

图 3-54　空表格和"文字编辑器"选项卡

3.5.3　表格文字编辑

执行方式

命令行:TABLEDIT。

快捷菜单:选定表的一个或多个单元格后右击,在弹出的快捷菜单中选择"编辑文字"命令。

定点设备:在表单元格内双击。

执行上述操作之一后,弹出"文字编辑器"选项卡,可以对指定单元格中的文字进行编辑。

在 AutoCAD 2020 中,可以在表格中插入简单的公式,用于求和、计数和计算平均值,以及定义简单的算术表达式。要在选定的单元格中插入公式,需在单元格中右击,在弹出的快捷菜单中选择"插入点"→"公式"命令。也可以使用多行文字编辑器输入公式。选择一个公式项后,命令行提示与操作如下。

选择表单元范围的第一个角点:(在表格内指定一点)
选择表单元范围的第二个角点:(在表格内指定另一点)

3.5.4 上机练习——公园设计植物明细表

 练习目标

绘制如图 3-55 所示的公园设计植物明细表。

苗木名称	数量	规格	苗木名称	数量	规格	苗木名称	数量	规格
落叶松	32	10cm	红枫	3	15cm	金叶女贞		20棵/m² 丛植 H=500
银杏	44	15cm	法国梧桐	10	20cm	紫叶小檗		20棵/m² 丛植 H=500
元宝枫	5	6m(冠径)	油松	4	8cm	草坪		2~3个品种混播
樱花	3	10cm	三角枫	26	10cm			
合欢	8	12cm	睡莲	20				
玉兰	27	15cm						
龙爪槐	30	10cm						

图 3-55　植物明细表

 设计思路

首先设置表格样式,并插入表格,最后在表格中添加文字。

操作步骤

(1)单击"默认"选项卡"注释"面板中的"表格样式"按钮 ,系统打开"表格样式"对话框,如图 3-56 所示。

(2)单击"新建"按钮,系统打开"创建新的表格样式"对话框,如图 3-57 所示。输入新的表格名称后,单击"继续"按钮,系统打开"新建表格样式:Standard 副本"对话框,如图 3-58 所示。"常规"选项卡按图 3-58 设置。"边框"选项卡按图 3-59 设置。创建好表格样式后,确定并关闭退出"表格样式"对话框。

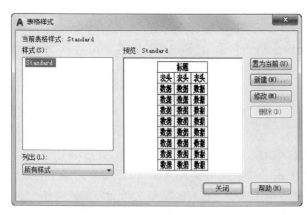

图 3-56　"表格样式"对话框

图 3-57　"创建新的表格样式"对话框

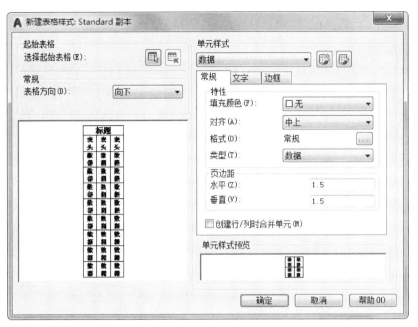

图 3-58 "新建表格样式：Standard 副本"对话框

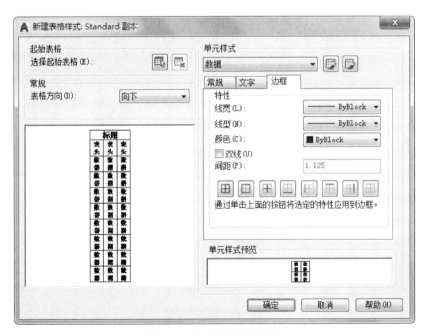

图 3-59 "边框"选项卡设置

（3）创建表格。在设置好表格样式后，单击"默认"选项卡"注释"面板中的"表格"按钮 ，创建表格。设置如图 3-60 所示。

（4）单击"确定"按钮，系统在指定的插入点或窗口自动插入一个空表格，并显示"文字编辑器"选项卡，可以逐行逐列输入相应的文字或数据，如图 3-61 所示。

图 3-60 "插入表格"对话框

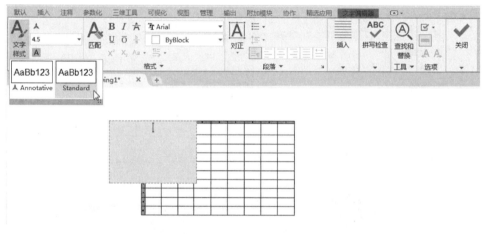

图 3-61 空表格和"文字编辑器"选项卡

（5）当编辑完成的表格有需要修改的地方时可用 TABLEDIT 命令来完成（也可在要修改的表格上单击右键,在出现的快捷菜单中选择"编辑文字"命令,如图 3-62 所示,同样可以达到修改文本的目的）。命令行提示与操作如下。

```
命令：tabledit↙
拾取表格单元：(鼠标点取需要修改文本的表格单元)
```

多行文字编辑器会再次出现,可以进行修改。

注意：在插入后的表格中选择某一个单元格,单击后出现钳夹点,通过移动钳夹点可以改变单元格的大小,如图 3-63 所示。

Note

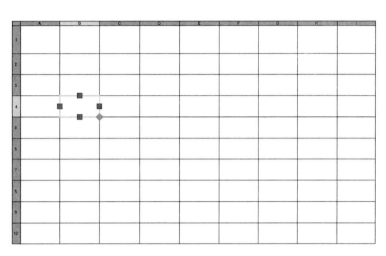

图 3-62　快捷菜单　　　　　　　　　　　图 3-63　改变单元格大小

最后完成的植物明细表如图 3-55 所示。

3.6　尺寸标注

组成尺寸标注的尺寸界线、尺寸线、尺寸文本及箭头等可以采用多种多样的形式，实际标注一个几何对象的尺寸时，它的尺寸标注以什么形态出现，取决于当前所采用的尺寸标注样式。标注样式决定尺寸标注的形式，包括尺寸线、尺寸界线、箭头和中心标记的形式，以及尺寸文本的位置、特性等。在 AutoCAD 2020 中可以利用"标注样式管理器"对话框方便地设置自己需要的尺寸标注样式。下面介绍如何定制尺寸标注样式。

3.6.1　尺寸样式

在进行尺寸标注之前，要建立尺寸标注的样式。如果不建立尺寸样式而直接进行标注，系统使用默认的名称为"Standard"的样式。如果认为使用的标注样式有某些设置不合适，也可以修改标注样式。

1. 执行方式

命令行：DIMSTYLE。

菜单栏：选择菜单栏中的"格式"→"标注样式"或"标注"→"标注样式"命令。

工具栏：单击"标注"工具栏中的"标注样式"按钮 📐。

功能区：单击"默认"选项卡"注释"面板中的"标注样式"按钮 📐（如图 3-64 所

示），或单击"注释"选项卡"标注"面板中的"标注样式"下拉菜单中的"管理标注样式"按钮（如图 3-65 所示），或单击"注释"选项卡"标注"面板中的"对话框启动器"按钮 ⊿。

图 3-64 "注释"面板

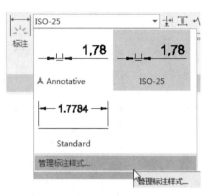

图 3-65 "标注"面板

执行上述操作之一后，弹出"标注样式管理器"对话框，如图 3-66 所示。利用此对话框可方便直观地设置和浏览尺寸标注样式，包括建立新的标注样式、修改已存在的样式、设置当前尺寸标注样式、重命名样式以及删除一个已存在的样式等。

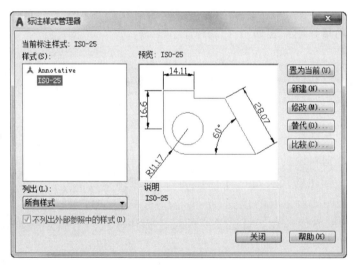

图 3-66 "标注样式管理器"对话框

2．选项说明

各选项含义如表 3-12 所示。

表 3-12 "标注样式管理器"对话框各选项含义

选　　项	含　　义
"置为当前"按钮	单击该按钮，把在"样式"列表框中选中的样式设置为当前样式
"新建"按钮	定义一个新的尺寸标注样式。单击该按钮，弹出"创建新标注样式"对话框，如图 3-67 所示，利用此对话框可创建一个新的尺寸标注样式。单击"继续"按钮，系统打开"新建标注样式"对话框，如图 3-68 所示

续表

选 项	含 义
"修改"按钮	修改一个已存在的尺寸标注样式。单击该按钮,弹出"修改标注样式"对话框,该对话框中的各选项与"新建标注样式"对话框中完全相同,可以对已有标注样式进行修改
"替代"按钮	设置临时覆盖尺寸标注样式。单击该按钮,弹出"替代当前样式"对话框,可改变选项的设置覆盖原来的设置,但这种修改只对指定的尺寸标注起作用,而不影响当前尺寸变量的设置
"比较"按钮	比较两个尺寸标注样式在参数上的区别,或浏览一个尺寸标注样式的参数设置。单击该按钮,弹出"比较标注样式"对话框,如图 3-69 所示。可以把比较结果复制到剪贴板中,然后再粘贴到其他的 Windows 应用软件中

图 3-67 "创建新标注样式"对话框

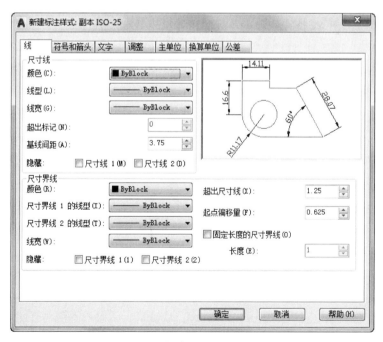

图 3-68 "新建标注样式"对话框

Note

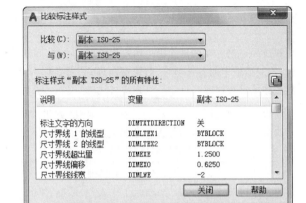

图 3-69 "比较标注样式"对话框

下面对图 3-68 所示的"新建标注样式"对话框中的主要选项卡进行简要说明。

1）线

"新建标注样式"对话框中的"线"选项卡用于设置尺寸线、尺寸界线的形式和特性。现分别进行说明。

（1）"尺寸线"选项组：用于设置尺寸线的特性。

（2）尺寸样式显示框：在"新建标注样式"对话框的右上方，是一个尺寸样式显示框，该显示框以样例的形式显示用户设置的尺寸样式。

2）符号和箭头

"新建标注样式"对话框中的"符号和箭头"选项卡如图 3-70 所示。该选项卡用于设置箭头、圆心标记、弧长符号和半径标注折弯的形式和特性。

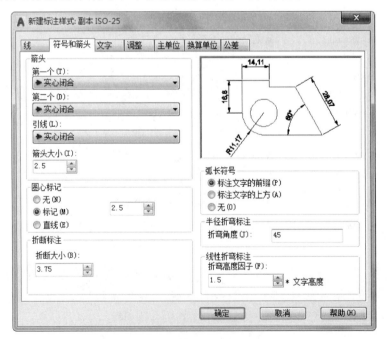

图 3-70 "符号和箭头"选项卡

（1）"箭头"选项组：用于设置尺寸箭头的形式。系统提供了多种箭头形式，列在"第一个"和"第二个"下拉列表中。另外，还允许采用用户自定义的箭头形式。两个尺寸箭头可以采用相同的形式，也可以采用不同的形式。一般建筑制图中的箭头采用建筑标记样式。

（2）"圆心标记"选项组：用于设置半径标注、直径标注和中心标注中的中心标记和中心线的形式。相应的尺寸变量是 DIMCEN。

（3）"弧长符号"选项组：用于控制弧长标注中圆弧符号的显示。

（4）"折断标注"选项组：用于控制折断标注的间隙宽度。

（5）"半径折弯标注"选项组：用于控制折弯（Z字形）半径标注的显示。

（6）"线性折弯标注"选项组：用于控制线性标注折弯的显示。

3）文字

"新建标注样式"对话框中的"文字"选项卡如图 3-71 所示，该选项卡用于设置尺寸文本的形式、位置和对齐方式等。

图 3-71　"文字"选项卡

（1）"文字外观"选项组：用于设置文字的样式、颜色、填充颜色、高度、分数高度比例以及文字是否带边框。

（2）"文字位置"选项组：用于设置文字的位置是垂直还是水平，以及从尺寸线偏移的距离。

（3）"文字对齐"选项组：用于控制尺寸文本排列的方向。当尺寸文本在尺寸界线之内时，与其对应的尺寸变量是 DIMTIH；当尺寸文本在尺寸界线之外时，与其对应的尺寸变量是 DIMTOH。

3.6.2　尺寸标注

正确地进行尺寸标注是设计绘图工作中非常重要的一个环节，AutoCAD 2020 提供了方便快捷的尺寸标注方法，可通过执行命令实现，也可利用菜单或工具栏按钮来实现。本节将重点介绍如何对各种类型的尺寸进行标注。

1．线性标注

1）执行方式

命令行：DIMLINEAR（缩写名：DIMLIN）。

菜单栏：选择菜单栏中的"标注"→"线性"命令。

工具栏：单击"标注"工具栏中的"线性"按钮 ⊢⊣。

功能区：单击"默认"选项卡"注释"面板中的"线性"按钮 ⊢⊣（如图 3-72 所示），或单击"注释"选项卡"标注"面板中的"线性"按钮 ⊢⊣（如图 3-73 所示）。

执行上述操作之一后，命令行提示与操作如下。

指定第一个尺寸界线原点或 <选择对象>：

2）选项说明

在此提示下有两种选择，直接按 Enter 键选择要标注的对象或确定尺寸界线的起始点，如表 3-13 所示。

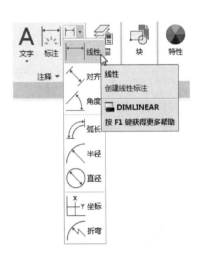

图 3-72 "注释"面板

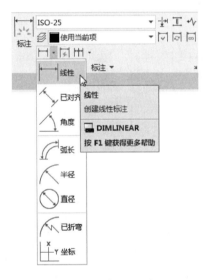

图 3-73 "标注"面板

表 3-13 "线性标注"命令各选项含义

选　　项	含　　义
直接按 Enter 键	光标变为拾取框，命令行提示与操作如下。 选择标注对象： 用拾取框拾取要标注尺寸的线段，命令行提示与操作如下。 指定尺寸线位置或[多行文字(M)/文字(T)/角度(A)/水平(H)/垂直(V)/旋转(R)]：

续表

选　　项	含　　义
指定第一条尺寸界线原点	指定第一条与第二条尺寸界线的起始点

2. 对齐标注

执行方式

命令行：DIMALIGNED。

菜单栏：选择菜单栏中的"标注"→"对齐"命令。

工具栏：单击"标注"工具栏中的"对齐"按钮 。

功能区：单击"默认"选项卡"注释"面板中的"对齐"按钮 ，或单击"注释"选项卡"标注"面板中的"已对齐"按钮 。

执行上述操作之一后，命令行提示与操作如下。

> 指定第一个尺寸界线原点或 <选择对象>：

使用"对齐标注"命令标注的尺寸线与所标注的轮廓线平行，标注的是起始点到终点之间的距离尺寸。

3. 基线标注

基线标注用于产生一系列基于同一条尺寸界线的尺寸标注，适用于长度尺寸标注、角度标注和坐标标注等。在使用基线标注方式之前，应该先标注出一个相关的尺寸。

1）执行方式

命令行：DIMBASELINE。

菜单栏：选择菜单栏中的"标注"→"基线"命令。

工具栏：单击"标注"工具栏中的"基线"按钮 。

功能区：单击"注释"选项卡"标注"面板中的"基线"按钮 。

2）操作步骤

> 指定第二条尺寸界线原点或[放弃(U)/选择(S)]<选择>：

3）选项说明

各选项含义如表3-14所示。

表3-14 "基线标注"命令各选项含义

选　　项	含　　义
指定第二条尺寸界线原点	直接确定另一个尺寸的第二条尺寸界线的起点，以上次标注的尺寸为基准标注出相应的尺寸
选择(S)	在上述提示下直接按 Enter 键，命令行提示与操作如下。 选择基准标注：(选择作为基准的尺寸标注)

4．连续标注

连续标注又叫尺寸链标注，用于产生一系列连续的尺寸标注，后一个尺寸标注均把前一个标注的第二条尺寸界线作为它的第一条尺寸界线，适用于长度尺寸标注、角度标注和坐标标注等。在使用连续标注方式之前，应该先标注出一个相关的尺寸。

执行方式

命令行：DIMCONTINUE。

菜单栏：选择菜单栏中的"标注"→"连续"命令。

工具栏：单击"标注"工具栏中的"连续"按钮 ⊢⊦⊢。

功能区：单击"注释"选项卡"标注"面板中的"连续"按钮 ⊢⊦⊢。

命令行提示与操作如下。

指定第二条尺寸界线原点或[放弃(U)/选择(S)]<选择>:

此提示下的各选项与基线标注中的选项完全相同，在此不再赘述。

5．引线标注

AutoCAD 提供了引线标注功能，利用该功能不仅可以标注特定的尺寸，如圆角、倒角等，还可以在图中添加多行旁注、说明。在引线标注中，指引线可以是折线，也可以是曲线；指引线端部可以有箭头，也可以没有箭头。

利用"QLEADER"命令可快速生成指引线及注释，而且可以通过命令行优化对话框进行用户自定义，由此可以消除不必要的命令行提示，取得最高的工作效率。

1）执行方式

命令行：QLEADER。

2）操作步骤

指定第一个引线点或[设置(S)]<设置>:

3）选项说明

各选项含义如表 3-15 所示。

表 3-15 "引线标注"命令各选项含义

选　　项	含　　义
指定第一个引线点	根据命令行提示确定一点作为指引线的第一点。命令行提示与操作如下。 指定下一点：(输入指引线的第二点) 指定下一点：(输入指引线的第三点) AutoCAD 提示用户输入的点的数目由"引线设置"对话框确定，如图 3-74 所示。输入完指引线的点后，命令行提示与操作如下。 指定文字宽度<0.0000>：(输入多行文本的宽度) 输入注释文字的第一行<多行文字(M)>： 此时，有以下两种方式进行输入选择

Note

选 项		含 义
指定第一个引线点	输入注释文字的第一行	在命令行中输入第一行文本。此时,命令行提示与操作如下。 输入注释文字的下一行:(输入另一行文本) 输入注释文字的下一行:(输入另一行文本或按 Enter 键)
	多行文字(M)	打开多行文字编辑器,输入、编辑多行文字。输入全部注释文本后直接按 Enter 键,系统结束"QLEADER"命令,并把多行文本标注在指引线的末端附近
设置(S)		在上面的命令行提示下直接按 Enter 键或输入"S",弹出"引线设置"对话框,允许对引线标注进行设置。该对话框包含"注释""引线和箭头""附着"3 个选项卡,下面分别进行介绍
	"注释"选项卡	用于设置引线标注中注释文本的类型、多行文本的格式并确定注释文本是否多次使用
	"引线和箭头"选项卡	用于设置引线标注中引线和箭头的形式,如图 3-75所示。其中,"点数"选项组用于设置执行"QLEADER"命令时提示用户输入的点的数目。例如,设置点数为 3,执行"QLEADER"命令时当用户在提示下指定3 个点后,AutoCAD 自动提示用户输入注释文本。 　　需要注意的是,设置的点数要比用户希望的指引线段数多 1。如果选中"无限制"复选框,AutoCAD会一直提示用户输入点直到连续按 Enter 键两次为止。"角度约束"选项组用于设置第一段和第二段指引线的角度约束
	"附着"选项卡	用于设置注释文本和指引线的相对位置,如图 3-76所示。如果最后一段指引线指向右边,系统自动把注释文本放在右侧;如果最后一段指引线指向左边,系统自动把注释文本放在左侧。利用该选项卡中左侧和右侧的单选按钮,可以分别设置位于左侧和右侧的注释文本与最后一段指引线的相对位置,二者可相同,也可不同

图 3-74 "引线设置"对话框

图 3-75 "引线和箭头"选项卡

图 3-76 "附着"选项卡

3.6.3 上机练习——桥边墩平面图

 练习目标

绘制如图 3-77 所示的桥边墩平面图。

 设计思路

使用直线命令绘制桥边墩轮廓定位中心线；使用直线、多段线命令绘制桥边墩轮廓线；使用多行文字命令标注文字；使用线性、连续标注命令以及 DIMTEDIT 命令标注修改尺寸，完成桥边墩平面图，如图 3-77 所示。

 操作步骤

1. 前期准备以及绘图设置

1）确定绘图比例

根据需绘制图形确定绘图的比例，建议采用 1：1 的比例绘制、1：100 的比例出图。

Note

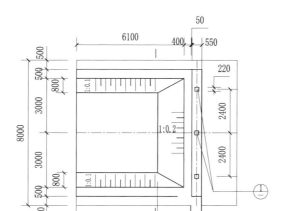

桥边墩平面图
$\overline{}$ 1:100

图 3-77 桥边墩平面图

2）建立新文件

打开 AutoCAD 2020 应用程序，建立新文件，将新文件命名为"桥边墩平面图.dwg"并保存。

3）设置图层

设置以下 4 个图层："尺寸""定位中心线""轮廓线"和"文字"，把这些图层设置成不同的颜色，使图纸上表示得更加清晰，将"定位中心线"设置为当前图层。图层设置如图 3-78 所示。

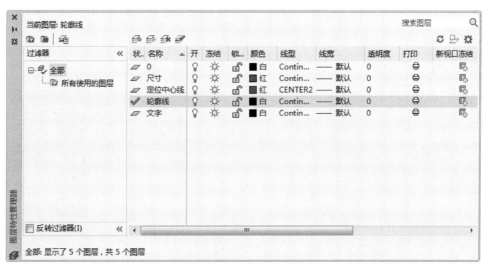

图 3-78 桥边墩平面图图层设置

4）文字样式的设置

单击"默认"选项卡"注释"面板中的"文字样式"按钮 **A**，打开"文字样式"对话框。选择仿宋字体，宽度因子设置为 0.8。

5）标注样式的设置

根据绘图比例设置标注样式，对标注样式线、符号和箭头、文字、主单位进行设置。具体如下。

> 线：超出尺寸线为 400，起点偏移量为 500。

> 符号和箭头：第一个为建筑标记，箭头大小为 500，圆心标记为标记 250。

> 文字：文字高度为 500，文字位置为垂直上，从尺寸线偏移为 250，文字对齐为 ISO 标准。

> 主单位：精度为 0，比例因子为 1。

2．绘制桥边墩轮廓定位中心线

（1）在状态栏中，单击"正交模式"按钮 **L**，打开正交模式。单击"默认"选项卡"绘图"面板中的"直线"按钮 **/**，绘制一条长为 9100 的水平直线。

（2）单击"默认"选项卡"绘图"面板中的"直线"按钮 **/**，绘制交于端点的垂直的长为 8000 的直线。

（3）把"尺寸"图层设置为当前图层。单击"默认"选项卡"注释"面板中的"线性"按钮 **⊢⊣**，标注直线尺寸。完成的图形如图 3-79 所示。

（4）单击"默认"选项卡"修改"面板中的"复制"按钮 **%**，复制刚刚绘制好的水平直线，向上复制的位移分别为 500，1000，1800，4000，6200，7000，7500，8000。

（5）单击"默认"选项卡"修改"面板中的"复制"按钮 **%**，复制刚刚绘制好的垂直直线，向右复制的位移分别为 6100，6500，6550，7100，9100。

（6）注意把尺寸图层设置为当前图层。单击"默认"选项卡"注释"面板中的"线性"按钮 **⊢⊣**，标注直线尺寸。然后单击"注释"选项卡"标注"面板中的"连续"按钮 **⊢⊢⊢**，进行连续标注。结果如图 3-80 所示。

图 3-79　桥边墩定位轴线绘制

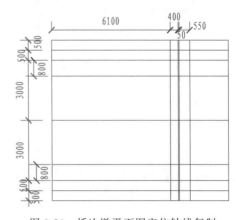

图 3-80　桥边墩平面图定位轴线复制

3. 绘制桥边墩平面轮廓线

（1）把轮廓线图层设置为当前图层。单击"默认"选项卡"绘图"面板中的"多段线"按钮 ，绘制桥边墩轮廓线。选择 w，设置起点和端点的宽度为 30。

（2）单击"默认"选项卡"绘图"面板中的"多段线"按钮 ，完成其他线的绘制。完成的图形如图 3-81 所示。

（3）单击"默认"选项卡"修改"面板中的"复制"按钮 ，复制定位轴线去确定支座定位线。

（4）单击"绘图"工具栏中的"矩形"按钮 ，绘制 220×220 的矩形作为支座。

（5）单击"默认"选项卡"修改"面板中的"复制"按钮 ，复制支座矩形。完成的图形如图 3-82 所示。

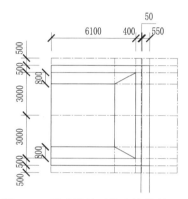

图 3-81 桥边墩平面轮廓线绘制（一）

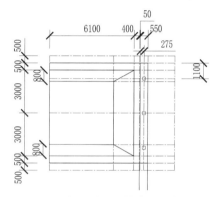

图 3-82 桥边墩平面轮廓线绘制（二）

（6）单击"默认"选项卡"绘图"面板中的"直线"按钮 ，绘制坡度和水位线。

（7）单击"默认"选项卡"绘图"面板中的"多段线"按钮 ，绘制剖切线。单击"默认"选项卡"绘图"面板中的"直线"按钮 和修改"面板中的"修剪"按钮 ，绘制折断线。结果如图 3-83 所示。

（8）单击"默认"选项卡"修改"面板中的"删除"按钮 ，删除多余的定位线。

（9）单击"默认"选项卡"修改"面板中的"修剪"按钮 ，框选实体，删除多余的实体。完成的图形如图 3-84 所示。

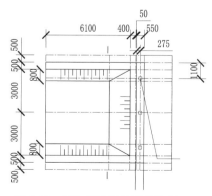

图 3-83 桥边墩平面轮廓线绘制（三）

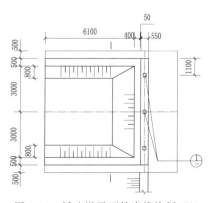

图 3-84 桥边墩平面轮廓线绘制（四）

Note

4. 标注文字

（1）单击"默认"选项卡"注释"面板中的"多行文字"按钮 **A** ，标注文字。

（2）单击"默认"选项卡"修改"面板中的"复制"按钮，复制文字相同的内容到指定位置。完成的图形如图 3-85 所示。

5. 标注尺寸

（1）把尺寸图层设置为当前图层。单击"默认"选项卡"注释"面板中的"线性"按钮，标注尺寸。

（2）单击"注释"选项卡"标注"面板中的"连续"按钮，进行连续标注。注意尺寸标注时需要把尺寸图层设置为当前图层。

（3）对标注文字进行重新编辑。完成的图形如图 3-77 所示。

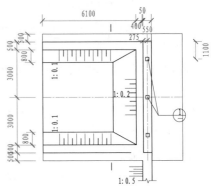

图 3-85　桥边墩平面图文字标注

3.7　实例精讲——绘制 A3 市政工程图纸样板图形

　练习目标

下面绘制一个市政工程样板图形，该图形具有自己的图标栏和会签栏。

　**设计思路**

计算机绘图与手工画图一样，如要绘制一张标准图纸，也要做很多必要的准备，如设置图层、线型、标注样式、目标捕捉、单位格式、图形界限等。很多重复性的基本设置工作可以在模板图如 ACAD.DWT 中预先做好，绘制图纸时即可打开模板，在此基础上开始绘制新图。本例讲述如何绘制 A3 图框，并保存为样板文件，方便后期绘制使用。

　操作步骤

1. 设置单位和图形边界

（1）打开 AutoCAD 2020 应用程序，系统自动建立一个新的图形文件。

（2）设置单位。选择菜单栏中的"格式"→"单位"命令，弹出"图形单位"对话框，如图 3-86 所示。设置长度的"类型"为"小数"，"精度"为"0.0000"；角度的"类型"为"十进制度数"，"精度"为"0"，系统默认逆时针方向为正方向。

（3）设置图形边界。国标对图纸的幅面大小作了严格规定，在这里，按国标 A3 图纸幅面设置图形边界。A3 图纸的幅面为 420mm×297mm，故设置图形边界的命令行提示与操作如下。

图 3-86　"图形单位"对话框

```
命令：LIMITS↙
重新设置模型空间界限：
指定左下角点或 [开(ON)/关(OFF)] < 0.0000,0.0000 >:↙
指定右上角点 < 12.0000,9.0000 >: 420,297↙
```

2．设置文本样式

下面列出一些本练习中的格式，请按如下约定进行设置：文本高度一般注释为 7mm，零件名称为 10mm，图标栏和会签栏中的其他文字为 5mm，尺寸文字为 5mm；线型比例为 1，图纸空间线型比例为 1；单位为十进制，尺寸小数点后 0 位，角度小数点后 0 位。

可以生成 4 种文字样式，分别用于一般注释、标题块中零件名、标题块注释及尺寸标注。

图 3-87　"新建文字样式"对话框

（1）单击"默认"选项卡"注释"面板中的"文字样式"按钮 A，弹出"文字样式"对话框。单击"新建"按钮，系统弹出"新建文字样式"对话框，如图 3-87 所示。接受默认的"样式 1"文字样式名，单击"确定"按钮退出。

（2）系统返回"文字样式"对话框。在"字体名"下拉列表中选择"仿宋_GB2312"选项，设置"高度"为"5.0000"、"宽度因子"为"0.7"，如图 3-88 所示。单击"应用"按钮，再单击"关闭"按钮。对其他文字样式进行类似的设置。

3．绘制图框线和标题栏

（1）单击"默认"选项卡"绘图"面板中的"矩形"按钮 ▭ ，两个角点的坐标分别为（25,10）和（410,287）。绘制一个 420mm×297mm（A3 图纸大小）的矩形作为图纸范

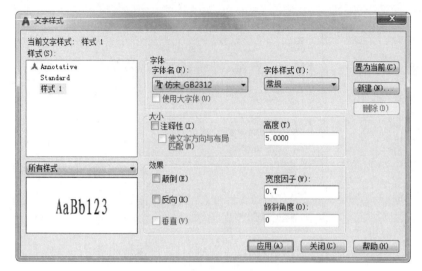

图 3-88   "文字样式"对话框

围,如图 3-89 所示(外框表示设置的图纸范围)。

(2)单击"默认"选项卡"绘图"面板中的"直线"按钮 ╱ ,绘制标题栏。坐标分别为 {(230,10)(230,50)(410,50)}{(280,10)(280,50)}{(360,10)(360,50)}{(230,40) (360,40)},如图 3-90 所示。(大括号中的数值表示一条独立连续线段的端点坐标值。)

图 3-89   绘制图框线

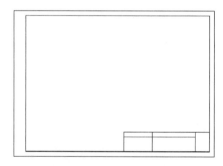

图 3-90   绘制标题栏

4.绘制会签栏

(1)单击"默认"选项卡"注释"面板中的"表格样式"按钮 ▦ ,打开"表格样式"对话框,如图 3-91 所示。

(2)单击"修改"按钮,系统打开"修改表格样式:Standard"对话框。在"单元样式"下拉列表中选择"数据"选项,在下面的"文字"选项卡中将"文字高度"设置为"3",如图 3-92 所示。再打开"常规"选项卡,将"页边距"选项组中的"水平"和"垂直"都设置成"1",如图 3-93 所示。

说明:表格的行高＝文字高度＋2×垂直页边距,此处设置为 3＋2×1＝5。

(3)系统回到"表格样式"对话框,单击"关闭"按钮退出。

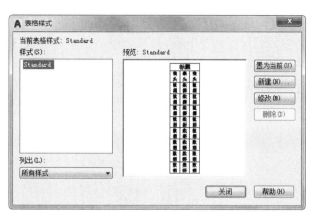

图 3-91　"表格样式"对话框

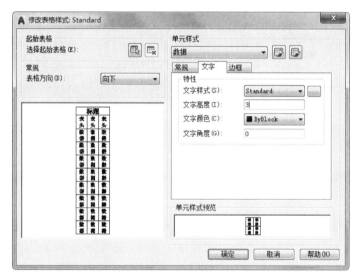

图 3-92　"修改表格样式：Standard"对话框

图 3-93　设置"常规"选项卡

（4）选择菜单栏中的"绘图"→"表格"命令，系统打开"插入表格"对话框。在"列和行设置"选项组中将"列数"设置为"3"，将"列宽"设置为"25"，将"数据行数"设置为"2"（加上标题行和表头行共 4 行），将"行高"设置为"1"（即为 5）；在"设置单元样式"选项组中将"第一行单元样式""第二行单元样式""所有其他行单元样式"都设置为"数据"，如图 3-94 所示。

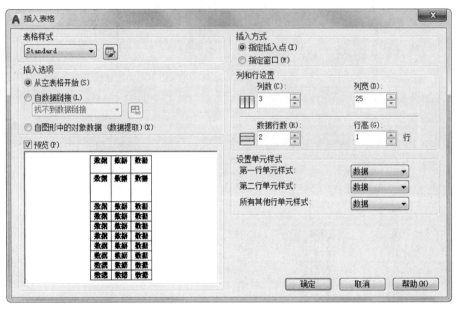

图 3-94　"插入表格"对话框

（5）在图框线左上角指定表格位置，系统生成表格，同时打开"文字编辑器"选项卡和空表格，如图 3-95 所示。在表格中依次输入文字，如图 3-96 所示，最后按 Enter 键。生成的表格如图 3-97 所示。

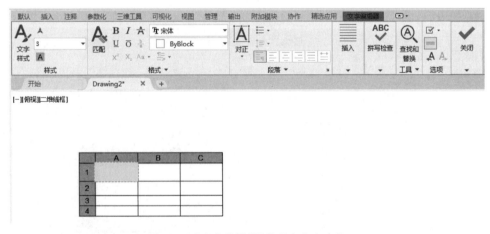

图 3-95　"文字编辑器"选项卡和空表格

（6）单击"默认"选项卡"修改"面板中的"旋转"按钮 ↺，把会签栏旋转−90°。命令行提示与操作如下。

Note

	A	B	C
1	专业	姓名	日期
2			
3			
4			

图 3-96 输入文字

图 3-97 完成表格

```
命令：_rotate
UCS 当前的正角方向：ANGDIR = 逆时针 ANGBASE = 0.00
选择对象：(选择刚绘制的表格)
选择对象：↙
指定基点：(指定图框左上角)
指定旋转角度，或 [复制(C)/参照(R)] <0.00>：－90↙
```

结果如图 3-98 所示。这就得到了一个样板图形，带有自己的图标栏和会签栏。

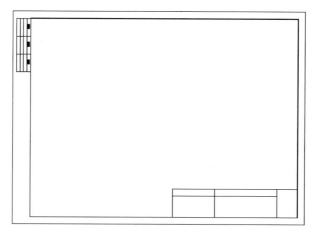

图 3-98 旋转会签栏

5．保存成样板图文件

样板图及其环境设置完成后，可以将其保存成样板图文件。单击"快速访问"工具栏中的"另存为"按钮 ，弹出"保存"或"图形另存为"对话框。在"文件类型"下拉列表中选择"AutoCAD 图形样板（＊．dwt)"选项，输入文件名为"A3"，单击"保存"按钮保存文件。

下次绘图时，可以打开该样板图文件，在此基础上开始绘图。

第4章

编辑命令

本章导读

二维图形的编辑操作配合绘图命令的使用可以进一步完成复杂图形对象的绘制工作,并可使用户合理安排和组织图形,保证绘图准确,减少重复,因此,对编辑命令的熟练掌握和使用有助于提高设计和绘图的效率。本章主要内容包括:选择对象,删除及恢复类命令,复制类命令,改变位置类命令,改变几何特性类命令和对象编辑等。

学习要点

◆ 选择对象

◆ 复制类命令

◆ 改变位置类命令

◆ 改变几何特性类命令

4.1 选择对象

AutoCAD 2020 提供两种编辑图形的途径：

（1）先执行编辑命令，然后选择要编辑的对象。

（2）先选择要编辑的对象，然后执行编辑命令。

这两种途径的执行效果是相同的，但选择对象是进行编辑的前提。AutoCAD 2020 提供了多种对象选择方法，如点取方法、用选择窗口选择对象、用选择线选择对象、用对话框选择对象等。AutoCAD 可以把选择的多个对象组成整体，如选择集和对象组，进行整体编辑与修改。

下面结合 SELECT 命令说明选择对象的方法。

SELECT 命令可以单独使用，也可以在执行其他编辑命令时被自动调用。命令行提示与操作如下。

> 选择对象:

等待用户以某种方式选择对象作为回答。AutoCAD 2020 提供多种选择方式，可以输入"?"查看这些选择方式。选择选项后，出现如下提示。

> 需要点或窗口(W)/上一个(L)/窗交(C)/框(BOX)/全部(ALL)/栏选(F)/圈围(WP)/圈交(CP)/编组(G)/添加(A)/删除(R)/多个(M)/前一个(P)/放弃(U)/自动(AU)/单个(SI)/子对象(SU)/对象(O)

上面有关选项的含义如下。

1. 点

该选项表示直接通过点取的方式选择对象。用鼠标或键盘移动拾取框，使其框住要选取的对象，然后单击，就会选中该对象并以高亮度显示。

2. 窗口(W)

该选项表示：用由两个对角顶点确定的矩形窗口选取位于其范围内部的所有图形，与边界相交的对象不会被选中。在指定对角顶点时应该按照从左向右的顺序。如图 4-1 所示为"窗口"对象选择方式。

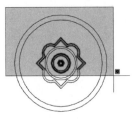

(a) 图中阴影部分为选择框   (b) 选择后的图形

图 4-1 "窗口"对象选择方式

3. 上一个（L）

在"选择对象:"提示后输入 L 后，按 Enter 键，系统会自动选取最后绘制的一个对象。

4. 窗交（C）

窗交方式与上述"窗口"方式类似，区别在于：它不但选中矩形窗口内部的对象，也选中与矩形窗口边界相交的对象。选择的对象如图 4-2 所示。

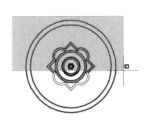 

(a) 图中阴影部分为选择框　　　　　(b) 选择后的图形

图 4-2　"窗交"对象选择方式

5. 框（BOX）

使用时，系统根据用户在屏幕上给出的两个对角点的位置而自动引用"窗口"或"窗交"方式。若从左向右指定对角点，则为"窗口"方式；反之，则为"窗交"方式。

6. 全部（ALL）

选取图面上的所有对象。

7. 栏选（F）

用户临时绘制一些直线，这些直线不必构成封闭图形，凡是与这些直线相交的对象均被选中。绘制结果如图 4-3 所示。

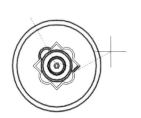 

(a) 图中虚线为选择栏　　　　　(b) 选择后的图形

图 4-3　"栏选"对象选择方式

8. 圈围（WP）

该选项表示使用一个不规则的多边形来选择对象。根据提示，顺次输入构成多边形的所有顶点的坐标，最后，按 Enter 键，结束操作，系统将自动连接第一个顶点到最后一个顶点的各个顶点，形成封闭的多边形。凡是被多边形围住的对象均被选中（不包括边界）。执行结果如图 4-4 所示。

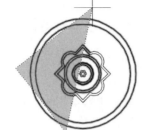

(a) 十字光标拉出的三角形为选择框　　　　　(b) 选择后的图形

图 4-4　"圈围"对象选择方式

9. 圈交(CP)

此方式类似于"圈围"方式,在"选择对象:"提示后输入 CP,后续操作与"圈围"方式相同。区别在于:与多边形边界相交的对象也被选中。

说明:若矩形框从左向右定义,即第一个选择的对角点为左侧的对角点,矩形框内部的对象被选中,框外部的及与矩形框边界相交的对象不会被选中。若矩形框从右向左定义,矩形框内部及与矩形框边界相交的对象都会被选中。

4.2　删除及恢复类命令

删除及恢复类命令主要用于删除图形的某部分或对已被删除的部分进行恢复,包括删除、回退、重做、清除等命令。

4.2.1　删除命令

如果所绘制的图形不符合要求或错绘了图形,则可以使用删除命令 ERASE 把它删除。

1. 执行方式

命令行:ERASE。

菜单栏:选择菜单栏中的"修改"→"删除"命令。

快捷菜单:选择要删除的对象,在绘图区右击,从打开的快捷菜单中选择"删除"命令。

工具栏:单击"修改"工具栏中的"删除"按钮 。

功能区:单击"默认"选项卡"修改"面板中的"删除"按钮 。

2. 操作步骤

可以先选择对象,然后调用删除命令;也可以先调用删除命令,然后再选择对象。选择对象时,可以使用前面介绍的各种选择对象的方法。

当选择多个对象时,多个对象都被删除;若选择的对象属于某个对象组,则该对象组的所有对象都被删除。

4.2.2 恢复命令

若误删除了图形,则可以使用恢复命令 OOPS 恢复被误删除的对象。

1．执行方式

命令行：OOPS 或 U。

工具栏：单击"标准"工具栏中的"放弃"按钮 。

快捷键：Ctrl＋Z。

2．操作步骤

在命令行窗口的提示行上输入 OOPS,按 Enter 键。

4.2.3 清除命令

清除命令与删除命令的功能完全相同。

1．执行方式

菜单栏：选择菜单栏中的"修改"→"清除"命令。

快捷键：Del。

2．操作步骤

选择对象:(选择要清除的对象,按 Enter 键执行清除命令)

4.3　复制类命令

本节详细介绍 AutoCAD 2020 的复制类命令。利用这些复制类命令,可以方便地编辑绘制图形。

4.3.1 复制命令

1．执行方式

命令行：COPY。

菜单栏：选择菜单栏中的"修改"→"复制"命令。

工具栏：单击"修改"工具栏中的"复制"按钮 。

快捷菜单：选择要复制的对象,在绘图区右击,从打开的快捷菜单中选择"复制选择"命令。

功能区：单击"默认"选项卡"修改"面板中的"复制"按钮 （如图 4-5 所示）。

图 4-5　"修改"面板 1

2．操作步骤

```
命令：COPY
选择对象：(选择要复制的对象)
```

用前面介绍的对象选择方法选择一个或多个对象，按 Enter 键，结束选择操作。命令行提示与操作如下。

```
当前设置：复制模式 = 多个
指定基点或 [位移(D)/模式(O)] <位移>：
```

3．选项说明

各选项含义如表 4-1 所示。

表 4-1　"复制"命令各选项含义

选　　项	含　　义
指定基点	指定一个坐标点后，AutoCAD 2020 把该点作为复制对象的基点，命令行提示与操作如下。 　指定第二个点或[阵列(A)]<使用第一个点作为位移>： 指定第二个点后，系统将根据这两点确定的位移矢量把选择的对象复制到第二点处。如果此时直接按 Enter 键，即选择默认的"用第一点作位移"，则第一个点被当作相对于 X、Y、Z 的位移。例如，如果指定基点为(2,3)并在下一个提示下按 Enter 键，则该对象从它当前的位置开始，在 X 方向上移动 2 个单位，在 Y 方向上移动 3 个单位。复制完成后，命令行提示与操作如下。 　指定第二个点或 [阵列(A)/退出(E)/放弃(U)]<退出>：
位移(D)	直接输入位移值，表示以选择对象时的拾取点为基准，以拾取点坐标为移动方向，沿纵横比方向移动指定的位移后所确定的点为基点。例如，选择对象时的拾取点坐标为(2,3)，输入位移为 5，则表示以(2,3)点为基准，沿纵横比为 3：2 的方向移动 5 个单位所确定的点为基点
模式(O)	控制是否自动重复该命令。确定复制模式是单个还是多个

4.3.2　上机练习——十字走向交叉口盲道绘制

 练习目标

绘制如图 4-6 所示的十字走向交叉口盲道。

设计思路

首先利用直线和矩形等命令绘制盲道交叉口，然后利用圆和矩形等命令绘制交叉口提示圆形盲道，最后进行复制操作，完成十字走向交叉口盲道的绘制。

十字走向

图 4-6　十字走向交叉口盲道

4-1

 **操作步骤**

1．绘制盲道交叉口

（1）单击"默认"选项卡"绘图"面板中的"矩形"按钮 ⬚ ，绘制 30×30 的矩形。

（2）在状态栏中，单击"正交模式"按钮 ⌐ ，打开正交模式。单击"默认"选项卡"绘图"面板中的"直线"按钮 ／ ，沿矩形宽度方向沿中点向上绘制长为 10 的直线，然后向下绘制长为 20 的直线，如图 4-7 所示。

（3）单击"默认"选项卡"修改"面板中的"复制"按钮 ⅗ ，复制刚绘制好的直线，水平向右复制的距离分别为 3.75、11.25、18.75、24.25。

（4）单击"默认"选项卡"修改"面板中的"删除"按钮 ✎ ，删除长为 10 的直线。完成的图形如图 4-8 所示。

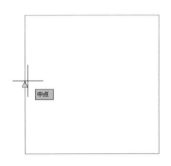

图 4-7　绘制直线

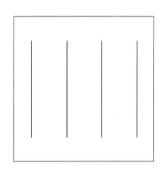

图 4-8　交叉口行进盲道

2．绘制交叉口提示圆形盲道

（1）复制矩形。在状态栏中单击打开"对象捕捉"按钮 ⬚ 和"对象捕捉追踪"按钮 ∠ 。单击"默认"选项卡"修改"面板中的"复制"按钮 ⅗ ，选中矩形，捕捉矩形的左上顶点，将其复制到原矩形的右侧，结果如图 4-9 所示。

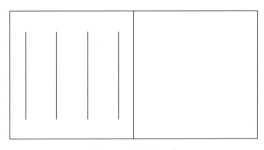

图 4-9　捕捉矩形

（2）单击"默认"选项卡"绘图"面板中的"圆"按钮 ⊙ ，绘制半径为 11 的圆。完成的操作如图 4-10 所示。

（3）单击"默认"选项卡"修改"面板中的"复制"按钮 $\textcolor{black}{\%}$ ，复制十字走向交叉口盲道。结果如图 4-11 所示。

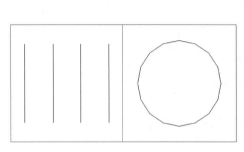

图 4-10　绘制圆形

图 4-11　复制十字走向交叉口

（4）单击"默认"选项卡"绘图"面板中的"多段线"按钮 ⌐⊃ ，在图形下方绘制一条多段线。然后单击"默认"选项卡"绘图"面板中的"直线"按钮 ／ ，绘制一条直线。

（5）单击"默认"选项卡"注释"面板中的"多行文字"按钮 **A** ，输入文字。结果如图 4-6 所示。

（6）同理，可以复制完成 T 字走向、L 字走向的绘制。完成的图形如图 4-12 所示。

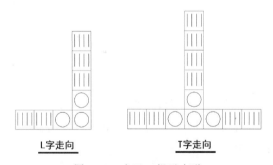

图 4-12　交叉口提示盲道

4.3.3　镜像命令

镜像对象是指把选择的对象以一条镜像线为对称轴进行镜像后的对象。镜像操作完成后，可以保留原对象，也可以将其删除。

1．执行方式

命令行：MIRROR。

菜单栏：选择菜单栏中的"修改"→"镜像"命令。

工具栏：单击"修改"工具栏中的"镜像"按钮 ⚠ 。

功能区：单击"默认"选项卡"修改"面板中的"镜像"按钮 ⚠ 。

2．操作步骤

命令：MIRROR
选择对象：(选择要镜像的对象)
指定镜像线的第一点：(指定镜像线的第一个点)
指定镜像线的第二点：(指定镜像线的第二个点)
要删除源对象?[是(Y)/否(N)]<否>：(确定是否删除源对象)

这两点确定一条镜像线，被选择的对象以该线为对称轴进行镜像。包含该线的镜像平面与用户坐标系统的 XY 平面垂直，即镜像操作工作在与用户坐标系统的 XY 平面平行的平面上。

4.3.4 上机练习——道路截面绘制

练习目标

绘制如图 4-13 所示的道路截面。

设计思路

首先利用图层特性管理器新建两个图层，然后在相应的图层上绘制道路中心线和道路路基路面线等。结果如图 4-13 所示。

操作步骤

（1）新建"路基路面"和"道路中线"两个图层，设置"路基路面"图层和"道路中线"图层的属性，如图 4-14 所示。

4-2

图 4-13 道路截面

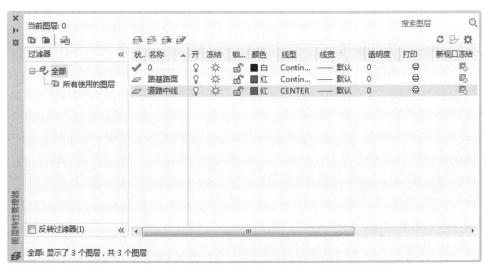

图 4-14 图层设计

（2）把路基路面图层设置为当前图层。在状态栏中单击"正交"按钮，打开正交模式。单击"默认"选项卡"绘图"面板中的"直线"按钮，绘制一条水平长为 21 的直线。

（3）把"道路中线"图层设置为当前图层。右键单击"对象捕捉"，选择"对象捕捉设置"，打开"草图设置"对话框。选择需要的对象捕捉模式，操作和设置如图 4-15 所示。

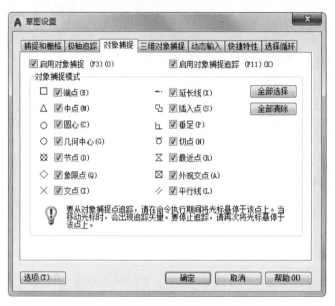

图 4-15　对象捕捉设置

（4）单击"默认"选项卡"绘图"面板中的"直线"按钮 ╱ ，绘制道路中心线。完成的图形如图 4-16(a)所示。

（5）单击"默认"选项卡"修改"面板中的"复制"按钮 ╬ ，复制道路路基路面线，复制的位移为 0.14。

（6）单击"默认"选项卡"绘图"面板中的"直线"按钮 ╱ ，连接 DA 和 AE。完成的图形如图 4-16(b)所示。

（7）单击"默认"选项卡"绘图"面板中的"直线"按钮 ╱ ，指定 E 点为第一点，第二点沿垂直方向向上移动距离 0.09，沿水平方向向右移动距离 4.5，然后进行整理。

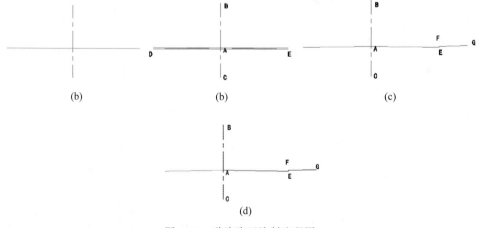

图 4-16　道路路面绘制流程图

（8）单击"默认"选项卡"修改"面板中的"删除"按钮 ，删除多余的直线。完成的图形如图 4-16(c) 所示。

（9）单击"默认"选项卡"绘图"面板中的"多段线"按钮 ，加粗路面路基。指定 A 点为起点，然后输入 w 来确定多段线的宽度为 0.05，来加粗 AE、EF 和 FG。完成的图形如图 4-16(d) 所示。

（10）单击"默认"选项卡"修改"面板中的"镜像"按钮 ，镜像多段线 AEFG。完成的图形如图 4-13 所示。

4.3.5 偏移命令

偏移对象是指保持选择的对象的形状，在不同的位置以不同的尺寸大小新建的一个对象。

1. 执行方式

命令行：OFFSET。

菜单栏：选择菜单栏中的"修改"→"偏移"命令。

工具栏：单击"修改"工具栏中的"偏移"按钮 。

功能区：单击"默认"选项卡"修改"面板中的"偏移"按钮 。

2. 操作步骤

命令：OFFSET
当前设置：删除源 = 否 图层 = 源 OFFSETGAPTYPE = 0
指定偏移距离或 [通过(T)/删除(E)/图层(L)] <通过>:(指定距离值)
选择要偏移的对象，或 [退出(E)/放弃(U)] <退出>:(选择要偏移的对象，按 Enter 键，会结束操作)
指定要偏移的那一侧上的点，或 [退出(E)/多个(M)/放弃(U)] <退出>:(指定偏移方向)

3. 选项说明

各选项含义如表 4-2 所示。

表 4-2 "偏移"命令各选项含义

选 项	含 义
指定偏移距离	输入一个距离值，或按 Enter 键，使用当前的距离值，系统把该距离值作为偏移距离，如图 4-17 所示
通过(T)	指定偏移对象的通过点。命令行提示与操作如下。 选择要偏移的对象，或[退出(E)/放弃(U)]:(选择要偏移的对象，按 Enter 键，结束操作) 指定通过点或[退出(E)/多个(M)/放弃(U)]:(指定偏移对象的一个通过点) 操作完毕后，系统根据指定的通过点绘出偏移对象，如图 4-18 所示

续表

选　项	含　义
删除(E)	偏移后,将源对象删除。选择该选项后,命令行提示与操作如下。 要在偏移后删除源对象吗?[是(Y)/否(N)]< 否>:
图层(L)	确定将偏移对象创建在当前图层上还是源对象所在的图层上。选择该选项后,命令行提示与操作如下。 输入偏移对象的图层选项 [当前(C)/源(S)] <源>:

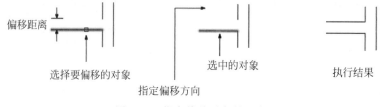

偏移距离

选择要偏移的对象　　　指定偏移方向　　　选中的对象　　　执行结果

图 4-17　指定偏移对象的距离

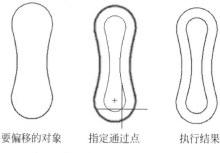

要偏移的对象　　　指定通过点　　　执行结果

图 4-18　指定偏移对象的通过点

4.3.6　上机练习——桥梁钢筋剖面绘制

 练习目标

绘制如图 4-19 所示的桥梁钢筋剖面。

 设计思路

首先利用直线命令绘制桥梁钢筋剖面的大体轮廓,然后利用直线和修剪命令绘制折断线,最后利用多段线、偏移和镜像等命令绘制桥梁的钢筋。最终结果如图 4-19 所示。

 操作步骤

(1) 在状态栏中,单击"正交模式"按钮，打开

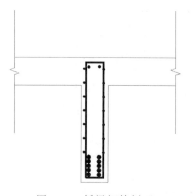

图 4-19　桥梁钢筋剖面

正交模式。单击"默认"选项卡"绘图"面板中的"直线"按钮 ／，在屏幕上任意指定一点，以坐标点(@-200,0)(@0,700)(@-500,0)(@0,200)(@1200,0)(@0,-200)(@-500,0)(@0,-700)绘制直线，如图4-20所示。

（2）绘制折断线。单击"默认"选项卡"绘图"面板中的"直线"按钮 ／，绘制直线。然后单击"默认"选项卡"修改"面板中的"修剪"按钮，修剪掉多余的直线。完成的图形如图4-21所示。

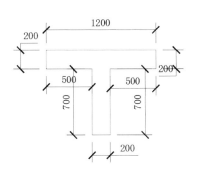

图4-20　1—1剖面轮廓线绘制

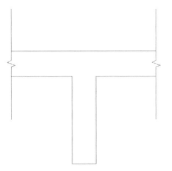

图4-21　1—1剖面折断线绘制

（3）绘制钢筋。具体操作如下。

① 单击"默认"选项卡"注释"面板中的"多行文字"按钮 A，标注直线的编号。

② 单击"默认"选项卡"修改"面板中的"偏移"按钮，绘制钢筋定位线。指定偏移距离为35，要偏移的对象为AB，指定刚绘制完的图形内部任意一点。指定偏移距离为20，要偏移的对象为AC、BD和EF，指定刚绘制完的图形内部任意一点。完成的图形如图4-22所示。

③ 在状态栏中，单击"对象捕捉"按钮，打开对象捕捉模式；单击"极轴追踪"按钮，打开极轴追踪。

④ 单击"默认"选项卡"绘图"面板中的"多段线"按钮，绘制架立筋，输入w来设置线宽为10。完成的图形如图4-23所示。

⑤ 单击"默认"选项卡"修改"面板中的"删除"按钮，删除钢筋定位直线和标注文字。完成的图形如图4-24所示。

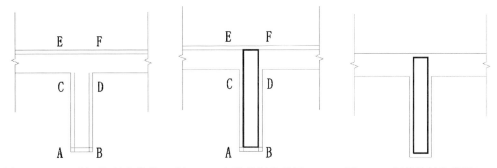

图4-22　1—1剖面钢筋定位线绘制　　图4-23　钢筋绘制流程图(一)　　图4-24　钢筋绘制流程图(二)

⑥ 单击"默认"选项卡"绘图"面板中的"圆"按钮 ⊙，绘制两个直径分别为 14 和 32 的圆。完成的图形如图 4-25(a)所示。

⑦ 单击"默认"选项卡"绘图"面板中的"图案填充"按钮 ▨，选择"SOLID"图例进行填充。完成的图形如图 4-25(b)所示。

(a)   (b)

图 4-25   钢筋绘制流程图(三)

⑧ 单击"默认"选项卡"修改"面板中的"复制"按钮 ⅋，复制刚刚填充好的钢筋到相应的位置。完成的图形如图 4-19 所示。

4.3.7   阵列命令

阵列是指多重复制所选择对象并把这些副本按矩形或环形排列。把副本按矩形排列称为建立矩形阵列，把副本按环形排列称为建立极阵列。建立极阵列时，应该控制复制对象的次数和对象是否被旋转；建立矩形阵列时，应该控制行和列的数量以及副本之间的距离。

用该命令可以建立矩形阵列、极阵列(环形)和旋转的矩形阵列。

1．执行方式

命令行：ARRAY。

菜单栏：选择菜单栏中的"修改"→"阵列"命令。

工具栏：单击"修改"工具栏中的"矩形阵列"按钮 ⊞ /"路径阵列"按钮 ⚬⚬⚬ /"环形阵列"按钮 ⚬₀⚬ 。

功能区：单击"默认"选项卡"修改"面板中的"矩形阵列"按钮 ⊞ /"路径阵列"按钮 ⚬⚬⚬ /"环形阵列"按钮 ⚬₀⚬ (如图 4-26 所示)。

图 4-26   "修改"面板 2

2．操作步骤

```
命令：ARRAY
选择对象：(使用对象选择方法)
输入阵列类型[矩形(R)/路径(PA)/极轴(PO)]<矩形>：
```

3．选项说明

1) 矩形(R)

将选定对象的副本分布到行数、列数和层数的任意组合。选择该选项后出现如下提示。

```
选择夹点以编辑阵列或 [关联(AS)/方法(M)/基点(B)/切向(T)/项目(I)/行(R)/层(L)/对齐项
目(A)/Z方向(Z)/退出(X)] <退出>：(通过夹点，调整阵列间距、列数、行数和层数；也可以分别
选择各选项输入数值)
```

2）路径（PA）

沿路径或部分路径均匀分布选定对象的副本。选择该选项后，命令行提示与操作如下。

选择路径曲线:（选择一条曲线作为阵列路径）
选择夹点以编辑阵列或 [关联(AS)/方法(M)/基点(B)/切向(T)/项目(I)/行(R)/层(L)/对齐项
目(A)/Z 方向(Z)/退出(X)]<退出>:（通过夹点，调整阵列行数和层数；也可以分别选择各选项
输入数值）

3）极轴（PO）

在绕中心点或旋转轴的环形阵列中均匀分布对象副本。选择该选项后，命令行提示与操作如下。

指定阵列的中心点或 [基点(B)/旋转轴(A)]:（选择中心点、基点或旋转轴）
选择夹点以编辑阵列或 [关联(AS)/基点(B)/项目(I)/项目间角度(A)/填充角度(F)/行(ROW)/
层(L)/旋转项目(ROT)/退出(X)]<退出>:（通过夹点，调整角度，填充角度；也可以分别选择各
选项输入数值）

4.3.8 上机练习——提示盲道绘制

 练习目标

绘制如图 4-27 所示的提示盲道。

 设计思路

首先利用直线和矩形阵列命令绘制提示盲道
的大体轮廓，然后利用圆命令绘制同心圆，最后利
用复制和镜像命令绘制剩余的同心圆。结果如
图 4-27 所示。

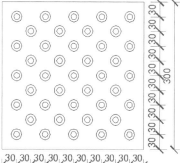

图 4-27 提示盲道

 操作步骤

（1）单击"默认"选项卡"绘图"面板中的"直
线"按钮 ／，绘制两条长为300、正交的直线。完成
的图形如图 4-28(a)所示。

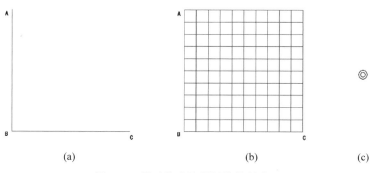

| (a) | (b) | (c) |

图 4-28 提示停步块材网格绘制流程

4-4

（2）单击"默认"选项卡"修改"面板中的"矩形阵列"按钮 品，绘制方格。阵列的行数设置为1、列数设置为11，列间距设置为30。采用相同的方法继续进行矩形阵列。完成的图形如图4-28（b）所示。

（3）单击"默认"选项卡"绘图"面板中的"圆"按钮 ⊙，绘制两个同心圆，半径分别为4和11。完成的图形如图4-28（c）所示。

（4）单击"默认"选项卡"修改"面板中的"复制"按钮 ⅋，复制同心圆到方格网交点。完成的图形如图4-29所示。

（5）单击"默认"选项卡"修改"面板中的"删除"按钮 ，删除多余的直线，然后对该图形进行标注。结果如图4-27所示。

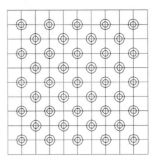

图4-29 方格网

4.4 改变位置类命令

改变位置类命令的功能是按照指定要求改变当前图形或图形某部分的位置，主要包括移动、旋转和缩放等命令。

4.4.1 移动命令

1. 执行方式

命令行：MOVE。

菜单栏：选择菜单栏中的"修改"→"移动"命令。

快捷菜单：选择要移动的对象，在绘图区右击，从打开的快捷菜单中选择"移动"命令。

工具栏：单击"修改"工具栏中的"移动"按钮 ✛。

功能区：单击"默认"选项卡"修改"面板中的"移动"按钮 ✛。

2. 操作步骤

```
命令：MOVE
选择对象：（选择对象）
```

用前面介绍的对象选择方法选择要移动的对象，按 Enter 键，结束选择。命令行提示与操作如下。

```
指定基点或位移：（指定基点或移至点）
指定基点或 [位移(D)] <位移>：（指定基点或位移）
指定第二个点或 <使用第一个点作为位移>：
```

命令的选项功能与"复制"命令类似。

4.4.2　上机练习——组合电视柜绘制

 练习目标

绘制如图 4-30 所示的组合电视柜。

设计思路

首先打开源文件中的"电视柜"和"电视"
图形,然后利用移动命令以电视图形外边的

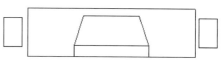

图 4-30　组合电视柜

中点为基点、电视柜外边的中点为第二点,将电视图形移动到电视柜图形上,最终完成
对组合电视柜的绘制。

操作步骤

(1) 打开源文件中的"电视柜"图形,如图 4-31 所示。

(2) 打开源文件中的"电视"图形,如图 4-32 所示。

图 4-31　电视柜图形

图 4-32　电视图形

(3) 利用"复制"和"粘贴"命令将打开的"电视"图形复制到"电视柜"文件中。单击
"默认"选项卡"修改"面板中的"移动"按钮 ✛,以电视图形外边的中点为基点、电视柜
外边的中点为第二点,将电视图形移动到电视柜图形上。绘制结果如图 4-30 所示。

4.4.3　旋转命令

1. 执行方式

命令行:ROTATE。

菜单栏:选择菜单栏中的"修改"→"旋转"命令。

快捷菜单:选择要旋转的对象,在绘图区右击,从打开的快捷菜单中选择"旋转"
命令。

工具栏:单击"修改"工具栏中的"旋转"按钮 ↻。

功能区:单击"默认"选项卡"修改"面板中的"旋转"按钮 ↻。

2. 操作步骤

命令:ROTATE
UCS 当前的正角方向:ANGDIR = 逆时针 ANGBASE = 0
选择对象:(选择要旋转的对象)
指定基点:(指定旋转的基点。在对象内部指定一个坐标点)
指定旋转角度,或 [复制(C)/参照(R)]<0>:(指定旋转角度或其他选项)

3．选项说明

各选项含义如表 4-3 所示。

表 4-3 "旋转"命令各选项含义

选　项	含　义
复制(C)	选择该项，旋转对象的同时，保留原对象，如图 4-33 所示
参照(R)	采用参照方式旋转对象时，命令行提示与操作如下。 指定参照角 <0>:(指定要参考的角度，默认值为 0) 指定新角度或[点(P)]:(输入旋转后的角度值) 操作完毕后，对象被旋转至指定的角度位置

旋转前　　　　　　　　　　旋转后

图 4-33　复制旋转

 说明：可以用拖动鼠标的方法旋转对象。选择对象并指定基点后，从基点到当前光标位置会出现一条连线，鼠标选择的对象会动态地随着该连线与水平方向的夹角的变化而旋转，按 Enter 键，确认旋转操作，如图 4-34 所示。

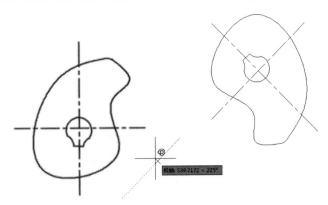

图 4-34　拖动鼠标旋转对象

4．4．4　上机练习——指北针绘制

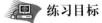 练习目标

绘制如图 4-35 所示的指北针。

图 4-35　指北针

4-6

设计思路

首先利用直线命令绘制十字交叉的辅助直线,然后利用圆和直线等命令绘制指北针的内部图形,最后利用图案填充命令进行填充,最终完成对指北针的绘制。

 操作步骤

(1) 单击"绘图"工具栏中的"直线"按钮 /,任意选择一点绘制直线,沿水平方向的距离为 30。

(2) 单击"绘图"工具栏中的"直线"按钮 /,选择刚刚绘制好的直线的中点,沿垂直方向向下距离为 15,然后沿垂直方向向上距离为 30。完成的图形如图 4-36(a)所示。

(3) 单击"绘图"工具栏中的"圆"按钮 ⊙,以 A 点为圆心,绘制半径为 15 的圆。完成的图形如图 4-36(b)所示。

(4) 单击"默认"选项卡"修改"面板中的"旋转"按钮 ↻,将直线 AB 以 B 点为旋转基点旋转 10°。

(5) 单击"默认"选项卡"绘图"面板中的"直线"按钮 /,指定 C 点为第一点、以 AF 直线的中点 D 点为第二点来绘制直线,如图 4-36(c)所示。

(6) 单击"默认"选项卡"修改"面板中的"镜像"按钮 ◁,镜像 BC 和 CD 直线。完成的图形如图 4-36(d)所示。

(7) 单击"默认"选项卡"绘图"面板中的"图案填充"按钮 ▦,选择"SOLID"图例,拾取三角形 DBF 内一点,如图 4-36(e)所示。

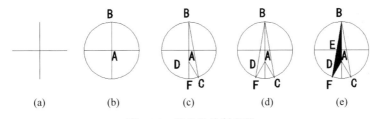

图 4-36 指北针绘制流程

图 4-37 删除辅助线

(8) 单击"默认"选项卡"修改"面板中的"删除"按钮 ✎,删除多余的文字和直线,如图 4-37 所示。

(9) 单击"默认"选项卡"修改"面板中的"旋转"按钮 ↻,旋转指北针图。以圆心作为基点,旋转的角度为 220°。

(10) 单击"默认"选项卡"注释"面板中的"多行文字"按钮 **A**,标注指北针方向。完成的图形如图 4-35 所示。

4.4.5 缩放命令

1. 执行方式

命令行: SCALE。

菜单栏: 选择菜单栏中的"修改"→"缩放"命令。

快捷菜单：选择要缩放的对象，在绘图区右击，从打开的快捷菜单中选择"缩放"命令。

工具栏：单击"修改"工具栏中的"缩放"按钮 □。

功能区：单击"默认"选项卡"修改"面板中的"缩放"按钮 □。

2．操作步骤

命令：SCALE
选择对象：(选择要缩放的对象)
指定基点：(指定缩放操作的基点)
指定比例因子或 [复制(C)/参照(R)] <1.0000>：

3．选项说明

各选项含义如表4-4所示。

表 4-4　"缩放"命令各选项含义

选　　项	含　　义
参照(R)	采用参考方向缩放对象时，命令行提示与操作如下。 指定参照长度 <1>:(指定参考长度值) 指定新的长度或 [点(P)] <1.0000>:(指定新长度值) 若新长度值大于参考长度值，则放大对象；否则，缩小对象。操作完毕后，系统以指定的基点按指定的比例因子缩放对象。如果选择"点(P)"选项，则指定两点来定义新的长度
指定比例因子	选择对象并指定基点后，从基点到当前光标位置会出现一条线段，线段的长度即为比例大小。用鼠标选择的对象会动态地随着该连线长度的变化而缩放，按 Enter 键，确认缩放操作
复制(C)	选择"复制(C)"选项时，可以复制缩放对象，即缩放对象时，保留原对象，如图4-38所示

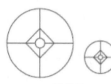

缩放前　　　　　　　　　　　缩放后

图 4-38　复制缩放

4.4.6　上机练习——沙发茶几绘制

 练习目标

绘制如图4-39所示的客厅沙发茶几。

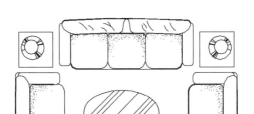

图 4-39　客厅沙发茶几

 设计思路

利用二维绘图和二维编辑命令绘制客厅沙发茶几。

 操作步骤

(1) 单击"默认"选项卡"绘图"面板中的"直线"按钮 ╱,绘制其中的单个沙发面四边,如图 4-40 所示。

说明：使用直线命令绘制沙发面的四边,尺寸适当选取,注意其相对位置和长度的关系。

(2) 单击"默认"选项卡"绘图"面板中的"圆弧"按钮 ╱,将沙发面四边连接起来,得到完整的沙发面,如图 4-41 所示。

图 4-40　绘制沙发面四边　　　　　　　图 4-41　连接边角

(3) 单击"默认"选项卡"绘图"面板中的"直线"按钮 ╱,绘制侧面扶手轮廓,如图 4-42 所示。

(4) 单击"默认"选项卡"绘图"面板中的"圆弧"按钮 ╱,绘制侧面扶手的弧边线,如图 4-43 所示。

(5) 单击"默认"选项卡"修改"面板中的"镜像"按钮 ⚠,镜像绘制另一个侧面的扶手轮廓,如图 4-44 所示。

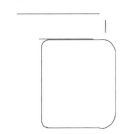　　　　　　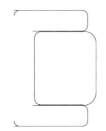

图 4-42　绘制扶手轮廓　　　图 4-43　绘制扶手的弧边线　　　图 4-44　创建另一侧扶手

说明：以中间的轴线作为镜像线，镜像另一侧的扶手轮廓。

（6）单击"默认"选项卡"绘图"面板中的"圆弧"按钮 和"修改"面板中的"镜像"按钮 ，绘制沙发背部扶手轮廓，如图4-45所示。

（7）单击"默认"选项卡"绘图"面板中的"圆弧"按钮 、"直线"按钮 和"修改"面板中的"镜像"按钮 ，完善沙发背部扶手，如图4-46所示。

（8）单击"默认"选项卡"修改"面板中的"偏移"按钮 ，对沙发面进行修改，使其更为形象，如图4-47所示。

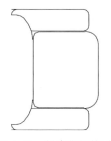
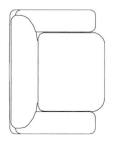
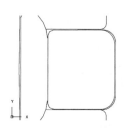

图4-45　创建背部扶手　　　　图4-46　完善背部扶手　　　　图4-47　修改沙发面

（9）单击"默认"选项卡"绘图"面板中的"多点"按钮 ，在沙发座面上绘制点，细化沙发面，如图4-48所示。

（10）单击"默认"选项卡"修改"面板中的"镜像"按钮 ，进一步完善沙发面造型，使其更为形象，如图4-49所示。

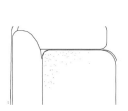
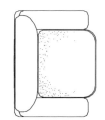

图4-48　细化沙发面　　　　　图4-49　完善沙发面造型

（11）采用相同的方法，绘制3人座的沙发面造型，如图4-50所示。

说明：先绘制沙发面造型。

（12）单击"默认"选项卡"绘图"面板中的"直线"按钮 、"圆弧"按钮 和"修改"面板中的"镜像"按钮 ，绘制3人座的沙发扶手造型，如图4-51所示。

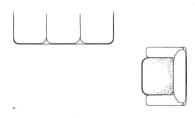

图4-50　绘制3人座的沙发面造型　　　　图4-51　绘制3人座的沙发扶手造型

（13）单击"默认"选项卡"绘图"面板中的"直线"按钮 ╱ 和"圆弧"按钮 ⌒，绘制 3 人座沙发背部造型，如图 4-52 所示。

（14）单击"默认"选项卡"绘图"面板中的"多点"按钮 ⁖，对 3 人座沙发面造型进行细化，如图 4-53 所示。

（15）单击"默认"选项卡"修改"面板中的"移动"按钮 ✛，调整两个沙发造型的位置。结果如图 4-54 所示。

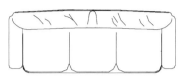

图 4-52　绘制 3 人座沙发背部造型

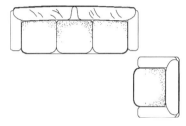

图 4-54　调整两个沙发造型的位置

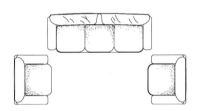

图 4-53　细化 3 人座沙发面造型

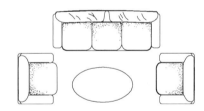

（16）单击"默认"选项卡"修改"面板中的"镜像"按钮 ◿◺，对单个沙发进行镜像，得到沙发组造型，如图 4-55 所示。

（17）单击"默认"选项卡"绘图"面板中的"椭圆"按钮 ◯，绘制 1 个椭圆形，建立椭圆形茶几造型，如图 4-56 所示。

图 4-55　沙发组

图 4-56　建立椭圆形茶几造型

说明：可以绘制其他形式的茶几造型。

（18）单击"默认"选项卡"绘图"面板中的"图案填充"按钮 ▦，选择适当的图案，对茶几进行填充图案，如图 4-57 所示。

（19）单击"默认"选项卡"绘图"面板中的"多边形"按钮 ⬠，绘制沙发之间的一个正方形桌面灯造型，如图 4-58 所示。

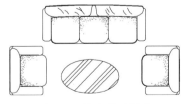

图 4-57　填充茶几图案

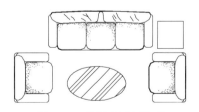

图 4-58　绘制桌面灯造型

Note

说明：先绘制一个正方形作为桌面。

（20）单击"默认"选项卡"绘图"面板中的"圆"按钮 ⊙ ，绘制两个大小和圆心位置都不同的圆形，如图 4-59 所示。

（21）单击"默认"选项卡"绘图"面板中的"直线"按钮 ╱ ，绘制随机斜线，形成灯罩效果，如图 4-60 所示。

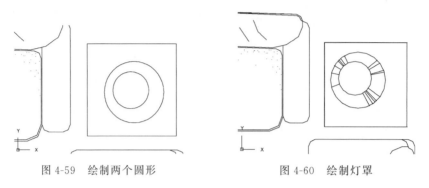

图 4-59　绘制两个圆形　　　　　图 4-60　绘制灯罩

（22）单击"默认"选项卡"修改"面板中的"镜像"按钮 ⚠ ，进行镜像，得到两个沙发桌面灯，完成客厅沙发茶几图的绘制。结果如图 4-39 所示。

4.5　改变几何特性类命令

使用改变几何特性类命令对指定对象进行编辑后，使编辑对象的几何特性发生改变。改变几何特性类命令包括圆角、倒角、修剪、延伸、拉伸、拉长、打断等命令。

4.5.1　圆角命令

圆角是指用指定的半径决定的一段平滑的圆弧连接两个对象。系统规定可以圆角连接一对直线段、非圆弧的多段线段、样条曲线、双向无限长线、射线、圆、圆弧和椭圆。可以在任何时刻圆角连接非圆弧多段线的每个节点。

1．执行方式

命令行：FILLET。

菜单栏：选择菜单栏中的"修改"→"圆角"命令。

工具栏：单击"修改"工具栏中的"圆角"按钮 ⌐ 。

功能区：单击"默认"选项卡"修改"面板中的"圆角"按钮 ⌐ 。

2．操作步骤

```
命令：FILLET
当前设置：模式 = 修剪，半径 = 0.0000
选择第一个对象或 [放弃(U)/多段线(P)/半径(R)/修剪(T)/多个(M)]：(选择第一个对象或别的
选项)
选择第二个对象，或按住 Shift 键选择对象以应用角点或[半径(R)]：(选择第二个对象)
```

3．选项说明

各选项含义如表 4-5 所示。

表 4-5　"圆角"命令各选项含义

选　　项	含　　义
多段线（P）	在一条二维多段线的两段直线段的节点处插入圆滑的弧。选择多段线后，系统会根据指定的圆弧的半径把多段线各顶点用圆滑的弧连接起来
修剪（T）	决定在圆角连接两条边时，是否修剪这两条边，如图 4-61 所示
多个（M）	可以同时对多个对象进行圆角编辑，而不必重新选择命令
半径（R）	按住 Shift 键并选择两条直线，可以快速创建零距离倒角或零半径圆角

(a) 修剪方式　　　　　　(b) 不修剪方式

图 4-61　圆角连接

4.5.2　上机练习——坐便器绘制

 练习目标

绘制如图 4-62 所示的坐便器。

 **设计思路**

首先利用直线命令绘制十字交叉的辅助线，然后利用直线、圆弧和镜像等命令绘制坐便器的大体轮廓，最后利用修剪和偏移等命令将坐便器进行细部处理。结果如图 4-62 所示。

 操作步骤

（1）单击"默认"选项卡"绘图"面板中的"直线"按钮 ╱，在图中绘制一条长度为 50 的水平直线。重复"直线"命令，绘制一条垂直的直线，并移动到合适的位置，作为绘图的辅助线，如图 4-63 所示。

图 4-62　坐便器

（2）单击"默认"选项卡"绘图"面板中的"直线"按钮 ╱，单击水平直线的左端点，输入坐标点（@6，−60）绘制直线，如图 4-64 所示。

（3）单击"默认"选项卡"修改"面板中的"镜像"按钮 ⚠，以垂直直线的两个端点为镜像点，将刚刚绘制的斜向直线镜像到另一侧，如图 4-65 所示。

（4）单击"默认"选项卡"绘图"面板中的"圆弧"按钮 ╱，以斜线下端的端点为起点，如图 4-66 所示，以垂直辅助线上的一点为第二点，以右侧斜线的端点为端点，绘制弧线，如图 4-67 所示。

4-8

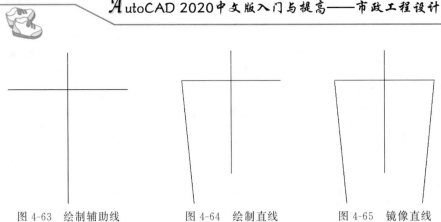

图 4-63 绘制辅助线   图 4-64 绘制直线   图 4-65 镜像直线

（5）在图中选择水平直线，然后单击"默认"选项卡"修改"面板中的"复制"按钮
，选择其与垂直直线的交点为基点，然后输入坐标点（@0，—20）。再次复制水平直
线，输入坐标点（@0，—25）。结果如图 4-68 所示。

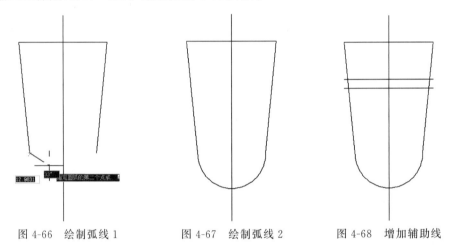

图 4-66 绘制弧线 1   图 4-67 绘制弧线 2   图 4-68 增加辅助线

（6）单击"默认"选项卡"修改"面板中的"偏移"按钮 ，将右侧斜向直线向左偏移
2，如图 4-69 所示。重复"偏移"命令，将圆弧和左侧直线复制到内侧，如图 4-70 所示。

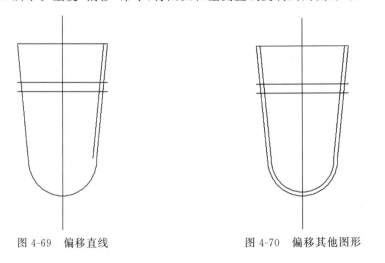

图 4-69 偏移直线   图 4-70 偏移其他图形

Note

（7）单击"默认"选项卡"绘图"面板中的"直线"按钮 ╱，将中间的水平线与内侧斜线的交点和外侧斜线的下端点连接起来，如图4-71所示。

（8）单击"默认"选项卡"修改"面板中的"圆角"按钮 ，指定倒角半径为10，依次选择最下面的水平线和半部分内侧的斜向直线，将其交点设置为倒圆角，如图4-72所示。依照此方法，将右侧的交点也设置为倒圆角，直径也是10，如图4-73所示。

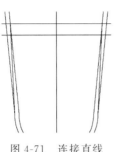

图 4-71　连接直线　　　　　　　　图 4-72　设置倒圆角

（9）单击"默认"选项卡"修改"面板中的"偏移"按钮 ，将椭圆部分向内侧偏移1，如图4-74所示。

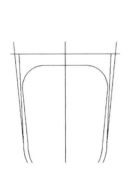

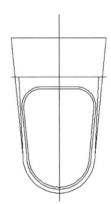

图 4-73　设置另一侧倒圆角　　　　　图 4-74　偏移椭圆

在上侧添加弧线和斜向直线，再在左侧添加冲水按钮，即完成了坐便器的绘制。最终结果如图4-62所示。

4.5.3　倒角命令

倒角是指用斜线连接两个不平行的线型对象。可以用斜线连接直线段、双向无限长线、射线和多段线。

1. 执行方式

命令行：CHAMFER。

菜单栏：选择菜单栏中的"修改"→"倒角"命令。

工具栏：单击"修改"工具栏中的"倒角"按钮 。

功能区：单击"默认"选项卡"修改"面板中的"倒角"按钮 。

2．操作步骤

命令：CHAMFER
("不修剪"模式)当前倒角距离 1 = 0.0000,距离 2 = 0.0000
选择第一条直线或 [放弃(U)/多段线(P)/距离(D)/角度(A)/修剪(T)/方式(E)/多个(M)]：(选择第一条直线或别的选项)
选择第二条直线,或按住 Shift 键选择直线以应用角点或[距离(D)/角度(A)/方法(M)]：(选择第二条直线)

3．选项说明

各选项含义如表 4-6 所示。

表 4-6 "倒角"命令各选项含义

选　项	含　义
距离(D)	选择倒角的两个斜线距离。斜线距离是指从被连接的对象与斜线的交点到被连接的两对象的可能的交点之间的距离。这两个斜线距离可以相同,也可以不相同;若二者均为 0,则系统不绘制连接的斜线,而是把两个对象延伸至相交,并修剪超出的部分
角度(A)	选择第一条直线的斜线距离和角度。采用这种方法斜线连接对象时,需要输入两个参数:斜线与一个对象的斜线距离和斜线与该对象的夹角,如图 4-75 所示
多段线(P)	对多段线的各个交叉点进行倒角编辑。为了得到最好的连接效果,一般设置斜线是相等的值。系统根据指定的斜线距离把多段线的每个交叉点都做斜线连接,连接的斜线成为多段线新添加的构成部分,如图 4-76 所示
修剪(T)	与圆角连接命令 FILLET 相同,该选项决定连接对象后,是否剪切原对象
方式(M)	决定采用"距离"方式还是"角度"方式来倒角
多个(U)	同时对多个对象进行倒角编辑

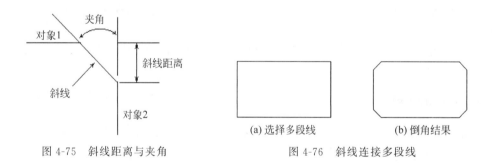

图 4-75 斜线距离与夹角　　　　　　　图 4-76 斜线连接多段线

　　说明：有时用户在选择圆角和倒角命令时,发现命令不执行或执行后没什么变化,那是因为系统默认圆角半径和斜线距离均为 0,如果不事先设定圆角半径或斜线距离,系统就以默认值执行命令,所以看起来好像没有执行命令。

Note

4.5.4 上机练习——洗菜盆绘制

 练习目标

绘制如图 4-77 所示的洗菜盆。

 设计思路

首先利用圆、直线和修剪等命令绘制洗菜盆的初步轮廓,然后利用倒角命令绘制倒角,最终完成对洗菜盆的绘制。

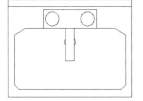

图 4-77 洗菜盆

操作步骤

(1) 单击"默认"选项卡"绘图"面板中的"直线"按钮/,绘制出初步轮廓,大约尺寸如图 4-78 所示。

(2) 单击"默认"选项卡"绘图"面板中的"圆"按钮 ⊙,以图 4-79 中长 240 宽 80 的矩形大约左中位置处为圆心,绘制半径为 35 的圆。

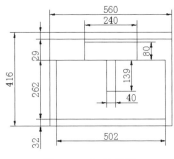

图 4-78 初步轮廓

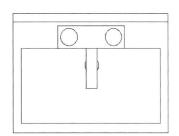

图 4-79 绘制水龙头和出水口

(3) 单击"默认"选项卡"修改"面板中的"复制"按钮 ,选择刚绘制的圆,复制到右边合适的位置,完成旋钮绘制。

(4) 单击"默认"选项卡"绘图"面板中的"圆"按钮 ⊙ ,以图 4-79 中长 139 宽 40 的矩形大约正中位置为圆心,绘制半径为 25 的圆作为出水口。

(5) 单击"默认"选项卡"修改"面板中的"修剪"按钮 ,将绘制的出水口圆进行修剪。

(6) 单击"默认"选项卡"修改"面板中的"倒角"按钮 ,绘制洗菜盆四角。命令行提示与操作如下。

```
命令:CHAMFER
("修剪"模式) 当前倒角距离 1 = 0.0000,距离 2 = 0.0000
选择第一条直线或 [放弃(U)/多段线(P)/距离(D)/角度(A)/修剪(T)/方式(E)/多个(M)]:D
指定第一个倒角距离 <0.0000>:50
指定第二个倒角距离 <50.0000>:30
选择第一条直线或 [多段线(P)/距离(D)/角度(A)/修剪(T)/方式(M)/多个(U)]:U
```

选择第一条直线或[放弃(U)/多段线(P)/距离(D)/角度(A)/修剪(T)/方式(E)/多个(M)]:(选择左上角横线段)

选择第二条直线,或按住 Shift 键选择直线以应用角点或 [距离(D)/角度(A)/方法(M)]:(选择右上角竖线段)

选择第一条直线或[放弃(U)/多段线(P)/距离(D)/角度(A)/修剪(T)/方式(E)/多个(M)]:(选择左上角横线段)

选择第二条直线,或按住 Shift 键选择直线以应用角点或 [距离(D)/角度(A)/方法(M)]:(选择右上角竖线段)

命令: CHAMFER

("修剪"模式) 当前倒角距离 1 = 50.0000,距离 2 = 30.0000

选择第一条直线或 [放弃(U)/多段线(P)/距离(D)/角度(A)/修剪(T)/方式(E)/多个(M)]:A

指定第一条直线的倒角长度 < 20.0000 >:

指定第一条直线的倒角角度 < 0 >: 45

选择第一条直线或 [放弃(U)/多段线(P)/距离(D)/角度(A)/修剪(T)/方式(E)/多个(M)]:U

选择第一条直线或 [放弃(U)/多段线(P)/距离(D)/角度(A)/修剪(T)/方式(E)/多个(M)]:(选择左下角横线段)

选择第二条直线,或按住 Shift 键选择直线以应用角点或 [距离(D)/角度(A)/方法(M)]:(选择左下角竖线段)

选择第一条直线或 [放弃(U)/多段线(P)/距离(D)/角度(A)/修剪(T)/方式(E)/多个(M)]:(选择右下角横线段)

选择第二条直线,或按住 Shift 键选择直线以应用角点或 [距离(D)/角度(A)/方法(M)]:(选择右下角竖线段)

洗菜盆绘制结果如图 4-77 所示。

4.5.5 修剪命令

1. 执行方式

命令行: TRIM。

菜单栏: 选择菜单栏中的"修改"→"修剪"命令。

工具栏: 单击"修改"工具栏中的"修剪"按钮 ✂ 。

功能区: 单击"默认"选项卡"修改"面板中的"修剪"按钮 ✂ 。

2. 操作步骤

命令: TRIM

当前设置: 投影 = UCS,边 = 无

选择剪切边...

选择对象或 <全部选择>:(选择用做修剪边界的对象)

按 Enter 键,结束对象选择,命令行提示与操作如下。

选择要修剪的对象,或按住 Shift 键选择要延伸的对象,或[栏选(F)/窗交(C)/投影(P)/边(E)/删除(R)/放弃(U)]:

3．选项说明

各选项含义如表 4-7 所示。

表 4-7 "修剪"命令各选项含义

选　　项	含　　义	
按住 Shift 键	在选择对象时,如果按住 Shift 键,系统就自动将"修剪"命令转换成"延伸"命令。"延伸"命令将在 4.5.7 小节介绍	
边(E)	选择此选项时,可以选择对象的修剪方式:延伸和不延伸	
	延伸(E)	延伸边界进行修剪。在此方式下,如果剪切边没有与要修剪的对象相交,系统会延伸剪切边直至与要修剪的对象相交,然后再修剪,如图 4-80 所示
	不延伸(N)	不延伸边界修剪对象。只修剪与剪切边相交的对象
栏选(F)	选择此选项时,系统以栏选的方式选择被修剪对象,如图 4-81 所示	
窗交(C)	选择此选项时,系统以窗交的方式选择被修剪对象,如图 4-82 所示	

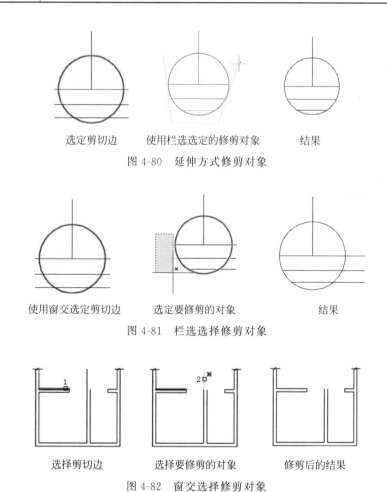

<table>
<tr><td>选定剪切边</td><td>使用栏选选定的修剪对象</td><td>结果</td></tr>
</table>

图 4-80 延伸方式修剪对象

<table>
<tr><td>使用窗交选定剪切边</td><td>选定要修剪的对象</td><td>结果</td></tr>
</table>

图 4-81 栏选选择修剪对象

<table>
<tr><td>选择剪切边</td><td>选择要修剪的对象</td><td>修剪后的结果</td></tr>
</table>

图 4-82 窗交选择修剪对象

被选择的对象可以互为边界和被修剪对象,此时系统会在选择的对象中自动判断边界,如图 4-81 所示。

4.5.6　上机练习——行进盲道绘制

练习目标

绘制如图4-83所示的行进盲道。

设计思路

新建两个图层,然后利用直线和复制等命令绘制行进块材网格,最后利用直线和复制等命令绘制行进盲道材料,来完成地面提示行进块材平面图。

操作步骤

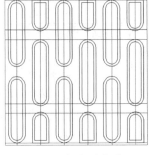

图4-83　行进盲道

1. 新建图层

单击"默认"选项卡"图层"面板中的"图层特性"按钮，新建盲道和材料图层,其属性如图4-84所示。

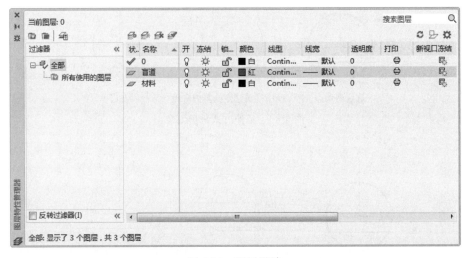

图4-84　图层设计

2. 行进块材网格

(1) 把"盲道"图层设置为当前图层。单击"默认"选项卡"绘图"面板中的"直线"按钮，绘制两条交于端点的长为300的直线。完成的图形如图4-85所示。

(2) 单击"默认"选项卡"修改"面板中的"复制"按钮，复制刚刚绘制好的直线。然后选择AB,水平向右复制的距离分别为25、75、125、175、225、275、300。重复"复制"命令,复制刚刚绘制好的直线。然后选择BC,垂直向上复制的距离分别为5、65、85、215、235、295、300。完成的图形如图4-86所示。

3. 绘制行进盲道材料

(1) 把材料图层设置为当前图层。单击"默认"选项卡"绘图"面板中的"直线"按钮，绘制一条垂直的长为100的直线。完成的图形如图4-87(a)所示。

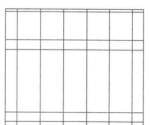

图 4-85　交叉口提示盲道　　　　　图 4-86　提示行进块材网格绘制流程

（2）单击"默认"选项卡"修改"面板中的"复制"按钮，复制刚刚绘制好的直线，水平向右的距离为 35。完成的图形如图 4-87（b）所示。

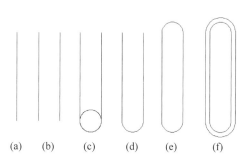

（a）　（b）　（c）　（d）　（e）　（f）

图 4-87　提示行进块材材料 1 绘制流程

（3）单击"默认"选项卡"绘图"面板中的"圆"按钮，绘制半径为 17.5 的圆。完成的图形如图 4-87（c）所示。

（4）单击"默认"选项卡"修改"面板中的"修剪"按钮，剪切一半上面的圆。完成的图形如图 4-87（d）所示。

（5）单击"默认"选项卡"修改"面板中的"镜像"按钮，镜像刚刚剪切过的圆弧。完成的图形如图 4-87（e）所示。

（6）把如图 4-87（e）所示的图形转化为多段线。

（7）单击"默认"选项卡"修改"面板中的"偏移"按钮，偏移刚刚绘制好的多段线，向内偏移 5。完成的图形如图 4-87（f）所示。

（8）同理可以完成另一行进材料的绘制。操作流程图如图 4-88 所示。

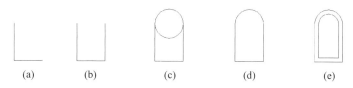

（a）　　　　（b）　　　　（c）　　　　（d）　　　　（e）

图 4-88　提示行进块材材料 2 绘制流程

4. 完成地面提示行进块材平面图

（1）单击"默认"选项卡"修改"面板中的"复制"按钮，复制上述绘制好的材料。完成的图形如图 4-89 所示。

（2）单击"默认"选项卡"修改"面板中的"镜像"按钮，镜像行进块材。完成的图形结果如图 4-83 所示。

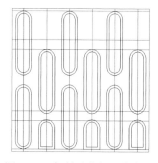

图 4-89　复制后的行进块材图

4.5.7 延伸命令

延伸对象是指延伸要延伸的对象直至另一个对象的边界线,如图 4-90 所示。

选择边界   选择要延伸的对象   执行结果

图 4-90　延伸对象

1．执行方式

命令行：EXTEND。

菜单栏：选择菜单栏中的"修改"→"延伸"命令。

工具栏：单击"修改"工具栏中的"延伸"按钮 ⇥ 。

功能区：单击"默认"选项卡"修改"面板中的"延伸"按钮 ⇥ 。

2．操作步骤

命令：EXTEND
当前设置:投影 = UCS,边 = 无
选择边界的边…
选择对象或 <全部选择>:(选择边界对象)

此时可以通过选择对象来定义边界。若直接按 Enter 键,则选择所有对象作为可能的边界对象。

系统规定可以用作边界对象的对象有直线段、射线、双向无限长线、圆弧、圆、椭圆、二维和三维多段线、样条曲线、文本、浮动的视口、区域。如果选择二维多段线作为边界对象,系统会忽略其宽度而把对象延伸至多段线的中心线上。

选择边界对象后,命令行提示与操作如下。

选择要延伸的对象,或按住 Shift 键选择要修剪的对象,或[栏选(F)/窗交(C)/投影(P)/边(E)/放弃(U)]:

3．选项说明

各选项含义如表 4-8 所示。

表 4-8　"延伸"命令各选项含义

选　项	含　义
延伸对象	如果要延伸的对象是适配样条多段线,则延伸后会在多段线的控制框上增加新节点。如果要延伸的对象是锥形的多段线,系统会修正延伸端的宽度,使多段线从起始端平滑地延伸至新的终止端。如果延伸操作导致新终止端的宽度为负值,则取宽度值为 0。延伸对象如图 4-91 所示
修剪	选择对象时,如果按住 Shift 键,系统就自动将"延伸"命令转换成"修剪"命令

选择边界对象	选择要延伸的多段线	延伸后的结果

图 4-91 延伸对象

4.5.8 上机练习——沙发绘制

练习目标

绘制如图 4-92 所示的沙发。

设计思路

首先利用矩形、直线和圆角等命令绘制沙发的外部图形,然后利用圆弧命令绘制沙发的内部图形,最终完成此沙发图形的绘制。

操作步骤

(1) 单击"默认"选项卡"绘图"面板中的"矩形"按钮 ▭ ,绘制圆角为 10、第一角点坐标为(20,20)、长度和宽度分别为 140 和 100 的矩形作为沙发的外框。

(2) 单击"默认"选项卡"绘图"面板中的"直线"按钮 ╱ ,绘制坐标分别为(40,20)(@0,80)(@100,0)(@0,−80)的连续线段。绘制结果如图 4-93 所示。

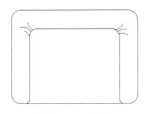

图 4-92 沙发

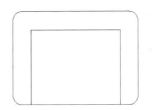

图 4-93 绘制初步轮廓

(3) 单击"默认"选项卡"修改"面板中的"分解"按钮 ▤(此命令将在以后章中详细介绍)、"圆角"按钮 ╭ ,修改沙发轮廓。命令行提示与操作如下。

```
命令: _explode
选择对象:选择外面倒圆角矩形
选择对象:
命令: _fillet
当前设置:模式 = 修剪,半径 = 4.000
选择第一个对象或[放弃(U)/多段线(P)/半径(R)/修剪(T)/多个(M)]:选择内部四边形左边
选择第二个对象,或按住 Shift 键选择对象以应用角点或 [半径(R)]:选择内部四边形上边
选择第一个对象或 [放弃(U)/多段线(P)/半径(R)/修剪(T)/多个(M)]:选择内部四边形右边
选择第二个对象,或按住 Shift 键选择对象以应用角点或 [半径(R)]:选择内部四边形下边
选择第一个对象或 [放弃(U)/多段线(P)/半径(R)/修剪(T)/多个(M)]:
```

单击"默认"选项卡"修改"面板中的"圆角"按钮 ，选择内部四边形左边和外部矩形下边左端为对象，进行圆角处理。绘制结果如图4-94所示。

（4）单击"默认"选项卡"修改"面板中的"延伸"按钮 。命令行提示与操作如下。

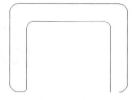

图4-94　绘制倒圆

```
命令：_ extend
当前设置：投影 = UCS，边 = 无
选择边界的边...
选择对象或 <全部选择>：选择如图4-95所示的右下角圆弧
选择对象：
选择要延伸的对象，或按住 Shift 键选择要修剪的对象，或[栏选(F)/窗交(C)/投影(P)/边(E)/
放弃(U)]：选择如图4-94所示的左端短水平线
选择要延伸的对象，或按住 Shift 键选择要修剪的对象，或[栏选(F)/窗交(C)/投影(P)/边(E)/
放弃(U)]：
```

（5）单击"默认"选项卡"修改"面板中的"圆角"按钮 ，选择内部四边形右边和外部矩形下边为倒圆角对象，进行圆角处理。

（6）单击"默认"选项卡"修改"面板中的"修剪"按钮 ，以刚倒出的圆角圆弧为边界，对内部四边形右边下端进行修剪。绘制结果如图4-95所示。

（7）单击"默认"选项卡"绘图"面板中的"圆弧"按钮 ，绘制沙发皱纹。在沙发拐角位置绘制6条圆弧。最终绘制结果如图4-92所示。

图4-95　完成倒圆角

4.5.9　拉伸命令

拉伸对象是指拖拉选择的对象，使其形状发生改变。拉伸对象时，应指定拉伸的基点和移至点。利用一些辅助工具如捕捉、钳夹功能及相对坐标等可以提高拉伸的精度。

1．执行方式

命令行：STRETCH。

菜单栏：选择菜单栏中的"修改"→"拉伸"命令。

工具栏：单击"修改"工具栏中的"拉伸"按钮 。

功能区：单击"默认"选项卡"修改"面板中的"拉伸"按钮 。

2．操作步骤

```
命令：STRETCH
以交叉窗口或交叉多边形选择要拉伸的对象...
选择对象：C
指定第一个角点：
指定对角点：(采用交叉窗口的方式选择要拉伸的对象)
指定基点或 [位移(D)] <位移>：(指定拉伸的基点)
指定第二个点或 <使用第一个点作为位移>：(指定拉伸的移至点)
```

此时,若指定第二个点,系统将根据这两点决定的矢量拉伸对象。若直接按 Enter 键,系统会把第一个点作为 X 轴和 Y 轴的分量值。

STRETCH 仅移动位于交叉选择内的顶点和端点,不更改那些位于交叉选择外的顶点和端点。部分包含在交叉选择窗口内的对象将被拉伸。

 说明:用交叉窗口选择拉伸对象时,落在交叉窗口内的端点被拉伸,落在交叉窗口外部的端点保持不动。

4.5.10　上机练习——门把手绘制

 练习目标

绘制如图 4-96 所示的门把手。

设计思路

首先新建两个图层,绘制手柄的中心线和轮廓线。在绘制过程中利用直线和圆等二维绘图命令以及修剪、镜像、拉伸等二维编辑命令,最终完成对门把手的绘制。

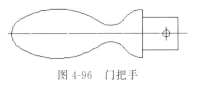

图 4-96　门把手

 操作步骤

(1) 设置图层。单击"默认"选项卡"图层"面板中的"图层特性"按钮 ,弹出"图层特性管理器"选项板,新建两个图层。

① 第一个图层命名为"轮廓线",线宽属性为 0.3mm,其余属性默认。

② 第二个图层命名为"中心线",颜色设为红色,线型加载为 center,其余属性默认。

(2) 将中心线图层设置为当前图层。单击"默认"选项卡"绘图"面板中的"直线"按钮 ,绘制坐标分别为(150,150)(@120,0)的直线。结果如图 4-97 所示。

图 4-97　绘制直线 1

(3) 单击"默认"选项卡"绘图"面板中的"圆"按钮 ,以(160,150)为圆心,绘制半径为 10 的圆。重复"圆"命令,以(235,150)为圆心,绘制半径为 15 的圆。再绘制半径为 50 的圆与前两个圆相切。结果如图 4-98 所示。

(4) 单击"默认"选项卡"绘图"面板中的"直线"按钮 ,绘制坐标为(250,150)(@10<90)(@15<180)的两条直线。重复"直线"命令,绘制坐标为(235,165)(235,150)的直线。结果如图 4-99 所示。

(5) 单击"默认"选项卡"修改"面板中的"修剪"按钮 ,进行修剪处理。结果如图 4-100 所示。

(6) 绘制圆。单击"默认"选项卡"绘图"面板中的"圆"按钮 ,绘制半径为 12、与圆弧 1 和圆弧 2 相切的圆。结果如图 4-101 所示。

图 4-98　绘制圆 1

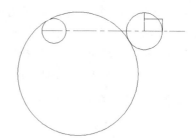

图 4-99　绘制直线 2

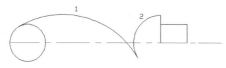

图 4-100　修剪处理 1

图 4-101　绘制圆 2

（7）修剪处理。单击"默认"选项卡"修改"面板中的"修剪"按钮，将多余的圆弧进行修剪。结果如图 4-102 所示。

（8）单击"默认"选项卡"修改"面板中的"镜像"按钮，以（150，150）（250，150）为两镜像点对图形进行镜像处理。结果如图 4-103 所示。

图 4-102　修剪处理 2

图 4-103　镜像处理

（9）单击"默认"选项卡"修改"面板中的"修剪"按钮，进行修剪处理。结果如图 4-104 所示。

（10）把中心线图层设置为当前图层。单击"默认"选项卡"绘图"面板中的"直线"按钮，在把手接头处中间位置绘制适当长度的竖直线段，作为销孔定位中心线，如图 4-105 所示。

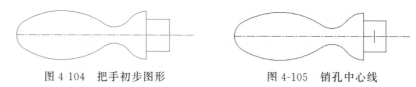

图 4-104　把手初步图形

图 4-105　销孔中心线

（11）把轮廓线图层设置为当前图层。单击"默认"选项卡"绘图"面板中的"圆"按钮，以中心线交点为圆心绘制适当半径的圆作为销孔，如图 4-106 所示。

（12）单击"默认"选项卡"修改"面板中的"拉伸"按钮，框选接头，从而拉伸接头长度，如图 4-107 所示，结果如图 4-96 所示。

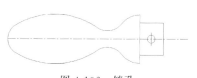

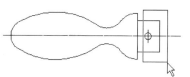

图 4-106　销孔　　　　　　　图 4-107　指定拉伸对象

4.5.11　拉长命令

1．执行方式

命令行：LENGTHEN。

菜单栏：选择菜单栏中的"修改"→"拉长"命令。

功能区：单击"默认"选项卡"修改"面板中的"拉长"按钮 ∕ 。

2．操作步骤

命令：LENGTHEN

选择要测量的对象或 [增量(DE)/百分比(P)/总计(T)/动态(DY)] <总计(T)>：(选定对象)

当前长度：30.5001(给出选定对象的长度,如果选择圆弧则还将给出圆弧的包含角)

选择要测量的对象或 [增量(DE)/百分比(P)/总计(T)/动态(DY)] <总计(T)>：DE(选择拉长或缩短的方式.如选择"增量(DE)"方式)

输入长度增量或 [角度(A)] < 0.0000 >：10(输入长度增量数值。如果选择圆弧段,则可输入选项"A"给定角度增量)

选择要修改的对象或 [放弃(U)]：(选定要修改的对象,进行拉长操作)

选择要修改的对象或 [放弃(U)]：(继续选择,按 Enter 键,结束命令)

3．选项说明

各选项含义如表 4-9 所示。

表 4-9　"拉长"命令各选项含义

选　　项	含　　义
增量(DE)	用指定增加量的方法来改变对象的长度或角度
百分比(P)	用指定要修改对象的长度占总长度的百分比的方法来改变圆弧或直线段的长度
总计(T)	用指定新的总长度或总角度值的方法来改变对象的长度或角度
动态(DY)	在这种模式下,可以使用拖拉鼠标的方法来动态地改变对象的长度或角度

4.5.12　上机练习——挂钟绘制

 练习目标

绘制如图 4-108 所示的挂钟。

 设计思路

图 4-108　挂钟图形

利用圆命令绘制挂钟的外部轮廓,然后利用直线命令绘制挂钟的时针、分针和秒针,最后利用拉长命令绘制挂钟图形。

4-13

操作步骤

（1）单击"默认"选项卡"绘图"面板中的"圆"按钮 ⊙ ，以（100，100）为圆心，绘制半径为 23 的圆形作为挂钟的外轮廓线，如图 4-109 所示。

（2）单击"默认"选项卡"绘图"面板中的"直线"按钮 ╱ ，绘制坐标为 {（100，100）（100，120）}{（100，100）（80，100）}{（100，100）（105，94）}的 3 条直线作为挂钟的指针，如图 4-110 所示。

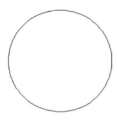

图 4-109　绘制圆形

图 4-110　绘制指针

（3）单击"默认"选项卡"修改"面板中的"拉长"按钮 ╱ ，秒针拉长至圆的边。绘制挂钟完成，结果如图 4-108 所示。

4.5.13　打断命令

1. 执行方式

命令行：BREAK。

菜单栏：选择菜单栏中的"修改"→"打断"命令。

工具栏：单击"修改"工具栏中的"打断"按钮 凸 。

功能区：单击"默认"选项卡"修改"面板中的"打断"按钮 凸 。

2. 操作步骤

命令：BREAK

选择对象：(选择要打断的对象)

指定第二个打断点或 [第一点(F)]：(指定第二个断开点或输入 F)

3. 选项说明

各选项含义如表 4-10 所示。

表 4-10　"打断"命令各选项含义

选　　项	含　　义
打断	如果选择"第一点(F)"选项，系统将丢弃前面的第一个选择点，重新提示用户指定两个打断点

4.5.14　打断于点命令

打断于点命令是指在对象上指定一点，从而把对象在此点拆分成两部分。此命令与打断命令类似。

1．执行方式

命令行：BREAK(缩写名：BR)。

工具栏：单击"修改"工具栏中的"打断于点"按钮 🗀 。

功能区：单击"默认"选项卡"修改"面板中的"打断于点"按钮 🗀 。

2．操作步骤

选择对象:(选择要打断的对象)
指定第二个打断点或 [第一点(F)]:_f(系统自动执行"第一点(F)"选项)
指定第一个打断点:(选择打断点)
指定第二个打断点:@(系统自动忽略此提示)

4.5.15　分解命令

1．执行方式

命令行：EXPLODE。

菜单栏：选择菜单栏中的"修改"→"分解"命令。

工具栏：单击"修改"工具栏中的"分解"按钮 🗗 。

功能区：单击"默认"选项卡"修改"面板中的"分解"按钮 🗗 。

2．操作步骤

命令:EXPLODE
选择对象:(选择要分解的对象)

选择一个对象后,该对象会被分解。系统继续提示该行信息,允许分解多个对象。

4.5.16　合并命令

可以将直线、圆弧、椭圆弧和样条曲线等独立的对象合并为一个对象,如图 4-111
所示。

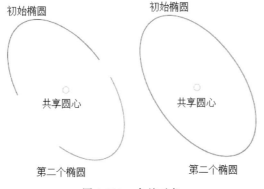

图 4-111　合并对象

Note

1．执行方式

命令行：JOIN。

菜单栏：选择菜单栏中的"修改"→"合并"命令。

工具栏：单击"修改"工具栏中的"合并"按钮 ↛ 。

功能区：单击"默认"选项卡"修改"面板中的"合并"按钮 ↛ 。

2．操作步骤

```
命令：JOIN
选择源对象或要一次合并的多个对象:(选择一个对象)
选择要合并到源的直线：(选择另一个对象)
```

4.6　对　象　编　辑

在对图形进行编辑时，还可以对图形对象本身的某些特性进行编辑，从而方便地进行图形绘制。

4.6.1　钳夹功能

利用钳夹功能可以快速方便地编辑对象。AutoCAD 在图形对象上定义了一些特殊点，称为夹点，利用夹点可以灵活地控制对象，如图 4-112 所示。

要使用钳夹功能编辑对象，必须先打开钳夹功能。打开方法是：选择"工具"→"选项"→"选择"命令。

在"选项"对话框的"选择集"选项卡中，选中"启用夹点"复选框。在该选项卡中，还可以设置代表夹点的小方格的尺寸和颜色。

图 4-112　夹点

也可以通过 GRIPS 系统变量来控制是否打开钳夹功能，1 代表打开，0 代表关闭。

打开钳夹功能后，应该在编辑对象之前先选择对象。夹点表示对象的控制位置。

使用夹点编辑对象，要选择一个夹点作为基点，称为基准夹点。然后，选择一种编辑操作：镜像、移动、旋转、拉伸和缩放。可以用空格键、Enter 键或快捷键循环选择这些功能。

下面仅以其中的拉伸对象操作为例进行讲述，其他操作类似。

在图形上拾取一个夹点，该夹点改变颜色，此点为夹点编辑的基准夹点。命令行提示与操作如下。

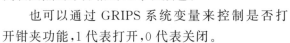

```
** 拉伸 **
指定拉伸点或 [基点(B)/复制(C)/放弃(U)/退出(X)]:
```

在上述拉伸编辑提示下输入镜像命令或右击，选择快捷菜单中的"移动"命令，系统就会转换为"移动"操作，其他操作类似。

4.6.2　修改对象属性

1. 执行方式

命令行：DDMODIFY 或 PROPERTIES。

菜单栏：选择菜单栏中的"修改"→"特性或工具"→"选项板"→"特性"命令。

工具栏：单击"标准"工具栏中的"特性"按钮■。

2. 操作步骤

AutoCAD 打开"特性"选项板，如图 4-113 所示。利用它可以方便地设置或修改对象的各种属性。不同的对象属性种类和值不同，修改属性值，对象改变为新的属性。

4.6.3　特性匹配

利用特性匹配功能可以将目标对象的属性与源对象的属性进行匹配，使目标对象的属性与源对象的属性相同。利用特性匹配功能可以方便快捷地修改对象属性，并保持不同对象的属性相同。

1. 执行方式

命令行：MATCHPROP。

菜单栏：选择菜单栏中的"修改"→"特性匹配"命令。

直线		
常规		
颜色	■ ByLayer	
图层	0	
线型	—— ByLayer	
线型比例	1	
打印样式	ByColor	
线宽	—— ByLayer	
透明度	ByLayer	
超链接		
厚度	0	
三维效果		
材质	ByLayer	
几何图形		
起点 X 坐标	1671.2768	
起点 Y 坐标	2543.1413	
起点 Z 坐标	0	
端点 X 坐标	1764.0611	
端点 Y 坐标	2682.2542	
端点 Z 坐标	0	
增量 X	92.7844	
增量 Y	139.1128	
增量 Z	0	
长度	167.2164	

图 4-113　"特性"选项板

2. 操作步骤

```
命令：MATCHPROP
选择源对象：(选择源对象)
选择目标对象或 [设置(S)]：(选择目标对象)
```

图 4-114(a)所示为两个属性不同的对象，以左边的圆为源对象，对右边的矩形进行特性匹配，结果如图 4-114(b)所示。

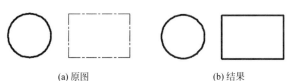

(a)原图　　　　　　　　　(b)结果

图 4-114　特性匹配

4.6.4 上机练习——花朵的绘制

 练习目标

绘制如图4-115所示的花朵。

设计思路

首先利用圆、多边形和多段线等命令绘制花朵图形,然后利用特性命令修改花朵的属性,最终完成绘制。

图4-115 花朵图案

操作步骤

(1)单击"默认"选项卡"绘图"面板中的"圆"按钮 ⊙ ,绘制花蕊。

(2)单击"默认"选项卡"绘图"面板中的"多边形"按钮 ⬠ ,绘制以图4-116中的圆心为中心点、内接于圆的正五边形。结果如图4-117所示。

图4-116 捕捉圆心 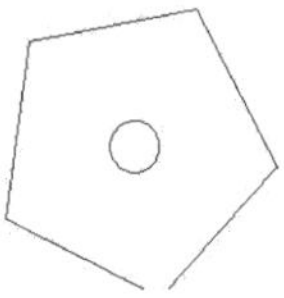　　　　　图4-117 绘制正五边形

说明:一定要先绘制中心的圆,因为正五边形的外接圆与此圆同心,必须通过捕捉获得正五边形的外接圆圆心位置。如果反过来,先画正五边形,再画圆,会发现无法捕捉正五边形外接圆圆心。

(3)单击"默认"选项卡"绘图"面板中的"圆弧"按钮 ⌒ ,以最上斜边的中点为圆弧起点,左上斜边中点为圆弧端点,绘制花朵。绘制结果如图4-118所示。重复"圆弧"命令,绘制另4段圆弧。结果如图4-119所示。

最后删除正五边形,结果如图4-120所示。

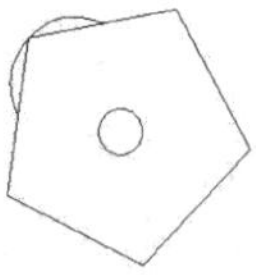

图4-118 绘制一段圆弧 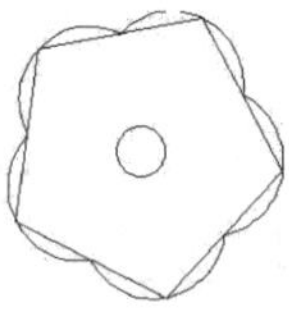　　　图4-119 绘制所有圆弧 　　　图4-120 绘制花朵

(4)单击"默认"选项卡"绘图"面板中的"多段线"按钮 ⤵ ,绘制枝叶。花枝的宽度为4,叶子的起点半宽为12,端点半宽为3。同样方法绘制另两片叶子。结果如图4-121所示。

(5)选择枝叶,枝叶上显示夹点标志。在一个夹点上单击鼠标右键,打开快捷菜单,选择其中的"特性"命令,如图4-122所示,系统打开"特性"选项板。在"颜色"下拉列表中选择"绿",如图4-123所示。

图4-121 绘制枝叶

Note

图 4-122　快捷菜单

图 4-123　修改枝叶颜色

（6）按照步骤（5）的方法修改花朵颜色为红色，花蕊颜色为洋红色。最终结果如图 4-115 所示。

第 5 章

辅助工具

　　在绘图设计过程中,经常会遇到一些重复出现的图形(例如建筑设计中的桌椅、门窗等),如果每次都重新绘制这些图形,不仅会造成大量的重复工作,而且存储这些图形及其信息也会占据相当大的磁盘空间。图块与设计中心提出了模块化绘图的方法,这样不仅可避免大量的重复工作,提高绘图速度和工作效率,还可以大大节省磁盘空间。本章主要介绍图块和设计中心功能,主要内容包括图块操作、图块属性、设计中心、工具选项板等知识。

学习要点

◆ 查询工具
◆ 图块及其属性
◆ 设计中心与工具选项板

5.1 查询工具

为方便用户及时了解图形信息，AutoCAD 提供了很多查询工具，这里简要进行说明。

5.1.1 距离查询

1．执行方式

命令行：MEASUREGEOM。

菜单栏：选择菜单栏中的"工具"→"查询"→"距离"命令。

工具栏：单击"查询"工具栏中的"距离"按钮 ▦ 。

功能区：单击"默认"选项卡"实用工具"面板中的"距离"按钮 ▦ 。

2．操作步骤

命令：MEASUREGEOM
输入一个选项 [距离(D)/半径(R)/角度(A)/面积(AR)/体积(V)/快速(Q)/模式(M)/退出(X)] <距离>：距离
指定第一点：指定点
指定第二点或 [多个点]：指定第二点或输入 m 表示多个点
输入一个选项 [距离(D)/半径(R)/角度(A)/面积(AR)/体积(V)/快速(Q)/模式(M)/退出(X)] <距离>：退出

3．选项说明

各选项含义如表 5-1 所示。

表 5-1 "距离查询"命令各选项含义

选 项	含 义
多个点	如果使用此选项，将基于现有直线段和当前橡皮线即时计算总距离

5.1.2 面积查询

1．执行方式

命令行：MEASUREGEOM。

菜单栏：选择菜单栏中的"工具"→"查询"→"面积"命令。

工具栏：单击"查询"工具栏中的"面积"按钮 ▱ 。

功能区：单击"默认"选项卡"实用工具"面板中的"面积"按钮 ▱ 。

2．操作步骤

命令：MEASUREGEOM
输入一个选项 [距离(D)/半径(R)/角度(A)/面积(AR)/体积(V)/快速(Q)/模式(M)/退出(X)] <距离>：面积

指定第一个角点或 [对象(O)/增加面积(A)/减少面积(S)/退出(X)] <对象(O)>: 选择选项
指定下一个点或 [圆弧(A)/长度(L)/放弃(U)]:

3. 选项说明

在工具选项板中，系统设置了一些常用图形的选项卡，这些选项卡可以方便用户绘图。各选项含义如表 5-2 所示。

表 5-2 "面积查询"命令各选项含义

选　　项	含　　义
指定角点	计算由指定点所定义的面积和周长
增加面积	打开"加"模式，并在定义区域时即时保持总面积
减少面积	从总面积中减去指定的面积

5.2　图块及其属性

把一组图形对象组合成图块加以保存，需要的时候可以把图块作为一个整体以任意比例和旋转角度插入到图中任意位置，这样不仅可避免大量的重复工作，提高绘图速度和工作效率，而且可大大节省磁盘空间。

5.2.1　图块操作

1. 图块定义

1）执行方式

命令行：BLOCK。

菜单栏：选择菜单栏中的"绘图"→"块"→"创建"命令。

工具栏：单击"绘图"工具栏中的"创建"按钮 。

功能区：单击"默认"选项卡"块"面板中的"创建"按钮 ，或单击"插入"选项卡"块定义"面板中的"创建块"按钮 。

2）操作步骤

执行上述命令，系统弹出如图 5-1 所示的"块定义"对话框，利用该对话框指定定义对象和基点以及其他参数，可定义图块并命名。

2. 图块保存

1）执行方式

命令行：WBLOCK。

2）操作步骤

执行上述命令，系统弹出如图 5-2 所示的"写块"对话框。利用此对话框可把图形对象保存为图块或把图块转换成图形文件。

图 5-1 "块定义"对话框

图 5-2 "写块"对话框

3. 图块插入

1) 执行方式

命令行：INSERT。

菜单栏：选择菜单栏中的"插入"→"块"选项板。

工具栏：单击"插入点"工具栏中的"插入块"按钮 ，或单击"绘图"工具栏中的"插入块"按钮 。

功能区：单击"默认"选项卡"块"面板中的"插入"下拉菜单，或单击"插入"选项卡"块"面板中的"插入"下拉菜单，如图 5-3 所示。

图 5-3 "插入"下拉菜单

2）操作步骤

执行上述操作之一后，在下拉菜单中选择"最近使用的块"或"其他图形中的块"，系统弹出"块"选项板，如图5-4所示。利用该选项板设置插入点位置、插入比例以及旋转角度可以指定要插入的图块及插入位置。

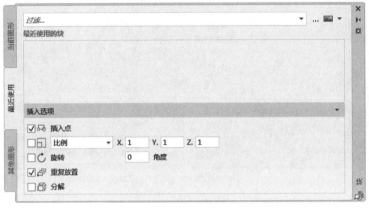

图5-4　"块"选项板

5.2.2　图块的属性

1．属性定义

1）执行方式

命令行：ATTDEF。

菜单栏：选择菜单栏中的"绘图"→"块"→"定义属性"命令。

功能区：单击"插入"选项卡"块定义"面板中的"定义属性"按钮 ✎，或单击"默认"选项卡"块"面板中的"定义属性"按钮 ✎。

2）操作步骤

执行上述命令，系统弹出"属性定义"对话框，如图5-5所示。

图5-5　"属性定义"对话框

3）选项说明

各选项含义如表5-3所示。

表5-3　"属性定义"对话框各选项含义

选　　项		含　　义
"模式"选项组	"不可见"复选框	选中此复选框，属性为不可见显示方式，即插入图块并输入属性值后，属性值在图中并不显示出来
	"固定"复选框	选中此复选框，属性值为常量，即属性值在属性定义时给定，在插入图块时，AutoCAD不再提示输入属性值
	"验证"复选框	选中此复选框，当插入图块时，AutoCAD重新显示属性值让用户验证该值是否正确
	"预设"复选框	选中此复选框，当插入图块时，AutoCAD自动把事先设置好的默认值赋予属性，而不再提示输入属性值
	"锁定位置"复选框	选中此复选框，当插入图块时，AutoCAD锁定块参照中属性的位置。解锁后，属性可以相对于使用夹点编辑的块的其他部分移动，并且可以调整多行属性的大小
	"多行"复选框	指定属性值可以包含多行文字
"属性"选项组	"标记"文本框	输入属性标签。属性标签可由除空格和感叹号以外的所有字符组成。AutoCAD自动把小写字母改为大写字母
	"提示"文本框	输入属性提示。属性提示是插入图块时AutoCAD要求输入属性值的提示。如果不在此文本框内输入文本，则以属性标签作为提示。如果在"模式"选项组选中"固定"复选框，即设置属性为常量，则不需设置属性提示
	"默认"文本框	设置默认的属性值。可把使用次数较多的属性值作为默认值，也可不设默认值

其他各选项组比较简单，不再赘述。

2．修改属性定义

1）执行方式

命令行：DDEDIT。

菜单栏：选择菜单栏中的"修改"→"对象"→"文字"→"编辑"命令。

2）操作步骤

```
命令：DDEDIT
选择注释对象或[放弃(U)]：
```

在此提示下选择要修改的属性定义，AutoCAD打开"编辑属性定义"对话框，如图5-6所示。可以在该对话框中修改属性定义。

图5-6　"编辑属性定义"对话框

3．图块属性编辑

1）执行方式

命令行：EATTEDIT。

菜单栏：选择菜单栏中的"修改"→"对象"→"属性"→"单个"命令。

工具栏：单击"修改Ⅱ"工具栏中的"编辑属性"按钮 🖉 。

2）操作步骤

```
命令：EATTEDIT
选择块：
```

选择块后，系统弹出"增强属性编辑器"对话框，如图5-7所示。利用该对话框不仅可以编辑属性值，还可以编辑属性的文字选项和图层、线型、颜色等特性值。

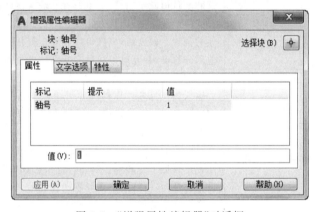

图5-7　"增强属性编辑器"对话框

5.2.3　上机练习——标注标高符号

练习目标

标注标高符号如图5-8所示。

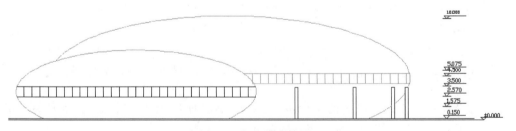

图5-8　标注标高符号

设计思路

利用源文件中已经绘制好的图形，并结合定义属性功能和插入等命令为图形添加标高符号。

 **操作步骤**

（1）单击"默认"选项卡"绘图"面板中的"直线"按钮 ✏，绘制如图 5-9 所示的标高符号图形。

（2）选择菜单栏中的"绘图"→"块"→"定义属性"命令，系统打开"属性定义"对话框。进行如图 5-10 所示的设置，其中模式为"验证"，插入点为标高符号水平线上合适一点，确认退出。

图 5-9 绘制标高符号

图 5-10 "属性定义"对话框

（3）单击"默认"选项卡"块"面板中的"创建"按钮 🔲，打开"块定义"对话框，如图 5-11 所示。拾取图 5-9 中的下尖点为基点，以此图形为对象，输入图块名称并指定路径，确认退出。

图 5-11 "块定义"对话框

Note

（4）单击"默认"选项卡"块"面板中的"插入"按钮 ，找到刚才保存的图块，如图 5-12 所示。在屏幕上指定插入点和旋转角度，将该图块插入到如图 5-8 所示的图形中。这时，命令行会提示输入属性，并要求验证属性值。此时输入标高数值 0.150，就完成了一个标高的标注。命令行提示与操作如下。

```
命令：INSERT↙
指定插入点或 [基点(b)/比例(S)/X/Y/Z/旋转(R)/
预览比例(PS)/PX/PY/PZ/预览旋转(PR)]：
输入属性值
数值：0.150↙
验证属性值
数值＜0.150＞：↙
```

图 5-12　"插入"图块

（5）继续插入标高符号图块，并输入不同的属性值作为标高数值，直到完成所有标高符号标注。

5.3　设计中心与工具选项板

使用 AutoCAD 设计中心可以很容易地组织设计内容，并把它们拖动到当前图形中。工具选项板是"工具选项板"窗口中选项卡形式的区域，提供组织、共享和放置块及填充图案的有效方法。工具选项板还可以包含由第三方开发人员提供的自定义工具。也可以利用设置中心中的内容，并将其创建为工具选项板。设计中心与工具选项板的使用可大大方便绘图，加快绘图的效率。

5.3.1　设计中心

1. 启动设计中心

执行方式

命令行：ADCENTER。

菜单栏：选择菜单栏中的"工具"→"选项板"→"设计中心"命令。

工具栏：单击"标准"工具栏中的"设计中心"按钮 ▦ 。

快捷键：按 Ctrl＋2 键。

功能区：单击"视图"选项卡"选项板"面板中的"设计中心"按钮 。

执行上述命令，系统打开设计中心。第一次启动设计中心时，它的默认打开的选项卡为"文件夹"。内容显示区采用大图标显示，左边的资源管理器采用树枝状显示方式显示系统的树形结构，浏览资源的同时，在内容显示区显示所浏览资源的有关细目或内容，如图 5-13 所示。也可以搜索资源，方法与 Windows 资源管理器类似。

图 5-13　AutoCAD 设计中心的资源管理器和内容显示区

2．利用设计中心插入图形

设计中心一个最大的优点是可以将系统文件夹中的 DWG 图形当成图块插入到当前图形中。

（1）从查找结果列表框选择要插入的对象，双击对象，弹出"插入"对话框，如图 5-14 所示。

（2）在对话框中输入插入点、比例和旋转角度等数值。

被选择的对象根据指定的参数插入到图形当中。

图 5-14　"插入"对话框

Note

5.3.2 工具选项板

1．打开工具选项板

执行方式

命令行：TOOLPALETTES。

菜单栏：选择菜单栏中的"工具"→"选项板"→"工具选项板"命令。

工具栏：单击"标准"工具栏中的"工具选项板"按钮 ▦ 。

快捷键：按 Ctrl＋3 键。

功能区：单击"视图"选项卡"选项板"面板中的"工具选项板"按钮 ▦ 。

执行上述操作之一后，系统自动弹出工具选项板窗口，如图 5-15 所示。单击鼠标右键，在弹出的快捷菜单中选择"新建选项板"命令，如图 5-16 所示。系统新建一个空白选项板，可以命名该选项板，如图 5-17 所示。

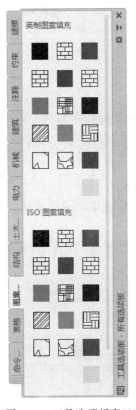

图 5-15　工具选项板窗口

图 5-16　快捷菜单 1

图 5-16　新建选项板

2．将设计中心内容添加到工具选项板

在 Designcenter 文件夹上单击鼠标右键，系统打开快捷菜单，从中选择"创建块的工具选项板"命令，如图 5-18 所示。设计中心中储存的图元就出现在工具选项板中新建的 Designcenter 选项卡上，如图 5-19 所示。这样就可以将设计中心与工具选项板结合起来，建立一个快捷方便的工具选项板。

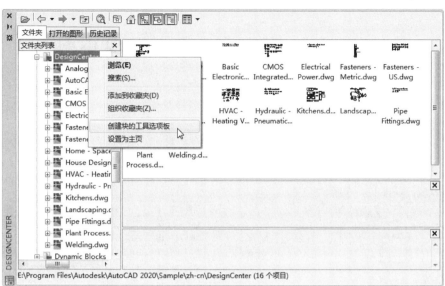

图 5-18　快捷菜单 2

3．利用工具选项板绘图

只需要将工具选项板中的图形单元拖动到当前图形，该图形单元就会以图块的形式插入当前图形中。如图 5-20 所示是将工具选项板中"建筑"选项卡中的"床-双人床"图形单元拖到当前图形。

图 5-19　创建工具选项板

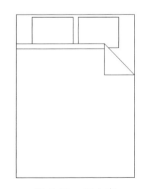

图 5-20　双人床

Note

5.4　实例精讲——屋顶花园绘制

练习目标

借助设计中心等工具,绘制屋顶花园,如图 5-21 所示。

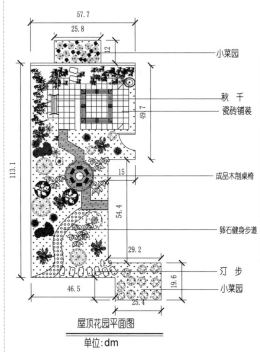

序号	图例	名　称	规　格	备　注
1		花石榴	H0.6m, 50cm×50cm	寓意旺家,春秋开花观果
2		蜡梅	H0.4~0.6m	冬天开花
3		红枫	H1.2~1.8m	叶色火红,观叶树种
4		紫薇	H0.5m, 35cm×35cm	夏秋开花,秋冬枝干秀美
5		桂花	H0.6~0.8m	秋天开花,花香
6		牡丹	H0.3m	冬春开花
7		四季竹	H0.4~0.5m	观姿,叶色丰富
8		鸢尾	H0.2~0.25m	春秋开花
9		海棠	H0.3~0.45m	春天开花
10		苏铁	H0.6m, 60cm×60cm	观姿树种
11		葱兰	H0.1m	烘托作用
12		芭蕉	H0.35m, 25cm×25cm	
13		月季	H0.35m, 25cm×25cm	春夏秋开花

图 5-21　屋顶花园平面图

设计思路

首先利用图层特性管理器,新建二十多个图层,然后在相应的图层上绘制屋顶轮廓线、门、水池、园路、铺装、园林小品和花卉表等图形,最终完成对屋顶花园平面图的绘制。

5.4.1　绘图设置

操作步骤

1. 设置图层

设置以下 21 个图层:"芭蕉""标注尺寸""葱兰""地被""桂花、紫薇""海棠""红枫""花石榴""蜡梅""轮廓线""牡丹""铺地""四季竹""水池""苏铁""图框""文字""鸢尾""园路""月季"和"坐凳",把"轮廓线"图层设置为当前图层。设置好的各图层的属性如图 5-22 所示。

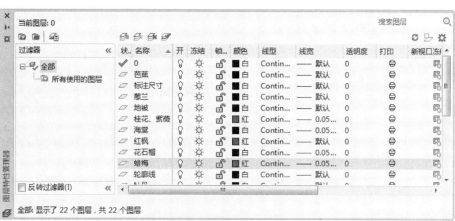

图 5-22　屋顶花园平面图图层设置

2．标注样式设置

根据绘图比例设置标注样式,对标注样式线、符号和箭头、文字、主单位进行设置。具体如下。

> 线：超出尺寸线为 2.5,起点偏移量为 3。
> 符号和箭头：第一个为建筑标记,箭头大小为 2,圆心标记为标记 1.5。
> 文字：文字高度为 3,文字位置为垂直上,从尺寸线偏移为 3,文字对齐为 ISO 标准。
> 主单位：精度为 0.0,比例因子为 1。

3．文字样式设置

单击"默认"选项卡"注释"面板中的"文字样式"按钮 A,打开"文字样式"对话框。选择仿宋字体,宽度因子设置为 0.8。

5.4.2　绘制屋顶轮廓线

 操作步骤

（1）在状态栏中,单击"正交"按钮 ,打开正交模式。在状态栏中,单击"对象捕捉"按钮 ,打开对象捕捉模式。

（2）单击"默认"选项卡"绘图"面板中的"直线"按钮 ,绘制屋顶轮廓线。

（3）单击"默认"选项卡"修改"面板中的"复制"按钮 ,复制上面绘制好的水平直线,向下复制的距离为 1.28。

（4）把标注尺寸图层设置为当前图层。单击"默认"选项卡"注释"面板中的"线性"按钮 ,标注外形尺寸。完成的图形和绘制尺寸如图 5-23 所示。

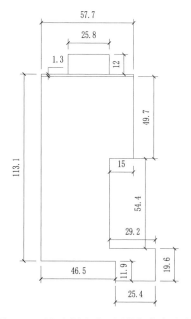

图 5-23　屋顶花园平面图外部轮廓绘制

5.4.3 绘制门和水池

操作步骤

（1）单击"默认"选项卡"绘图"面板中的"矩形"按钮 ⬜，绘制 9×0.6 的矩形。单击"默认"选项卡"绘图"面板中的"圆弧"按钮 ⌒，绘制门，门的半径为 9。

（2）单击"默认"选项卡"修改"面板中的"复制"按钮 ⬚，复制上面绘制好的水平直线，向下复制的距离为 9。

（3）从设计中心插入水池平面图例。

单击"视图"选项卡"选项板"面板中的"设计中心"按钮 ▦，打开"设计中心"对话框。单击"文件夹"按钮，在文件夹列表中鼠标左键单击 Home Designer. Dwg，然后单击 Home Designer. Dwg 下的块，选择洗脸池作为水池的图例。鼠标右键单击洗脸池图例后，选择"插入块"命令，如图 5-24 所示，弹出"插入"对话框。设置里面的选项，如图 5-25 所示，单击"确定"按钮进行插入，指定 XYZ 轴比例因子为 0.01。

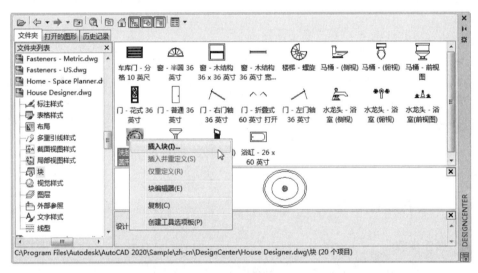

图 5-24 块的插入操作

图 5-25 "插入"对话框

（4）把标注尺寸图层设置为当前图层。单击"默认"选项卡"注释"面板中的"线性"按钮⊢┤,标注外形尺寸。完成的图形和绘制尺寸如图 5-26 所示。

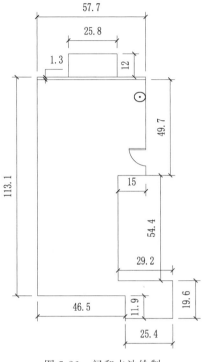

图 5-26　门和水池绘制

5.4.4　绘制园路和铺装

操作步骤

（1）把园路图层设置为当前图层。单击"默认"选项卡"绘图"面板中的"直线"按钮╱,绘制定位轴线。

（2）单击"默认"选项卡"绘图"面板中的"样条曲线拟合"按钮 ∿,绘制弯曲园路。

（3）单击"默认"选项卡"绘图"面板中的"直线"按钮╱,绘制直线园路（按图中所给尺寸绘制）。

（4）单击"默认"选项卡"绘图"面板中的"圆"按钮⊙,绘制圆形园路（按图中所给尺寸绘制）,如图 5-27 所示。

（5）单击"默认"选项卡"绘图"面板中的"矩形"按钮 ▭ ,绘制 3×3 的矩形。单击"默认"选项卡"修改"面板中的"矩形阵列"按钮 ▦,将阵列的行数和列数均设置为 9,行和列的偏移量均设置为 3,将矩形进行阵列。

（6）单击"默认"选项卡"修改"面板中的"删除"按钮 ,删除多余的标注尺寸。完成的图形如图 5-28 所示。

（7）单击"默认"选项卡"修改"面板中的"复制"按钮 ,复制绘制好的矩形,完成其他区域铺装的绘制。完成的图形如图 5-29 所示。

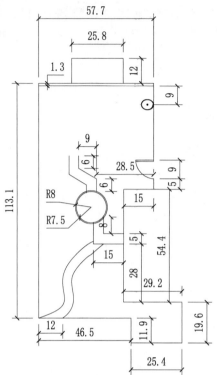

图 5-27　园路的绘制

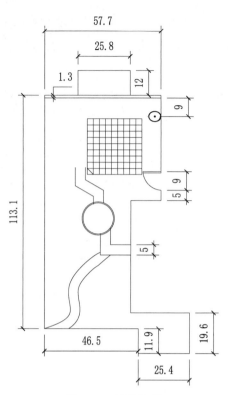

图 5-28　铺装阵列

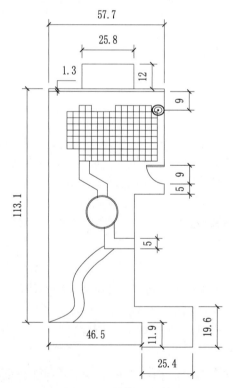

图 5-29　铺装的绘制

5.4.5　绘制园林小品

 **操作步骤**

（1）单击"视图"选项卡"选项板"面板中的"设计中心"按钮 ▦ ，打开"设计中心"对话框。单击"文件夹"按钮，在文件夹列表中鼠标左键单击 Home-Space Planner. Dwg，然后单击 Home-Space Planner. Dwg 下的块，选择桌子-长方形的图例。鼠标右键单击桌子-长方形图例后，选择"插入块"命令，打开"插入"对话框。设置里面的选项，单击"确定"按钮进行插入。从设计中心插入，图例的位置如图 5-30 所示，椅子的插入比例为 0.002。

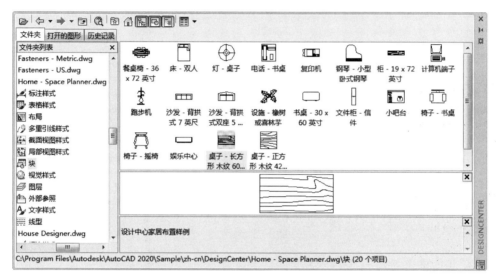

图 5-30　椅子的位置

（2）单击"默认"选项卡"修改"面板中的"环形阵列"按钮 ⁂ ，复制椅子，阵列的项目数为 6，填充角度为 360°。

（3）木质环形坐凳的详细绘制同后面的弧形整体式桌椅坐凳平面图的绘制方法，使用 Ctrl＋C 快捷键复制，然后使用 Ctrl＋V 快捷键粘贴到屋顶花园. dwg 中。

（4）单击"默认"选项卡"修改"面板中的"移动"按钮 ✛ ，把木质环形坐凳移动到合适的位置。

（5）单击"默认"选项卡"修改"面板中的"缩放"按钮 ▢ ，缩放 0.01，即比例因子为 0.01。

（6）使用直线、矩形、旋转以及镜像命令绘制秋千。

完成的图形如图 5-31 所示。

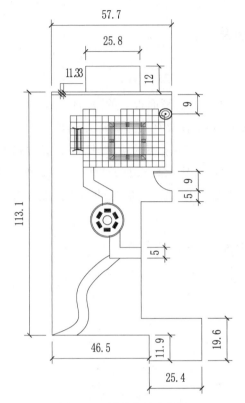

图 5-31　园林小品的绘制

5.4.6　填充园路和地被

操作步骤

（1）单击"默认"选项卡"绘图"面板中的"直线"按钮╱，绘制园路分隔区域。

（2）单击"默认"选项卡"绘图"面板中的"矩形"按钮 ▭，绘制园路分隔区域。

（3）单击"默认"选项卡"绘图"面板中的"图案填充"按钮▨，填充园路和地被。设置的参数如下。

> 选择"卵石6"的填充图案，填充比例和角度分别为 2 和 0（参考源文件/填充图案）。

> 选择"DOLMIT"的填充图案，填充比例和角度分别为 0.1 和 0，孤岛显示样式为外部。

> 选择"GRASS"的填充图案，填充比例和角度分别为 0.1 和 0。

（4）图 5-32（b）是在图 5-32（a）的基础上，单击"默认"选项卡"修改"面板中的"删除"按钮 ，删除多余分隔区域；单击"默认"选项卡"修改"面板中的"修剪"按钮 ，框选删除园林小品重叠的实体。

（5）单击"默认"选项卡"绘图"面板中的"矩形"按钮 ▭，绘制 5×4 的矩形。完成

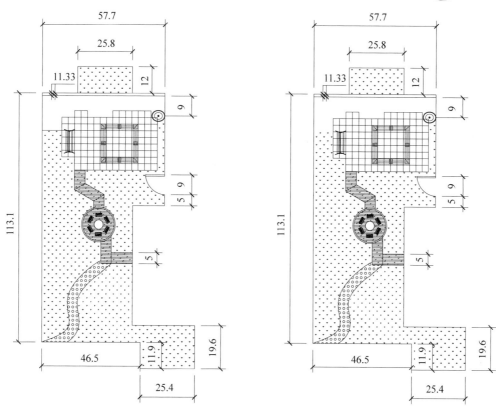

(a)
(b)

图 5-32　填充完的图形

的图形如图 5-33(a)所示。

（6）单击"默认"选项卡"绘图"面板中的"直线"按钮 ╱，绘制石板路石。石板路石的图形没有固定的尺寸形状，外形只要相似就可以。完成的图形如图 5-33(b)所示。

（7）单击"默认"选项卡"绘图"面板中的"图案填充"按钮 ▦，选择"GRASS"图例进行填充。填充比例设置为 0.05，填充路石，如图 5-33(c)所示。

（8）单击"默认"选项卡"修改"面板中的"删除"按钮 ✎，删除矩形。

（9）单击"默认"选项卡"修改"面板中的"旋转"按钮 ↻，旋转刚刚绘制好的图形，旋转角度为－15°，如图 5-33(d)所示。

（10）单击"默认"选项卡"块"面板中的"创建"按钮 🖧，打开"块定义"对话框，创建为块并输入块的名称。

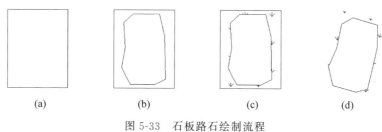

(a)　　　　　　(b)　　　　　　(c)　　　　　　(d)

图 5-33　石板路石绘制流程

（11）单击"默认"选项卡"修改"面板中的"复制"按钮 ❀，复制石板路石。

（12）单击"默认"选项卡"修改"面板中的"镜像"按钮 ⚠，制石板路石。完成的图形如图 5-34 所示。

5.4.7　复制花卉

 操作步骤

（1）使用 Ctrl＋C 和 Ctrl＋V 快捷键从源文件中打开"风景区规划图例.dwg"，在图形中复制图例。

（2）单击"默认"选项卡"修改"面板中的"缩放"按钮 ☐，输入比例因子为 0.005。

（3）单击"默认"选项卡"修改"面板中的"复制"按钮 ❀，复制图例到指定的位置。完成的图形如图 5-35 所示。

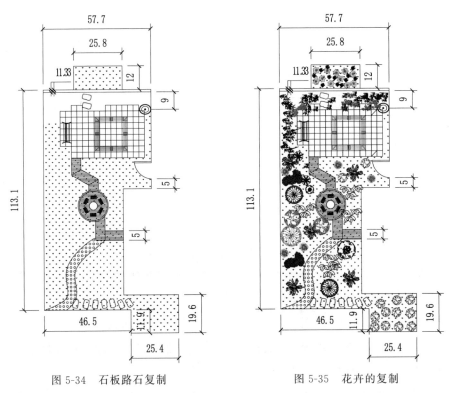

图 5-34　石板路石复制　　　　　　　　　图 5-35　花卉的复制

5.4.8　绘制花卉表

 操作步骤

（1）单击"默认"选项卡"绘图"面板中的"直线"按钮 ╱，绘制一条长为 110 的水平直线。

（2）单击"默认"选项卡"修改"面板中的"矩形阵列"按钮 ▦，复制水平直线，阵列的行数设置为 15，行偏移量设置为 6，列数设置为 1。完成的图形如图 5-36（a）所示。

（3）单击"默认"选项卡"绘图"面板中的"直线"按钮 ╱ ，连接水平直线最外端端点。

（4）单击"默认"选项卡"修改"面板中的"复制"按钮 ⊹ ，复制垂直直线。

（5）把标注尺寸图层设置为当前图层。单击"默认"选项卡"注释"面板中的"线性"按钮┝┥，标注外形尺寸。

（6）单击"注释"选项卡"标注"面板中的"连续"按钮 ┠╫┨ ，进行连续标注。复制尺寸如图 5-36（b）所示。

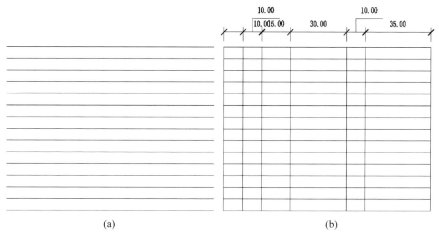

(a)   (b)

图 5-36 花卉表格绘制流程

（7）单击"默认"选项卡"修改"面板中的"删除"按钮 ⟋ ，删除标注尺寸线以及多余的直线。

（8）单击"默认"选项卡"注释"面板中的"多行文字"按钮 **A** ，标注文字。

（9）单击"默认"选项卡"修改"面板中的"复制"按钮 ⊹ ，复制图例到指定的位置。完成的图形如图 5-37 所示。

序号	图例	名　称	规　格	备　注
1		花石榴	H0.6m，50cm×50cm	窝庭旺家，春秋开花观果
2		蜡　梅	H0.4~0.6m	冬天开花
3		红　枫	H1.2~1.8m	叶色火红，观叶树种
4		紫　薇	H0.5m，35cm×35cm	夏秋开花，秋冬枝干秀美
5		桂　花	H0.6~0.8m	秋天开花，花香
6		牡　丹	H0.3m	冬春开花
7		四季竹	H0.4~0.5m	观姿，叶色丰富
8		鸢　尾	H0.2~0.25m	春秋开花
9		海　棠	H0.3~0.45m	春天开花
10		苏　铁	H0.6m，60cm×60cm	观赏树种
11		葱　兰	H0.1m	烘托作用
12		芭　蕉	H0.35m，25cm×25cm	
13		月　季	H0.35m，25cm×25cm	春夏秋开花

图 5-37 花卉表格文字标注

（10）单击"默认"选项卡"注释"面板中的"多行文字"按钮 **A** ，标注屋顶花园平面图文字和图名。完成的图形如图 5-21 所示。

2

道路设计是市政施工的重要组成部分。城市道路工程设计应该充分考虑道路的地理位置、作用、功能以及长远发展，注重沿线地区的交通发展、地区地块开发，注重道路建设的周边环境、地物的协调，客观地反映其地理位置和人文景观，体现以人为本的理念，注重道路景观环境设计，将道路设计和景观设计有机结合。

在道路设计中注意节约用地，合理拆迁房屋，妥善处理文物、名木、古迹等。在城市道路的规划设计中，主要应该考虑道路网、基干道路、次干路、支路的整体规划。城市道路的总体设计主要包括横断面设计、平面设计和纵断面设计，通常简称为道路平、纵、横设计。

第2篇 道路施工

本篇主要使读者掌握城市道路平面、横断面、纵断面、交叉口等绘制的基本知识以及施工图实例的绘制，对道路有关附属设施的要求进行了解，能正确进行城市道路平面定线工作、横断面的规划工作，能识别AutoCAD道路施工图以及熟练使用AutoCAD进行一般城市道路绘制和识图。

第 6 章

道路工程设计要求及实例简介

　　本章介绍道路设计总则以及一般规定,并对道路设计时需要考虑的设计速度、设计车辆和通行能力分别进行介绍。

学 习 要 点

◆ 道路设计总则及一般规定
◆ 道路通行能力分析
◆ 案例简介

6.1 道路设计总则及一般规定

城市道路设计的原则具体如下。

（1）应服从总体规划，以总体规划及道路交通规划为依据，来确定道路类别、道路级别、红线宽度、横断面类型、地面控制标高、地下杆线与地下管线布置等进行道路设计。

（2）应满足当前以及远期交通量发展的需要，按交通量大小、交通特性、主要构筑物的技术要求进行道路设计，做到功能上适用、技术上可行、经济上合理，重视经济效益、社会效益与环境效益。

（3）在道路设计中应妥善处理地下管线与地上设施的矛盾，贯彻先地下后地上的原则，避免造成反复开挖修复的浪费。

（4）在道路设计中，应综合考虑道路的建设投资、运输效益与养护费用等的关系，正确运用技术标准，不宜单纯为节约建设投资而不适当地采用技术指标中的低限值。

（5）处理好机动车、非机动车、行人、环境之间的关系，根据实际建设条件因地制宜。

（6）道路的平面、纵断面、横断面应相互协调。道路标高应与地面排水、地下管线、两侧建筑物等配合。

（7）在满足路基工作状态的前提下，尽可能降低路堤填土高度，以减少土方量，节约工程投资。

（8）在道路设计中，应注意节约用地，合理拆迁房屋，妥善处理文物、名木、古迹等。在城市道路的规划设计中，主要应该考虑道路网、基干道路、次干路、支路的整体规划。城市道路的总体设计主要包括横断面设计、平面设计和纵断面设计，通常简称为道路平、纵、横设计。

（9）城市道路工程设计应该充分考虑道路的地理位置、作用、功能以及长远发展，注重沿线地区的交通发展、地区地块开发，注重道路建设的周边环境、地物的协调，客观地反映其地理位置和人文景观，体现以人为本的理念，注重道路景观环境设计，将道路设计和景观设计有机结合。

6.2 道路通行能力分析

6.2.1 设计速度

设计速度是道路设计时确定几何线形的基本要素。它是指在气候正常，交通密度小，汽车运行只受公路本身几何要素、路面、附属设施等条件影响时，具有中等驾驶技术的驾驶员能保持安全行驶的最大速度。各类各级道路计算行车速度的规定见表 6-1。

表 6-1 各类各级道路计算行车速度 km/h

道路类别	快速路	主 干 路			次 干 路			支 路		
道路等级	一	Ⅰ	Ⅱ	Ⅲ	Ⅰ	Ⅱ	Ⅲ	Ⅰ	Ⅱ	Ⅲ
计算行车速度	60~80	50~60	40~50	30~40	40~50	30~40	20~30	30~40	20~30	20

注：条件许可时，宜采用大值。

1. 大城市，>50 万人口，采用Ⅰ级。

2. 中城市，20 万~50 万人口，采用Ⅱ级。

3. 小城市，<20 万人口，采用Ⅲ级。

6.2.2 设计车辆

城市道路机动车设计车辆外廓尺寸见表 6-2。

城市道路非机动车设计车辆外廓尺寸见表 6-3。

表 6-2 机动车设计车辆外廓尺寸

车 辆 类 型	项 目					
	总长	总宽	总高	前悬	轴距	后悬
小型汽车	5	1.8	1.6	1.0	2.7	1.3
普通汽车	12	2.5	4.0	1.5	6.5	4.0
铰接车	18	2.5	4.0	1.7	5.8 及 6.7	3.8

注：1. 总长为车辆前保险杠至后保险杠的距离，m。

2. 总宽为车厢宽度(不包括后视镜)，m。

3. 总高为车厢顶或装载顶至地面的高度，m。

4. 前悬为车辆前保险杠至前轴轴中线的距离，m。

5. 轴距：对于双轴车，轴距为前轴轴中线至后轴轴中线的距离；对于铰接车，轴距为前轴轴中线至中轴轴中线的距离及中轴轴中线至后轴轴中线的距离，m。

6. 后悬为车辆后保险杠至后轴轴中线的距离，m。

表 6-3 非机动车设计车辆外廓尺寸

车 辆 类 型	项 目		
	总长	总宽	总高
自行车	1.93	0.60	2.25
三轮车	3.40	1.25	2.50
板车	3.70	1.50	2.50
畜力车	4.20	1.70	2.50

注：1. 总长：对于自行车，总长为前轮前缘至后轮后缘的距离；对于三轮车，总长为前轮前缘至车厢后缘的距离；对于板车、畜力车，总长均为前端至车厢后缘的距离，m。

2. 总宽：对于自行车，总宽为车把宽度；其余车均为车厢宽度，m。

3. 总高：对于自行车，总高为骑车人在车上时，头顶至地面的高度；其余车均为载物顶部至地面的高度，m。

6.2.3 通行能力

道路通行能力是道路在一定条件下单位时间内所能通过的车辆的极限数，是道路所具有的一种"能力"。它是度量道路在单位时间内可能通过车辆(或行人)的能力。它是指在现行通常的道路条件、交通条件和管制条件下,在已知周期(通常为15min)中,车辆或行人能合理地期望通过一条车道或道路的一点或均匀路段所能达到的最大小时流率。

道路通行能力不是一个一成不变的定值,是随其影响因素变化而变动的疏解交通的能力。影响道路通行能力的主要因素有道路状况、车辆性能、交通条件、交通管理、环境、驾驶技术和气候等条件。

道路条件是指道路的几何线形组成,如车道宽度、侧向净空、路面性质和状况、平纵线形组成、实际能保证的视距长度、纵坡的大小和坡长等。

车辆性能是指车辆行驶的动力性能,如减速、加速、制动、爬坡能力等。

交通条件是指交通流中车辆组成、车道分布、交通量的变化、超车及转移车道等运行情况的改变。

环境是指街道与道路所处的环境、景观、地貌、自然状况、沿途的街道状况、公共汽车停站布置和数量、单位长度的交叉数量及行人过街道等情况。

气候因素是指气温的高低、风力大小、雨雪状况。

路段通行能力分为可能通行能力与设计通行能力。

1. 可能通行能力

在城市一般道路与一般交通的条件下,并在不受平面交叉口影响时,一条机动车车道的可能通行能力按下式计算:

$$C_B = 3600/t_0$$

式中 t_0 值可参考表6-4,其代表平均车头时距。

表6-4　城市道路上平均车头时距 　　　　　　　　　　s

计算车速/(km/h)	50	45	40	35	30	25	20
小客车	2.13	2.16	2.20	2.26	2.33	2.44	2.61
普通汽车	2.71	2.75	2.80	2.87	2.97	3.12	3.34
铰接车		3.50	3.56	3.63	3.74	3.90	4.14

可能通行能力是用基本通行能力乘以公路的几何结构、交通条件对应的各种补偿系数求出的。亦即

$$C_P = C_B \times \gamma_L \times \gamma_C \times \gamma_r$$

式中：C_P——可能通行能力;

　　　C_B——基本通行能力;

　　　γ_L——宽度修正系数;

　　　γ_C——侧向净空修正系数;

　　　γ_r——重车修正系数。

就多车道公路而言,先用上式求出每车道的可能通行能力,然后乘以车道数求出公路截面的可能通行能力。对往返2车道公路,用往返合计值求出。在用实际车辆数表示可能通行能力时,需要用大型车辆的小客车当量系数换算成实辆数。

影响通行能力的因素有以下几种,各因素的修正系数也已决定。

(1)车道宽度:就基本通行能力方面而言,必要充分的车道宽度 W_L 为 3.50m;根据日本的观测结果,最大交通量在宽度为 3.25m 的城市快速路上得到,对车道宽度小于 3.25m 的公路应进行修正。其系数如表 6-5 所示。

(2)侧向净空:从车道边缘到侧带或分隔带上的保护轨、公路标志、树木、停车车辆、护壁及其他障碍物的距离为侧向净空。必要充分的侧向净空为单向 1.75m。在城市内高速公路上,以 0.75m 的侧向净空时的最大交通量出现次数多,所以,对比 0.75m 窄的情况需要进行修正,如表 6-6 所示。

表 6-5　车道宽度修正系数 γ_L

车道宽度 W_L/m	修正系数 γ_L
3.25	1.00
3.00	0.94
2.75	0.88
2.50	0.82

表 6-6　侧向净空修正系数 γ_C

侧向净空 W_C/m	修正系数 γ_C
0.75	1.00
0.50	0.95
0.25	0.91
0.00	0.86

(3)沿线状况:在沿线不受限制的公路上,通行能力减少的原因有从其他道路和沿道设施驶入的车辆或行人、自行车的突然出现等潜在干涉。并且,在市内因有频繁停车,所以停车的影响也较大,因为通常认为通行能力与沿道的城市化程度有很大关系,所以确定了城市化程度补偿系数,如表 6-7 所示。

表 6-7　沿线状况修正系数 γ_r

不需要考虑停车影响		考虑停车影响的场合	
城市化程度	修 正 系 数	城市化程度	修 正 系 数
非城市化区域	0.95~1.00	非城市化区域	0.90~1.00
部分城市化区域	0.90~0.95	部分城市化区域	0.80~0.90
完全城市化区域	0.85~0.90	完全城市化区域	0.70~0.80

(4)坡度:因为坡度对大型车辆的影响尤其大,所以通常包含在大型车辆影响中。

(5)大型车辆:大型车辆比小客车车身长,即使保持同一车辆距离,车辆之间的距离也较大,并且因大型车在坡道处降低车速,故通行能力将减小。

大型车辆的影响程度用一辆大型车辆相当的小客车辆数即小客车当量系数(passenger car equivalent)来表示。一般认为,小客车当量系数随大型车辆混入率、车道数、坡度大小及长度而变化,并用表 6-8 所示值表示。

在用实辆数表示通行能力时,应该用下式所示补偿系数乘以小客车当量交通量:

$$\gamma_T = \frac{100}{(100 - T) + E_T T}$$

式中: γ_T ——大型车辆补偿系数;

E_T ——大型车辆的小客车当量系数;

T ——大型车辆混入率,%。

表 6-8　小客车当量系数

坡度	坡长/km	大型车混入率/%（2 车道道路）					大型车混入率/%（多车道道路）				
		10	30	50	70	90	10	30	50	70	90
3%以下	—	2.1	2.0	1.9	1.8	1.7	1.8	1.7	1.7	1.7	1.7
4%	0.2	2.8	2.6	2.5	2.3	2.2	2.4	2.3	2.2	2.2	2.2
	0.4	2.8	2.7	2.6	2.4	2.3	2.4	2.4	2.3	2.3	2.2
	0.6	2.9	2.7	2.6	2.4	2.3	2.5	2.4	2.3	2.3	2.3
	0.8	2.9	2.7	2.6	2.5	2.4	2.5	2.4	2.4	2.3	2.3
	1.0	2.9	2.8	2.7	2.5	2.4	2.5	2.4	2.4	2.4	2.3
	1.2	3.0	2.8	2.7	2.5	2.4	2.6	2.5	2.4	2.4	2.4
	1.4	3.0	2.8	2.7	2.5	2.4	2.6	2.5	2.4	2.4	2.4
	1.6	3.0	2.9	2.8	2.6	2.5	2.6	2.5	2.5	2.4	2.4
5%	0.2	3.2	3.0	2.8	2.7	2.6	2.7	2.6	2.6	2.6	2.5
	0.4	3.3	3.1	2.9	2.8	2.7	2.9	2.7	2.7	2.7	2.6
	0.6	3.4	3.2	3.0	2.8	2.7	2.9	2.8	2.7	2.7	2.7
	0.8	3.5	3.2	3.0	2.9	2.8	3.0	2.9	2.9	2.8	2.7
	1.0	3.5	3.3	3.1	2.9	2.8	3.0	2.9	2.9	2.8	2.8
	1.2	3.6	3.4	3.1	3.0	2.9	3.1	3.0	3.0	2.9	2.8
	1.4	3.6	3.4	3.2	3.0	2.9	3.1	3.0	3.0	2.9	2.8
	1.6	3.7	3.4	3.2	3.1	2.9	3.2	3.0	3.0	2.9	2.9
6%	0.2	3.4	3.2	3.0	2.8	2.7	2.9	2.8	2.8	2.7	2.7
	0.4	3.5	3.3	3.1	3.0	2.9	3.1	2.9	2.9	2.8	2.8
	0.6	3.7	3.5	3.3	3.1	3.0	3.2	3.1	3.1	3.0	2.9
	1.4	4.1	3.8	3.6	3.4	3.3	3.5	3.4	3.4	3.2	3.2
	1.6	4.1	3.9	3.7	3.5	3.3	3.6	3.4	3.4	3.3	3.3
7%	0.2	3.5	3.3	3.1	2.9	2.8	3.0	2.9	2.9	2.8	2.8
	0.4	3.7	3.5	3.3	3.1	3.0	3.2	3.1	3.1	3.0	2.9
	0.6	3.9	3.6	3.4	3.3	3.1	3.4	3.2	3.2	3.1	3.1
	0.8	4.0	3.8	3.5	3.4	3.2	3.5	3.3	3.3	3.2	3.2
	1.0	4.2	3.9	3.7	3.5	3.3	3.6	3.4	3.4	3.3	3.3
	1.2	4.3	4.0	3.8	3.6	3.5	3.7	3.5	3.5	3.4	3.4
	1.4	4.5	4.2	3.9	3.7	3.6	3.8	3.7	3.7	3.6	3.5
	1.6	4.6	4.3	4.0	3.8	3.7	3.9	3.8	3.8	3.7	3.6

　　（6）摩托车和自行车：对摩托车和自行车的交通量应该用表 6-9 所示小客车换算系数与交通量求出小客车当量交通量。但是，在用实辆数表示通行能力时，应与大型车辆的方法相同，对当量交通量进行补偿。

表 6-9　摩托车和自行车的小客车换算系数

地　区	车　型	
	摩托车	自行车
地方	0.75	0.50
城市市区	0.50	0.33

（7）其他因素：除上述几种因素外，使通行能力降低的原因还有：公路线形，尤其是曲线路段和隧道，以及驾驶技术、经验的不同等，但这些原因目前还没有较好的定量化方法。

2．设计通行能力

道路设计通行能力是指道路根据使用要求的不同，在不同服务水平条件下所具有的通行能力，也就是要求道路所承担的服务交通量。通常作为道路规划和设计的依据。

道路设计通行能力为

$$C_D = C \times (v/c)$$

式中：C_D——设计通行能力，辆/h；

$\quad\ \ C$ ——实际通行能力，辆/h；

$\quad\ \ v/c$——给定服务水平，即车辆的运行车速及流量 v 与通行能力 c 之比。

多车道设计通行能力 C_n 可以写为

$$C_n = \alpha_c C_1 \delta \sum K_n$$

式中：C_1——第一条车道的可能通行能力，辆/h；

$\quad\ \ K_n$——相应于各车道的折减系数，通常以靠近路中线或中央分隔带的车行道为第一条车道，其通行能力为1，第二条车道的通行能力为第一条车道的 $0.8\sim0.9$，第三道的通行能力为第一条车道的 $0.65\sim0.8$，第四道的通行能力为第一条车道的 $0.5\sim0.6$；

$\quad\ \ \alpha_c$——机动车道的道路分类系数，见表6-10；

$\quad\ \ \delta$——交叉口影响系数，见表6-11。

表 6-10　机动车道的道路分类系数

道路分类	快速路	主干路	次干路	支路
α_c	0.75	0.80	0.85	0.90

表 6-11　交叉口影响系数 δ

车速/(km/h)	交叉种类		交叉口间距/m			
			300	500	800	1000
50	主-主	主	0.38	0.51	0.63	0.68
	主-次	主	0.42	0.55	0.66	0.71
		次	0.35	0.47	0.59	0.64
40	主-主	主	0.46	0.58	0.69	0.74
	主-次	主	0.50	0.63	0.73	0.77
		次	0.42	0.54	0.66	0.71

3．交叉口通行能力

交叉口通行能力的大小直接影响到整个路网效率，提高交叉口的通行能力是目前道路网的重要目标之一。然而，交叉口处固有的通行能力大小，是交叉口本身的特性所决定的，同时这也与车辆等诸多因素密不可分。

平交路口一般可分为三大类，一类是无任何交通管制的交叉口；一类是中央设圆形岛的环形交叉口；一类是信号控制交叉口。目前交叉口通行能力计算在国际上并未完全统一，即使是同一类型的交叉口，其通行能力计算方法也不一样。

1）无信号管制的十字形交叉口通行能力计算

十字形交叉口的设计通行能力为各进口道设计通行能力之和。即主要道路和次要道路在交叉口处的通行能力相加：

$$C = C_{主} + C_{次}$$

式中：$C_{主}$──主要道路通行能力；

$C_{次}$──次要道路通行能力。

主要道路在无信号灯控制交叉口处的道路通行能力：

$$C_m = \alpha_c \times \delta \times 3600/t_{间}$$

式中：$t_{间}$──平均车头时距，s；

α_c──机动车道的道路分类系数；

δ──交叉口影响系数。

非优先方向次要道路通行能力：

$$C_{次} = C_{主}\, e^{-\lambda\alpha}/(5 - e^{-\lambda\beta})$$

式中：$C_{次}$──非优先的次干道上可以通过的交通量，辆/h；

$C_{主}$──主干道优先通行的双向交通量，辆/h；

λ──主干道车辆到达率；

α──可供次干道车辆穿越的主干道车流的临时车头距离；

β──次干道上车辆间的最细车头时距。

2）信号交叉口的通行能力

交叉口的信号是由红、黄、绿三种信号灯组成，用以指挥车辆的通行、停止和左右转弯。根据规范的要求，信号灯管制十字形交叉口的设计通行能力按停止线法计算。十字形交叉口的设计通行能力为各进口道设计通行能力之和，进口道设计通行能力为各车道设计通行能力之和，为此，交叉口的通行能力设计从各车道通行能力分析着手。

（1）进口车道不设专用左转和右转车道时

一条直行车道的通行能力：

$$C_{直行} = 3600 \times \psi_{直行} \times [(t_{绿} - t_{首})\, /t_{间} - 1]/T_c \times 3600/t_{间}$$

式中：$t_{绿}$──信号周期内绿灯实际数量；

$t_{首}$──绿灯亮后，第一辆车启动并通过停车线时间，可采用2.3s；

$t_{间}$──直行或直右行车辆连续通过停车线的平均间隔时间，根据观测，全部为小型车时 $t_{间} = 2.5$s；全部为大中型车时 $t_{间} = 3.5$s；全部为拖挂车时 $t_{间} = 7.5$s；故公路交叉口可采用3.5s，城市交叉口可采用2.5s；

T_c──信号周期，s，两相位时可以假定为"（绿灯时间+黄灯时间）×2"；

$\psi_{直行}$──修正系数，根据车辆通行的不均匀性以及非机动车、行人和农用拖拉机对汽车的干扰程度，城市取 0.86～0.9。

一条直左车道的通行能力：

$$C_{直左} = C_{直行} \times (1 - \beta'_{左}/2)$$

式中：$\beta'_{左}$——直左车道中左转车所占比重。

一条直右车道的通行能力：

$$C_{直右} = C_{直行}$$

（2）进口车道设有专用左转和右转车道时

进口车道的通行能力：

$$C_{左直右} = \sum C_{直行} / (1 - \beta_{左} - \beta_{右})$$

式中：$\beta_{左}$、$\beta_{右}$——左、右转车占本断面进口道车辆的比例；

$\sum C_{直行}$——本断面直行车道的总通行能力，辆/h。

专用左转车道的通行能力：

$$C_{左} = C_{左直右} \times \beta_{左}$$

专用右转车道的通行能力：

$$C_{右} = C_{左直右} \times \beta_{右}$$

（3）进口车道设有专用左转车道而未设专用右转车道时

进口车道的通行能力：

$$C_{左直} = (C_{直} + C_{直右})/(1 - \beta_{左})$$

式中：$C_{直} + C_{直右}$——直行车道和直右车道通行能力之和。

专用左转车道的通行能力：

$$C_{左} = C_{左直} \times \beta_{左}$$

（4）进口车道设有专用右转车道而未设专用左转车道时

进口车道的通行能力：

$$C_{左右} = (C_{直} + C_{直左})/(1 - \beta_{右})$$

式中：$C_{直} + C_{直左}$——直行车道和直左车道通行能力之和。

3）环形交叉口机动车车行道的设计通行能力与相应非机动车数

环形交叉口机动车车行道的设计通行能力与相应非机动车数见表6-12。

表6-12　环形交叉口设计通行能力

机动车车行道的设计通行能力/(辆/h)	2700	2400	2000	1750	1600	1350
相应的非机动车数	2000	5000	10000	13000	15000	17000

注：表列机动车车行道的设计通行能力包括15%的右转车。当右转车为其他比例时，应另行计算。

表列数值适用于交织长度为 $l_w = 25 \sim 30$m。当 $l_w = 30 \sim 60$m 时，表6-12中机动车车行道的设计通行能力应进行修正。修正系数 ψ_w 按下式计算：

$$\psi_w = 3l_w/(2l_w + 30)$$

式中：l_w——交织段长度，m。

4）人行道、人行横道、人行天桥、人行地道的通行能力

人行道、人行横道、人行天桥、人行地道的可能通行能力见表6-13。

表 6-13　人行道、人行横道、人行天桥、人行地道的可能通行能力

类　　别	人行道	人行横道	人行天桥、人行地道	车站、码头的人行天桥 和人行地道
可能通行能力	2400	2700	2400	1850

人行道设计通行能力等于可能通行能力乘以折减系数,按照人行道的性质、功能、对行人服务的要求,以及所处的位置,分为 4 个等级,相应的折减系数见表 6-14,相应的设计通行能力见表 6-15。

表 6-14　行人通行能力折减系数

人行道、人行横道和人行地道所处位置	折减系数
全市性的车站、码头、商场、剧场、影院、体育馆(场)、公园、展览馆及市中心区行人集中的地方	0.75
大商场、商店、公共文化中心和区中心等行人较多的地方	0.80
区域性文化商业中心地带行人多的地方	0.85
支路、住宅区周围的道路	0.90

表 6-15　人行道、人行横道、人行天桥、人行地道的设计通行能力

类　　别	折减系数			
	0.75	0.80	0.85	0.90
人行道	1800	1900	2000	2100
人行横道	2000	2100	2300	2400
人行天桥、人行地道	1800	1900	2000	—
车站、码头的人行天桥和人行地道	1400	—	—	—

注:车站、码头的人行天桥和人行地道的一条人行横道宽度为 0.9m,其余情况为 0.75m。

6.3　实例简介

A 区道路、B 区道路及 C 区道路位于某城市规划片区内,属于规划区内城市道路。根据规划要求,A 区道路为城市道路次干道,规划宽度为 30m,设计行车速度 40km/h;C 区道路为城市道路支路,规划宽度为 20m,设计行车速度 30km/h,均采用城市道路一块板模式设计;B 区道路规划宽度为 12m。A 区道路、B 区道路及 C 区道路作为综合性干道,除了解决主要的城市交通和沿街建筑功能可达性外,还应增加照明、景观等丰富内容。

本城市抗震等级按七度设防,道路设计荷载为 BZZ-100kN。A 区道路全长 107.902m,C 区道路全长 80.0m,B 区道路全长 87.552m,全线无平曲线。按规范要求,全线不设超高及加宽。采用城市道路一块板模式设计,其中:A 区道路机动车及非机动车道宽 2×10.5m,人行道宽 2×4.5m;C 区道路机动车及非机动车道宽 2×5.0m,人行道宽 2×5.0m;B 区道路宽 12m;B 区道路外,均采用机动车非机动车混行。路拱横坡:车行道路拱横坡为 1.5%,人行道路拱横坡为 2%,全线不设加宽与超高。

第 7 章

道路路线绘制

本章利用之前所学过的二维绘图和二维编辑命令，并结合相应的规范，以多个实例的形式，分别介绍如何绘制道路横断面图、道路平面图、道路纵断面图以及道路交叉口。

学 习 要 点

◆ 道路横断面图的绘制

◆ 道路平面图的绘制

◆ 道路纵断面图的绘制

◆ 道路交叉口的绘制

7.1　道路横断面图的绘制

绘制思路

　　使用直线命令绘制道路中心线、车行道、人行道各组成部分的位置和宽度；使用直线、填充、圆弧等命令绘制绿化带和照明；使用多行文字命令标注文字以及说明；使用线性、连续标注命令标注尺寸。按照以上步骤绘制其他道路断面图，并对图进行修剪整理，保存道路横断面图，如图7-1所示。

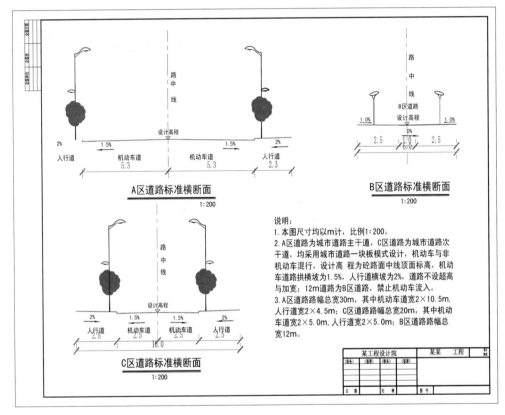

图 7-1　道路横断面图

7.1.1　前期准备及绘图设置

操作步骤

1．确定绘图比例

根据需绘制图形确定绘图的比例，建议使用1∶1的比例绘制，1∶200的比例出图。

2．建立新文件

建立新文件，将新文件命名为"横断面图.dwg"并保存。

3. 设置图层

设置以下 7 个图层：“尺寸线”“道路中线”“路灯”“路基路面”“坡度”“树”和“文字”，设置好的各图层的属性如图 7-2 所示。

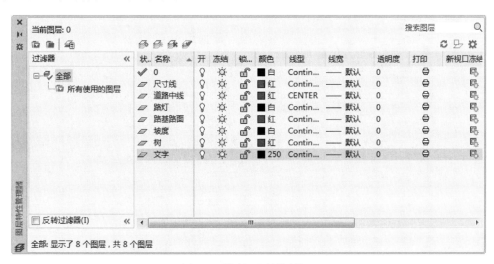

图 7-2　横断面图图层设置

4. 标注样式的设置

修改标注样式中的“线”“符号和箭头”“文字”和“主单位”设置，如图 7-3 所示。

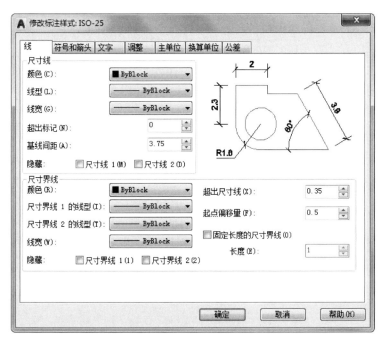

图 7-3　修改标注样式

Note

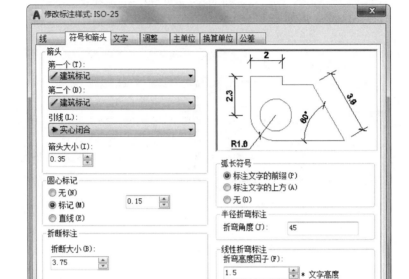

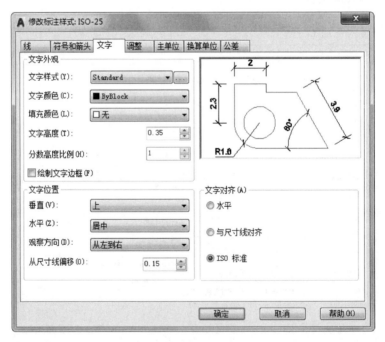

图 7-3（续）

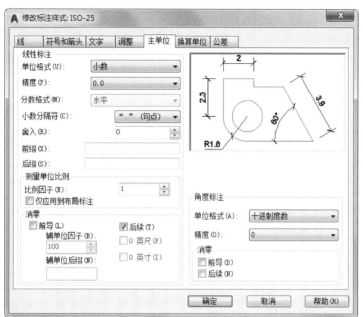

图 7-3（续）

5．文字样式的设置

单击"默认"选项卡"注释"面板中的"文字样式"按钮 ，打开"文字样式"对话框。选择仿宋字体，宽度因子设置为 0.8。文字样式的设置如图 7-4 所示。

图 7-4 "文字样式"对话框

7.1.2 绘制道路中心线、车行道、人行道

 操作步骤

（1）把路基路面图层设置为当前图层。在状态栏中，打开"正交模式"按钮 。单

击"默认"选项卡"绘图"面板中的"直线"按钮 ∕ ,绘制一条水平、长为 21 的直线。

（2）把道路中线图层设置为当前图层。右键单击"对象捕捉",在弹出的快捷菜单中选择"对象捕捉设置"命令,打开"草图设置"对话框。选择需要的对象捕捉模式,操作和设置如图 7-5 所示。

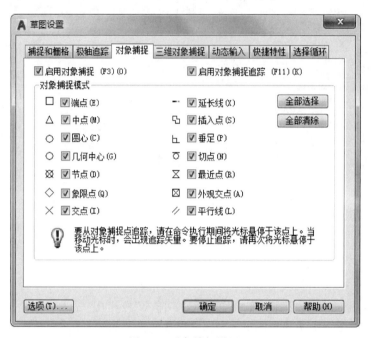

图 7-5 对象捕捉设置

（3）单击"默认"选项卡"绘图"面板中的"直线"按钮 ∕ ,绘制道路中心线。完成的图形如图 7-6(a)所示。

（4）单击"默认"选项卡"修改"面板中的"复制"按钮 ᢿ ,复制道路路基路面线,复制的位移为 0.16。

（5）单击"默认"选项卡"绘图"面板中的"直线"按钮 ∕ ,连接 DA 和 AE。完成的图形如图 7-6(b)所示。

（6）单击"默认"选项卡"绘图"面板中的"直线"按钮 ∕ ,指定 E 点为第一点,沿垂直方向向上的距离为 0.09,沿水平方向向右的距离为 4.5。

（7）单击"默认"选项卡"修改"面板中的"删除"按钮 ✍ ,删除多余的直线。完成的图形如图 7-6(c)所示。

（8）单击"默认"选项卡"绘图"面板中的"多段线"按钮 ⌐ ,加粗路面路基。指定 A 点为起点,然后输入 w 确定多段线的宽度为 0.05,来加粗 AE、EF 和 FG。完成的图形如图 7-6(d)所示。

（9）单击"默认"选项卡"修改"面板中的"镜像"按钮 ⚖ ,镜像多段线 AEFG。完成的图形如图 7-6(e)所示。

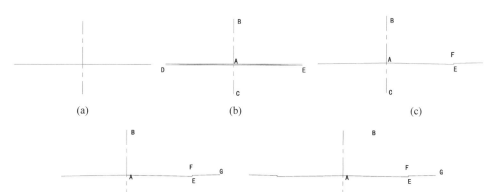

图 7-6　道路路面绘制流程图

7.1.3　绘制绿化带和照明

 **操作步骤**

1．绘制照明灯

把路灯图层设置为当前图层,绘制照明灯。

(1)单击"默认"选项卡"修改"面板中的"复制"按钮 ,向左复制道路中心线。指定道路中心线与路面的交点为基点,位移为 11.4,进行复制。

(2)单击"默认"选项卡"绘图"面板中的"多段线"按钮 ,绘制电灯杆。指定 A 点,即复制后的中心线与路基交点为起点,输入 w,设置多段线的宽为 0.0500。然后垂直向上 1.4,接着垂直向上 2.6,然后垂直向上 1,接着垂直向上 4,最后垂直向上 2。完成的图形如图 7-7(a)所示。

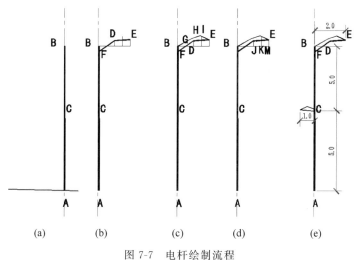

图 7-7　电杆绘制流程

（3）单击"默认"选项卡"绘图"面板中的"直线"按钮 ／，指定 B 点为起点，水平向右绘制一条长为 1 的直线，然后绘制一条垂直向上、长为 0.3 的直线。

（4）单击"默认"选项卡"绘图"面板中的"直线"按钮 ／，以刚刚绘制好的水平直线的端点为起点，水平向右绘制一条长为 0.5 的直线，然后绘制一条垂直向上、长为 0.6 的直线。

（5）单击"默认"选项卡"绘图"面板中的"直线"按钮 ／，以刚刚绘制好的 0.5 长的水平直线的右端点为起点，水平向右绘制一条长为 0.5 的直线，然后绘制一条垂直向上、长为 0.35 的直线。

（6）单击"默认"选项卡"绘图"面板中的"多段线"按钮 ⊃，绘制灯罩。指定 F 点为起点，输入 w，设置多段线的宽为 0.0500，指定 D 点为第二点，指定 E 点为第三点。完成的图形如图 7-7(b)所示。

（7）单击"默认"选项卡"绘图"面板中的"多段线"按钮 ⊃，绘制灯罩。指定 B 点为起点，输入 w，设置多段线的宽为 0.0500，输入 a 绘制圆弧。在状态栏中，单击"对象捕捉"按钮 ⌐，打开"对象捕捉"。指定 G 点为圆弧第二点，指定 H 点为圆弧第三点，指定 I 点为圆弧第四点，指定 E 点为圆弧第五点。完成的图形如图 7-7(c)所示。

（8）单击"默认"选项卡"修改"面板中的"删除"按钮 ✍，删除多余的直线。

（9）单击"默认"选项卡"绘图"面板中的"圆弧"按钮 ⌒，绘制圆弧。命令行操作与提示如下。

```
命令：_arc
指定圆弧的起点或[圆心(C)]：(指定 J 点)
指定圆弧的第二个点或[圆心(C)/端点(E)]：(指定 K 点)
指定圆弧的端点：(指定 M 点)
```

完成的图形如图 7-7(d)所示。

（10）同理，可以完成下部路灯的绘制。把尺寸线图层设置为当前图层。单击"默认"选项卡"注释"面板中的"线性"按钮 ⊢⊣，然后单击"注释"选项卡"标注"面板中的"连续"按钮 ⊢⊢⊣，标注路灯的外形尺寸。完成的图形如图 7-7(e)所示。

2．绘制绿化带

（1）把树图层设置为当前图层。单击"默认"选项卡"绘图"面板中的"徒手画修订云线"按钮 ☁，绘制树干。命令行提示与操作如下。

```
命令：_revcloud
最小弧长：15.0000 最大弧长：15.0000 样式：普通
指定起点或 [弧长(A)/对象(O)/样式(S)] <对象>：(选择 B 点)
沿云线路径引导十字光标…
```

修订云线完成。

完成的图形如图 7-8(a)所示。

（2）单击"默认"选项卡"绘图"面板中的"图案填充"按钮 ▦，选择"SOLID"图例进行填充，填充云线内部区域。完成的图形如图 7-8(b)所示。

（3）单击"默认"选项卡"修改"面板中的"镜像"按钮 ⚠，镜像路灯和树。指定道路中心线为镜像线。完成的图形如图 7-8(c)所示。

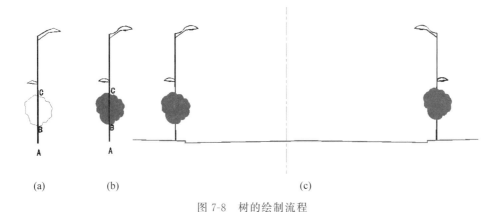

(a)　　　　　(b)　　　　　　　　　　(c)

图 7-8　树的绘制流程

7.1.4　标注文字以及说明

 **操作步骤**

1. 绘制高程符号

(1) 把尺寸线图层设置为当前图层。单击"默认"选项卡"绘图"面板中的"直线"按钮 ╱，在平面上任取一点，沿水平方向向右绘制一条长度为 1 的直线。

(2) 单击"默认"选项卡"修改"面板中的"旋转"按钮 ↻，旋转上一步绘制的直线。A 点作为基点，旋转的角度为 −60°。

(3) 单击"默认"选项卡"绘图"面板中的"直线"按钮 ╱，选取 A 点，沿水平方向向右绘制一条长度为 1 的直线。单击"默认"选项卡"绘图"面板中的"镜像"按钮 ⚠，镜像斜线。

(4) 把文字图层设置为当前图层。单击"默认"选项卡"注释"面板中的"多行文字"按钮 **A**，标注标高，指定的高度为 0.35，旋转角度为 0。

绘制流程如图 7-9 所示。

2. 绘制箭头以及标注文字

(1) 把坡度图层设置为当前图层。单击"默认"选项卡"绘图"面板中的"多段线"按钮 ⌐，绘制箭头。指定 A 点为起点，输入 w，设置多段线的宽度为 0.0500，指定 B 点为第二点，输入 w，指定起点宽度为 0.1500，指定端点宽度为 0，指定 C 点为第三点。

(2) 单击"默认"选项卡"注释"面板中的"多行文字"按钮 **A**，标注标高，指定的高度为 0.35，旋转角度为 1。注意文字标注时需要把文字图层设置为当前图层。

绘制流程如图 7-10 所示。

(3) 同上标注其他文字。完成的图形如图 7-11 所示。

图 7-9　高程符号绘制流程

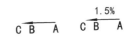

图 7-10　道路横断面图坡度绘制流程

· 201 ·

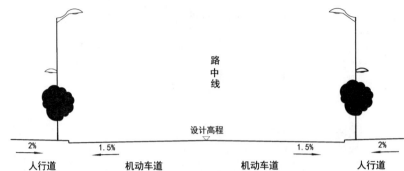

图 7-11　道路横断面图文字标注

7.1.5　标注尺寸及道路名称

操作步骤

（1）把"尺寸线"图层设置为当前图层。单击"默认"选项卡"注释"面板中的"线性"按钮，然后单击"注释"选项卡"标注"面板中的"连续"按钮。完成的图形如图 7-12 所示。

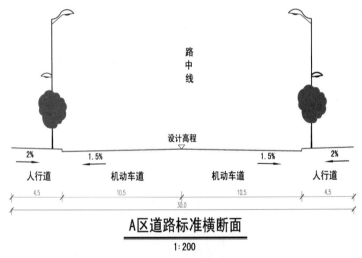

图 7-12　A 区道路横断面图

（2）按照以上步骤绘制其他道路断面图，完成后保存道路横断面图。

7.2　道路平面图的绘制

绘制思路

在原有建筑图和道路图上，使用直线命令绘制道路中心线；使用直线、复制、圆弧命令绘制规划路网、规划红线、路边线、车行道线；使用多行文字命令标注文字以及路线交点；使用对齐、对齐标注命令标注尺寸；画风玫瑰图，进行修剪整理，保存道路平面图。结果如图7-13所示。

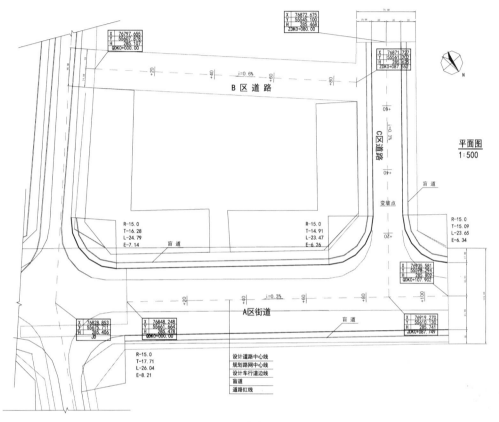

图7-13 道路平面图

7.2.1 前期准备及绘图设置

操作步骤

1．确定绘图比例

根据需绘制图形确定绘图的比例，建议采用 1∶500 的图纸比例，图形的绘图比例为 4∶1。

2．建立新文件

建立新文件，将新文件命名为"平面图.dwg"并保存。

3．设置图层

设置以下 12 个图层："标注尺寸""标注文字""车行道""道路红线""道路中线""规划路网""横断面""轮廓线""文字""现状建筑""中心线"和"坐标"，设置好的图层如图7-14所示。

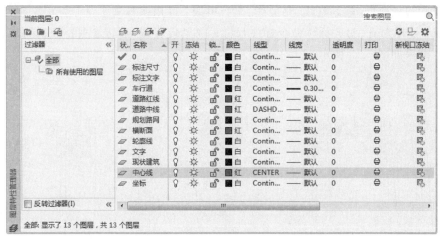

图 7-14　道路平面图图层的设置

4．文字样式的设置

单击"默认"选项卡"注释"面板中的"文字样式"按钮 A，打开"文字样式"对话框。选择仿宋字体，宽度因子设置为 0.8。

5．标注样式的设置

根据绘图比例设置标注样式，对标注样式线、符号和箭头、文字、主单位进行设置。具体如下。

➢ 线：基线间距为 0，超出尺寸线为 2.5，起点偏移量为 3。

➢ 符号和箭头：第一个为建筑标记，箭头大小为 3，圆心标记为标记 1.5。

➢ 文字：文字高度为 3，文字位置为垂直上，从尺寸线偏移为 1.5，文字对齐为 ISO 标准。

➢ 主单位：精度为 0.00，比例因子为 0.25。

7.2.2　绘制道路中心线

 操作步骤

（1）根据原有的规划图、原有建筑物图以及现状地形图（一般由勘察设计部门提供），调用原有的 .dwg 图形，选择需要调用的实体，使用 Ctrl＋C 快捷键复制，然后使用 Ctrl＋V 快捷键粘贴到道路平面图中。调用的部分如图 7-15 所示。

（2）使用直线命令绘制道路中线。具体操作如下。

① 把"道路中线"图层设置为当前图层。单击"默认"选项卡"绘图"面板中的"直线"按钮 ／，绘制道路中线。指定道路中心线交点 A 为第一点，

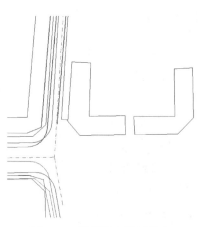

图 7-15　调用原有图形部分

然后要取消动态输入：在状态栏中右键单击 ，选择"动态输入设置"选项，打开"草图设置"对话框，取消选中"启用指针输入"和"可能时启用标注输入"复选框，然后单击"确定"按钮完成取消动态输入操作，如图 7-16 所示。

图 7-16　取消动态输入

在命令行中，指定下一点为@95.77<1(点 B 为直线第二点)，再下一点为@351<1(点 C 为直线第三点)，再下一点为@80.61<1(点 D 为直线第四点)。

② 单击"默认"选项卡"绘图"面板中的"直线"按钮 ／。在命令行中，指定点 C 为第一点，指定下一点为@320<91(点 E 为直线第二点)，再下一点为@64.5<232(点 F 为直线第三点)，再下一点为@350<177(点 G 为直线第四点)。

③ 把文字图层设置为当前图层。单击"默认"选项卡"注释"面板中的"多行文字"按钮 A，输入各控制点的编号。结果如图 7-17 所示。

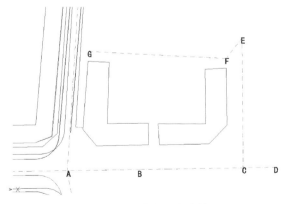

图 7-17　道路中心线绘制

④ 单击"默认"选项卡"修改"面板中的"删除"按钮 ，删除多余定位轴线和刚刚标注的文字。结果如图7-18所示。

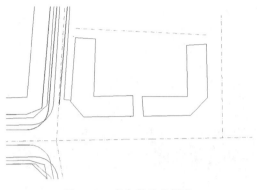

图7-18 多余部分的删除

7.2.3 绘制规划路网、规划红线、路边线、车行道

操作步骤

(1) 绘制车行道线。具体操作如下。

① 单击"默认"选项卡"修改"面板中的"复制"按钮 ，复制道路中心线。选择直线AB和直线BC，指定复制的距离为42，实际尺寸为10.5。

② 把标注尺寸图层设置为当前图层。单击"默认"选项卡"注释"面板中的"对齐"按钮 ，单击"注释"选项卡"标注"面板中的"连续"按钮 ，标注尺寸。结果如图7-19所示。

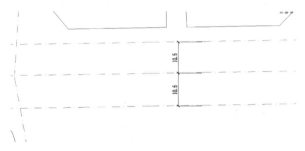

图7-19 道路中心线复制

③ 把车行道图层设置为当前图层。单击"默认"选项卡"绘图"面板中的"多段线"按钮 ，绘制车行道线。选择复制过的道路中线的一个起点，然后输入w来确定多段线的宽度为2，选择复制过的道路中线的另一点。

④ 单击"默认"选项卡"修改"面板中的"镜像"按钮 ，绘制另一条车行道线。结果如图7-20所示。

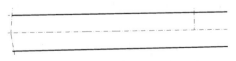

图7-20 车行道线绘制

（2）绘制道路红线、盲道、规划网线。具体操作如下。

A区道路、C区道路、B区道路红线、车行道、规划网线、盲道尺寸如图 7-21 所示。A区道路的道路红线宽度为 30，B区道路的道路红线宽度为 12，C区道路的道路红线宽度为 20。绘制的方法和车行道的绘制方法相同，这里就不过多阐述。完成的图形如图 7-22 所示。注意绘制时各图层的转换。

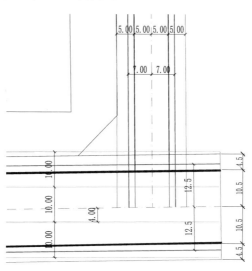

图 7-21　道路横断面尺寸

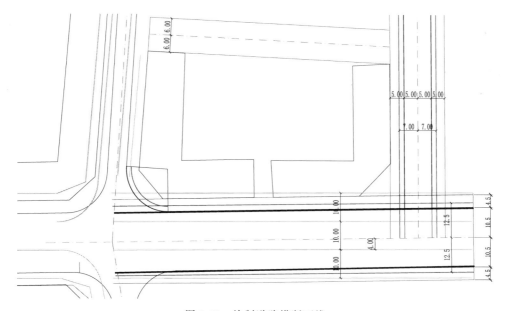

图 7-22　绘制道路横断面线

（3）绘制弯道。具体操作如下。

① 在状态栏中，右键单击"对象捕捉"按钮 ，选择"对象捕捉设置"选项，打开"草图设置"对话框的"对象捕捉"选项卡。选择需要的对象捕捉模式，进行对象捕捉的设置，如图 7-23 所示。

Note

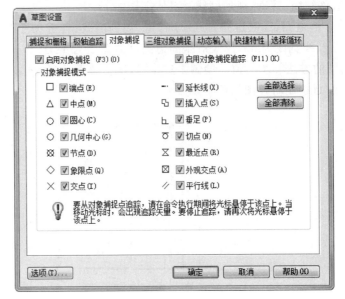

图 7-23 "对象捕捉"选项卡

② 单击"默认"选项卡"绘图"面板中的"圆"按钮⊙，以 A 点为圆心绘制半径为 59.64 的圆。圆与车行道的交点为 B、C。

③ 单击"默认"选项卡"绘图"面板中的"圆"按钮⊙，采用"相切、相切、半径"方式，以 B、C 点为切点，绘制半径为 60 的圆。

④ 单击"默认"选项卡"绘图"面板中的"多段线"按钮⊃，对弯道进行加粗。在命令行中选择 w 来设置弯道的线宽，选择 A 来绘制圆弧，圆弧的起点为 B 点，指定圆弧的第二点为 A 点，端点为 C 点。

⑤ 把文字图层设置为当前图层。单击"默认"选项卡"注释"面板中的"多行文字"按钮 A，来标注弯道的各要素 R-15.0、T-14.91、L-23.47、E-6.26。结果如图 7-24 所示。

⑥ 单击"默认"选项卡"修改"面板中的"删除"按钮 ✎，删除以 A 为圆心的圆。

⑦ 单击"默认"选项卡"修改"面板中的"修剪"按钮 ⛝，删除多余的直线。单击"默认"选项卡"修改"面板中的"删除"按钮 ✎，删除多余的文字。结果如图 7-25 所示。

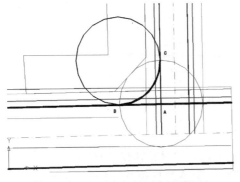

图 7-24 A、C 区道路之间弯道绘制

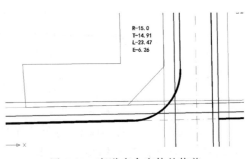

图 7-25 弯道多余实体的修剪

⑧ 同理,可以根据弯道的各要素完成其他弯道的操作,如图 7-26 所示。

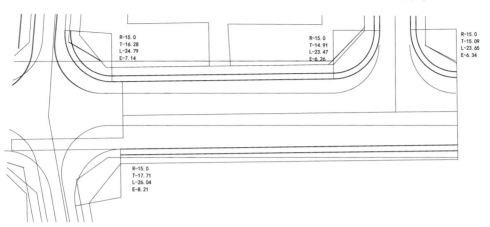

图 7-26　弯道绘制

7.2.4　标注文字以及路线交点

　操作步骤

（1）单击"默认"选项卡"注释"面板中的"多行文字"按钮 **A**,完成道路中线、车行道、道路红线、盲道、规划路网、道路名称的文字标注。注意要把文字图层设置为当前图层。图形如图 7-27 所示。

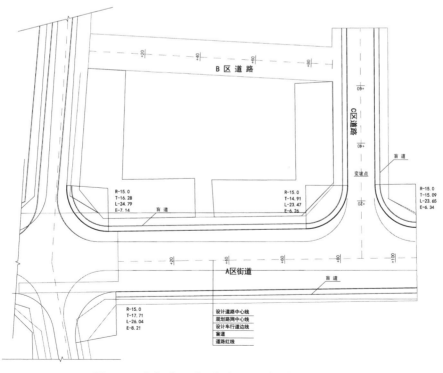

图 7-27　车行道、红线、盲道、规划路网等文字标注

（2）绘制路线转点以及相交道路交叉口的坐标。具体操作如下。

① 把坐标图层设置为当前图层。单击"默认"选项卡"绘图"面板中的"矩形"按钮 □，输入 w 来确定坐标的图框宽度为 1，输入 D 来确定矩形的尺寸，指定矩形的长度为 46，指定矩形的宽度为 26.8。结果如图 7-28（a）所示。

② 单击"默认"选项卡"绘图"面板中的"直线"按钮 ╱，获取矩形横向中点为第一点，获取矩形横向另一边中点为第二点来绘制直线。

③ 单击"默认"选项卡"修改"面板中的"复制"按钮，复制刚刚绘制好的直线，向上和向下复制的位移分别为 6。

④ 单击"默认"选项卡"绘图"面板中的"直线"按钮 ╱，指定第一点为 A 点，指定下一点为 B 点，指定下一点为 C 点。结果如图 7-28（b）所示。

⑤ 单击"默认"选项卡"注释"面板中的"多行文字"按钮 **A**，标注坐标文字。注意要把文字图层设置为当前图层。结果如图 7-28（c）所示。

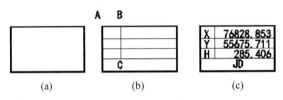

图 7-28　桩号标注流程图

⑥ 单击"默认"选项卡"修改"面板中的"复制"按钮，将刚刚绘制好的桩号图框复制到相应的路线转点或相交道路交叉口，然后修改桩号图框内的文字。结果如图 7-29 所示。

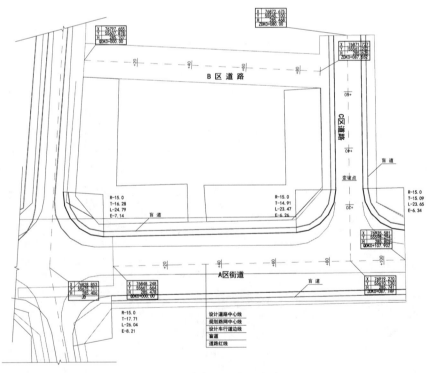

图 7-29　平面图文字的标注

（3）绘制道路坡度的箭头以及输入坡度大小。具体操作如下。

① 把轮廓线图层设置为当前图层。单击"默认"选项卡"绘图"面板中的"多段线"按钮，绘制箭头，指定 B 点为起点，输入 w 来设置箭头的宽度为 1。指定 C 点为下一点，然后输入 w 来设置箭头的起点宽度为 2，端点宽度为 0。指定 D 点为端点。

② 把标注文字图层设置为当前图层。单击"默认"选项卡"注释"面板中的"单行文字"按钮 A，标注坡度大小，指定文字的高度为 5，指定文字的旋转角度为 1°，输入文字 i=0.3%。绘制完成的图形如图 7-30 所示。

图 7-30 坡度的绘制

③ 同理，完成 B、C 道路里程桩号以及变坡点的绘制。结果如图 7-31 所示。

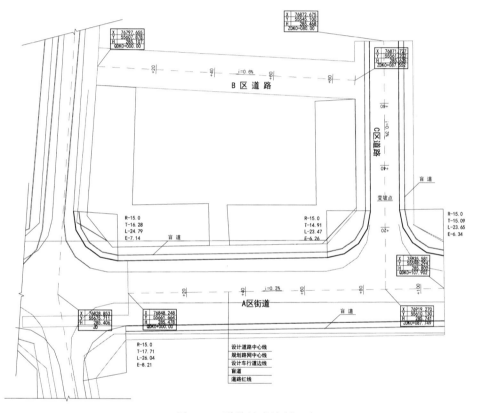

图 7-31 道路坡度绘制

7.2.5 标注尺寸

（1）把标注尺寸图层设置为当前图层。单击"默认"选项卡"注释"面板中的"对齐"按钮，然后单击"注释"选项卡"标注"面板中的"连续"按钮，标注道路红线、车行道尺寸。绘制完成的图形如图 7-32 所示。

（2）同理，可以进行其他尺寸的标注。完成的图形如图 7-33 所示。

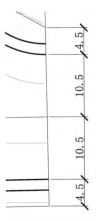

图 7-32　道路横断面的尺寸标注 1

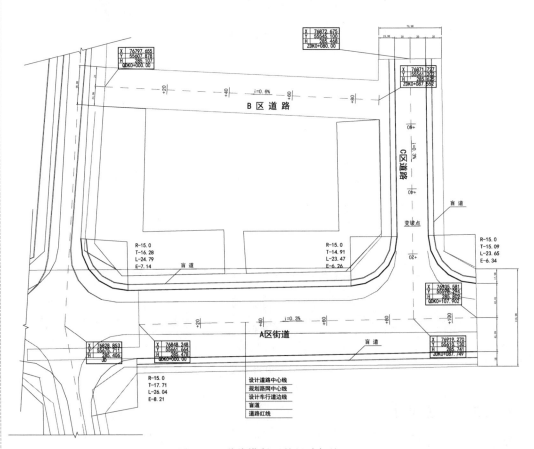

图 7-33　道路横断面的尺寸标注 2

7.2.6　指北针图

 操作步骤

（1）单击"默认"选项卡"绘图"面板中的"直线"按钮 ╱ ，任意选择一点绘制直线，沿水平方向的距离为30。

（2）单击"默认"选项卡"绘图"面板中的"直线"按钮 ╱，选择刚刚绘制好的直线的中点绘制直线，沿垂直方向向下距离为15，然后沿垂直方向向上距离为30。完成的图形如图7-34（a）所示。

（3）单击"默认"选项卡"绘图"面板中的"圆"按钮 ⊙，以 A 点作为圆心，绘制半径为15的圆。完成的图形如图7-34（b）所示。

（4）单击"默认"选项卡"修改"面板中的"旋转"按钮 ↻，将直线 AB 以 B 点为旋转基点旋转10°。

（5）单击"默认"选项卡"绘图"面板中的"直线"按钮 ╱，指定 C 点为第一点，AF 直线的中点 D 点为第二点来绘制直线，如图7-34（c）所示。

（6）单击"默认"选项卡"修改"面板中的"镜像"按钮 △，镜像 BC 和 CD 直线。完成的图形如图7-34（d）所示。

（7）单击"默认"选项卡"绘图"面板中的"图案填充"按钮 ▦，选择"SOLID"的填充图案，拾取三角形 ABF 内一点，进行图案填充。结果如图7-34（e）所示。

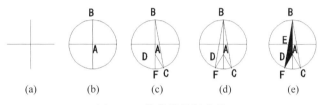

图 7-34　指北针绘制流程

（8）单击"默认"选项卡"修改"面板中的"删除"按钮 ✐，删除多余的直线。

（9）单击"默认"选项卡"修改"面板中的"旋转"按钮 ↻，旋转指北针图。圆心作为基点，旋转的角度为220°。

（10）单击"默认"选项卡"注释"面板中的"多行文字"按钮 A，标注指北针方向。注意文字标注时需要把文字图层设置为当前图层。完成的图形如图7-35所示。

图 7-35　指北针的旋转

7.3　道路纵断面图的绘制

 绘制思路

使用直线、阵列命令绘制网格；使用多段线、复制命令绘制其他线；使用多行文字命令输入文字；根据高程，使用直线、多段线命令绘制地面线、纵坡设计线；保存道路纵断面图，如图7-36所示。

7-3

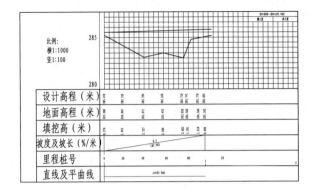

道路纵断面图

图 7-36　道路纵断面图

7.3.1　前期准备及绘图设置

操作步骤

1. 确定绘图比例

根据需绘制图形确定绘图的比例，建议使用 1∶1 的比例绘制，横向 1∶1000、纵向 1∶100 的比例出图。

2. 建立新文件

打开 AutoCAD 2020 应用程序，以"A2.dwt"样板文件为模板，建立新文件，将新文件命名为"纵断面图.dwg"并保存。

3. 设置图层

设置以下 9 个图层："标注尺寸""标注文字""地面线""方格网""高程文字""坡度设计线""其他线""文字"和"中心线"。设置好的各图层的属性如图 7-37 所示。

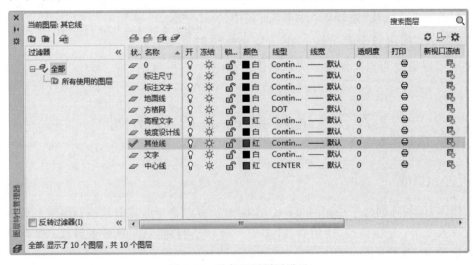

图 7-37　纵断面图图层设置

4. 文字样式的设置

单击"默认"选项卡"注释"面板中的"文字样式"按钮 **A**，打开"文字样式"对话框。选择仿宋字体,宽度因子设置为 0.8。

5. 缩放图幅

单击"默认"选项卡"修改"面板中的"缩放"按钮 □ ,比例因子设置为 0.5。

7.3.2　绘制网格

 操作步骤

1. 绘制水平直线和阵列水平直线

(1) 把"方格网"图层设置为当前图层。单击"默认"选项卡"绘图"面板中的"直线"按钮 ╱,指定 A 点为第一点,然后水平向右绘制一条长为 200 的直线。

(2) 单击"默认"选项卡"修改"面板中的"矩形阵列"按钮 ▦ ,在命令行中设置行数为 16、列数为 1,行间距为 5、列间距为 0,将水平直线进行阵列。完成的图形如图 7-38 所示。

2. 绘制垂直直线和阵列垂直直线

(1) 单击"默认"选项卡"绘图"面板中的"直线"按钮 ╱,指定 A 点为第一点,指定 B 点为第二点,绘制连接两点的一条垂直直线。

(2) 单击"默认"选项卡"修改"面板中的"矩形阵列"按钮 ▦ ,在命令行中设置行数为 1、列数为 41,行间距为 0、列间距为 5,阵列上步绘制的垂直直线。完成的图形如图 7-39 所示。

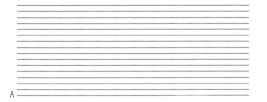

图 7-38　阵列水平直线

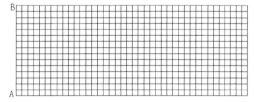

图 7-39　阵列垂直直线

7.3.3　绘制其他线

 操作步骤

(1) 把"其他线"图层设置为当前图层。单击"默认"选项卡"绘图"面板中的"多段线"按钮 ⟋,绘制其他线。指定 C 点为起点,选择 w 来指定起点、端点的宽度,指定 A 点为第二点,然后水平向左绘制一条长为 65 的多段线。

(2) 单击"默认"选项卡"修改"面板中的"复制"按钮 ⅋,指定 A 点为基点,垂直向下复制,复制的距离分别为 15、30、45、60、75、90。完成的图形如图 7-40 所示。

（3）单击"默认"选项卡"绘图"面板中的"多段线"按钮 ⌐ ，绘制其他线。完成的图形如图 7-41 所示。

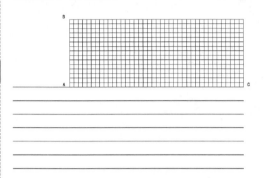

图 7-40　绘制方格网下水平直线　　　　　　图 7-41　其他线的绘制

（4）单击"默认"选项卡"修改"面板中的"修剪"按钮 ，左键单击 ED，然后 Shift ＋左键单击 EG，选择需要剪切的直线部分。完成的图形如图 7-42 所示。

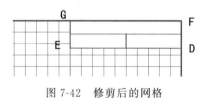

图 7-42　修剪后的网格

7.3.4　标注文字

操作步骤

（1）把"文字"图层设置为当前图层。单击"默认"选项卡"注释"面板中的"多行文字"按钮 A ，输入图中的表格文字。

（2）坡度和坡长文字的输入需要指定文字的旋转角度，在命令行中选择 r 来指定旋转角度，指定旋转角度为 8°。

同理，完成文字输入后的图形如图 7-43 所示。

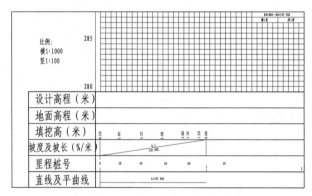

图 7-43　标注完文字后的纵断面图

（3）把"高程文字"图层设置为当前图层。单击"默认"选项卡"注释"面板中的"多行文字"按钮 A 了。在命令行中选择 r 来指定旋转角度，指定旋转角度为 90°。其余的操作与上步相同。完成文字输入后的图形如图 7-44 所示。

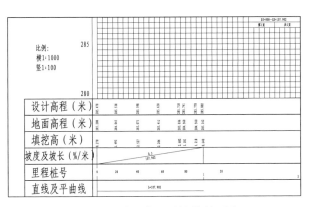

图 7-44　输入高程后的纵断面图

7.3.5　绘制地面线、纵坡设计线

操作步骤

（1）单击"默认"选项卡"绘图"面板中的"直线"按钮 ╱，根据地面高程的数值，连接起来即为原地面线。

（2）单击"默认"选项卡"绘图"面板中的"多段线"按钮 ⊃，选择 w 来指定线宽为0.5，根据设计高程，连接起来即为纵坡设计线。

完成操作后的图形如图 7-45 所示。

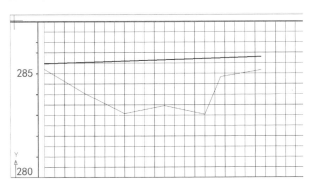

图 7-45　地面线和纵坡设计线的绘制

7.4　道路交叉口的绘制

绘制思路

绘制交叉口平面图；根据确定的设计标高，绘制成线，确定雨水口、坡度；使用文字命令输入标高、说明等文字；使用线性、连续标注命令标注尺寸，并修改标注尺寸；使用 Ctrl＋C 和 Ctrl＋V 快捷键从平面图中复制指北针，并作相应修改，保存道路交叉口竖向设计效果图。结果如图 7-46 所示。

7-4

Note

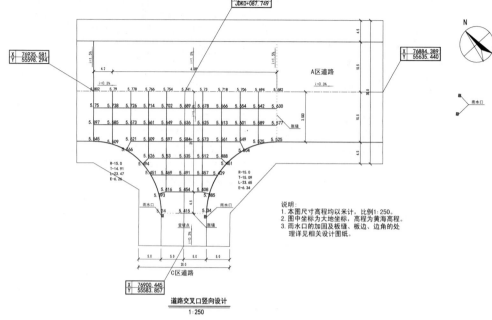

图 7-46　道路交叉口竖向设计效果图

7.4.1　前期准备及绘图设置

操作步骤

（1）根据需绘制图形确定绘图的比例，建议使用 1∶1 的比例绘制，1∶250 的比例出图。

（2）建立新文件，将新文件命名为"道路交叉口.dwg"并保存。

（3）设置以下 7 个图层："车行道""尺寸线""道路中心线""箭头""其他线""人行道"和"文字"。设置好的各图层的属性如图 7-47 所示。

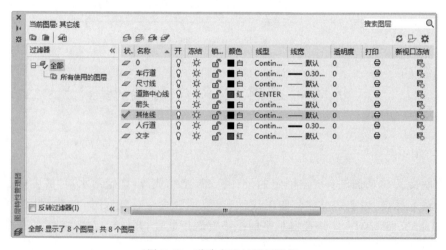

图 7-47　道路交叉口图层设置

（4）根据绘图比例设置标注样式，对标注样式线、符号和箭头、文字、主单位进行设置。具体如下。

> 线：超出尺寸线为 0.5，起点偏移量为 0.6。
> 符号和箭头：第一个为建筑标记，箭头大小为 0.6，圆心标记为标记 0.3。
> 文字：文字高度为 0.6，文字位置为垂直上，从尺寸线偏移为 0.3，文字对齐为 ISO 标准。
> 主单位：精度为 0.0，比例因子为 1。

（5）单击"默认"选项卡"注释"面板中的"文字样式"按钮 **A**，打开"文字样式"对话框。选择仿宋字体，宽度因子设置为 0.8。

（6）单击"默认"选项卡"修改"面板中的"缩放"按钮 □，比例因子设置为 0.5。

7.4.2 绘制交叉口平面图

绘制交叉口平面图的方法和步骤参照道路平面图，这里就不过多阐述。完成的图形如图 7-48 所示。

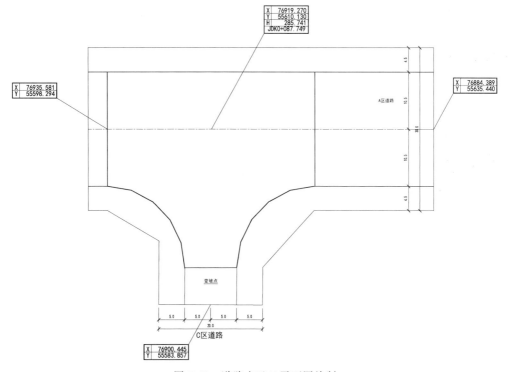

图 7-48 道路交叉口平面图绘制

7.4.3 绘制高程连线，确定雨水口、坡度

 操作步骤

（1）单击"默认"选项卡"绘图"面板中的"多段线"按钮 ，绘制高程连线。输入 w，设置多段线的宽为 0.0500。完成的图形如图 7-49 所示。

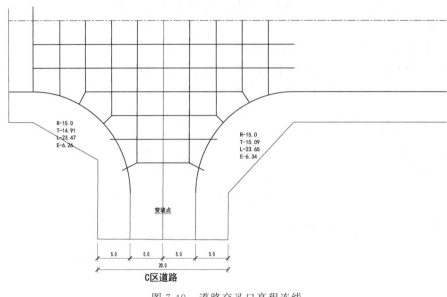

图 7-49　道路交叉口高程连线

（2）单击"默认"选项卡"绘图"面板中的"多段线"按钮 ，绘制箭头。指定 A 点为起点，输入 w，设置多段线的宽为 0.0500；指定 B 点为第二点，输入 w，设置起点宽度为 1，端点宽度为 0；指定 C 点为第三点。完成的图形如图 7-50 所示。

（3）单击"默认"选项卡"绘图"面板中的"直线"按钮 ，绘制雨水口，水平直线长为 0.5，垂直直线长为 0.6。

A　　B　　C

图 7-50　箭头的绘制

（4）单击"默认"选项卡"注释"面板中的"多行文字"按钮 A，标注文字。注意文字标注时需要把"文字"图层设置为当前图层。标注完成的图形如图 7-51 所示。

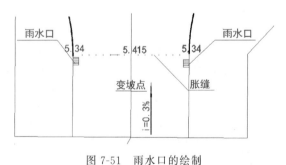

图 7-51　雨水口的绘制

7.4.4　标注文字、尺寸

 操作步骤

（1）单击"默认"选项卡"注释"面板中的"多行文字"按钮 A，标注文字。注意文字标注时需要把"文字"图层设置为当前图层。完成的图形如图 7-52 所示。

（2）把"尺寸线"图层设置为当前图层。单击"默认"选项卡"注释"面板中的"线性"

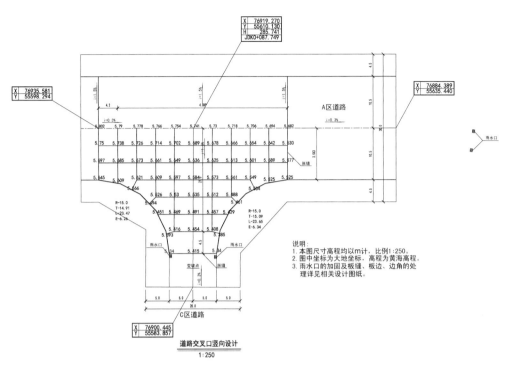

图 7-52 道路交叉口文字的标注

按钮├─┤。单击"注释"选项卡"标注"面板中的"连续"按钮 ╟╢ 。完成的图形如图 7-52 所示。

（3）使用 Ctrl＋C 和 Ctrl＋V 快捷键从平面图中复制指北针，单击"默认"选项卡"修改"面板中的"缩放"按钮 ▱ ，缩放 0.25 倍。

（4）单击"默认"选项卡"修改"面板中的"旋转"按钮 ↻ ，指定指北针的圆心为基点，旋转 179°。完成的图形如图 7-46 所示。

道路路基和附属设施绘制

　　路基是路面的基础,指路面下面的部分。路基上部就是路面,绘制完道路路基之后还要绘制道路的附属设施,包括交通标线和无障碍通道等。

学 习 要 点

◆ 城市道路路基绘制

◆ 道路工程的附属设施绘制

8.1　城市道路路基绘制

路基就像人类身体里的骨骼构架,没有路基的路面就容易塌陷。

8.1.1　路基设计基础

一般路基设计可以结合当地的地形、地质情况,直接套用典型横断面图或设计规定,而不必进行个别论证和验算。对于工程地质特殊路段和高度(深度)超过规范规定的路基,应进行个别设计和稳定性验算。

1．路基横断面的基本形式

路基横断面的形式因线路设计标高与地面标高的差而不同,一般可归纳为 4 种类型。

> ➢ 路堤:全部用岩土填筑而成。
> ✍ 路堑:全部在天然地面开挖而成。
> ➢ 半填半挖路基:一侧开挖,另一侧填筑。
> ➢ 不填不挖路基:路基标高与原地面标高相同。

1)路堤

路堤的几种常用横断面形式如图 8-1 所示。按其填土高度可分为矮路堤、高路堤和一般路堤。

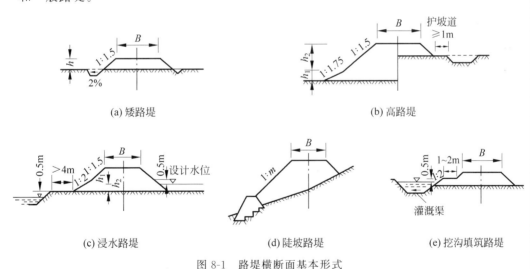

图 8-1　路堤横断面基本形式

(1)矮路堤:填土高度低于 1.0~1.5m。矮路堤常在平坦地区取土困难时选用。平坦地区往往地势低、水文条件较差,易受地面水和地下水的影响。

(2)高路堤:填土高度大于规范规定的数值,即填方总高度超过 18m(土质)或 20m(石质)的路堤。高路堤填方数量大,占地宽,行车条件差,处理不当极易造成沉陷、失稳,为使路基边坡稳定需作个别设计。另外,还应注意对边坡进行适当的防护和加固。高路堤通常采用上陡下缓的折线形或台阶形边坡。

（3）一般路堤：填土高度介于高、矮路堤两者之间。随其所处的条件和加固类型不同，还有浸水路堤、陡坡路堤及挖沟填筑路堤等形式。

台阶形边坡是在边坡中部每隔 8～10m 设置护坡平台一道，平台宽度为 1～3m，用浆砌片石或水泥混凝土预制块防护，并将平台做成 2％～5％ 向外倾斜的横坡，以利排水。

2）路堑

路堑横断面有全挖式路基、台口式路基及半山洞路基几种基本形式，如图 8-2 所示。全挖式路基为路堑的典型形式，若路堑较深，则边坡稳定性较低，可自下而上逐层放缓边坡成折线形。

(a) 全挖式路基　　　　　(b) 台口式路基　　　　　(c) 半山洞路基

图 8-2　路堑横断面基本形式

在台阶式边坡中部，高度每隔 6～10m 或变坡点处设边坡平台一道，边坡平台的宽度为 1～3m。若边坡平台设排水沟，平台应做成 2％～5％ 向内侧倾斜的排水坡度。

排水沟可用三角形或梯形横断面，当水量大时，宜设置 30cm×30cm 的矩形、三角形或 U 形排水沟。若边坡平台不设排水沟，平台应做成 2％～5％ 向外侧倾斜的排水坡度。路堑边坡坡度，应根据边坡高度、土石种类及其性质、地面水和地下水情况综合分析确定。

路堑开挖后，破坏了原地层的天然平衡状态，边坡稳定性主要取决于所处环境的地质与水文地质条件以及边坡高度和坡度。此外，路堑成巷道式，不利于排水和通风，病害多于路堤，并且行车视距较差，行驶条件降低，深路堑施工困难，设计时应注意避免采用很深的较长路堑。必须采用路堑横断面时，要选用合适的边坡坡率，加强排水，处治基底，确保边坡的稳定可靠，保证基底不致产生水温情况的变化。

3）半填半挖路基

半填半挖是路堤和路堑的综合形式，兼有路堤和路堑的设置要求，半填半挖路基横断面的几种基本形式如图 8-3 所示。位于山坡上的路基，通常使路中心线的设计标高接近原地面标高，目的是减少土石方数量，保持土石方数量的横向填挖平衡，因而形成大量半填半挖路基。若处理得当，路基稳定可靠，是比较经济的断面形式。

4）不填不挖路基

原地面与路基标高相同，构成不填不挖的路基横断面形式。这种形式的路基，虽然节省土石方，但对排水非常不利，易发生水淹、雪埋等病害，常用于干旱的平原区、丘陵区以及山岭区的山脊线或标高受到限制的城市道路。

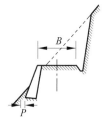

(a) 一般挖填路基

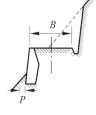

(b) 矮挡土墙路基

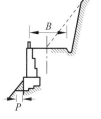

(c) 护肩路基

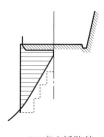

(d) 砌石护坡路基　　　(e) 砌石护墙路基　　　(f) 挡土墙支撑路基　　　(g) 半山桥路基

图 8-3　半填半挖路基横断面基本形式

2．路基的基本构造

路基几何尺寸由宽度、高度和边坡坡度三者构成。

➤ 路基宽度，取决于公路技术等级。

➤ 路基高度，取决于地形和公路纵断面设计（包括路中心线的填挖高度、路基两侧的边坡高度）。

➤ 路基边坡坡度，取决于地质、水文条件、路基高度和横断面类型等因素。

就路基的整体稳定性来说，路基的边坡坡度及相应采取的措施，是路基设计的主要内容。

1）路基宽度

路基宽度是行车道路面及其两侧路肩宽度之和。高等级道路设有中间带、路缘带、变速车道、爬坡车道、紧急停车带、慢行道或其他路上设施时，路基宽度还应包括这些部分的宽度，如图 8-4 所示。

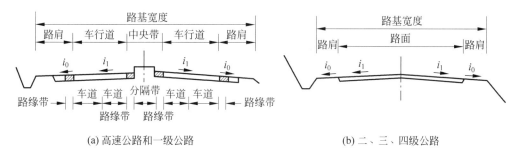

(a) 高速公路和一级公路　　　　　　(b) 二、三、四级公路

图 8-4　各级道路的路基宽度

路面是指道路上供各种车辆行驶的行车道部分，宽度根据设计通行能力及交通量大小而定，一般每个车道宽度为 3.50～3.75m。

路肩是指行车道外缘到路基边缘,具有一定宽度的带状部分,包括有铺装的硬路肩和土路肩。路肩宽度由公路等级和混合交通情况而定。

四级公路一般采用6.5m的路基,当交通量较大或有特殊需要时,可采用7.0m的路基。在工程特别艰巨的路段以及交通量很小的公路,可采用4.5m的路基,并应按规定设置错车道。

曲线路段的路基宽度应视路面加宽情况而定。弯道部分的内侧路面按《公路工程技术标准》(JTG B01—2014)规定加宽后,所留路肩宽度,一般二、三级公路应不小于0.75m,四级公路应不小于0.5m,否则应加宽路基。路堑位于弯道上,为保证行车所需的视距,需开挖视距平台。

2)路基高度

路基高度、路堤填筑高度或路堑开挖深度,是路基设计标高与原地面标高之差。

路基填挖高度,是在路线纵断面设计时,综合考虑路线纵坡要求、路基稳定性要求和工程经济要求等因素确定的。

由于原地面横向往往有倾斜,在路基宽度范围内,两侧的相对高差常有所不同。通常,路基高度是指路中心线处的设计标高与原地面标高之差,但对路基边坡高度来说,则指填方坡脚或挖方坡顶与路基边缘的相对高差。所以,路基高度有中心高度与边坡高度之分。

3)路基边坡坡度

路基边坡坡度对路基整体稳定起重要作用,正确决定路基边坡坡度是路基设计的重要任务。

路基边坡坡度可用边坡高度 H 与边坡宽度 b 之比值或边坡角 α 或 θ 表示,如图 8-5 所示。

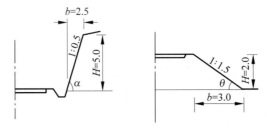

图 8-5　路基坡度的标注(单位:m)

路基边坡坡度,取决于边坡土质、岩石性质及水文地质条件、自然因素和边坡高度。边坡坡度不仅影响到土石方工程量和施工难易程度,还是路基整体稳定性的关键。

路基边坡坡度对于路基稳定和横断面的经济合理至关重要,设计时应全面考虑,力求经济合理。

3. 路基工程的有关附属设施

一般路基工程有关的附属设施除路基排水、防护加固外,还有取土坑、弃土堆、护坡道、碎落台、堆料坪及错车道等。这些设施是路基设计的组成部分,应正确合理设置。

1)取土坑

取土坑的设置要根据路堤外取土的需要量、土方运输的经济合理、排水的要求以及当地农田基本建设的规划,结合附近地形、土质及水文情况等进行合理设置,尽量设在荒坡、高地上,最好能兼顾农田、水利、鱼池建设和环境保护等。

在原地面横坡不大于 1∶10 的平坦地区,可在路基两侧设置取土坑。路旁取土坑如图 8-6 所示。在横坡较大地区,取土坑最好设在地势较高的一侧,可兼作排水之用。取土坑靠路堤一侧的坡脚边缘应尽量与路堤坡脚平行,当取土坑宽度变更时,应在外侧大致与取土坑纵轴成 15°逐渐变化。

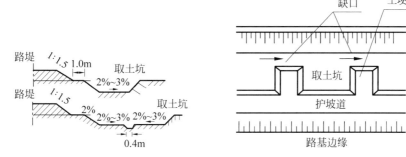

图 8-6 路旁取土坑示意图

取土坑的深度,应视借土数量、施工方法及保证排水而定。在平原区浅挖窄取,深度建议不大于 1.0m。如取土数量较大,可按地质与水文情况将取土坑适当加深。取土坑内缘至路堤坡脚应留一定宽度的护坡道,其外缘至用地边界的距离不小于 0.5m,不大于 1.0m。

取土坑应有规则的形状及平整的底部,底面纵坡一般应不小于 0.3%,以利排水。横坡应向外倾斜 2%～3%。取土坑宽度大于 6m 时,可做成向中间倾斜的双向横坡,中间根据需要可设置排水(集水)沟,沟底可取 0.4m 的宽度;但当坑底纵坡大于 0.5%时,也可不设排水沟。取土坑出水口应与路基排水系统衔接。

2)弃土堆

弃土堆通常在就近低地或路堑的下坡一侧设置。深路堑或地面横坡缓于 1∶5 时,可设在路堑两侧。路堑旁的砌土堆,其内侧坡脚与路堑坡顶之间的距离应随土质条件和路堑边坡高度而定,一般不小于 5m;路堑边坡较高、土质条件较差时应大于 5m。

3)护坡道和碎落台

护坡道是保护路基边坡稳定的一种措施,在路堤边坡上采用较多。护坡道一般设置在路堤坡脚或路堑坡脚处,边坡较高时亦可设在边坡中部或边坡的变坡点处。浸水路基的护坡道,可设在浸水线以上的边坡上。

护坡道加宽了路基边坡横距,减小了边坡的平均坡度,使边坡稳定性有所提高。护坡道越宽,越有利于边坡稳定,但填方数量也随之增大。

碎落台常设于土质或石质土的挖方边坡坡脚处,位于边沟的外缘,有时亦可设置在挖方边坡的中间。

设置碎落台的目的主要是供零星土石碎块下落时临时堆积,不致堵塞边沟,同时也起护坡道的作用。碎落台宽度一般应大于 1.0m,如考虑同时起护坡作用,可适当放宽。碎落台上的堆积物应定期清除。

4）堆料坪和错车道

为避免在路肩上堆放养护用材料，可在路肩以外选择适宜地点设置堆料坪，如图 8-7 所示。

堆料坪可根据地形及用地条件在公路的一侧或两侧交错设置，并与路肩毗连。机械化养路或较高级路面可另设集中备用料场。

单车道公路，由于会车和避让的需要，通常每隔 200～500m 设置错车道一处，供错车和停车用。单车道的错车道处路基宽度应为 6.5m。错车道应选在有利地点，并使相邻两错车道之间能够通视，以便驾驶员能及时将车驶入错车道，避让来车。

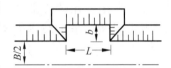

图 8-7　堆料坪示意图

B—路基宽度；*b*—堆料坪宽度；
L—堆料坪长度

8.1.2　路面结构图绘制

 绘制思路

调用道路横断面图，使用移动命令移动坡度标注、文字以及尺寸标注；使用多段线命令绘制路面结构和立道牙；使用文字命令输入路面结构文字；绘制其他道路的路面结构设计图。完成的路面结构设计图如图 8-8 所示。

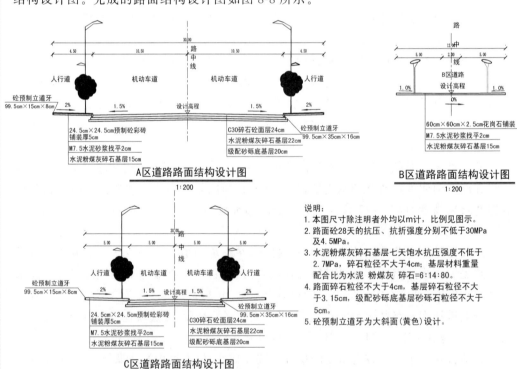

说明：
1. 本图尺寸除注明者外均以m计，比例见图示。
2. 路面砼28天的抗压、抗折强度分别不低于30MPa及4.5MPa。
3. 水泥粉煤灰碎石基层七天饱水抗压强度不低于2.7MPa，碎石粒径不大于4cm；基层材料重量配合比为水泥 粉煤灰 碎石=6:14:80。
4. 路面碎石粒径不大于4cm，基层碎石粒径不大于3.15cm，级配砂砾石底基层砂砾石粒径不大于5cm。
5. 砼预制立道牙为大斜面（黄色）设计。

图 8-8　路面结构设计效果图

操作步骤

1．前期准备以及绘图设置

（1）根据需绘制图形确定绘图的比例，建议使用 1∶1 的比例绘制，1∶200 的比例出图。

（2）建立新文件，将新文件命名为"路面结构.dwg"并保存。

（3）对标注样式的"线""符号和箭头""文字"和"主单位"进行修改设置（各数据参见第 7 章）。

（4）单击"默认"选项卡"注释"面板中的"文字样式"按钮 **A**，打开"文字样式"对话框。选择仿宋字体，宽度因子设置为 0.8。单击"应用"按钮，关闭对话框。调用道路横断面图，使用 Ctrl＋C 命令复制，然后用 Ctrl＋V 命令粘贴到路面结构图中。

（5）单击"默认"选项卡"修改"面板中的"移动"按钮 ✛，移动坡度标注、文字以及尺寸标注。完成的图形如图 8-9 所示。

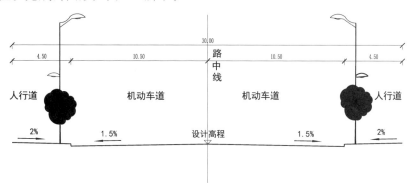

图 8-9 路面结构文字、尺寸的移动

2．绘制立道牙

（1）单击"默认"选项卡"绘图"面板中的"多段线"按钮，绘制 99.5cm×35cm×16cm 立道牙。指定 A 点作为起点，选择 w 来设置多段线的起点、端点宽度为 0.05。然后打开正交模式，水平向右绘制一条长为 0.16 的多段线，垂直向上绘制一条长为 0.35 的多段线，接着水平向左绘制一条长为 0.1 的多段线。

图 8-10 绘制立道牙

（2）单击"默认"选项卡"绘图"面板中的"多段线"按钮，指定 A 点作为起点，选择 w 来设置多段线的起点、端点宽度为 0.05。然后打开正交模式，垂直向上绘制一条长为 0.25 的多段线，指定 D 点为端点完成操作。完成的图形如图 8-10 所示。

（3）同理，可以使用多段线命令绘制 99.5cm×15cm×8cm 立道牙。

3．绘制路面结构线

（1）单击"默认"选项卡"修改"面板中的"复制"按钮，复制道路路基路面线。在屏幕上任意指定一点，垂直向下复制，复制的距离分别为 0.24、0.46、0.66。

（2）单击"默认"选项卡"绘图"面板中的"多段线"按钮，绘制路面结构台阶。指定 A 点作为起点，选择 w 来设置多段线的起点、端点宽度为 0.05。然后打开正交模式，水平向左绘制一条长为 0.24 的多段线，垂直向下绘制一条长为 0.22 的多段线，接着水平向左绘制一条长为 0.22 的多段线，垂直向下绘制一条长为 0.2 的多段线。

完成的图形如图 8-11 所示。

（3）将复制完成的路面线的特性修改为与多段线 ABC 的特性相同。

（4）单击"默认"选项卡"修改"面板中的"拉伸"按钮，拉伸复制过的路面线。单击需要拉伸的复制过的路面线，然后选择端点，进入指定拉伸点为 B。结果如图 8-12 所示。

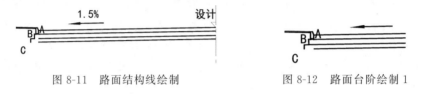

图 8-11　路面结构线绘制　　　　　　　　图 8-12　路面台阶绘制 1

（5）同理，完成其他路面线的拉伸操作。结果如图 8-13 所示。

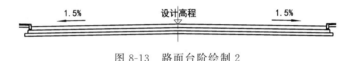

图 8-13　路面台阶绘制 2

4．标注路面结构文字

单击"默认"选项卡"注释"面板中的"多行文字"按钮 **A**，输入路面结构文字，如图 8-14 所示。

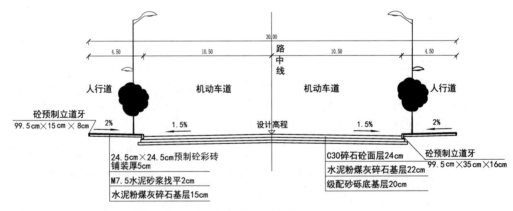

图 8-14　路面台阶绘制 3

用以上方法绘制其他道路的路面结构设计图。完成的图形如图 8-8 所示。

8.1.3　压实区划图绘制

　绘制思路

调用 C 区道路路面结构设计图，使用复制命令复制需要的部分图形；使用直线、复制等命令绘制地面线以及压实区域线；使用文字命令输入地面文字、坡度、说明以及压实密度；填充压实区域；标注尺寸，保存压实区划图。结果如图 8-15 所示。

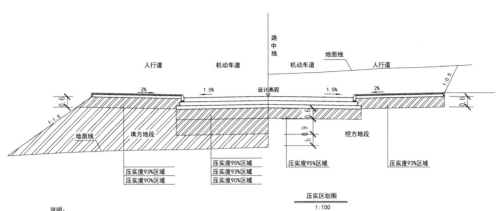

图 8-15　压实区划图

 操作步骤

1. 前期准备以及绘图设置

（1）根据需要绘制图形确定绘图的比例，建议使用 1∶1 的比例绘制，1∶100 的比例出图。

（2）建立新文件，将新文件命名为"压实区划图.dwg"并保存。

（3）对标注样式的"线""符号和箭头""文字"和"主单位"进行修改设置（各数据参见 7.1.1 节标注样式的设置）。

（4）单击"默认"选项卡"注释"面板中的"多行文字"按钮 **A**，打开"文字样式"对话框。选择仿宋字体，宽度因子设置为 0.8。

（5）调用 C 区道路路面结构设计图，使用复制命令复制需要的部分图形。

（6）调用 C 区道路路面结构设计图，选择需要调用的实体，使用 Ctrl＋C 快捷键复制，然后使用 Ctrl＋V 快捷键粘贴到压实区划图。需要复制的部分如图 8-16 所示。

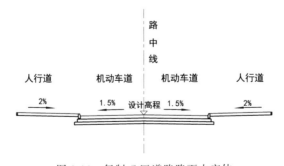

图 8-16　复制 C 区道路路面内实体

2．绘制地面线以及压实区域线

（1）根据设计高程、地面高程以及填挖面积，单击"默认"选项卡"绘图"面板中的"直线"按钮 ╱ ，绘制地面线。

（2）在状态栏中，打开"正交模式"按钮 ╚。单击"默认"选项卡"绘图"面板中的"直线"按钮 ╱ ，绘制挖方组成线。指定 A 点为第一点，水平向右绘制一条长为 2 的直线，然后垂直向上绘制一条长为 4 的直线。

（3）单击"默认"选项卡"修改"面板中的"修剪"按钮 ╳ ，剪切直线 CB 多余部分。

（4）单击"默认"选项卡"修改"面板中的"删除"按钮 ╱ ，删除多余部分。其操作流程如图 8-17 所示。

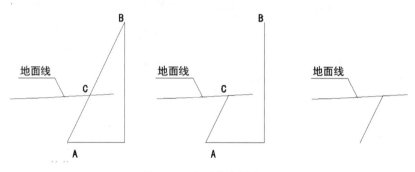

图 8-17　地面线绘制流程

（5）同理完成填方地面线以及填方坡度线。完成的图形如图 8-18 所示。

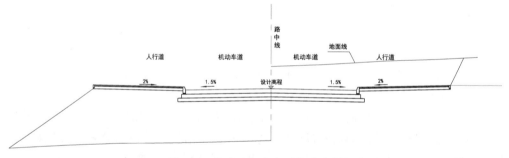

图 8-18　填方地面线和坡度线绘制

（6）单击"默认"选项卡"修改"面板中的"复制"按钮 ╳ ，复制压实区域线。使用 Shift＋线段，可对线段进行选择，垂直向下的距离为 0.6 和 1.5。完成的图形如图 8-19 所示。

（7）改变上边复制的多段线的属性为直线。

（8）其他压实区域线的绘制类似。完成操作的图形如图 8-20 所示。

（9）单击"默认"选项卡"注释"面板中的"多行文字"按钮 **A** ，标注地面文字、坡度、说明以及压实密度，指定高度为 0.35，旋转角度为 0，如图 8-21 所示。

3．填充压实区域

（1）把填充 95％图层设置为当前图层。单击"默认"选项卡"绘图"面板中的"图案填充"按钮 ▨ ，选择"ANSI32"的填充图案，填充比例设置为 0.01，如图 8-22 所示。

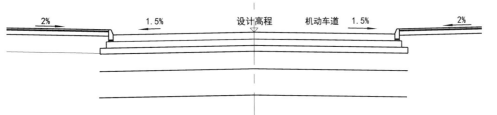

图 8-19 压实区域线复制

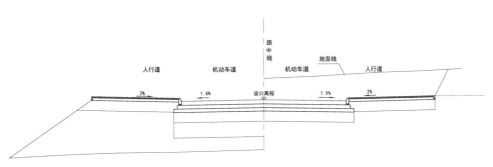

图 8-20 压实区域线绘制

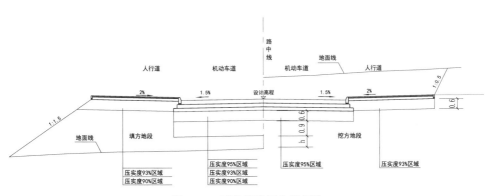

图 8-21 压实区域图文字标注

图 8-22 图案填充

（2）填充压实度 93％区域。其他的设定同上，不同之处在于显示的比例为 0.03，如图 8-23 所示。

图 8-23　93％压实区填充比例

（3）填充压实度 90％区域。其他的设定同上，不同之处在于显示的比例为 0.05，如图 8-24 所示。

图 8-24　90％压实区填充比例

完成的图形如图 8-25 所示。

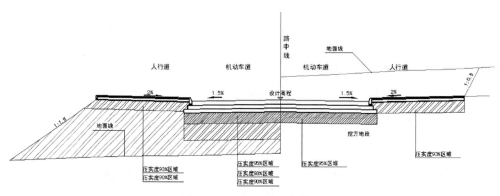

图 8-25　压实区划图的填充

4．标注尺寸

单击"默认"选项卡"注释"面板中的"线性"按钮├─┤。然后单击"注释"选项卡"标注"面板中的"连续"按钮├┼┤，进行尺寸标注。标注前后的对比如图 8-26 所示。

同理可以完成其他标注尺寸文字和位置的修改。完成的图形如图 8-15 所示。

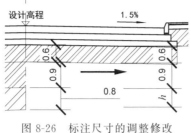

图 8-26　标注尺寸的调整修改

8.2　道路工程的附属设施绘制

道路附属设施作为道路的基本设施,其规划设计是否合理直接影响道路交通以及市容市貌是否美观。城市道路的附属设施主要包括停车场、道路上的路灯设施、绿化设施以及无障碍设施等。道路的绿化、照明我们放到园林景观章节介绍,这里主要介绍交通标线以及无障碍设施的绘制。

8.2.1　交通标线绘制

 绘制思路

使用直线、折断线、复制等命令绘制人行道横线;使用直线、多段线、镜像等命令绘制导向箭头;使用文字命令输入图名、说明;标注尺寸,完成交通标线图。效果图如图 8-27 所示。

8-3

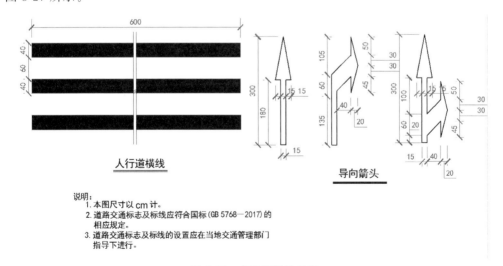

图 8-27　交通标线效果图

操作步骤

1. 前期准备以及绘图设置

(1)根据需绘制图形确定绘图的比例,建议使用 1∶1 的比例绘制,1∶20 的比例出图。

（2）建立新文件，将新文件命名为"交通标线.dwg"并保存。

（3）设置以下5个图层："标注""尺寸线""导向箭头""人行道横线"和"文字"。设置好的各图层的属性如图8-28所示。

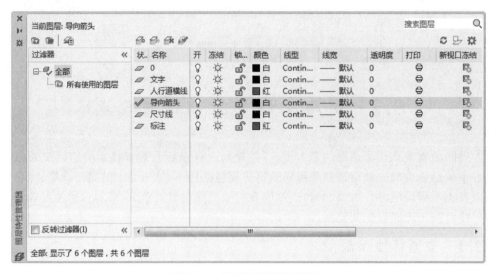

图8-28　交通标线图图层设置

（4）根据绘图比例设置标注样式，对标注样式线、符号和箭头、文字、主单位进行设置，具体如下。

➤ 线：超出尺寸线为12，起点偏移量为15。

➤ 符号和箭头：第一个为建筑标记，箭头大小为15，圆心标记为标记7.5。

➤ 文字：文字高度为15，文字位置为垂直上，从尺寸线偏移为7.5，文字对齐为ISO标准。

➤ 主单位：精度为0，比例因子为1。

（5）单击"默认"选项卡"注释"面板中的"文字样式"按钮 A，打开"文字样式"对话框。选择仿宋字体，宽度因子设置为0.8。

2. 绘制人行道横线

（1）把"人行道横线"图层设置为当前图层。在状态栏中，打开"正交模式"按钮 。单击"默认"选项卡"绘图"面板中的"直线"按钮 ，绘制长为600、宽为40的矩形。

（2）在状态栏中，右击"对象捕捉"按钮 ，选择"对象捕捉设置"选项，打开"草图设置"对话框的"对象捕捉"选项卡，选择需要的对象捕捉模式：端点、中点、圆心、交点、切点、延长线。在状态栏中，单击"对象捕捉追踪"按钮 ，捕捉矩形水平直线的中点，操作如图8-29所示。

（3）单击"默认"选项卡"绘图"面板中的"直线"按钮 和"修改"面板中的"修剪"按钮 ，为图形添加折弯线。

（4）单击"默认"选项卡"修改"面板中的"复制"按钮 ，水平向右复制的距离为8，如图 8-30 所示。

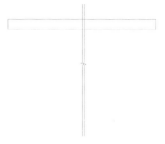

图 8-29　打开对象捕捉追踪　　　　图 8-30　复制完折断线的图形

（5）单击"默认"选项卡"修改"面板中的"修剪"按钮，删除折断线之间的线段。框选绘制的实体，然后单击折断线之间的一条线段 AB 和 CD 进行剪切。完成的图形如图 8-31 所示。

（6）单击"默认"选项卡"绘图"面板中的"图案填充"按钮，选择"SOLID"图例，填充斑马线。完成的图形如图 8-32 所示。

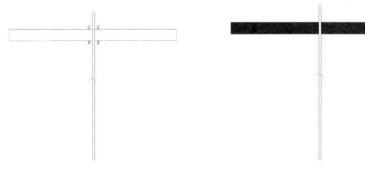

图 8-31　剪切后的图形　　　　　图 8-32　填充后的斑马线

（7）单击"默认"选项卡"修改"面板中的"复制"按钮，复制斑马线。

（8）把"尺寸线"图层设置为当前图层。单击"默认"选项卡"注释"面板中的"线性"按钮，进行尺寸标注。

（9）单击"注释"选项卡"标注"面板中的"连续"按钮，继续进行尺寸标注。完成的图形如图 8-33 所示。

3．绘制导向箭头

（1）将"导向箭头"图层设置为当前图层。单击"默认"选项卡"绘图"面板中的"直线"按钮，绘制一条垂直的直线。

（2）单击"默认"选项卡"绘图"面板中的"直线"按钮，以上步绘制的直线底部端点为起点，绘制坐标点为（@－7.5,0）（@180＜

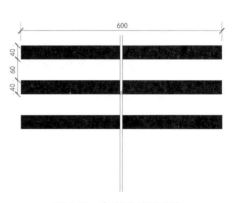

图 8-33　复制后的斑马线

90)(@−15,0)(@0,120)(@45,0)(@0,−120)(@−15,0)(@0,−100)(@40,0)(@0,90)(@20,0)(@0,−155)(@−20,0)(@0,45)(@−40,0)(@0,−60)(@−7.5,0)。完成的图形如图 8-34 所示。

（3）单击"默认"选项卡"绘图"面板中的"多段线"按钮，绘制导向箭头。指定 A 点为起点，输入 w，设置多段线的宽为 1。完成的图形如图 8-35 所示。

（4）单击"默认"选项卡"修改"面板中的"删除"按钮，删除多余的直线。

（5）把"标注"图层设置为当前图层。单击"默认"选项卡"注释"面板中的"线性"按钮，标注线性尺寸。

（6）单击"注释"选项卡"标注"面板中的"连续"按钮，标注导向箭头尺寸。完成的图形如图 8-36 所示。

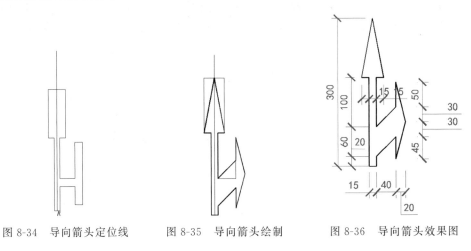

图 8-34　导向箭头定位线　　　图 8-35　导向箭头绘制　　　图 8-36　导向箭头效果图

同理绘制其他导向箭头，这里不再过多阐述，读者可以自行绘制。

4．标注说明和图名

（1）把"文字"图层设置为当前图层。单击"默认"选项卡"注释"面板中的"多行文字"按钮 A，标注图名和说明，其中说明用仿宋字体，图名用楷体。完成的图形如图 8-37 所示。

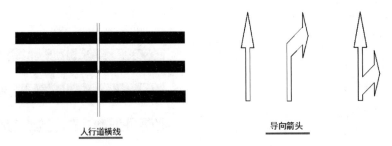

人行道横线　　　　　　　　　　　导向箭头

说明：
1．本图尺寸以cm计。
2．道路交通标志及标线应符合国标（GB 5768−2017）的相应规定。
3．道路交通标志及标线的设置应在当地交通管理部门指导下进行。

图 8-37　文字编辑后的交通标线图

8-4

（2）把"标注"图层设置为当前图层。单击"默认"选项卡"注释"面板中的"线性"按钮├┤，标注线性尺寸。

（3）单击"注释"选项卡"标注"面板中的"连续"按钮├┤┤，标注导向箭头尺寸。完成的图形如图8-27所示。

8.2.2　无障碍通道设计图绘制

绘制思路

使用直线、圆、复制等命令绘制盲道交叉口；使用直线、圆、偏移等命令绘制行进盲道；使用直线、圆、复制等命令绘制提示盲道；使用文字命令输入图名、说明，完成无障碍通道设计图。结果如图8-38所示。

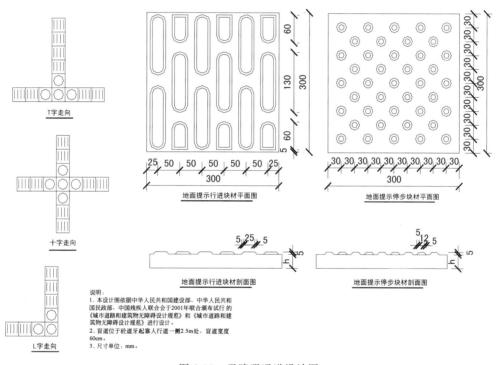

图 8-38　无障碍通道设计图

操作步骤

1. 前期准备以及绘图设置

（1）根据需绘制图形确定绘图的比例，建议使用1∶1的比例绘制，1∶20的比例出图。

（2）建立新文件，将新文件命名为"无障碍通道.dwg"并保存。

（3）设置以下5个图层："标注""材料""盲道""其他线"和"文字"。设置好的各图层的属性如图8-39所示。

（4）标注样式的设置。

设置超出尺寸线12，起点偏移量12。

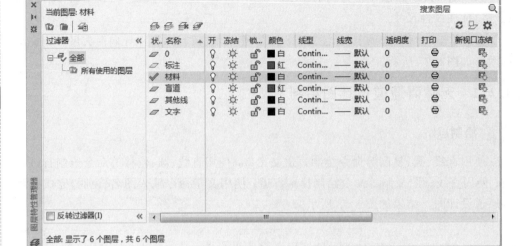

图 8-39　无障碍通道设计图图层设置

符号箭头第一个为建筑标记,第二个建筑标记箭头大小为 15,圆心标记为 7.5。

设置文字高度为 15,从尺寸线偏移距离为 7.5,文字对齐 ISO 标准,主单位精度为 0。

(5) 单击"默认"选项卡"注释"面板中的"文字样式"按钮 A_2 ,打开"文字样式"对话框。选择仿宋字体,宽度因子设置为 0.8。

2. 绘制盲道交叉口

(1) 把盲道图层设置为当前图层。单击"默认"选项卡"绘图"面板中的"矩形"按钮 □ ,绘制 30×30 的矩形。

(2) 在状态栏中,打开"正交模式"按钮 ┗ 。把材料图层设置为当前图层。单击"默认"选项卡"绘图"面板中的"直线"按钮 ╱ ,沿矩形宽度方向沿中点向上绘制长为 10 的直线,然后向下绘制长为 20 的直线,如图 8-40 所示。

(3) 单击"默认"选项卡"修改"面板中的"复制"按钮 ❝ ,复制刚绘制好的直线,水平向右复制的距离分别为 3.75、11.25、18.75、26.25。

(4) 单击"默认"选项卡"修改"面板中的"删除"按钮 ◢ ,删除长为 10 的直线。完成的图形如图 8-41 所示。

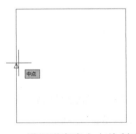

图 8-40　沿矩形宽度方向绘制直线

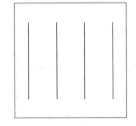

图 8-41　交叉口行进盲道

3. 绘制交叉口提示圆形盲道

单击"默认"选项卡"修改"面板中的"复制"按钮 ❝ ,选择绘制的长宽为 30 的矩形为复制对象对其进行复制操作。

（1）在状态栏中，单击打开"对象捕捉"按钮 和"对象捕捉追踪"按钮 ，捕捉矩形的中心，如图 8-42 所示。

（2）单击"默认"选项卡"绘图"面板中的"圆"按钮 ，绘制半径为 11 的圆。完成的操作如图 8-43 所示。

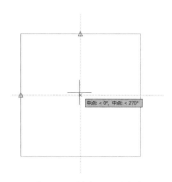

图 8-42　捕捉矩形中点

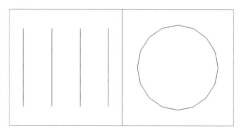

图 8-43　绘制十字走向交叉口

（3）单击"默认"选项卡"修改"面板中的"复制"按钮 ，复制十字走向交叉口盲道。完成的操作如图 8-44 所示。

（4）同理，可以复制完成 L 字走向、T 字走向交叉口盲道的绘制。完成的图形如图 8-45 所示。

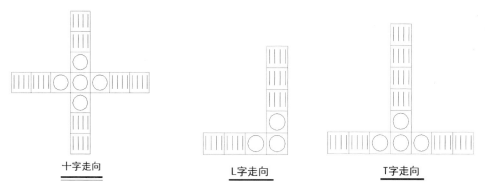

十字走向　　　　　L字走向　　　　　T字走向

图 8-44　十字走向交叉口盲道　　　　　图 8-45　交叉口提示盲道

4．绘制行进盲道

1）绘制行进块材网格

（1）把盲道图层设置为当前图层。单击"默认"选项卡"绘图"面板中的"直线"按钮 ，绘制两条交于端点的长为 300 的直线。完成的图形如图 8-46 所示。

（2）单击"默认"选项卡"修改"面板中的"复制"按钮 ，复制刚刚绘制好的直线。然后选择 AB，水平向右复制的距离分别为 25、75、125、175、225、275、300。重复"复制"命令，复制刚刚绘制好的直线。然后选择 BC，垂直向上复制的距离分别为 5、65、85、215、235、295、300。完成的图形如图 8-47 所示。

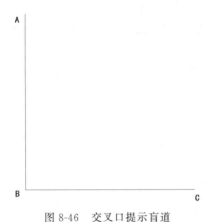

图 8-46　交叉口提示盲道

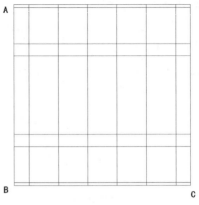

图 8-47　提示行进块材网格绘制流程

2）绘制行进盲道材料

（1）把材料图层设置为当前图层。单击"默认"选项卡"绘图"面板中的"直线"按钮 ⁄，绘制一条垂直的长为 100 的直线。完成的图形如图 8-48(a)所示。

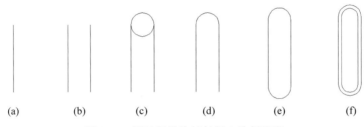

　(a)　　　　(b)　　　　(c)　　　　(d)　　　　(e)　　　　(f)

图 8-48　提示行进块材材料 1 绘制流程

（2）单击"默认"选项卡"修改"面板中的"复制"按钮 ⁢，复制刚刚绘制好的直线，水平向右的距离为 35。完成的图形如图 8-48(b)所示。

（3）单击"默认"选项卡"绘图"面板中的"圆"按钮 ⊙，绘制半径为 17.5 的圆。完成的图形如图 8-48(c)所示。

（4）单击"默认"选项卡"修改"面板中的"修剪"按钮 ⁞，剪切一半上面的圆。完成的图形如图 8-48(d)所示。

（5）单击"默认"选项卡"修改"面板中的"镜像"按钮 ⚠，镜像刚刚剪切过的圆弧。完成的图形如图 8-48(e)所示。

（6）单击"默认"选项卡"修改"面板中的"编辑多段线"按钮 ⌁，把如图 8-48(e)所示的图形转化为多段线。

（7）单击"默认"选项卡"修改"面板中的"偏移"按钮 ⊂，将刚刚绘制好的多段线向内偏移 5。完成的图形如图 8-48(f)所示。

（8）同理可以完成另一行进材料的绘制。操作流程图如图 8-49 所示。

3）绘制地面提示行进块材平面图

（1）单击"默认"选项卡"修改"面板中的"复制"按钮 ⁢，复制上述绘制好的材料。完成的图形如图 8-50 所示。

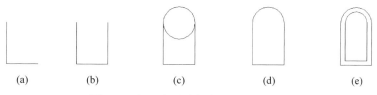

(a)　　　　(b)　　　　(c)　　　　(d)　　　　(e)

图 8-49　提示行进块材材料 2 绘制流程

（2）单击"默认"选项卡"修改"面板中的"镜像"按钮 ◭，镜像行进块材。完成的图形如图 8-51 所示。

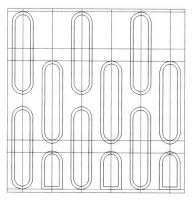

图 8-50　复制后的行进块材图

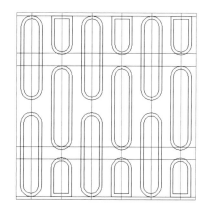

图 8-51　镜像后的行进块材图

（3）单击"默认"选项卡"修改"面板中的"删除"按钮 ✐，删除多余直线。

（4）把标注图层设置为当前图层。单击"默认"选项卡"注释"面板中的"线性"按钮 ⊢⊣，然后单击"注释"选项卡"标注"面板中的"连续"按钮 ⊬⊢，对行进盲道进行标注。完成的图形如图 8-52 所示。

4）绘制地面提示行进块材剖面图

单击"默认"选项卡"绘图"面板中的"直线"按钮 ⟋，绘制剖面图。完成的图形如图 8-53 所示。

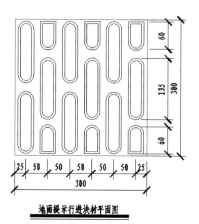

地面提示行进块材平面图

图 8-52　地面提示行进块材平面图

地面提示行进块材剖面图

图 8-53　地面提示行进块材剖面图

5）绘制提示盲道

（1）将盲道图层设置为当前图层。单击"默认"选项卡"绘图"面板中的"直线"按钮 ∕，绘制两条长为300正交的直线。完成的图形如图8-54（a）所示。

（2）单击"默认"选项卡"修改"面板中的"矩形阵列"按钮 ，选择水平直线为阵列对象，设置行数为11、列数为1，行间距为30。选择竖直直线为阵列对象，设置行数为1、列数为11，列间距为30。完成的图形如图8-54（b）所示。

（3）单击"默认"选项卡"绘图"面板中的"圆"按钮 ，绘制两个同心圆，半径分别为6和11。完成的图形如图8-54（c）所示。

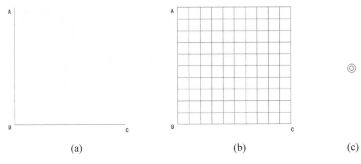

图 8-54　提示停步块材网格绘制流程（一）

（4）单击"默认"选项卡"修改"面板中的"复制"按钮 ，复制同心圆到方格网交点。完成的图形如图8-55（a）所示。

（5）单击"默认"选项卡"修改"面板中的"删除"按钮 ，删除多余的直线。

（6）把标注图层设置为当前图层。单击"默认"选项卡"注释"面板中的"线性"按钮 ，标注线性尺寸。

（7）单击"注释"选项卡"标注"面板中的"连续"按钮 ，对停步块材进行标注。完成的图形如图8-55（b）所示。

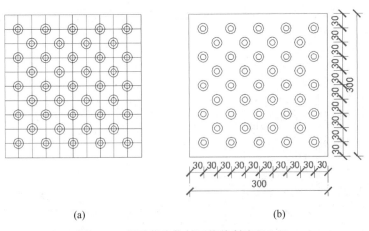

图 8-55　提示停步块材网格绘制流程（二）

6）绘制提示停步块材剖面图

单击"默认"选项卡"绘图"面板中的"直线"按钮 ∕，绘制剖面图。绘制完成的图形如图 8-56 所示。

地面提示停步块材剖面图

图 8-56　提示停步块材剖面图

7）标注文字

把"文字"图层设置为当前图层。单击"默认"选项卡"注释"面板中的"多行文字"按钮 **A**，输入图名、说明。完成的图形如图 8-38 所示。

桥梁的设计应该根据其作用、性质和将来发展的需要，除应该符合技术先进、安全可靠、适用耐久、经济合理的要求外，还应该按照美观和有利于环保的原则进行设计，并考虑因地制宜、就地取材、便于施工和养护等因素。

桥梁既要有足够的承载能力，又能保证行车的畅通、舒适和安全；既满足当前的需要，又考虑今后的发展；既满足交通运输本身的需要，也要考虑到支援农业，满足农田排灌的需要；通航河流上的桥梁，应满足航运的要求；靠近城市、村镇、铁路及水利设施的桥梁，还应结合各有关方面的要求，考虑综合利用。桥梁还应考虑在战时适应国防的要求。在特定地区，桥梁还应满足特定条件下的特殊要求（如抗震等）。

第3篇 桥梁施工

本篇主要使读者掌握桥梁的基本构造以及桥梁绘制的方法和步骤，掌握混凝土梁、墩台、桥台的绘制方法，能识别AutoCAD桥梁施工图，熟练掌握使用 AutoCAD 2020进行简支梁、墩台、桥台制图的一般方法，使读者具有一般桥梁绘制、设计技能的基础。

第 **9** 章

桥梁设计要求及实例简介

　　桥梁应该根据其作用、性质和将来发展的需要进行设计,除应该符合技术先进、安全可靠、适用耐久、经济合理的要求外,还应该按照美观和有利于环保的原则进行设计,并考虑因地制宜、就地取材、便于施工和养护等因素。

学 习 要 点

◆ 桥梁设计总则及一般规定

◆ 桥梁设计程序

◆ 桥梁设计方案比选

◆ 实例简介

9.1 桥梁设计总则及一般规定

桥梁要有足够的承载能力,能保证行车的畅通、舒适和安全;满足当前的需要,考虑今后的发展;既要满足交通运输本身的需要,也要考虑到支援农业,满足农田排灌的需要;通航河流上的桥梁,应满足航运的要求;靠近城市、村镇、铁路及水利设施的桥梁还应结合各有关方面的要求,考虑综合利用。桥梁还应考虑在战时适应国防的要求。在特定地区,桥梁还应满足特定条件下的特殊要求(如抗震等)。桥梁设计的一般要求如下。

1. 安全可靠

(1) 所设计的桥梁结构在强度、稳定和耐久性方面应有足够的安全储备。

(2) 防撞栏杆应具有足够的高度和强度,人与车流之间应做好防护栏,防止车辆撞入人行道或撞坏栏杆而落到桥下。

(3) 对于交通繁忙的桥梁,应设计好照明设施并有明确的交通标志,两端引桥坡度不宜太陡,以避免发生车辆碰撞等引起的车祸。

(4) 对于修建在地震区的桥梁,应按抗震要求采取防震措施;对于河床易变迁的河道,应设计好导流设施,防止桥梁基础底部被过度冲刷;对于通行大吨位船舶的河道,除应按规定加大桥孔跨径外,必要时应设置防撞构筑物等。

2. 适用耐久

(1) 桥面宽度能满足当前以及今后规划年限内的交通流量(包括行人通道)。

(2) 桥梁结构在通过设计荷载时不出现过大的变形和过宽的裂缝。

(3) 桥跨结构的下方要有利于泄洪、通航(跨河桥)或车辆(立交桥)和行人的通行(旱桥)。

(4) 桥梁的两端要便于车辆的进入和疏散,而不致产生交通堵塞现象等。

(5) 考虑综合利用,方便各种管线(水、电、通信等)的搭载。

3. 经济合理

(1) 桥梁设计必须经过技术经济比较,使桥梁在建造时消耗最少量的材料、工具和劳动力,在使用期间养护维修费用最省,并且经久耐用。

(2) 桥梁设计还应满足快速施工的要求,缩短工期不仅能降低施工费用,而且提早通车,在运输上带来很大的经济效益。因此结构形式要便于施工和制造,能够采用先进的施工技术和施工机械,以便于加快施工速度,保证工程质量和施工安全。

4. 美观

(1) 在满足功能要求的前提下,要选用最佳的结构形式——纯正、清爽、稳定。质量统一于美,美从属于质量。

(2) 美,主要表现在结构选型和谐与良好的比例,并具有秩序感和韵律感。过多的重复会导致单调。

(3) 重视与环境协调。材料的选择、表面的质感、特别色彩的运用起着重要作用。模型检试有助于实感判断,观察阴影效果。

总之,在适用、经济和安全的前提下,尽可能使桥梁具有优美的外形,并与周围的环境相协调,这就是美观的要求。合理的结构布局和轮廓是美观的主要因素。在城市和游览地区,要注意环保问题,较多地考虑桥梁的建筑艺术。另外,施工质量对桥梁美观也有很大影响。

5.桥涵布置

(1)桥梁应根据公路功能、等级、通行能力及抗洪防灾要求,结合水文、地质、通航、环境等条件进行综合设计。

(2)当桥址处有2个及2个以上的稳定河槽,或滩地流量占设计流量比例较大,且水流不易引入同一座桥时,可在各河槽、滩地、河汊上分别设桥,不宜用长大导流堤强行集中水流。平坦、草原、漫流地区,可按分片泄洪布置桥涵。天然河道不宜改移或裁弯取直。

(3)公路桥涵的设计洪水频率应符合表9-1的规定。

表 9-1　公路桥涵设计洪水频率

公路等级	设计洪水频率				
	特大桥	大桥	中桥	小桥	涵洞及小型排水构造物
高速公路	1/300	1/100	1/100	1/100	1/100
一级公路	1/300	1/100	1/100	1/100	1/100
二级公路	1/100	1/100	1/100	1/50	1/25
三级公路	1/100	1/50	1/50	1/25	1/25
四级公路	1/100	1/50	1/25	1/25	不做规定

注:1.二级公路上的特大桥及三、四级公路上的大桥,在水势猛急、河床易于冲刷的情况下,可提高一级洪水频率验算基础冲刷深度。

2.三、四级公路,在交通容许有限度的中断时,可修建漫水桥和过水路面。漫水桥和过水路面的设计洪水频率,应根据容许阻断交通的时间长短和对上下游农田、城镇、村庄的影响以及泥沙淤塞桥孔、上游河床的淤高等因素确定。

6.桥涵孔径

(1)桥涵孔径的设计必须保证设计洪水频率以内的各级洪水及流冰、泥石流、漂流物等安全通过,并应考虑壅水、冲刷对上下游的影响,确保桥涵附近路堤的稳定。

(2)桥涵孔径的设计应考虑桥位上下游已建或拟建桥涵和水工建筑物的状况及其对河床演变的影响。

(3)桥涵孔径的设计应注意河床地形,不宜过分压缩河道、改变水流的天然状态。

(4)小桥、涵洞的孔径,应根据设计洪水流量、河床地质、河床和锥坡加固形式等条件确定。

(5)当小桥、涵洞的上游条件许可积水时,依暴雨的径流计算的流量可考虑减少,但减少的流量不宜大于总流量的1/4。

(6)特大、大、中桥的孔径布置应按设计洪水流量和桥位河段的特性进行设计计算,并对孔径大小、结构形式、墩台基础埋置深度、桥头引道及调治构造物的布置等进行综合比较。

(7)计算桥下冲刷时,应考虑桥孔压缩后设计洪水过水断面所产生的桥下一般冲刷、墩台阻水引起的局部冲刷、河床自然演变冲刷以及调治构造物和桥位其他冲刷因素的影响。

(8)桥梁全长规定如下:有桥台的桥梁为两岸桥台侧墙或八字墙尾端间的距离;无桥台的桥梁为桥面长度。

当标准设计或新建桥涵的跨径在 50m 及以下时,宜采用标准化跨径。桥涵标准化跨径规定如下:0.75m、1.0m、1.25m、1.5m、2.0m、2.5m、3.0m、4.0m、5.0m、6.0m、8.0m、10m、13m、16m、20m、25m、30m、35m、40m、45m、50m。

7. 桥涵净空

(1)桥涵净空应符合如图 9-1 所示公路建筑限界及本条其他各款的规定。

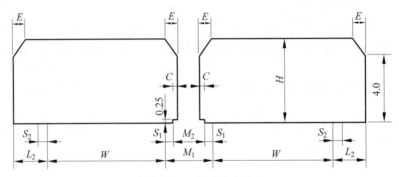

(a) 高速公路、一级公路(整体式)

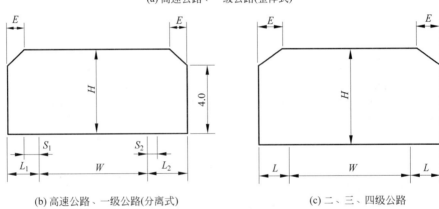

(b) 高速公路、一级公路(分离式)　　　　(c) 二、三、四级公路

图 9-1　桥涵净空(单位:m)

注:1. 当桥梁设置人行道时,桥涵净空应包括该部分的宽度;
　　2. 人行道、自行车道与行车道分开设置时,其净高不应小于 2.5m。

图中:W——行车道宽度,m。为车道数乘以车道宽度,并计入所设置的加(减)速车道、紧急停车道、爬坡车道、慢车道或错车道的宽度。车道宽度规定见表 9-2。

C——当设计速度大于 100km/h 时,为 0.5m;当设计速度等于或小于 100km/h 时,为 0.25m。

S_1——行车道左侧路缘带宽度,m,见表 9-3。

S_2——行车道右侧路缘带宽度,m,应为 0.5m。

M_1——中间带宽度,m。由两条路缘带和中央分隔带组成,见表 9-3。

M_2——中央分隔带宽度,m,见表 9-3。

E——桥涵净空顶角宽度,m。当 $L \leqslant 1m$ 时,$E=L$;当 $L>1m$ 时,$E=1m$。

H——净空高度,m。高速公路和一、二级公路上的桥梁应为 5.0m,三、四级公路上的桥梁应为 4.5m。

L——侧向宽度,具体规定见表 9-4,高速公路、一级公路上桥梁的侧向宽度为路肩宽度(L_1、L_2);二、三、四级公路上桥梁的侧向宽度为其相应的路肩宽度减去 0.25m。

L_1——桥梁左侧路肩宽度,m,见表 9-5。八车道及八车道以上高速公路上的桥梁宜设置左路肩,其宽度应为 2.50m。左侧路肩宽度内含左侧路缘带宽度。

L_2——桥梁右侧路肩宽度,m。当受地形条件及其他特殊情况限制时,可采用最小值。高速公路和一级公路上桥梁应在右侧路肩内设右侧路缘带,其宽度为 0.5m。设计速度为 120km/h 的四车道高速公路上桥梁,宜采用 3.50m 的右侧路肩;六车道、八车道高速公路上桥梁,宜采用 3.00m 的右侧路肩。高速公路、一级公路上桥梁的右侧路肩宽度小于 2.50m 且桥长超过 500m 时,宜设置紧急停车带,紧急停车带宽度包括路肩在内为 3.50m,有效长度不应小于 30m,间距不宜大于 500m。

表 9-2 车道宽度

设计速度/(km/h)	120	100	80	60	40	30	20
车道宽度/m	3.75	3.75	3.75	3.50	3.50	3.25	3.00(单车道为3.50)

注：高速公路上的八车道桥梁,当设置左侧路肩时,内侧车道宽度可采用3.50m。

表 9-3 中间带宽度

设计速度/(km/h)		120	100	80	60
中央分隔带宽度/m	一般值	3.00	2.00	2.00	2.00
	最小值	2.00	2.00	1.00	1.00
左侧路缘带宽度/m	一般值	0.75	0.75	0.50	0.50
	最小	0.75	0.50	0.50	0.50
中间带宽度/m	一般值	4.50	3.50	3.00	3.00
	最小值	3.50	3.00	2.00	2.00

注："一般值"为正常情况下的采用值;"最小值"为条件受限制时可采用的值。

表 9-4 左侧路肩宽度

公路等级		高速公路、一级公路				二、三、四级公路				
设计速度/(km/h)		120	100	80	60	80	60	40	30	20
左侧路缘带宽度/m	一般值	3.00 或 3.50	3.00	2.50	2.50	1.50	0.75	—	—	—
	最小值	3.00	2.50	1.50	1.50	0.75	0.25	—	—	—

注："一般值"为正常情况下的采用值;"最小值"为条件受限制时可采用的值。

表 9-5 分离式断面高速公路、一级公路左侧路肩宽度

设计速度/(km/h)	120	100	80	60
左侧路肩宽度/m	1.25	1.00	0.75	0.75

表 9-6 各级公路设计速度　　　　　　　　　　　km/h

公路等级	高速公路			一级公路			二级公路		三级公路		四级公路
设计速度	120	100	80	100	80	60	80	60	40	30	20

注：1. 各级公路应选用的设计速度见表 9-6。确定桥涵净宽时,其所依据的设计速度应沿用各级公路选用的设计速度。

2. 高速公路、一级公路上的特殊大桥为整体式上部结构时,其中央分隔带和路肩的宽度可根据具体情况适当减小,但减小后的宽度不应小于表 9-3 和表 9-4 规定的"最小值"。

3. 高速公路、一级公路上的桥梁宜设计为上行、下行两座分离的独立桥梁。

4. 高速公路上的桥梁应设检修道,不宜设人行道。一、二、三、四级公路上桥梁的桥上人行道和自行车道的设置,应根据需要而定,并应与前后路线布置协调。人行道、自行车道与行车道之间,应设分隔设施。一个自行车道的宽度为 1.0m;当单独设置自行车道时,不宜小于两个自行车道的宽度。人行道的宽度宜为 0.75m 或 1.0m;大于 1.0m 时,按 0.5m 的级差增加。当设缘石时,路缘石高度可取用 0.25~0.35m。

漫水桥和过水路面可不设人行道。

5. 通行拖拉机或兽力车为主的慢行道,其宽度应根据当地行驶拖拉机或兽力车车型及交通量而定;当沿桥梁一侧设置时,不应小于双向行驶要求的宽度。

6. 高速公路、一级公路上的桥梁必须设置护栏。二、三、四级公路上特大、大、中桥应设护栏或栏杆和安全带,小桥和涵洞可仅设缘石或栏杆。不设人行道的漫水桥和过水路面应设标杆或护栏。

（2）桥下净空应根据计算水位（设计水位计入壅水、浪高等）或最高流冰水位加安全高度确定。

当河流有形成流冰阻塞的危险或有漂浮物通过时，应按实际调查的数据，在计算水位的基础上，结合当地具体情况酌留一定富余量，作为确定桥下净空的依据。对于有淤积的河流，桥下净空应适当增加。

在不通航或无流放木筏河流上及通航河流的不通航桥孔内，桥下净空不应小于表 9-7 的规定。

表 9-7　非通航河流桥下最小净空　　　　　　　　　　　　　　　　　　m

桥梁的部位		高出计算水位	高出最高流冰面
梁底	洪水期无大漂流物	0.50	0.75
	洪水期有大漂流物	1.50	—
	有泥石流	1.00	—
支承垫石顶面		0.25	0.50
拱脚		0.25	0.25

无铰拱的拱脚允许被设计洪水淹没，但不宜超过拱圈高度的 2/3，且拱顶底面至计算水位的净高不得小于 1.0m。

在不通航和无流筏的水库区域内，梁底面或拱顶底面离开水面的高度不应小于计算浪高的 0.75 倍加上 0.25m。

（3）涵洞宜设计为无压力式的。无压力式涵洞内顶点至洞内设计洪水频率标准水位的净高应符合表 9-8 的规定。

表 9-8　无压力式涵洞内顶点至最高流水面的净高

涵洞进口净高（或内径）h/m	涵洞类型		
	管　涵	拱　涵	矩　形　涵
$h \leqslant 3$	$\geqslant h/4$	$\geqslant h/4$	$\geqslant h/6$
$h > 3$	$\geqslant 0.75$m	$\geqslant 0.75$m	$\geqslant 0.5$m

（4）立体交叉跨线桥桥下净空应符合下列规定。

① 公路与公路立体交叉的跨线桥桥下净空及布孔除应符合以上桥涵净空的规定外，还应满足桥下公路的视距和前方信息识别的要求，其结构形式应与周围环境相协调。

② 铁路从公路上跨越通过时，其跨线桥桥下净空及布孔除应符合以上桥涵净空的规定外，还应满足桥下公路的视距和前方信息识别的要求。

③ 农村道路与公路立体交叉的跨线桥桥下净空为：当农村道路从公路上面跨越时，跨线桥桥下净空应符合以上建筑限界的规定；当农村道路从公路下面穿过时，其净空可根据当地通行的车辆和交叉情况而定，人行通道的净高应大于或等于 2.2m，净宽应大于或等于 4.0m；畜力车及拖拉机通道的净高应大于或等于 2.7m，净宽应大于或等于 4.0m；农用汽车通道的净高应大于或等于 3.2m，并根据交通量和通行农业机械

的类型选用净宽,但应大于或等于 4.0m;汽车通道的净高应大于或等于 3.5m,净宽应大于或等于 6.0m。

(5) 车行天桥桥面净宽按交通量和通行农业机械类型可选用 4.5m 或 7.0m。

人行天桥桥面净宽应大于或等于 3.0m。

(6) 电信线、电力线、电缆、管道等的设置不得侵入公路桥涵净空限界,不得妨害桥涵交通安全,并不得损害桥涵的构造和设施。

严禁天然气输送管道、输油管道利用公路桥梁跨越河流。天然气输送管道离开特大、大、中桥的安全距离不应小于 100m,离开小桥的安全距离不应小于 50m。

高压线跨河塔架的轴线与桥梁的最小间距,不得小于 1 倍塔高。高压线与公路桥涵的交叉应符合现行《公路路线设计规范》(JTGD 20—2017)的规定。

8. 桥上线形及桥头引道

(1) 桥上及桥头引道的线形应与路线布设相互协调,各项技术指标应符合路线布设的规定。桥上纵坡不宜大于 4%,桥头引道纵坡不宜大于 5%;位于市镇混合交通繁忙处,桥上纵坡和桥头引道纵坡均不得大于 3%。桥头两端引道线形应与桥上线形相配合。

(2) 在洪水泛滥区域以内,特大、大、中桥桥头引道的路肩高程应高出桥梁设计洪水频率的水位加壅水高、波浪爬高、河弯超高、河床淤积等影响 0.5m 以上。

小桥涵引道的路肩高程,宜高出桥涵前壅水水位(不计浪高)0.5m 以上。

(3) 桥头锥体及引道应符合以下要求:

➢ 桥头锥体及桥台台后 5~10m 长度内的引道,可用砂性土等材料填筑。在非严寒地区当无透水性土时,可就地取土经处理后填筑。

➢ 锥坡与桥台两侧正交线的坡度,当有铺砌时,路肩边缘下的第一个 8m 高度内不宜陡于 1:1;在 8~12m 高度内不宜陡于 1:1.25;高于 12m 的路基,其 12m 以下的边坡坡度应由计算确定,但不应陡于 1:1.5,变坡处台前宜设宽 0.5~2.0m 的锥坡平台;不受洪水冲刷的锥坡可采用不陡于 1:1.25 的坡度;经常受水淹没部分的边坡坡度不应陡于 1:2。

➢ 埋置式桥台和钢筋混凝土灌注桩式或排架桩式桥台,其锥坡坡度不应陡于 1:1.5,对不受洪水冲刷的锥坡,加强防护时可采用不陡于 1:1.25 的坡度。

➢ 洪水泛滥范围以内的锥坡和引道的边坡坡面,应根据设计流速设置铺砌层。铺砌层的高度应为:特大、大、中桥应高出计算水位 0.5m 以上;小桥涵应高出设计水位加壅水水位(不计浪高)0.25m 以上。

(4) 桥台侧墙后端和悬臂梁桥的悬臂端深入桥头锥坡顶点以内的长度,均不应小于 0.75m(按路基和锥坡沉实后计)。

高速公路、一级公路和二级公路的桥头宜设置搭板。搭板厚度不宜小于 0.25m,长度不宜小于 5m。

9. 桥涵构造要求

(1) 桥涵结构应符合以下要求:

➢ 结构在制造、运输、安装和使用过程中,应具有规定的强度、刚度、稳定性和耐

Note

久性。

➤ 结构的附加应力、局部应力应尽量减小。

➤ 结构形式和构造应便于制造、施工和养护。

➤ 结构物所用材料的品质及其技术性能必须符合相关现行标准的规定。

（2）公路桥涵应根据其所处环境条件选用适宜的结构形式和建筑材料，进行适当的耐久性设计，必要时应增加防护措施。

（3）桥涵的上、下部构造应视需要设置变形缝或伸缩缝，以减小温度变化、混凝土收缩和徐变、地基不均匀沉降以及其他外力所产生的影响。

高速公路、一级公路上的多孔梁（板）桥宜采用连续桥面简支结构，或采用整体连续结构。

（4）小桥涵可在进、出口和桥涵所在范围内将河床整治和加固，必要时在进、出口处设置减冲、防冲设施。

（5）漫水桥应尽量减小桥面和桥墩的阻水面积，其上部构造与墩台的连接必须可靠，并应采取必要的措施使基础不被冲毁。

（6）桥涵应有必要的通风、排水和防护措施及维修工作空间。

（7）需设置栏杆的桥梁，其栏杆的设计，除应满足受力要求外，还应注意美观。栏杆高度不应小于 1.1m。

（8）安装板式橡胶支座时，应保证其上、下表面与梁底面及墩台支承垫石顶面平整密贴、传力均匀，不得有脱空的橡胶支座。

当板式橡胶支座设置于大于某一规定坡度上时，应在支座表面与梁底之间采取措施，使支座上、下传力面保持水平。

弯、坡、斜、宽桥梁宜选用圆形板式橡胶支座。公路桥涵不宜使用带球冠的板式橡胶支座或坡形的板式橡胶支座。

墩台构造应满足更换支座的要求。

10．桥面铺装、排水和防水层

（1）桥面铺装的结构形式宜与所在位置的公路路面相协调。桥面铺装应有完善的桥面防水、排水系统。

高速公路和一级公路上特大桥、大桥的桥面铺装宜采用沥青混凝土桥面铺装。

（2）桥面铺装应设防水层。

圬工桥台背面及拱桥拱圈与填料间应设置防水层，并设盲沟排水。

（3）高速公路、一级公路上桥梁的沥青混凝土桥面铺装层厚度不宜小于 70mm；二级及二级以下公路桥梁的沥青混凝土桥面铺装层厚度不宜小于 50mm。

（4）水泥混凝土桥面铺装面层（不含整平层和垫层）的厚度不宜小于 80mm，混凝土强度等级不应低于 C40。

水泥混凝土桥面铺装层内应配置钢筋网。钢筋直径不应小于 8mm，间距不宜大于 100mm。

（5）正交异性板钢桥面沥青混凝土铺装结构应根据桥梁纵面线形、桥梁结构受力状态、桥面系的实际情况、当地气象与环境条件、铺装材料的性能等综合研究选用。

（6）桥面伸缩装置应保证能自由伸缩，并使车辆平稳通过。伸缩装置应具有良好的密水性和排水性,并应便于检查和清除沟槽的污物。

特大桥和大桥宜使用模数式伸缩装置,其钢梁高度应按计算确定,但不应小于70mm,并应具有强力的锚固系统。

(7)桥面应设排水设施。跨越公路、铁路、通航河流的桥梁,桥面排水宜通过设在桥梁墩台处的竖向排水管排入地面排水设施中。

11. 养护及其他附属设施

(1)特大、大桥上部构造宜设置检查平台、通道、扶梯、箱内照明、检查井盖等专门供检查和养护用的设施,保证工作人员的正常工作和安全。条件许可时,特大桥、大桥应设置检修通道。

(2)特大桥和大桥的墩台宜根据需要设置测量标志,测量标志的设置应符合有关标准的规定。

(3)跨越河流或海湾的特大桥、大桥、中桥宜设置水尺或标志,较高墩台宜设围栏、扶梯等。

(4)斜拉桥和悬索桥的桥塔必须设置避雷设施。

(5)特大桥、大桥、中桥可视需要设防火、照明和导航设备以及养护工房、库房和守卫房等,必要时可设置紧急电话。

9.2　桥梁设计程序

一座桥梁的规划设计所涉及的因素很多,尤其对于工程比较庞大的工程来说,要进行系统的、综合的考虑。设计合理与否,将直接影响到区域的政治、文化、经济以及人民的生活。我国桥梁设计程序,分为前期工作及设计阶段。前期工作包括编制预可行性研究报告和可行性研究报告。设计阶段按"三阶段设计"进行,即初步设计、技术设计与施工设计。

1. 前期工作

前期工作包括预可行性研究报告和可行性研究报告的编制。

预可行性研究报告与可行性研究报告均属建设的前期工作。预可行性研究报告是在工程可行的基础上,着重研究建设上的必要性和经济上的合理性。

可行性研究报告则是在预可行性研究报告被审批后,在必要性和合理性得到确认的基础上,着重研究工程上的和投资上的可行性。

这两个阶段的研究都是为科学地进行项目决策提供依据,避免盲目性及带来的严重后果。

这两个阶段的文件应包括以下主要内容。

(1)工程必要性论证:评估桥梁建设在国民经济中的作用。

(2)工程可行性论证:首先是选择好桥位,其次是确定桥梁的建设规模,同时还要解决好桥梁与河道、航运、城市规划以及已有设施(通称"外部条件")的关系。

(3)经济可行性论证:主要包括造价及回报问题和资金来源及偿还问题。

2．设计阶段

设计阶段包括初步设计、技术设计和施工设计(三阶段设计)。

(1) 初步设计。初步设计是按照基本建设程序为使工程取得预期的经济效益或目的而编制的第一阶段设计工作文件。该设计文件应阐明拟建工程技术上的可行性和经济上的合理性,要对建设中的一切基本问题作出初步确定。内容一般应包括:设计依据、设计指导思想、建设规模、技术标准、设计方案、主要工程数量和材料设备供应、征地拆迁面积、主要技术经济指标、建设程序和期限、总概算等方面的图纸和文字说明。该设计根据批准的计划任务书编制。

(2) 技术设计。技术设计是基本建设工程设计分为三阶段设计时的中间阶段的设计文件。它是在已批准的初步设计的基础上,通过详细的调查、测量和计算而进行的。其内容主要为协调编制拟建工程中有关工程项目的图纸、说明书和概算等。经过审批的技术设计文件,是进行施工图设计及订购各种主要材料、设备的依据,且为对基本建设拨款(或贷款)和对拨款的使用情况进行监督的基本文件。

(3) 施工设计,又称为施工图设计,是设计部门根据鉴定批准的三阶段设计的技术设计,或两阶段设计的扩大初步设计或一阶段设计的设计任务书,所编制的设计文件。此文件应提供施工所必需的图纸、材料数量表及有关说明。与前一设计阶段比较,设计图的设计和绘制应有更加详细的、具体的细部构造和尺寸、用料和设备等图纸的设计和计算工作,其主要内容有平面图、立面图、剖面图及结构、构造的详图,工程设计计算书,工程数量表等。施工图设计一般应全面贯彻技术设计或扩大初步设计的各项技术要求。除上级指定需要审查者外,一般均不需再审批,可直接交付施工部门据以施工,设计部门必须保证设计文件质量。同时施工图文件也是安排材料和设备、加工制造非标准设备、编制施工图预算和决算的依据。

① 三阶段设计:一般用于大型、复杂的工程。铁路建设项目的设计工作,一般采用三阶段设计。

② 两阶段设计:分为初步设计和施工设计两个阶段。其中初步设计又称为扩大初步设计。

公路、工业与民用房屋、独立桥涵和隧道等建设项目的设计工作,通常采用这种设计方式。

③ 一阶段设计:仅包括施工图设计一个阶段,一般适用于技术简单的中、小桥。

在国内一般的(常规的)桥梁采用两阶段设计,即初步设计和施工设计两个阶段。

9.3　桥梁设计方案比选

桥梁设计方案的比选主要包括桥位方案的比选和桥型方案的比选。

1．桥位方案的比选

至少应该选择两个桥位进行比选。如遇到某种特殊情况时,还需要在大范围内提出多个桥位方案进行比较。

一般来说,桥位方案的选择应遵循以下原则。

(1) 桥位的选择应置于路网中一起考虑,要有利于路网的布置,尽量满足选线的需要。桥梁建在城市范围内时,要重视桥梁建设满足城市规划的要求。

(2) 特大、大桥桥位应选择河道顺直稳定、河床地质良好、河槽能通过大部分设计流量的河段。桥位不宜选择在河汊、沙洲、古河道、急弯、汇合口、港口作业区及易形成流冰、流木阻塞的河段以及断层、岩溶、滑坡、泥石流等不良地质的河段。

(3) 桥梁纵轴线宜与洪水主流流向正交。对通航河流上的桥梁,其墩台沿水流方向的轴线应与最高通航水位时的主流方向一致。当斜交不能避免时,交角不宜大于5°;当交角大于5°时,宜增加通航孔净宽。

(4) 为保证桥位附近水流顺畅,河槽、河岸不发生严重变形,必要时可在桥梁上、下游修建调治构造物。

调治构造物的形式及其布置应根据河流性质、地形、地质、河滩水流情况以及通航要求、桥头引道、水利设施等因素综合考虑确定。非淹没式调治构造物的顶面,应高出桥涵设计洪水频率的水位至少 0.25m,必要时还应考虑壅水高、波浪爬高、斜水流局部冲高、河床淤积等影响。允许淹没的调治构造物的顶面应高出常水位。单边河滩流量不超过总流量的 15% 或双边河滩流量不超过 25% 时,可不设导流堤。

2. 桥型方案的比选

为了设计出经济、适用、美观的桥梁,设计者必须根据自然和技术条件,因地制宜。在综合应用专业知识及了解掌握国内外新技术、新材料、新工艺的基础上,进行深入细致的研究和分析对比,才能科学地得到最优的设计方案。

桥梁的形式可考虑拱桥、梁桥、梁拱组合桥和斜拉桥。任选三种作比较,从安全、功能、经济、美观、施工、占地与工期多方面比选,最终确定桥梁形式。

桥梁设计方案的比选和确定可按下列步骤进行。

(1) 明确各种高程的要求。在桥位纵断面图上,先按比例绘出设计洪水位、通航水位、堤顶高程、桥面高程、通航净空、堤顶行车净空位置图等。

(2) 桥梁分孔和初拟桥型方案草图。在确定各种高程的纵断面图上,根据泄洪纵跨径的要求,以及桥下通航、立交等要求,作出桥梁分孔和初拟桥型方案草图。同时要注意尽可能多绘几种,以免遗漏可能的桥型方案。

(3) 方案初选。对草图做技术和经济上的初步分析和判断,从中选择 2~4 个构思好、各具特点的方案,做进一步详细研究和对比。

(4) 详绘桥型方案图。根据不同桥型、不同跨度、宽度和施工方法,拟定主要尺寸并尽可能细致地绘制各个桥型方案的尺寸详图(新结构作初步力学分析),以准确拟定各方案的主要尺寸。

(5) 编制估算或概算。根据编制方案的详图,可以计算出上、下结构的主要工程数量,然后根据各省、市或行业的"估算定额"或"概算定额"编制或估算三材(即钢、木、混凝土)、劳动力数量和全桥总造价。

(6) 方案选定和文件汇总。全面考虑建设造价、养护费用、建设工期、营运适应性、美观等因素,综合分析确定每一个方案的优、缺点,最后选定一个最佳的推荐方案。在深入比较分析的过程中,应当及时发现并调整方案中不合理之处,确保最后选定的方案最优。

　　上述工作完成之后，着手编写方案说明书。说明书中应该阐明方案编制的依据和标准、各方案的主要特色、施工方法、设计概算以及方案比较的综合性评价，并对推荐方案进行重点、详细的说明。各种测量资料、地质勘察资料、地震烈度复核资料、水文调查与计算资料等按附件载入。

9.4　实　例　简　介

　　本实例为某公路互通工程道桥施工图绘制。内容包括：桥梁平面布置，纵断面、横断面梁钢筋构造图，桥面系构造，桥墩构造，桥台构造。

　　本工程全宽 7.00m，桥梁全长 34.30m。具体布置为：0.50m(护栏)＋6.00m(行车道)＋0.50m(护栏)。设计行车车速为 40km/h。桥面横坡为 1.5%。汽车荷载等级为公路Ⅱ级。本场地的地震动峰值加速度分区属于 0.2g，基本地震烈度为Ⅷ度。

桥梁总体布置图的绘制

本章将通过一个桥梁设计工程案例介绍桥梁总体布置图设计和绘制的具体方法。本实例为某公路互通工程道桥施工图绘制。桥梁全宽7.0m,桥梁全长34.3m。具体布置为:0.5m(护栏)+6m(行车道)+0.5m(护栏)。设计行车车速为40km/h。桥面横坡为1.5%。汽车荷载等级为公路Ⅱ级。本场地的地震动峰值加速度分区属于0.2g,基本地震烈度为Ⅷ度。内容包括:桥梁平面布置,纵断面、横断面梁钢筋构造图,桥面系构造,桥墩构造,桥台构造。

学 习 要 点

◆ 桥梁总体布置图简介
◆ 桥梁平面布置图绘制
◆ 桥梁纵剖面图绘制
◆ 桥梁横断面图绘制

10.1 桥梁总体布置图简介

桥梁总体布置图应按三视图绘制纵向立面图与横向剖面图,并加纵向平面图。其中纵向立面图与平面图的比例尺应相同,可采用1：1000～1：500；对于剖面图,为清晰起见,比例尺可用大一些,如1：200～1：150,视图幅地位而定。

（1）立面图中应标明：

① 桥梁总长度；

② 桥梁结构的计算跨度；

③ 台顶高度与桥台斜度；

④ 枯水位、常水位、通航水位与计算洪水位；

⑤ 桥面纵坡以及各控制点的设计标高,如基础标高、墩（台）帽标高、桥面标高、通航桥孔的梁底标高等；对于桥下有通航（或通车）要求的桥孔,需用虚线标明净空界限框图；

⑥ 注明桥台与桥墩的编号,自左至右按0、1、2、…顺序编号（0 号为左桥台）。

（2）在横向剖面图中应标明行车道宽及桥面总宽、主梁（或拱肋的间距,或墩台）的横向尺寸,横坡大小,并绘出桥面铺装与泄水管轴线等。

（3）平面图中需注明主要平面尺寸（栏杆、人行道与行车道、墩台距离等）,对城市道路桥梁还要求标明管线位置。

10.2 桥梁平面布置图绘制

10-1

 绘制思路

使用直线命令绘制桥面定位轴线；使用直线、多段线等命令绘制桥面轮廓线；使用多行文字、复制命令标注文字。完成的桥梁平面布置图如图 10-1 所示。

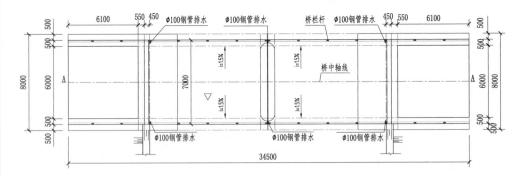

图 10-1 桥梁平面布置效果图

10.2.1　前期准备及绘图设置

 操作步骤

1．确定绘图比例

根据需绘制图形确定绘图的比例,建议采用 1∶1 的比例绘制,1∶100 的比例出图。

2．建立新文件

打开 AutoCAD 2020 应用程序,建立新文件,将新文件命名为"桥梁平面布置图.dwg"并保存。

3．设置图层

设置以下 8 个图层:"虚线""文字""填充""桥梁""轮廓线""栏杆""定位中心线""尺寸",将"定位中心线"图层设置为当前图层。设置好的图层如图 10-2 所示。

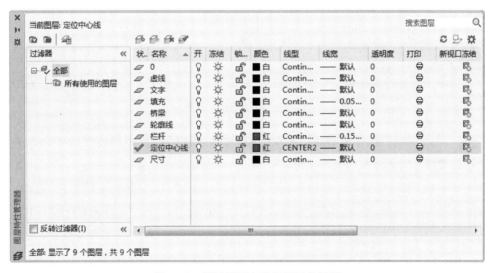

图 10-2　桥梁平面布置图图层的设置

4．文字样式的设置

单击"默认"选项卡"注释"面板中的"文字样式"按钮 ，打开"文字样式"对话框。选择仿宋字体,宽度因子设置为 0.8。

5．标注样式的设置

根据绘图比例设置标注样式,对标注样式线、符号和箭头、文字、主单位进行设置,具体如下。

➤ 线:超出尺寸线为 400,起点偏移量为 500。

➤ 符号和箭头:第一个为建筑标记,箭头大小为 500,圆心标记为标记 250。

➤ 文字:文字高度为 500,文字位置为垂直上,从尺寸线偏移为 250,文字对齐为

ISO 标准。

➢ 主单位：精度为 0，比例因子为 1。

10.2.2　绘制桥面定位轴线

 操作步骤

（1）把定位中心线图层设置为当前图层。在状态栏中，单击"正交模式"按钮 └ ，打开正交模式。单击"默认"选项卡"绘图"面板中的"直线"按钮 ╱ ，绘制一条长为 34500 的水平直线。以水平直线的端点为起点绘制垂直的长为 8000 的直线。把尺寸图层设置为当前图层。单击"默认"选项卡"注释"面板中的"线性"按钮 ┌┐ ，标注直线尺寸。完成的图形如图 10-3 所示。

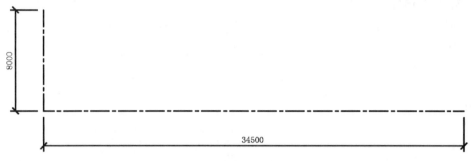

图 10-3　绘制正交定位线

（2）单击"默认"选项卡"修改"面板中的"复制"按钮 ⬚ ，复制刚刚绘制好的水平直线，向上复制的位移分别为 500、1000、7000、7500、8000。

（3）单击"默认"选项卡"修改"面板中的"复制"按钮 ⬚ ，复制刚刚绘制好的垂直直线，向右复制的位移分别为 6100、6650、7100、16650、17230。完成的图形如图 10-4 所示。

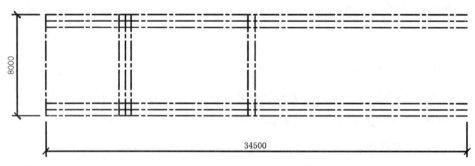

图 10-4　正交定位线的复制

（4）单击"默认"选项卡"修改"面板中的"镜像"按钮 ⚠ ，镜像刚刚绘制好的垂直直线。绘制好的图形如图 10-5 所示。

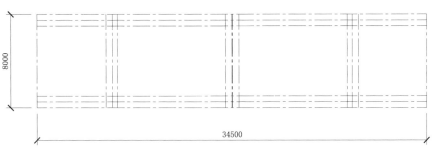

图 10-5　绘制好的桥梁平面布置定位线

10.2.3　绘制桥面轮廓线

绘制桥面轮廓线的操作步骤如下：

1. 绘制车行道线

把轮廓线图层设置为当前图层。单击"默认"选项卡"绘图"面板中的"多段线"按钮，绘制车行道线。选择 w 来设置弯道的线宽为 30。绘制好的图形如图 10-6 所示。

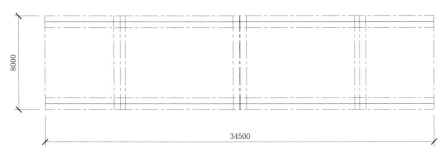

图 10-6　车行道线绘制

2. 绘制栏杆

（1）把栏杆图层设置为当前图层。单击"默认"选项卡"绘图"面板中的"矩形"按钮，绘制 200×120 的矩形。

（2）单击"默认"选项卡"绘图"面板中的"图案填充"按钮，选择"SOLID"图例进行填充。完成的图形如图 10-7 所示。

图 10-7　栏杆基础绘制

（3）单击"默认"选项卡"修改"面板中的"矩形阵列"按钮，选择填充后的矩形为阵列对象，设置行数为 1、列数为 7，列间距为 2500 进行矩形阵列。

（4）单击"默认"选项卡"绘图"面板中的"直线"按钮，绘制栏杆水平线。完成的图形如图 10-8 所示。

（5）单击"默认"选项卡"修改"面板中的"镜像"按钮，指定两条水平定位线中点

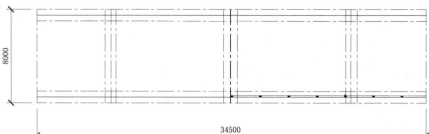

图 10-8　桥梁平面栏杆布置阵列

为镜像线，镜像绘制好的栏杆基础。

（6）单击"默认"选项卡"修改"面板中的"镜像"按钮 ⚠，指定两条垂直定位线中点为镜像线，镜像绘制好的栏杆基础。完成的图形如图 10-9 所示。

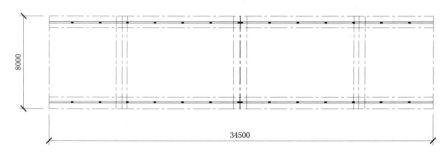

图 10-9　栏杆平面布置图绘制

3．绘制桥中墩墩身

（1）把虚线图层设置为当前图层。在状态栏中，打开"对象捕捉追踪"按钮 ∠，接着单击"默认"选项卡"绘图"面板中的"直线"按钮 ╱，绘制墩身直线。

（2）单击"默认"选项卡"绘图"面板中的"圆弧"按钮 ╭，绘制桥中墩墩身圆弧。指定 A 点为圆弧的起点，输入 e 来指定圆弧的端点为 B 点，输入 r 来指定圆弧的半径为 600。

（3）把尺寸图层设置为当前图层。单击"默认"选项卡"注释"面板中的"线性"按钮 ╞╡，标注直线尺寸。

（4）单击"默认"选项卡"注释"面板中的"半径"按钮 ╲，来标注圆弧。完成的图形如图 10-10 所示。

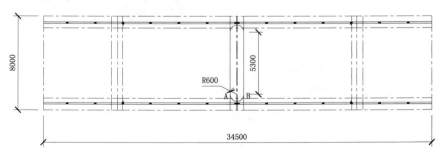

图 10-10　桥中墩墩身平面绘制

4．绘制桥边墩

（1）把轮廓线图层设置为当前图层。单击"默认"选项卡"绘图"面板中的"多段线"按钮 ，绘制桥边墩外部轮廓线。

（2）把尺寸图层设置为当前图层。单击"默认"选项卡"注释"面板中的"线性"按钮 ，标注直线尺寸。

（3）单击"注释"选项卡"标注"面板中的"连续"按钮 ，进行连续标注。完成的图形如图 10-11 所示。

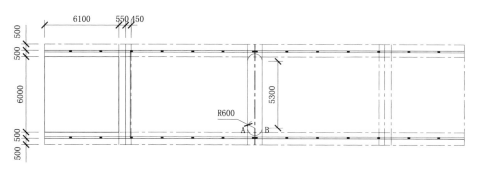

图 10-11 桥边墩外部轮廓绘制

（4）单击"默认"选项卡"绘图"面板中的"直线"按钮 ，绘制桥边墩基础平面线。完成的图形如图 10-12 所示。

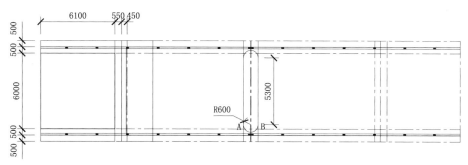

图 10-12 桥边墩平面布置图绘制

5．绘制水位线

（1）单击"默认"选项卡"绘图"面板中的"多段线"按钮 ，绘制两条长为 2500 的直线。

（2）单击"默认"选项卡"绘图"面板中的"直线"按钮 ，绘制水位线。

（3）利用所学知识绘制折断线。

操作流程参见如图 10-13 中箭头指向部分。

（4）单击"默认"选项卡"修改"面板中的"镜像"按钮 ，镜像桥边墩绘制的图形。

（5）把尺寸图层设置为当前图层。单击"默认"选项卡"注释"面板中的"线性"按钮 ，标注直线尺寸。

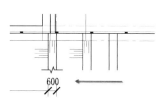

图 10-13 水位线绘制流程

（6）单击"注释"选项卡"标注"面板中的"连续"按钮 ╫╫╫，进行连续标注。完成的图形如图10-14所示。

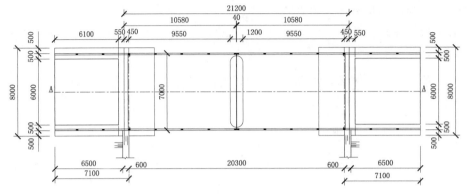

图10-14　绘制完桥墩的平面布置图

6．绘制雨水管

（1）单击"默认"选项卡"绘图"面板中的"圆"按钮 ⊙，绘制一个直径为100的圆。

（2）单击"默认"选项卡"修改"面板中的"复制"按钮 ⅋，复制雨水管。

（3）单击"默认"选项卡"绘图"面板中的"直线"按钮 ╱，绘制标高直线，长度为600。

（4）单击"默认"选项卡"绘图"面板中的"圆"按钮 ⊙，绘制两个半径为600的圆。绘制流程如图10-15所示。

（5）单击"默认"选项卡"绘图"面板中的"多段线"按钮 ⊃，绘制箭头。指定A点为起点，指定B点为第二点。输入w来设置起点宽度为100，端点宽度为0。指定C点为端点。完成的图形如图10-16所示。

图10-15　绘制标高符号流程图　　　　　　图10-16　箭头的绘制

（6）单击"默认"选项卡"绘图"面板中的"直线"按钮 ╱，在中间中心位置绘制竖直直线，如图10-17所示。

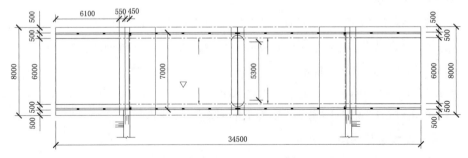

图10-17　绘制竖直直线

（7）单击"默认"选项卡"修改"面板中的"偏移"按钮 ⊜ ，选择上步绘制的竖直直线为偏移对象，将其向左右两侧进行偏移，偏移距离均为 20，如图 10-18 所示。

（8）单击"默认"选项卡"修改"面板中的"删除"按钮 ✐ ，选择中间竖直直线段为删除对象将其删除，完成剩余图形的绘制，如图 10-19 所示。

图 10-18　桥平面轮廓线

图 10-19　删除对象

10.2.4　标注文字

 操作步骤

（1）把文字图层设置为当前图层。单击"默认"选项卡"注释"面板中的"多行文字"按钮 **A** ，标注雨水管、坡度和标高。

（2）单击"默认"选项卡"修改"面板中的"复制"按钮 ，把相同的内容复制到指定的位置。完成的图形如图 10-1 所示。

10.3　桥梁纵剖面图绘制

10-2

 绘制思路

使用直线命令绘制定位轴线；使用直线、多段线等命令绘制纵剖面轮廓线；使用多行文字、复制命令标注文字；填充基础部分；删除多余的定位轴线。完成的桥梁纵剖面图如图 10-20 所示。

10.3.1　前期准备及绘图设置

【操作步骤】

1. 确定绘图比例

根据需绘制图形确定绘图的比例，建议采用 1：1 的比例绘制，1：100 的比例

Note

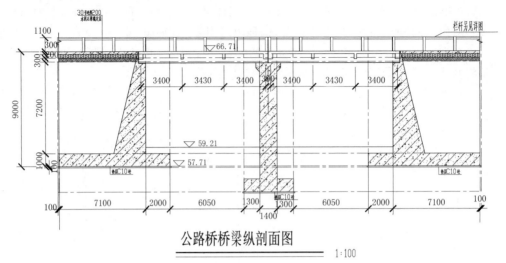

图 10-20　桥梁纵剖面效果图

出图。

2．建立新文件

打开 AutoCAD 2020 应用程序，建立新文件，将新文件命名为"桥梁纵剖面图. dwg"并保存。

3．设置图层

设置以下 7 个图层："尺寸""定位中心线""栏杆""轮廓线""桥梁""填充"和"文字"，将"定位中心线"图层设置为当前图层。设置好的图层如图 10-21 所示。

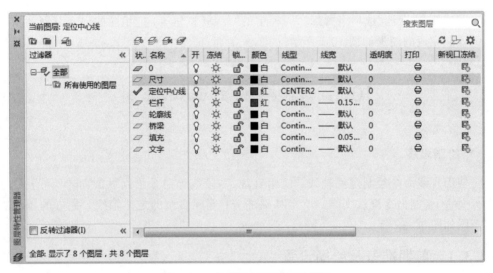

图 10-21　桥梁纵剖面图图层设置

4．文字样式的设置

单击"默认"选项卡"注释"面板中的"文字样式"按钮 ，打开"文字样式"对话框。

选择仿宋字体,宽度因子设置为0.8。

5.标注样式的设置

根据绘图比例设置标注样式,对标注样式线、符号和箭头、文字、主单位进行设置,
具体如下。

- ➤ 线:超出尺寸线为400,起点偏移量为500。
- ➤ 符号和箭头:第一个为建筑标记,箭头大小为500,圆心标记为标记250。
- ➤ 文字:文字高度为500,文字位置为垂直上,从尺寸线偏移为250,文字对齐为
  ISO标准。
- ➤ 主单位:精度为0,比例因子为1。

10.3.2 绘制定位轴线

操作步骤

(1) 把定位中心线图层设置为当前图层。在状态栏中,单击"正交模式"按钮 ,
打开正交模式。单击"默认"选项卡"绘图"面板中的"直线"按钮 / ,绘制一条长为
34500的水平直线。以水平直线的端点为起点绘制垂直的长为12100的直线。

(2) 把尺寸图层设置为当前图层。单击"默认"选项卡"注释"面板中的"线性"按
钮 ,标注直线尺寸。完成的图形如图10-22所示。

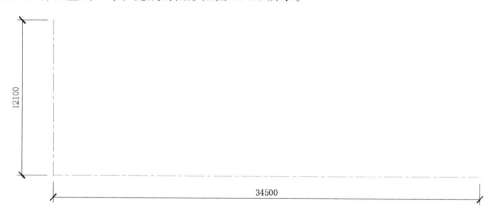

图 10-22 桥梁纵剖面定位轴线绘制

(3) 单击"默认"选项卡"修改"面板中的"复制"按钮 ,复制刚刚绘制好的水平直
线,向上复制的位移分别为1900、2000、3000、10200、10500、10800、11000、12100。

(4) 单击"默认"选项卡"修改"面板中的"复制"按钮 ,复制刚刚绘制好的垂直直
线,向右复制的位移分别为100、7200、9200、15250、16550、17950、19250、25300、27300、
34400、34500。

(5) 单击"默认"选项卡"注释"面板中的"线性"按钮 ,标注直线尺寸。

(6) 单击"注释"选项卡"标注"面板中的"连续"按钮 ,进行连续标注。完成的图
形如图10-23所示。

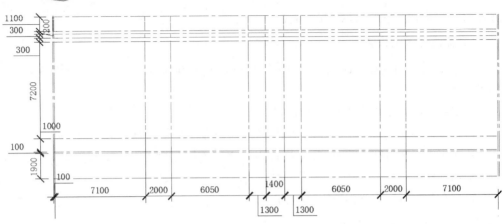

图 10-23　桥梁纵剖面定位轴线复制

10.3.3　绘制纵剖面轮廓线

操作步骤

1．绘制桥面和基础外部轮廓线

（1）把轮廓线图层设置为当前图层。在状态栏中，打开"对象捕捉追踪"按钮 ∠。单击"默认"选项卡"绘图"面板中的"多段线"按钮 ⌐，绘制纵断面桥面。选择 w 来设置起点和端点宽度为 30。

（2）单击"默认"选项卡"绘图"面板中的"多段线"按钮 ⌐，绘制基础轮廓线。完成的桥面和基础的轮廓如图 10-24 所示。

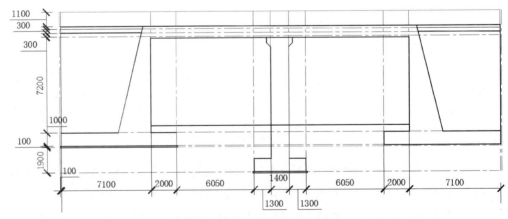

图 10-24　桥面和基础外部轮廓线

2．绘制桥梁

（1）单击"默认"选项卡"绘图"面板中的"多段线"按钮 ⌐，绘制梁的纵剖面。

（2）把尺寸图层设置为当前图层。单击"默认"选项卡"注释"面板中的"线性"按钮 ╆，标注直线尺寸。

Note

（3）单击"注释"选项卡"标注"面板中的"连续"按钮⊬⊢，进行连续标注。完成的图形如图10-25所示。

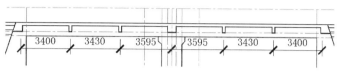

图10-25 绘制桥梁纵剖面图

3．绘制伸缩缝

1）桥中伸缩缝

（1）把轮廓线图层设置为当前图层。单击"默认"选项卡"绘图"面板中的"直线"按钮╱，绘制一条垂直的长为2000的直线。

（2）单击"默认"选项卡"修改"面板中的"复制"按钮，复制刚刚绘制好的垂直直线，复制的距离为40。

（3）单击"默认"选项卡"修改"面板中的"修剪"按钮，剪切两条直线之间的线段。

（4）把尺寸图层设置为当前图层。单击"默认"选项卡"注释"面板中的"线性"按钮⊢⊣，标注直线尺寸。

完成的图形如图10-26所示。

2）桥边伸缩缝

（1）把轮廓线图层设置为当前图层。单击"默认"选项卡"绘图"面板中的"直线"按钮╱，绘制一条垂直的长为950的直线。

（2）单击"默认"选项卡"修改"面板中的"复制"按钮，复制刚刚绘制好的垂直直线，复制的距离为40。

（3）单击"默认"选项卡"修改"面板中的"修剪"按钮，剪切两条直线之间的线段。

（4）单击"默认"选项卡"绘图"面板中的"多段线"按钮，绘制多段线CD。

（5）把尺寸图层设置为当前图层。单击"默认"选项卡"注释"面板中的"线性"按钮⊢⊣，标注直线尺寸。完成的图形如图10-27所示。

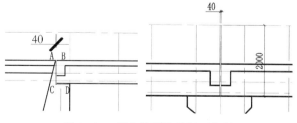

图10-26 桥中伸缩缝纵剖面绘制

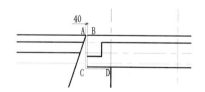

图10-27 桥边伸缩缝纵剖面绘制

4. 绘制栏杆纵剖面

（1）把栏杆图层设置为当前图层。单击"默认"选项卡"绘图"面板中的"多段线"按钮 ，绘制栏杆。

（2）单击"默认"选项卡"修改"面板中的"矩形阵列"按钮 ，选择上步绘制好的栏杆图形为阵列对象，设置行数为1、列数为7，列间距为2500，如图10-28所示。

完成的图形如图10-29所示。

（3）绘制折断线。完成的图形如图10-30所示。

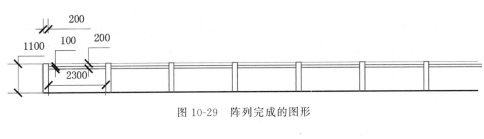

图 10-28　栏杆立面图的绘制

图 10-29　阵列完成的图形

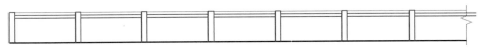

图 10-30　栏杆折断线绘制

（4）单击"默认"选项卡"修改"面板中的"修剪" ，删除超出折断线外的直线。完成的图形如图10-31所示。

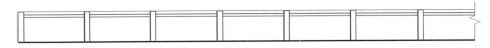

图 10-31　剪切栏杆多余直线

（5）单击"默认"选项卡"修改"面板中的"镜像"按钮 ，镜像刚刚绘制完的栏杆。完成的图形如图10-32所示。

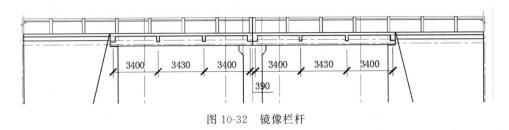

图 10-32　镜像栏杆

5. 绘制标高符号

使用Ctrl＋C快捷键复制桥梁平面布置图中绘制好的标高，然后使用Ctrl＋V快捷键粘贴到桥梁纵剖面图中。

6．标注文字

（1）单击"默认"选项卡"注释"面板中的"多行文字"按钮 **A**，标注文字。

（2）单击"默认"选项卡"修改"面板中的"复制"按钮，复制文字相同的内容到指定位置。完成的图形如图 10-33 所示。

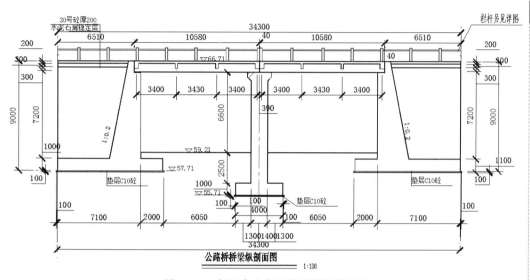

图 10-33　标注完文字后的桥梁纵剖面图

10.3.4　填充基础部分

操作步骤

（1）把填充图层设置为当前图层。单击"默认"选项卡"绘图"面板中的"图案填充"按钮，设置图案的显示比例为 100，如图 10-34 所示，拾取需要填充封闭图形内部的点，进行填充操作。

图 10-34　钢筋混凝土填充图案显示比例设置

（2）同理，选择石料和回填土进行填充。石料填充的显示比例为 200，回填土的显示比例为 500。填充完的图形如图 10-35 所示。

（3）单击"默认"选项卡"修改"面板中的"删除"按钮，删除定位轴线。完成的图形如图 10-35 所示。

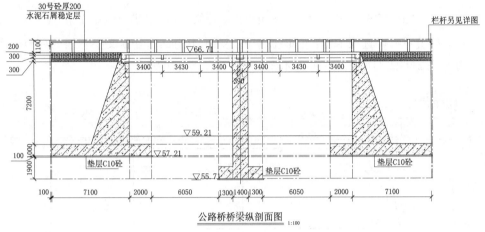

图 10-35　填充完的桥梁纵剖面图

10.4　桥梁横断面图绘制

绘制思路

使用直线、复制命令绘制定位轴线；使用直线等命令绘制横断面轮廓线；使用多行文字、复制命令标注文字；填充桥面、桥梁部分。完成的桥梁横断面图如图 10-36所示。

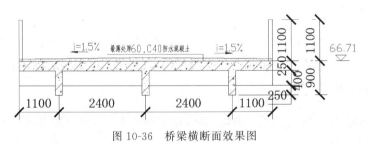

图 10-36　桥梁横断面效果图

10.4.1　前期准备及绘图设置

操作步骤

1．确定绘图比例

根据需绘制图形确定绘图的比例，建议采用 1∶1 的比例绘制，1∶50 的比例出图。

2．建立新文件

打开 AutoCAD 2020 应用程序，建立新文件，将新文件命名为"桥梁横断面图.dwg"并保存。

3．设置图层

设置以下 6 个图层：“尺寸”“定位中心线”“栏杆”“轮廓线”“填充”和“文字”，将“定位中心线”图层设置为当前图层。设置好的图层如图 10-37 所示。

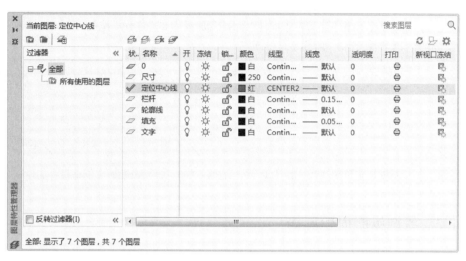

图 10-37　桥梁横断面图的图层设置

4．文字样式的设置

单击“默认”选项卡“注释”面板中的“文字样式”按钮 $\mathbf{A}$，打开“文字样式”对话框。选择仿宋字体，宽度因子设置为 0.8。

5．标注样式的设置

根据绘图比例设置标注样式，对标注样式线、符号和箭头、文字、主单位进行设置，具体如下。

> 线：基线间距为 0，超出尺寸线为 200，起点偏移量为 250。
> 符号和箭头：第一个为建筑标记，箭头大小为 250，圆心标记为标记 125。
> 文字：文字高度为 250，文字位置为垂直上，从尺寸线偏移为 125，文字对齐为 ISO 标准。
> 主单位：精度为 0，比例因子为 1。

10.4.2　绘制定位轴线

**操作步骤**

（1）把定位中心线图层设置为当前图层。在状态栏中，单击“正交模式”按钮 ，打开正交模式。单击“默认”选项卡“绘图”面板中的“直线”按钮 ，绘制一条长为 7000 的水平直线。以水平直线的端点为起点绘制垂直的长为 2000 的直线。

（2）把尺寸图层设置为当前图层。单击“默认”选项卡“注释”面板中的“线性”按钮 ，标注直线尺寸。完成的图形如图 10-38 所示。

（3）单击“默认”选项卡“修改”面板中的“复制”按钮 ，复制刚刚绘制好的水平直线,向上复制的位移分别为 250、650、900、2000。

（4）单击"默认"选项卡"修改"面板中的"复制"按钮 ⅄，复制刚刚绘制好的垂直直线,向右复制的位移分别为 1100、3500、5900、7000。

（5）把尺寸图层设置为当前图层。单击"默认"选项卡"注释"面板中的"线性"按钮 ⊢┤，标注直线尺寸。单击"注释"选项卡"标注"面板中的"连续"按钮 ⊣⊣⊣，进行连续标注。完成的图形如图 10-39 所示。

图 10-38　桥梁横断面定位轴线尺寸标注 1

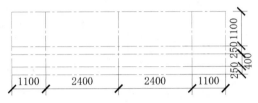

图 10-39　桥梁横断面定位轴线尺寸标注 2

10.4.3　绘制纵断面轮廓线

操作步骤

（1）把轮廓线图层设置为当前图层。单击"默认"选项卡"绘图"面板中的"直线"按钮 ∕，绘制横断面桥面和桥梁轮廓线。完成的图形如图 10-40 所示。

（2）单击"默认"选项卡"修改"面板中的"修剪"按钮 Ⴉ，剪切多余的部分。完成的图形如图 10-41 所示。

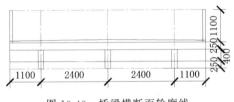

图 10-40　桥梁横断面轮廓线

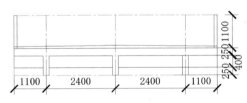

图 10-41　修剪完的桥梁横断面图

（3）单击"默认"选项卡"修改"面板中的"删除"按钮 ℌ，删除定位轴线。完成的图形如图 10-42 所示。

（4）使用 Ctrl＋C 快捷键复制桥梁平面布置图中绘制好的标高和箭头,然后使用 Ctrl＋V 快捷键粘贴到桥梁横断面图中。

（5）单击"默认"选项卡"修改"面板中的"移动"按钮 ✛，将箭头和标高移动到相应的位置。完成的图形如图 10-43 所示。

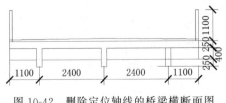

图 10-42　删除定位轴线的桥梁横断面图

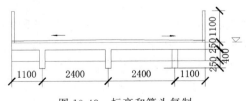

图 10-43　标高和箭头复制

（6）单击"默认"选项卡"注释"面板中的"多行文字"按钮 **A** ，标注文字。

（7）单击"默认"选项卡"修改"面板中的"复制"按钮 ，复制文字相同的内容到指定位置。完成的图形如图 10-44 所示。

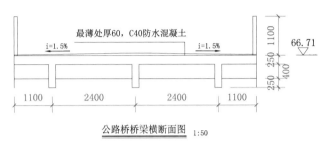

图 10-44　标注完文字后的桥梁横断面图

10.4.4　填充桥面、桥梁部分

操作步骤

（1）单击"默认"选项卡"绘图"面板中的"图案填充"按钮 ，选择"钢筋混凝土"图例进行填充。设置图案的显示比例为 50。

（2）单击"默认"选项卡"绘图"面板中的"图案填充"按钮 ，选择"混凝土 3"图例进行填充。设置图案的显示比例为 20，如图 10-45 所示。

图 10-45　混凝土填充图案显示比例设置

填充完图形，完成桥梁横断面图的绘制，如图 10-46 所示。

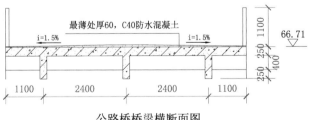

图 10-46　填充完的桥梁横断面图

第11章

桥梁结构图的绘制

桥梁结构图是进行桥梁设计的重要组成部分,也是桥梁工程施工的重要依据。本章用于使读者掌握桥梁的基本构造、桥梁绘制的方法和步骤,熟练掌握使用 AutoCAD 进行桥梁结构设计的一般方法,使读者具有一般桥梁绘制、设计技能的基础。

学 习 要 点

◆ 桥梁配筋图绘制要求
◆ 桥梁纵主梁钢筋图绘制
◆ 支座横梁配筋图绘制
◆ 桥梁钢筋剖面图绘制

Note

11.1 桥梁配筋图绘制要求

1. 钢筋混凝土构件图的内容

钢筋混凝土构件图包括模板图和配筋图。

模板图即构件的外形图。对于形状简单的构件,可不必单独画模板图。

配筋图主要表达钢筋在构件中的分布情况,通常有配筋平面图、配筋立面图、配筋断面图等。

钢筋在混凝土中不是单根游离放置的,而是将各钢筋用铁丝绑扎或焊接成钢筋骨架或网片。

➢ 受力钢筋:承受构件内力的主要钢筋。

➢ 架立钢筋:起架立作用,以构成钢筋骨架。

➢ 箍筋:固定各钢筋的位置并承受剪力。

2. 钢筋混凝土构件图绘制要求

钢筋混凝土构件图的绘制要求如下。

(1) 为了突出表示钢筋的配置状况,在构件的立面图和断面图上,轮廓线用中实线或细实线画出,图内不画材料图例,而用粗实线(在立面图)和黑圆点(在断面图)表示钢筋,并要对钢筋加以说明标注。

(2) 钢筋的标注方法。钢筋(或钢丝束)的标注应包括钢筋的编号、数量或间距、代号、直径及所在位置,通常应沿钢筋的长度标注或标注在有关钢筋的引出线上。梁、柱的箍筋和板的分布筋,一般应注出间距,不注数量。对于简单的构件,钢筋可不编号。图 11-1 所示为钢筋的标注方法。

当构件纵横向尺寸相差悬殊时,可在同一详图中纵横向选用不同比例。

结构图中的构件标高,一般标注出构件底面的结构标高。

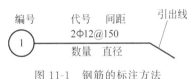

图 11-1 钢筋的标注方法

(3) 钢筋末端的标准弯钩可分为 90°、135°、180°三种。当采用标准弯钩时(标准弯钩即最小弯钩),钢筋直段长的标注可直接注于钢筋的侧面。箍筋大样可不绘出弯钩,当为扭转或抗震箍筋时,应在大样图的右上角,增绘两条倾斜 45°的斜短线。弯钩的表示方法如图 11-2 所示。

(a) 半圆弯钩 　　　　(b) 直弯钩 　　　　(c) 钢箍的弯钩

图 11-2 弯钩的表示方法

Note

（4）钢筋的保护层。钢筋的保护层的作用是保护钢筋，以防锈、防水、防腐蚀。钢筋混凝土保护层最小厚度参见表11-1。

表 11-1　钢筋混凝土保护层最小厚度 mm

钢筋名称	环境条件	构件类别	混凝土强度等级		
			≤C20	C25 及 C30	≥C35
受力筋	室内正常环境	板、墙	15		
		梁	25		
		柱	30		
	露天或室内高湿度	板、墙	35	25	15
		梁	45	35	25
		柱	45	35	30
箍筋	梁和柱		15		
分布筋	墙和板		10		

（5）钢筋的简化画法，具体如下。

➢ 型号、直径、长度和间隔距离完全相同的钢筋，可以只画出第一根和最后一根的全长，用标注的方法表示其根数、直径和间隔距离，如图 11-3（a）所示。

➢ 型号、直径、长度相同而间隔距离不相同的钢筋，可以只画出第一根和最后一根的全长，中间用粗短线表示其位置，用标注的方法表明钢筋的根数、直径和间隔距离，如图 11-3（b）所示。

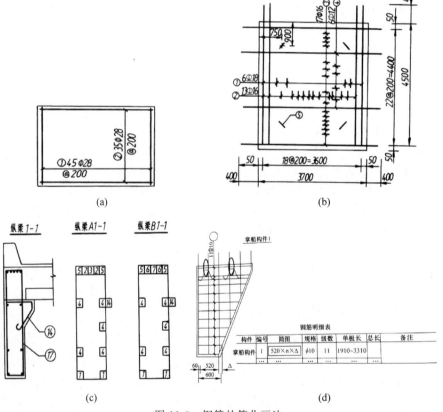

图 11-3　钢筋的简化画法

➤ 当若干构件的断面形状、尺寸大小和钢筋布置均相同,仅钢筋编号不同时,可采用如图 11-3(c)所示的画法。

➤ 钢筋的形式和规格相同,而其长度不同且呈有规律的变化时,这组钢筋允许只编一个号,并在钢筋表中"简图"栏内加注变化规律,如图 11-3(d)所示。

11.2 桥梁纵主梁钢筋图绘制

绘制思路

使用直线命令绘制定位轴线;使用直线、多段线等命令绘制纵主梁配筋;使用多行文字、复制命令标注文字;删除、修剪多余直线。完成的桥梁纵主梁钢筋图如图 11-4 所示。

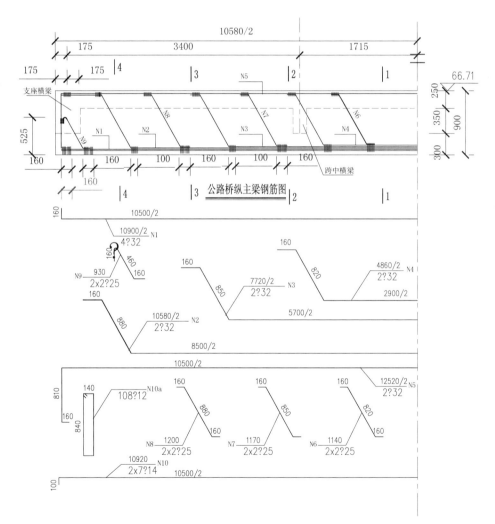

图 11-4 桥梁纵主梁钢筋图

11.2.1 前期准备及绘图设置

操作步骤

1．确定绘图比例

根据需绘制图形确定绘图的比例，建议采用 1∶1 的比例绘制，1∶30 的比例出图。

2．建立新文件

打开 AutoCAD 2020 应用程序，建立新文件，将新文件命名为"纵梁配筋图.dwg"并保存。

3．设置图层

设置以下 6 个图层："尺寸""钢筋""轮廓线""文字""虚线"和"中心线"，将"中心线"图层设置为当前图层。设置好的图层如图 11-5 所示。

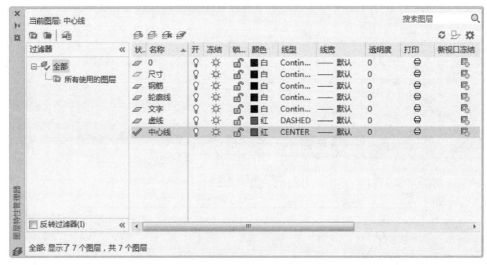

图 11-5　纵梁配筋图图层设置

4．文字样式的设置

单击"默认"选项卡"注释"面板中的"文字样式"按钮 ，打开"文字样式"对话框。选择仿宋字体，宽度因子设置为 0.8。

5．标注样式的设置

根据绘图比例设置标注样式，对标注样式线、符号和箭头、文字、主单位进行设置，具体如下。

> 线：超出尺寸线为 125，起点偏移量为 150。
> 符号和箭头：第一个为建筑标记，箭头大小为 150，圆心标记为标记 75。
> 文字：文字高度为 150，文字位置为垂直上，从尺寸线偏移 75，文字对齐为 ISO 标准。
> 主单位：精度为 0，比例因子为 1。

11.2.2 绘制定位轴线

 操作步骤

（1）在状态栏中，单击"正交"按钮 ，打开正交模式。单击"默认"选项卡"绘图"面板中的"直线"按钮 ，绘制一条长为 5290 的水平直线。

（2）单击"默认"选项卡"绘图"面板中的"直线"按钮 ，绘制交于端点的垂直的长为 900 的直线。

（3）把尺寸图层设置为当前图层。单击"默认"选项卡"注释"面板中的"线性"按钮 ，标注直线尺寸。完成的图形如图 11-6 所示。

图 11-6　纵主梁配筋图定位轴线

（4）单击"默认"选项卡"修改"面板中的"复制"按钮 ，复制刚刚绘制好的水平直线，向上复制的位移分别为 300、650、900。

（5）单击"默认"选项卡"修改"面板中的"复制"按钮 ，复制刚刚绘制好的垂直直线，向右复制的位移分别为 175、3575、5290。

（6）单击"默认"选项卡"注释"面板中的"线性"按钮 ，标注直线尺寸。

（7）单击"注释"选项卡"标注"面板中的"连续"按钮 ，进行连续标注。完成的图形如图 11-7 所示。

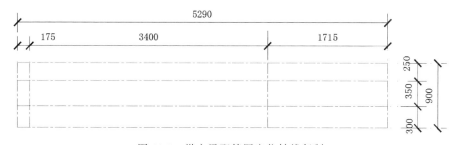

图 11-7　纵主梁配筋图定位轴线复制

11.2.3 绘制纵剖面轮廓线

 操作步骤

1. 绘制纵主梁外部轮廓线和轴对称线

把轮廓线图层设置为当前图层。单击"默认"选项卡"绘图"面板中的"直线"按

钮 ∕，绘制纵主梁外部轮廓线和轴对称线。完成的图形如图 11-8 所示。

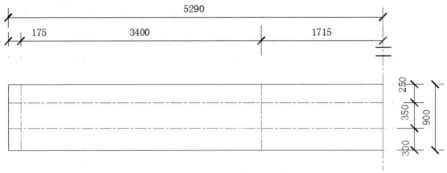

图 11-8　纵主梁外部轮廓线和轴对称线

2．绘制钢筋

（1）绘制 N2 钢筋。具体操作如下。

① 把"钢筋"图层设置为当前图层。单击"默认"选项卡"绘图"面板中的"直线"按钮 ∕，指定轴对称线上的 A 点，水平向左绘制一条长为 4250 的直线，然后水平向左绘制一条长为 440 的直线，完成的图形如图 11-9（a）所示。

② 单击"默认"选项卡"绘图"面板中的"圆"按钮 ⊙，以 B 点为圆心绘制一个半径为 880 的圆。完成的图形如图 11-9（b）所示。

③ 单击"默认"选项卡"绘图"面板中的"多段线"按钮 ⊃，绘制钢筋。指定 A 点为起点，选择 w，设置起点和端点的宽度为 10，指定 B 点为第二点，指定 C 点为第三点，选择 L 水平向右绘制长为 160 的直线。完成的图形如图 11-10（a）所示。

④ 单击"默认"选项卡"修改"面板中的"删除"按钮 ✐，删除圆和定位直线。完成的图形如图 11-10（b）所示。

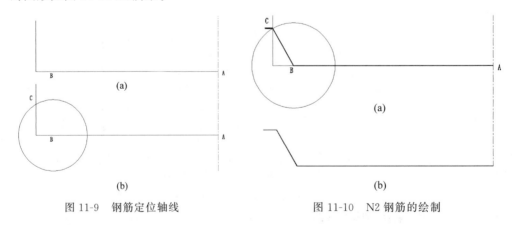

图 11-9　钢筋定位轴线　　　　　　图 11-10　N2 钢筋的绘制

类似地，完成 N1、N3、N4、N5、N6、N7、N8、N9、N10、N10a 钢筋的绘制。完成的图形如图 11-11 所示。

（2）单击"默认"选项卡"修改"面板中的"复制"按钮 ✦，把绘制好的钢筋复制到相应的位置。

（3）单击"默认"选项卡"绘图"面板中的"直线"按钮 ╱，分别绘制长为 160 和 100 的垂直的主梁钢筋焊缝。

（4）单击"默认"选项卡"修改"面板中的"矩形阵列"按钮 ▦。选择 160 长的焊缝为阵列对象，设置行数为 1、列数为 9、列间距为 20。选择 100 长的焊缝为阵列对象，设置行数为 1、列数 6，列间距为 20。

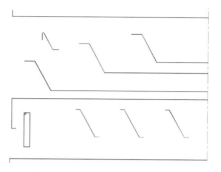

图 11-11　纵主梁钢筋大样绘制

（5）单击"默认"选项卡"修改"面板中的"复制"按钮 ❀，复制绘制好的纵主梁钢筋焊缝到纵主梁相应部位。完成的图形如图 11-12 所示。

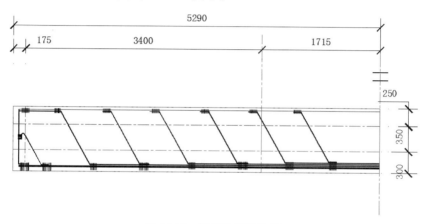

图 11-12　钢筋和焊缝绘制

（6）绘制横梁。把虚线图层设置为当前图层。单击"默认"选项卡"绘图"面板中的"直线"按钮 ╱，绘制横梁。完成的图形如图 11-13 所示。

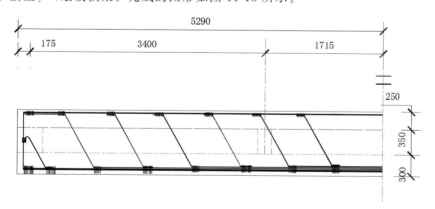

图 11-13　绘制完横梁的纵主梁配筋图

（7）单击"默认"选项卡"绘图"面板中的"多段线"按钮 ⌐_⌐，绘制剖切线。完成的图形如图 11-14 所示。

Note

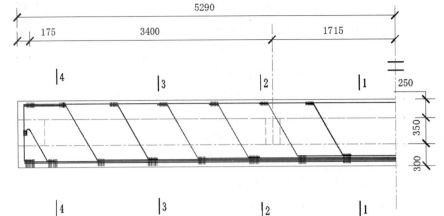

图 11-14　绘制剖切线

11.2.4　标注文字和尺寸

操作步骤

为公路桥纵主梁钢筋图标注文字和尺寸。

1．标注文字

（1）使用 Ctrl＋C 快捷键复制桥梁平面布置图中绘制好的标高，然后使用 Ctrl＋V 快捷键粘贴到纵梁配筋图中。

（2）单击“默认”选项卡“注释”面板中的“多行文字”按钮 **A** ，标注文字。

（3）单击“默认”选项卡“修改”面板中的“复制”按钮 ，复制文字相同的内容到指定位置。

（4）单击“默认”选项卡“注释”面板中的“多行文字”按钮 **A** ，标注钢筋型号和长度。

常用的特殊符号 AutoCAD 输入方法参见表 11-2。

表 11-2　常用的特殊符号 AutoCAD 输入方法

CAD 输入内容	代表的特殊符号	CAD 输入内容	代表的特殊符号
％％c	Φ 符号	％％142	字串增大 1/2（下标结束）
％％d	度符号	％％143	字串升高 1/2
％％p	±符号	％％144	字串降低 1/2
％％130	Ⅰ级钢筋φ	％％1452％％146	平方
％％131	Ⅱ级钢筋φ	％％1453％％146	立方
％％132	Ⅲ级钢筋φ	％％162	工字钢
％％133	Ⅳ级钢筋φ	％％161	角钢
％％130％％145ll％％146	冷轧带肋钢筋	％％163	槽钢
％％130％％145j％％146	钢绞线符号	％％164	方钢

CAD 输入内容	代表的特殊符号	CAD 输入内容	代表的特殊符号
％％136	千分号	％％165	扁钢
％％141	字串缩小 1/2(下标开始)	％％166	卷边角钢
％％167	卷边槽钢	％％170	圆钢
％％168	卷边 Z 型钢	％％147	对前一字符画圈
％％169	钢轨	％％148	对前两字符画圈

有时打开一些图纸时，往往要求选择替代的字体，建筑制图中一般都选择 hztxt. shx 字体。但是，它一般排列在对话框靠下的位置。可以把 hztxt. shx 字体名称改为 _hztxt. shx，或者是直接改名为 0. shx 或 _. shx。这样，再次打开这些图形文件的时候，连续按 Enter 键，即可替换所有其他 CAD 字体为标准的建筑字体，同时避免出现"日文字符"等乱码。

完成的图形如图 11-15 所示。

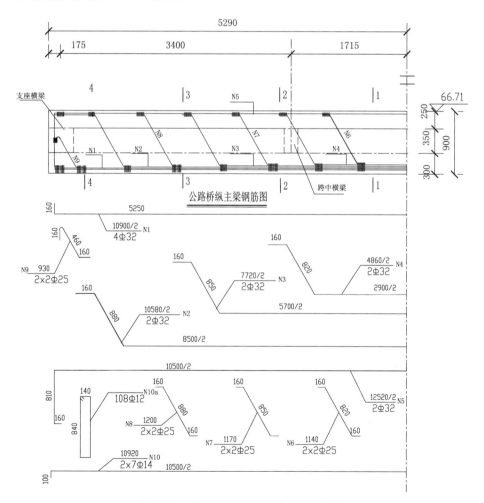

图 11-15 标注完文字后的纵主梁钢筋图

2．标注尺寸

（1）把尺寸图层设置为当前图层，关闭中心线层。单击"默认"选项卡"注释"面板中的"线性"按钮，标注焊缝尺寸。标注尺寸后的图形如图 11-16 所示。

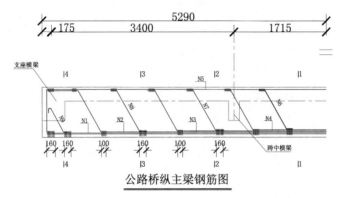

图 11-16　调整前的纵主梁钢筋图尺寸标注

（2）单击"默认"选项卡"注释"面板中的"多行文字"按钮 **A**，标注文字。完成的图形如图 11-4 所示。

11.3　支座横梁配筋图绘制

 绘制思路

使用直线、复制命令绘制定位轴线；使用直线、多段线等命令绘制支座横梁配筋；使用多行文字、复制命令标注文字；使用线性、连续标注命令标注尺寸，删除、修剪多余直线，保存支座横梁配筋图。结果如图 11-17 所示。

11.3.1　前期准备及绘图设置

 操作步骤

1．确定绘图比例

根据需绘制图形确定绘图的比例，建议采用 1∶1 的比例绘制，1∶30 的比例出图。

2．建立新文件

打开 AutoCAD 2020 应用程序，建立新文件，将新文件命名为"支座横梁配筋图.dwg"并保存。

3．设置图层

设置以下 6 个图层："尺寸""中心线""钢筋""轮廓线""文字"和"虚线"，将"中心线"图层设置为当前图层。图层设置同图 11-5。

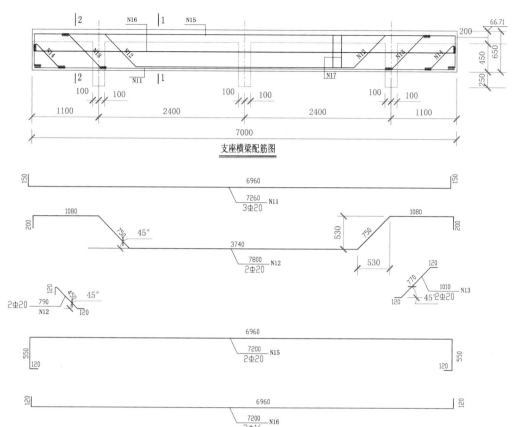

图 11-17　支座横梁配筋图

4．文字样式的设置

单击"默认"选项卡"注释"面板中的"文字样式"按钮 ，打开"文字样式"对话框。选择仿宋字体，宽度因子设置为 0.8。

5．标注样式的设置

根据绘图比例设置标注样式，对标注样式线、符号和箭头、文字、主单位进行设置。具体如下。

- 线：超出尺寸线为 125，起点偏移量为 150。
- 符号和箭头：第一个为建筑标记，箭头大小为 150，圆心标记为标记 75。
- 文字：文字高度为 150，文字位置为垂直上，从尺寸线偏移 75，文字对齐为 ISO 标准。
- 主单位：精度为 0，比例因子为 1。

11.3.2　绘制定位轴线

操作步骤

（1）在状态栏中，单击"正交模式"按钮，打开正交模式。单击"默认"选项卡"绘图"面板中的"直线"按钮 ∕ ,绘制一条长为 7000 的水平直线。

（2）单击"默认"选项卡"绘图"面板中的"直线"按钮 ∕ ,绘制交于端点的垂直的长为 900 的直线。

（3）把尺寸图层设置为当前图层。单击"默认"选项卡"注释"面板中的"线性"按钮 ⊢⊣ ,标注直线尺寸。完成的图形如图 11-18 所示。

图 11-18　支座横梁定位轴线绘制

（4）单击"默认"选项卡"修改"面板中的"复制"按钮 ⅍ ,复制刚刚绘制好的水平直线,向上复制的位移分别为 250、700、900。

（5）单击"默认"选项卡"修改"面板中的"复制"按钮 ⅍ ,复制刚刚绘制好的垂直直线,向右复制的位移分别为 1100、3500、5900、7000。

（6）单击"默认"选项卡"注释"面板中的"线性"按钮 ⊢⊣ ,标注直线尺寸。

（7）单击"注释"选项卡"标注"面板中的"连续"按钮 ⊢⊣⊢ ,进行连续标注。完成的图形如图 11-19 所示。

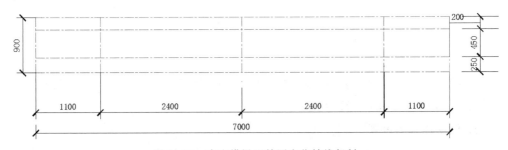

图 11-19　支座横梁配筋图定位轴线复制

11.3.3　绘制纵剖面轮廓线

 操作步骤

1. 绘制支座横梁外部轮廓线

把轮廓线图层设置为当前图层。单击"默认"选项卡"绘图"面板中的"直线"按钮 ∕ ,绘制支座横梁外部轮廓线。完成的图形如图 11-20 所示。

2. 绘制钢筋

（1）绘制 N12 钢筋。具体操作如下。

① 把钢筋图层设置为当前图层。单击"默认"选项卡"绘图"面板中的"直线"按

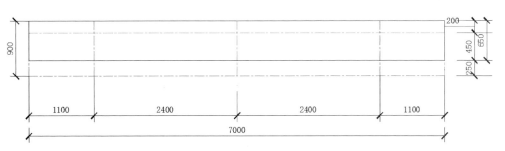

图 11-20　支座横梁外部轮廓线

钮 ／,在屏幕上任意指定一点为起点,绘制坐标为(@0,200)(@1080,0)(@0,−530)
(@530,0)(@3740,0)(@0,530)(@530,0)(@1080,0)(@0,−200)。

② 单击"默认"选项卡"注释"面板中的"线性"按钮 ，标注直线尺寸。完成的图
形如图 11-21 所示。

图 11-21　N12 钢筋轮廓定位线绘制

③ 单击"默认"选项卡"绘图"面板中的"多段线"按钮 ，绘制钢筋,选择 w,设置
起点和端点的宽度为 10。

④ 单击"默认"选项卡"修改"面板中的"删除"按钮 ，删除多余的定位直线。完
成的图形如图 11-22 所示。

图 11-22　N12 钢筋的绘制

类似地,绘制 N11、N13、N14、N15、N16 钢筋。

(2) 将文字图层设置为当前图层。单击"默认"选项卡"注释"面板中的"单行文字"
按钮 A ,标注钢筋型号和长度。

(3) 单击"默认"选项卡"注释"面板中的"角度"按钮 △ ,标注钢筋角度。

完成的图形如图 11-23 所示。

(4) 单击"默认"选项卡"修改"面板中的"复制"按钮 ，把绘制好的钢筋复制到相
应的位置。

(5) 使用 Ctrl＋C 快捷键复制纵主梁绘制好的钢筋焊缝,然后使用 Ctrl＋V 快捷键
粘贴到支座横梁相应部位。完成的图形如图 11-24 所示。

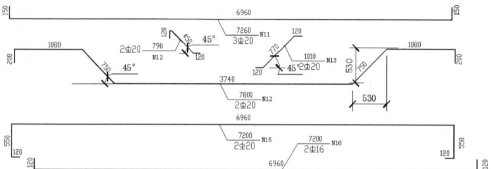

图 11-23 N12、N11、N13、N14、N15、N16 钢筋的绘制

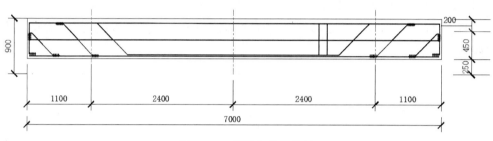

图 11-24 钢筋和焊缝绘制

3．绘制纵梁

（1）把虚线图层设置为当前图层。单击"默认"选项卡"绘图"面板中的"直线"按钮 ∕ ,绘制纵梁。完成的图形如图 11-25 所示。

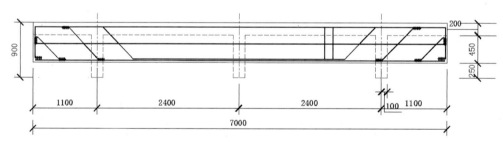

图 11-25 绘制完纵梁的支座配筋图

（2）单击"默认"选项卡"绘图"面板中的"多段线"按钮 ,绘制剖切线。

（3）单击"默认"选项卡"注释"面板中的"多行文字"按钮 **A** ,标注文字。完成的图形如图 11-26 所示。

11.3.4 标注文字

 操作步骤

（1）单击"默认"选项卡"注释"面板中的"多行文字"按钮 **A** ,标注钢筋。

（2）使用 Ctrl＋C 快捷键复制桥梁纵主梁钢筋图中绘制好的标高,然后使用 Ctrl＋V 快捷键粘贴到支座横梁配筋图中。

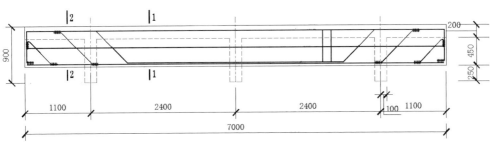

图 11-26　剖切线绘制

（3）单击"默认"选项卡"注释"面板中的"多行文字"按钮 **A**，标注钢筋编号。

（4）单击"默认"选项卡"修改"面板中的"复制"按钮，复制文字相同的内容到指定位置。完成的图形如图 11-27 所示。

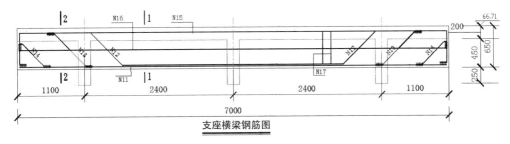

支座横梁钢筋图

图 11-27　标注完文字后的支座横梁钢筋图

（5）把尺寸图层设置为当前图层。单击"默认"选项卡"注释"面板中的"线性"按钮，标注焊缝尺寸。

（6）单击"默认"选项卡"修改"面板中的"删除"按钮，删除多余的直线。结果如图 11-17 所示。

11.4　跨中横梁配筋图绘制

　绘制思路

使用直线、复制命令绘制定位轴线；使用直线、多段线等命令绘制跨中横梁配筋；使用多行文字、复制命令标注文字；使用线性标注命令标注尺寸，保存跨中横梁配筋图。结果如图 11-28 所示。

11.4.1　前期准备及绘图设置

　操作步骤

1. 确定绘图比例

根据需绘制图形确定绘图的比例，建议采用 1∶1 的比例绘制，1∶30 的比例出图。

11-3

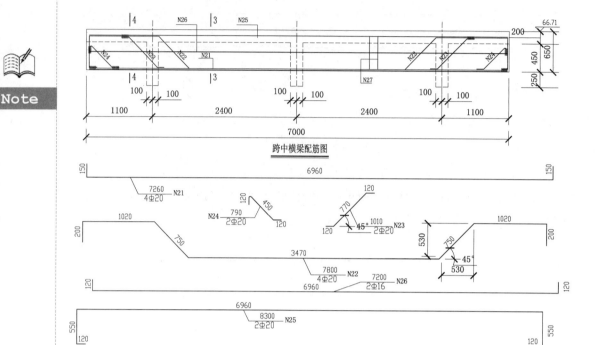

图 11-28　跨中横梁配筋图

2. 建立新文件

打开 AutoCAD 2020 应用程序,建立新文件,将新文件命名为"跨中横梁配筋图.dwg"并保存。

3. 设置图层

设置以下 6 个图层:"尺寸""中心线""钢筋""轮廓线""文字"和"虚线",将"中心线"图层设置为当前图层。设置好的图层如图 11-5 所示。

4. 文字样式的设置

单击"默认"选项卡"注释"面板中的"文字样式"按钮，弹出"文字样式"对话框。选择仿宋字体,宽度因子设置为 0.8。

5. 标注样式的设置

根据绘图比例设置标注样式,对标注样式线、符号和箭头、文字、主单位进行设置,具体如下。

➤ 线:超出尺寸线为 125,起点偏移量为 150。

➤ 符号和箭头:第一个为建筑标记,箭头大小为 150,圆心标记为标记 75。

➤ 文字:文字高度为 150,文字位置为垂直上,从尺寸线偏移 75,文字对齐为 ISO 标准。

➤ 主单位:精度为 0,比例因子为 1。

11.4.2　绘制定位轴线

　操作步骤

（1）在状态栏中，单击"正交模式"按钮<u>L</u>，打开正交模式。单击"默认"选项卡"绘图"面板中的"直线"按钮<u>/</u>，绘制一条长为 7000 的水平直线。

（2）单击"默认"选项卡"绘图"面板中的"直线"按钮<u>/</u>，绘制交于端点的垂直的长为 900 的直线。

（3）把尺寸图层设置为当前图层。单击"默认"选项卡"注释"面板中的"线性"按钮<u>├┤</u>，标注直线尺寸。完成的图形如图 11-29 所示。

图 11-29　跨中横梁定位轴线绘制

（4）单击"默认"选项卡"修改"面板中的"复制"按钮<u>℅</u>，复制刚刚绘制好的水平直线，向上复制的位移分别为 250、700、900。

（5）单击"默认"选项卡"修改"面板中的"复制"按钮<u>℅</u>，复制刚刚绘制好的垂直直线，向右复制的位移分别为 1100、3500、5900、7000。

（6）单击"默认"选项卡"注释"面板中的"线性"按钮<u>├┤</u>，标注直线尺寸。

（7）单击"注释"选项卡"标注"面板中的"连续"按钮<u>├┼┤</u>，进行连续标注。完成的图形如图 11-30 所示。

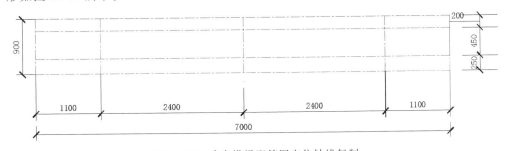

图 11-30　跨中横梁配筋图定位轴线复制

11.4.3　绘制纵剖面轮廓线

　操作步骤

1. 绘制跨中横梁外部轮廓线

把"轮廓线"图层设置为当前图层。单击"默认"选项卡"绘图"面板中的"直线"按钮<u>/</u>，绘制跨中横梁外部轮廓线。完成的图形如图 11-31 所示。

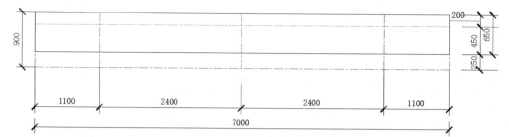

图 11-31　跨中横梁外部轮廓线

2．绘制钢筋

把钢筋图层设置为当前图层。单击"默认"选项卡"绘图"面板中的"多段线"按钮 ，绘制钢筋，选择 w，设置起点和端点的宽度为 10。

（1）单击"默认"选项卡"修改"面板中的"删除"按钮 ，删除多余的定位直线。

（2）单击"默认"选项卡"注释"面板中的"线性"按钮 ，标注直线尺寸。单击"默认"选项卡"注释"面板中的"角度"按钮 ，标注钢筋角度。

（3）单击"默认"选项卡"注释"面板中的"多行文字"按钮 **A**，标注钢筋型号和长度。完成的图形和尺寸如图 11-32 所示。

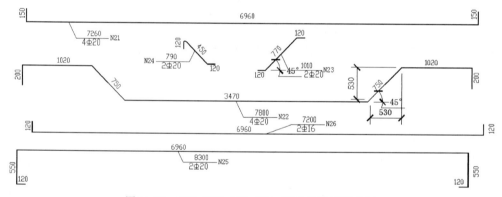

图 11-32　N21、N22、N23、N14、N25、N26 钢筋绘制

（4）单击"默认"选项卡"修改"面板中的"复制"按钮 ，把绘制好的钢筋复制到相应的位置。使用 Ctrl＋C 快捷键复制纵主梁绘制好的钢筋焊缝，然后使用 Ctrl＋V 快捷键粘贴到跨中横梁相应部位。完成的图形如图 11-33 所示。

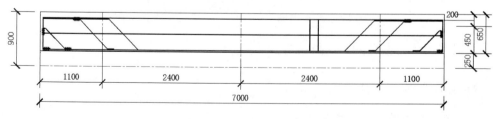

图 11-33　钢筋和焊缝绘制

3．绘制纵梁

（1）把虚线图层设置为当前图层。单击"默认"选项卡"绘图"面板中的"直线"按钮 ／，绘制纵梁。

（2）单击"默认"选项卡"修改"面板中的"删除"按钮 ，删除多余的定位轴线。完成的图形如图11-34所示。

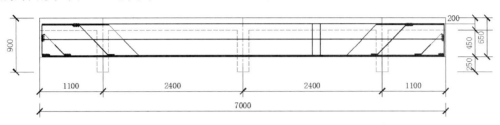

图11-34　绘制完纵梁的跨中配筋图

（3）单击"默认"选项卡"绘图"面板中的"多段线"按钮 ，绘制剖切线。

（4）单击"默认"选项卡"注释"面板中的"多行文字"按钮 **A**，标注文字。完成的图形如图11-35所示。

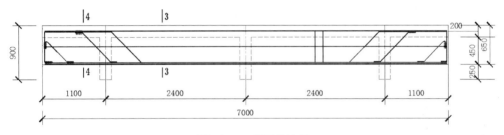

图11-35　剖切线绘制

11.4.4　标注文字和尺寸

 操作步骤

1．标注文字

（1）单击"默认"选项卡"注释"面板中的"多行文字"按钮 **A**，标注钢筋。

（2）使用Ctrl＋C快捷键复制桥梁纵主梁钢筋图中绘制好的标高，然后使用Ctrl＋V快捷键粘贴到跨中横梁配筋图中。

（3）单击"默认"选项卡"注释"面板中的"多行文字"按钮 **A**，标注钢筋编号。单击"默认"选项卡"修改"面板中的"复制"按钮 ，复制文字相同的内容到指定位置。完成的图形如图11-36所示。

2．标注尺寸

单击"默认"选项卡"注释"面板中的"线性"按钮 ，标注焊缝尺寸，并为标注文字指定新位置。完成的图形如图11-28所示。

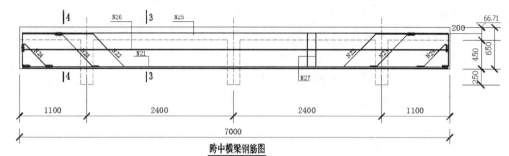

图 11-36　标注完文字后的跨中横梁钢筋图

11.5　桥梁钢筋剖面图绘制

绘制思路

使用直线、多段线等命令绘制钢筋剖面；使用多行文字、复制命令标注文字；使用线性、连续标注命令标注尺寸，保存钢筋剖面图。结果如图 11-37 所示。

下面以纵主梁的 1—1 剖面为例进行介绍，其余纵主梁的剖面仅作各种钢筋数量、直径、长度、间距、编号的修改即可。

11.5.1　前期准备及绘图设置

操作步骤

1. 确定绘图比例

根据需绘制图形确定绘图的比例，建议采用 1∶1 的比例绘制，1∶20 的比例出图。

2. 建立新文件

打开 AutoCAD 2020 应用程序，建立新文件，将新文件命名为"钢筋剖面图.dwg"并保存。

3. 设置图层

设置以下 4 个图层："标注尺寸线""钢筋""轮廓线"和"文字"，将"轮廓线"图层设置为当前图层。设置好的图层如图 11-38 所示。

4. 文字样式的设置

单击"默认"选项卡"注释"面板中的"文字样式"按钮 ，打开"文字样式"对话框。选择仿宋字体，宽度因子设置为 0.8。

5. 标注样式的设置

根据绘图比例设置标注样式，对标注样式线、符号和箭头、文字、主单位进行设置，具体如下。

➢ 线：超出尺寸线为 80，起点偏移量为 100。

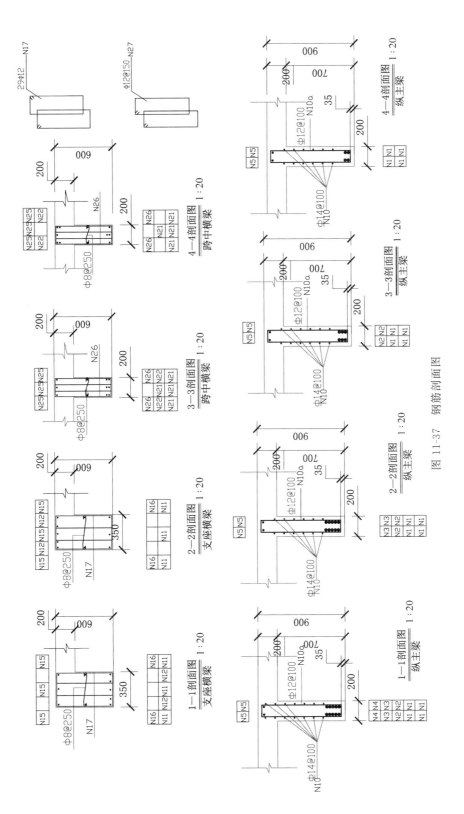

图11-37 钢筋剖面图

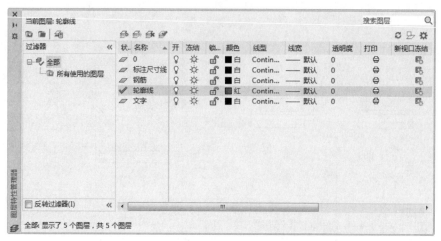

图 11-38　桥梁钢筋剖面图图层设置

> 符号和箭头：第一个为建筑标记，箭头大小为 100，圆心标记为标记 50。
> 文字：文字高度为 100，文字位置为垂直上，从尺寸线偏移 50，文字对齐为 ISO
  标准。
> 主单位：精度为 0，比例因子为 1。

11.5.2　绘制钢筋剖面

 操作步骤

（1）在状态栏中，单击"正交"按钮 ，打开正交模式。单击"默认"选项卡"绘图"面板中的"直线"按钮 ，在屏幕上任意指定一点，以坐标点（@200,0）（@0,700）（@500,0）（@0,200）（@-1200,0）（@0,-200）（@500,0）（@0,-700）绘制直线。

（2）把标注尺寸线图层设置为当前图层。单击"默认"选项卡"注释"面板中的"线性"按钮 ，标注直线尺寸。完成的图形如图 11-39 所示。

（3）绘制折断线。具体操作如下。

① 把"轮廓线"图层设置为当前图层，绘制两侧折断线。

② 单击"默认"选项卡"修改"面板中的"删除"按钮 ，删除尺寸标注。完成的图形如图 11-40 所示。

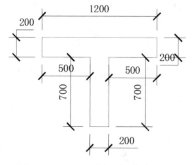

图 11-39　1—1 剖面轮廓线绘制

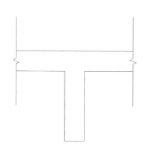

图 11-40　1—1 剖面折断线绘制

（4）绘制钢筋。具体操作如下。

① 把"钢筋"图层设置为当前图层。单击"默认"选项卡"修改"面板中的"偏移"按钮 ⊆，绘制钢筋定位线。指定偏移距离为 35，要偏移的对象为 AB，指定刚绘制完的图形内部任意一点。指定偏移距离为 20，要偏移的对象为 AC、BD 和 EF，指定刚绘制完的图形内部任意一点。完成的图形如图 11-41 所示。

② 在状态栏中，单击"对象捕捉"按钮 □，打开对象捕捉模式。单击"极轴追踪"按钮 ⌖，打开极轴追踪。

③ 单击"默认"选项卡"绘图"面板中的"多段线"按钮 ⌐，绘制架立筋。输入 w 来设置线宽为 10。完成的图形如图 11-42 所示。

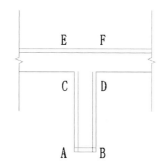

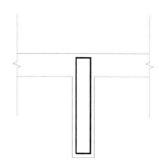

图 11-41　1—1 剖面钢筋定位线绘制　　　图 11-42　钢筋绘制流程图 1

④ 单击"默认"选项卡"绘图"面板中的"圆"按钮 ⊙，绘制两个直径分别为 14 和 32 的圆。完成的图形如图 11-43（a）所示。

⑤ 单击"默认"选项卡"绘图"面板中的"图案填充"按钮 ▨，选择"SOLID"图例进行填充。完成的图形如图 11-43（b）所示。

(a)　　　　　　　　　　　(b)

图 11-43　钢筋绘制流程图 2

⑥ 单击"默认"选项卡"修改"面板中的"复制"按钮 ℅，复制刚刚填充好的钢筋到相应的位置。完成的图形如图 11-44 所示。

⑦ 单击"默认"选项卡"绘图"面板中的"矩形"按钮 ▭，绘制 100×100 的矩形。

⑧ 单击"默认"选项卡"修改"面板中的"复制"按钮 ℅，复制刚刚绘制好的矩形。

⑨ 把标注尺寸线图层设置为当前图层。单击"默认"选项卡"注释"面板中的"线性"按钮 ⊢，标注直线尺寸。完成的图形如图 11-45 所示。

⑩ 把文字图层设置为当前图层。单击"默认"选项卡"注释"面板中的"多行文字"按钮 **A**，标注钢筋型号和编号。完成的图形如图 11-46 所示。

⑪ 把"标注尺寸线"图层设置为当前图层。单击"默认"选项卡"注释"面板中的"线性"按钮 ⊢。然后单击"注释"选项卡"标注"面板中的"连续"按钮 ⊦⊦，进行连续标注。完成的图形如图 11-47 所示。

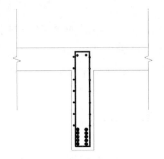

图 11-44　钢筋绘制流程图 3

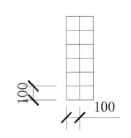

图 11-45　钢筋绘制流程图 4

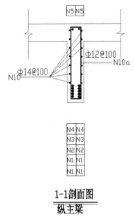

图 11-46　1—1 剖面文字标注

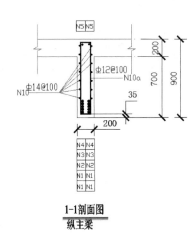

图 11-47　1—1 剖面图

其他钢筋剖面图的绘制与 1—1 剖面图的绘制方法和步骤类似,这里就不过多阐述。完成的图形如图 11-37 所示。

第 12 章

桥墩和桥台结构图绘制

　　桥墩,由基础、墩身和墩帽组成。桥台位于桥梁的两端,是桥梁与路基连接处的支柱。它一方面支撑着上部桥跨,另一方面支挡着桥头路基的填土。

学 习 要 点

◆ 桥墩结构图绘制
◆ 桥台结构图绘制
◆ 附属结构图绘制

12.1 桥墩结构图绘制

桥墩的组成如图 12-1 所示。

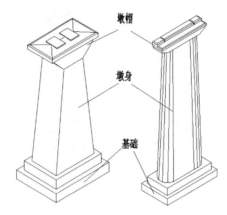

墩帽

墩身

基础

图 12-1　桥墩的组成

12.1.1　桥墩图简介

　　基础在桥墩的底部,埋在地面以下。基础可以采用扩大基础、桩基础或沉井基础。扩大基础的材料多为浆砌片石或混凝土。墩身是桥墩的主体,上面小,下面大。墩身有实心和空心。实心墩身以墩身的横断面形状来区分类型,如圆形墩、矩形墩、圆端形墩、尖端形墩等。墩身的材料多为浆砌片石或混凝土,在墩身顶部 40cm 高的范围内放有少量钢筋的混凝土,以加强与墩帽的连接。墩帽位于桥墩的上部,用钢筋混凝土材料制成,由顶帽和托盘组成。直接与墩身连接的是托盘,下面小,上面大。顶帽位于托盘之上,在其上面设置垫石,以便安装桥梁支座。

　　表示桥墩的图样有桥墩图、墩帽图以及墩帽钢筋布置图。

1．桥墩图

　　桥墩图用来表达桥墩的整体情况,包括墩帽、墩身、基础的形状、尺寸和材料。

　　圆端形桥墩正面图为按照线路方向投射桥墩所得的视图,如图 12-2 所示。

　　圆形墩的桥墩图正面图是半正面与半剖面的合成视图。半剖面是为了表示桥墩各部分的材料,加注材料说明,画出虚线作为材料分界线。半正面图上的点划线,是托盘上的斜圆柱面的轴线和顶帽上的直圆柱面的轴线。基顶平面是沿基础顶面剖切后向下投射得到的剖面(剖视)图。图 12-3 所示为圆形墩桥墩正面图。

2．墩帽图

　　一般需要用较大的比例单独画出墩帽图。

　　正面图和侧面图中的虚线为材料分界线,点划线为柱面的轴线。

3．墩帽钢筋布置图

　　墩帽钢筋布置图提供墩帽部分的钢筋布置情况。钢筋图的画法参见桥梁制图基础

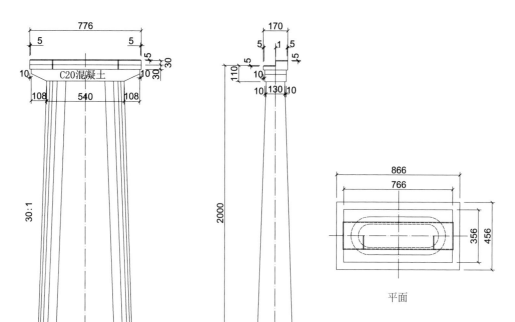

正面

侧面

平面

图 12-2 圆端形桥墩正面图

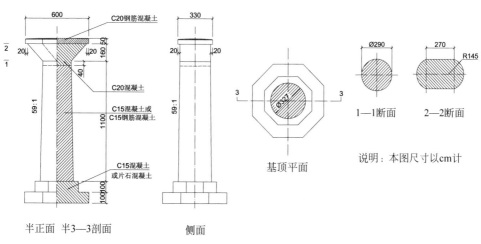

半正面 半3—3剖面

侧面

基顶平面

1—1断面 2—2断面

说明：本图尺寸以cm计

图 12-3 圆形墩桥墩正面图

知识。

墩帽形状和配筋情况不太复杂时也可将墩帽钢筋布置图与墩帽图合画在一起,不必单独绘制。

12.1.2 桥中墩墩身及底板钢筋图绘制

绘制思路

使用矩形、直线、圆命令绘制桥中墩墩身轮廓线;使用多段线命令绘制底板钢筋;使用多行文字、复制命令标注文字;使用线性、连续标注命令标注尺寸,进行修剪整理,完成桥中墩墩身及底板钢筋图的绘制。结果如图 12-4 所示。

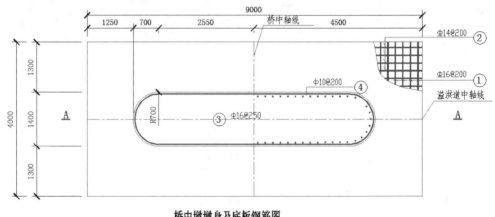

桥中墩墩身及底板钢筋图　1:50

图 12-4　桥中墩墩身及底板钢筋图

操作步骤

1. 前期准备以及绘图设置

1)确定绘图比例

根据需绘制图形确定绘图的比例,建议采用 1:1 的比例绘制,1:50 的比例出图。

2)建立新文件

打开 AutoCAD 2020 应用程序,建立新文件,将新文件命名为"桥中墩墩身及底板钢筋图.dwg"并保存。

3)设置图层

设置以下 4 个图层:"尺寸""定位中心线""轮廓线"和"文字",将"轮廓线"图层设置为当前图层。设置好的图层如图 12-5 所示。

4)文字样式的设置

单击"默认"选项卡"注释"面板中的"文字样式"按钮 A,打开"文字样式"对话框。选择仿宋字体,宽度因子设置为 0.8。

5)标注样式的设置

根据绘图比例设置标注样式,对标注样式线、符号和箭头、文字、主单位进行设置。

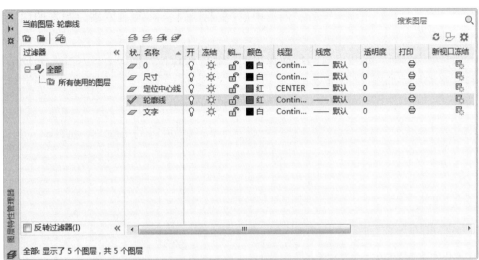

图 12-5 桥中墩墩身及底板钢筋图图层设置

具体如下。

> 线：超出尺寸线为 120，起点偏移量为 150。

> 符号和箭头：第一个为建筑标记，箭头大小为 150，圆心标记为标记 75。

> 文字：文字高度为 150，文字位置为垂直上，从尺寸线偏移 75，文字对齐为 ISO 标准。

> 主单位：精度为 0，比例因子为 1。

2．绘制桥中墩墩身轮廓线

（1）单击"默认"选项卡"绘图"面板中的"矩形"按钮 ▢，绘制 9000×4000 的矩形。

（2）把定位中心线图层设置为当前图层。在状态栏中，单击"正交模式"按钮 ▙，打开正交模式。在状态栏中，单击"对象捕捉"按钮 ▢，打开对象捕捉。单击"默认"选项卡"绘图"面板中的"直线"按钮 ╱，取矩形的中点绘制两条对称中心线。

（3）把尺寸图层设置为当前图层。单击"默认"选项卡"注释"面板中的"线性"按钮 ⊢，标注直线尺寸，如图 12-6 所示。

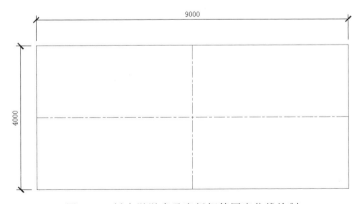

图 12-6 桥中墩墩身及底板钢筋图定位线绘制

（4）单击"默认"选项卡"修改"面板中的"复制"按钮 ，复制刚刚绘制好的两条对称中心线。

（5）单击"默认"选项卡"注释"面板中的"线性"按钮 ，标注直线尺寸。完成的图形和复制的尺寸如图 12-7 所示。

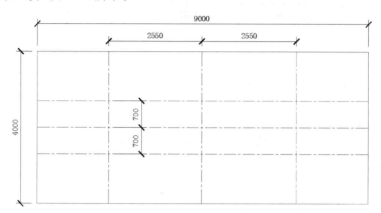

图 12-7　桥中墩墩身及底板钢筋图定位线复制

（6）单击"默认"选项卡"绘图"面板中的"多段线"按钮 ，绘制墩身轮廓线。选择圆弧（A）来绘制圆弧。完成的图形如图 12-8 所示。

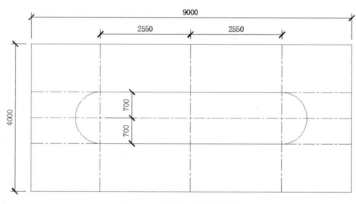

图 12-8　墩身轮廓线绘制

3. 绘制底板钢筋

（1）单击"默认"选项卡"修改"面板中的"偏移"按钮 ，向里面偏移刚刚绘制好的墩身轮廓线，指定偏移的距离为 50。

（2）单击"默认"选项卡"绘图"面板中的"多段线"按钮 ，加粗钢筋，选择 w，设置起点和端点的宽度为 25。

（3）使用偏移命令绘制墩身钢筋，然后使用多段线命令加粗偏移后的箍筋。完成的图形如图 12-9 所示。

（4）单击"默认"选项卡"绘图"面板中的"圆"按钮 ，绘制一个直径为 16 的圆。

（5）单击"默认"选项卡"绘图"面板中的"图案填充"按钮 ，选择"SOLID"图例进行填充。

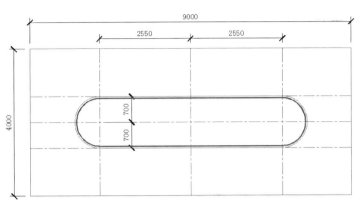

图 12-9　桥中墩墩身钢筋绘制

（6）单击"默认"选项卡"修改"面板中的"复制"按钮 […]，复制刚刚填充好的钢筋到相应的位置。完成的图形如图 12-10 所示。

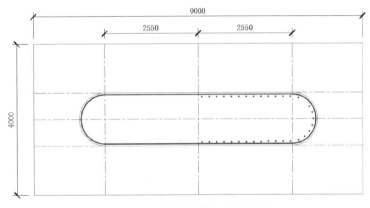

图 12-10　桥中墩墩身主筋绘制

（7）单击"默认"选项卡"绘图"面板中的"样条曲线拟合"按钮 ，绘制底板配筋折线。

（8）单击"默认"选项卡"绘图"面板中的"多段线"按钮 ，绘制水平的钢筋线，长度为 1400。重复"多段线"命令，绘制垂直的钢筋线，长度为 1300。完成的图形如图 12-11 所示。

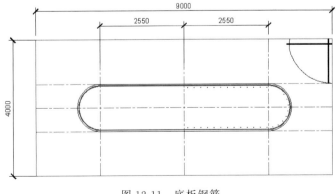

图 12-11　底板钢筋

（9）单击"默认"选项卡"修改"面板中的"矩形阵列"按钮 ⊞ ，选择水平钢筋为阵列对象，设置行数为 6、列数为 1，设置行间距为—200。

（10）单击"默认"选项卡"修改"面板中的"矩形阵列"按钮 ⊞ ，选择竖直钢筋为阵列对象，设置行数为 1、列数为 7，设置列间距为—200。

完成的图形如图 12-12 所示。

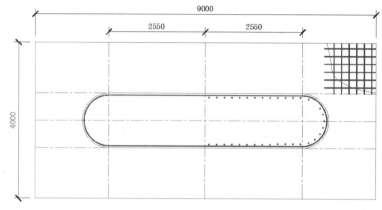

图 12-12　阵列底板钢筋

（11）单击"默认"选项卡"修改"面板中的"修剪"按钮 ▽ ，剪切多余的部分。完成的图形如图 12-13 所示。

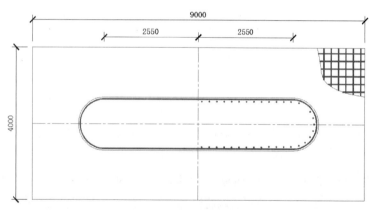

图 12-13　剪切底板钢筋

（12）单击"默认"选项卡"绘图"面板中的"多段线"按钮 ⌐つ ，绘制剖切线。

4．标注文字

（1）将文字图层设置为当前图层。单击"默认"选项卡"注释"面板中的"多行文字"按钮 **A** ，标注钢筋型号和编号。

（2）单击"默认"选项卡"修改"面板中的"复制"按钮 ⅛ ，把相同的内容复制到指定的位置。注意文字标注时需要把文字图层设置为当前图层。完成的图形如图 12-14 所示。

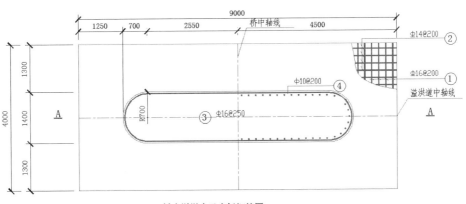

图 12-14 桥中墩墩身及底板钢筋图文字标注

5．标注尺寸，完成图形

（1）把尺寸图层设置为当前图层。单击"默认"选项卡"注释"面板中的"线性"按钮 ┝┥，标注直线尺寸。

（2）单击"注释"选项卡"标注"面板中的"连续"按钮 ┼┼┼，进行连续标注。单击"默认"选项卡"注释"面板中的"半径"按钮 ⟋，标注半径尺寸。

（3）单击"默认"选项卡"修改"面板中的"删除"按钮 ✐，删除多余的标注尺寸。完成的图形如图 12-4 所示。

12.1.3　桥中墩立面图绘制

 绘制思路

使用直线、多段线命令绘制桥中墩立面轮廓线；使用多行文字、文字编辑命令标注文字；使用线性、连续标注命令标注尺寸，进行修剪整理。完成的桥中墩立面图如图 12-15 所示。

操作步骤

1．前期准备以及绘图设置

1）确定绘图比例

根据需绘制图形确定绘图的比例，建议采用 1∶1 的比例绘制，1∶100 的比例出图。

2）建立新文件

打开 AutoCAD 2020 应用程序，建立新文件，将新文件命名为"桥中墩立面图.dwg"并保存。

3）设置图层

设置以下 3 个图层："尺寸""轮廓线"和"文字"，将"轮廓线"图层设置为当前图层。设置好的图层如图 12-16 所示。

4）文字样式的设置

单击"默认"选项卡"注释"面板中的"文字样式"按钮 **A**，打开"文字样式"对话框。

Note

12-2

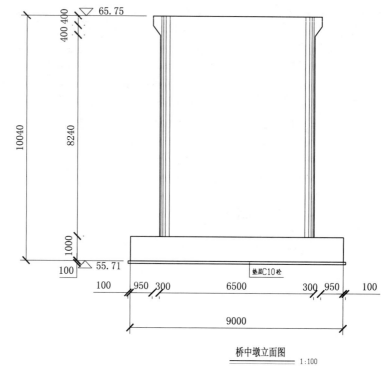

桥中墩立面图
1:100

图 12-15　桥中墩立面图

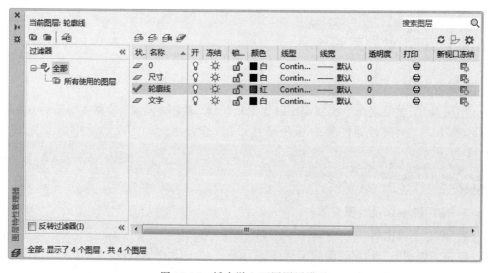

图 12-16　桥中墩立面图图层设置

选择仿宋字体,宽度因子设置为 0.8。

5) 标注样式的设置

根据绘图比例设置标注样式,对标注样式线、符号和箭头、文字进行设置,其他选项默认。具体如下。

➤ 线:超出尺寸线为 250,起点偏移量为 300。

➤ 符号和箭头:第一个为建筑标记,箭头大小为 300,圆心标记为标记 150。

➤ 文字：文字高度为 300，文字位置为垂直上，从尺寸线偏移为 150，文字对齐为
ISO 标准。

2．绘制桥中墩立面定位线

（1）单击"默认"选项卡"绘图"面板中的"矩形"按钮 □，绘制 9200×100 的矩形。

（2）把尺寸图层设置为当前图层。单击"默认"选项卡"注释"面板中的"线性"按钮
├┤，标注直线尺寸。完成的图形如图 12-17 所示。

（3）单击"默认"选项卡"绘图"面板中的"直线"按钮 ╱，绘制轮廓定位线。以 A 点
为起点，绘制坐标为(@100,0)(@0,1000)(@1250,0)(@0,8240)(@500<127)(@0,
400)(@3550,0)的直线。完成的图形如图 12-18 所示。

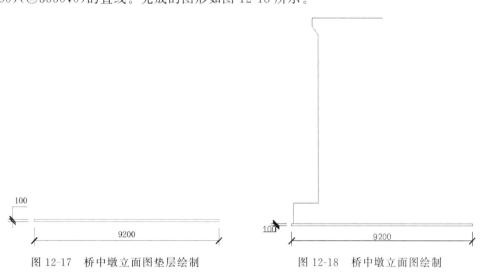

图 12-17　桥中墩立面图垫层绘制　　　　　图 12-18　桥中墩立面图绘制

（4）单击"默认"选项卡"修改"面板中的"镜像"按钮 ⚟，复制刚刚绘制完的图形。
完成的图形如图 12-19 所示。

（5）单击"默认"选项卡"绘图"面板中的"直线"按钮 ╱，绘制立面轮廓线。完成的
图形如图 12-20 所示。

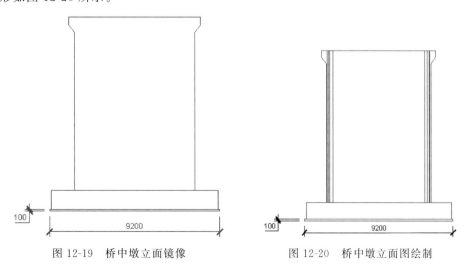

图 12-19　桥中墩立面镜像　　　　　　　图 12-20　桥中墩立面图绘制

（6）单击"默认"选项卡"绘图"面板中的"多段线"按钮 ⊃，加粗桥中墩立面轮廓。输入 w 来确定多段线的宽度为 20。

（7）单击"默认"选项卡"修改"面板中的"删除"按钮 ✐，删除多余的直线。完成的图形如图 12-21 所示。

3. 标注文字

（1）使用 Ctrl＋C 快捷键复制桥梁纵剖面图中绘制好的标高，然后使用 Ctrl＋V 快捷键粘贴到桥中墩立面图中。

（2）单击"默认"选项卡"注释"面板中的"多行文字"按钮 **A**，标注文字。完成的图形如图 12-22 所示。

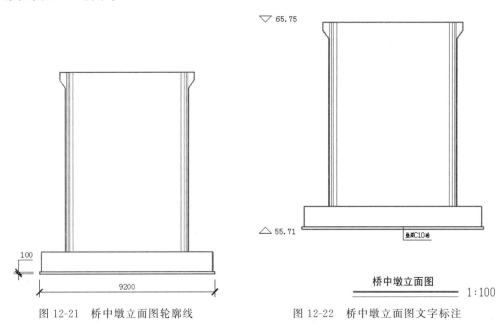

图 12-21　桥中墩立面图轮廓线　　　　图 12-22　桥中墩立面图文字标注

4. 标注尺寸

（1）把尺寸图层设置为当前图层。单击"默认"选项卡"注释"面板中的"线性"按钮 ⊢，标注直线尺寸。

（2）单击"注释"选项卡"标注"面板中的"连续"按钮 ⊩⊩，进行连续标注。完成的图形如图 12-15 所示。

12.1.4　桥中墩剖面图绘制

绘制思路

调用桥中墩立面图；使用偏移、复制、阵列等命令绘制桥中墩剖面钢筋；使用多行文字、复制命令标注文字；使用线性、连续标注命令标注尺寸，保存桥中墩剖面图。结果如图 12-23 所示。

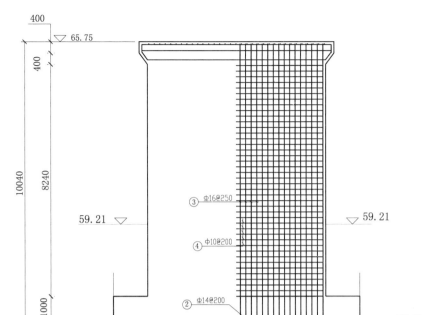

图 12-23　桥中墩剖面图

　操作步骤

1．前期准备以及绘图设置

1）确定绘图比例

根据需绘制图形确定绘图的比例,建议采用 1∶1 的比例绘制,1∶50 的比例出图。

2）建立新文件

打开 AutoCAD 2020 应用程序,建立新文件,将新文件命名为"桥中墩剖面图.dwg"并保存。

3）设置图层

设置以下 4 个图层:"尺寸""定位中心线""轮廓线"和"文字",将"轮廓线"图层设置为当前图层。设置好的图层如图 12-5 所示。

4）文字样式的设置

单击"默认"选项卡"注释"面板中的"文字样式"按钮 **A₂**,打开"文字样式"对话框。选择仿宋字体,宽度因子设置为 0.8。

5）标注样式的设置

根据绘图比例设置标注样式,对标注样式线、符号和箭头、文字、主单位进行设置,具体如下。

➤ 线:超出尺寸线为 120,起点偏移量为 150。

➤ 符号和箭头：第一个为建筑标记，箭头大小为150，圆心标记为标记75。

➤ 文字：文字高度为150，文字位置为垂直上，从尺寸线偏移为75，文字对齐为ISO
标准。

➤ 主单位：精度为0，比例因子为1。

2．调用桥中墩立面图

（1）使用Ctrl＋C快捷键复制桥中墩立面图，然后使用Ctrl＋V快捷键粘贴到桥中
墩剖面图中。

（2）单击"默认"选项卡"修改"面板中的"缩放"按钮 □，比例因子设置为0.5。

（3）单击"默认"选项卡"修改"面板中的"删除"按钮 ✐，删除多余的标注和
直线。

（4）把定位中心线图层设置为当前图层。单击"默认"选项卡"绘图"面板中的"直
线"按钮 ／，绘制一座桥中墩立面轴线，如图12-24所示。

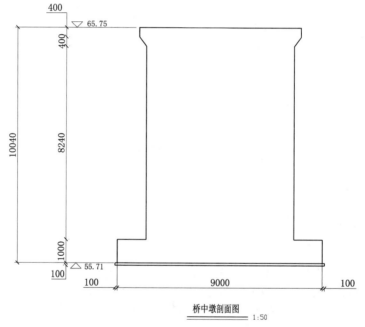

图12-24　桥中墩剖面图调用和修改

3．绘制桥中墩剖面钢筋

（1）单击"默认"选项卡"修改"面板中的"偏移"按钮 ⊜，偏移刚刚绘制的墩身立面
轮廓线，指定偏移距离为100。完成的图形如图12-25所示。

（2）单击"默认"选项卡"修改"面板中的"延伸"按钮 →，拉伸钢筋到指定位置。完
成的图形如图12-26所示。

（3）单击"默认"选项卡"修改"面板中的"矩形阵列"按钮 ▦，选择垂直钢筋为阵
列对象，设置行数为1、列数为16，设置列间距为－200。完成的图形如图12-27
所示。

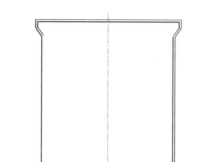

| 图 12-25 钢筋的偏移 | 图 12-26 钢筋拉伸 |

（4）单击"默认"选项卡"修改"面板中的"复制"按钮 ，复制桥中墩上部钢筋。单击"默认"选项卡"修改"面板中的"矩形阵列"按钮 ，选择横向钢筋为阵列对象，设置阵列行数为43、列数为1，行间距为－200。完成的图形如图12-28所示。

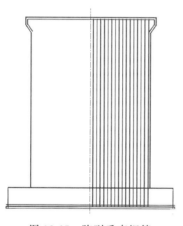
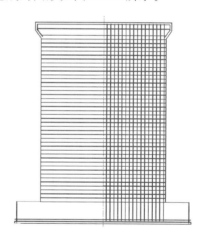

| 图 12-27 阵列垂直钢筋 | 图 12-28 横向钢筋的复制 |

（5）单击"默认"选项卡"绘图"面板中的"圆"按钮 ，绘制一个直径为16的圆。

（6）单击"默认"选项卡"绘图"面板中的"图案填充"按钮 ，选择"SOLID"图例进行填充。

（7）单击"默认"选项卡"修改"面板中的"复制"按钮 ，把绘制好的钢筋复制到相应的位置。完成的图形如图12-29所示。

（8）单击"默认"选项卡"修改"面板中的"修剪"按钮 ，剪切钢筋的多余部分。完成的图形如图12-30所示。

（9）单击"默认"选项卡"绘图"面板中的"图案填充"按钮 ，选择"混凝土3"图例，填充的比例为15。

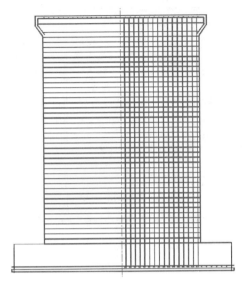

图 12-29 纵向钢筋的复制

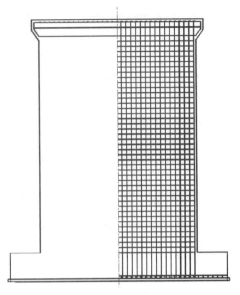

图 12-30 钢筋的剪切

4. 标注文字

（1）单击"默认"选项卡"注释"面板中的"多行文字"按钮 **A**，标注钢筋编号和型号。

（2）单击"默认"选项卡"修改"面板中的"复制"按钮，把相同的内容复制到指定的位置。注意文字标注时需要把文字图层设置为当前图层。完成的图形如图 12-31 所示。

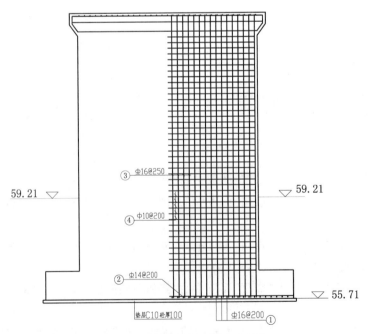

图 12-31 桥中墩剖面图文字标注

5. 标注尺寸

（1）把尺寸图层设置为当前图层。单击"默认"选项卡"注释"面板中的"线性"按钮┣┤，标注直线尺寸。

（2）单击"注释"选项卡"标注"面板中的"连续"按钮┣┼┤，进行连续标注。完成的图形如图 12-23 所示。

12.1.5　墩帽钢筋图绘制

墩帽钢筋图的绘制流程与桥中墩墩身及底板钢筋图的绘制流程一样，这里就不再过多阐述。结果如图 12-32 所示。

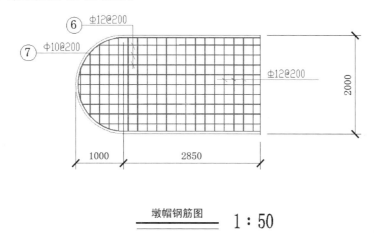

图 12-32　墩帽钢筋图

12.2　桥台结构图绘制

12.2.1　桥台图简介

桥台的形式很多，下面以 T 形桥台为例进行介绍。

桥台主要由基础、台身和台顶三部分组成。基础位于桥台的下部，一般都是扩大基础。扩大基础使用的材料多为浆砌片石或混凝土。基础以上、顶帽以下的部分是台身。T 形桥台的台身，其水平断面的形状是 T 形。

桥台的组成如图 12-33 所示。

从桥台的桥跨一侧顺着线路方向观看桥台，称为桥台的正面。台身上贴近河床的一端叫前墙。前墙上向上扩大的部分叫托盘。从桥台的路基一侧顺着线路方向观看桥台，称为桥台的背面。台身上与路基衔接的一端叫后墙。台身使用的材料多为浆砌片石或混凝土。台身以上的部分称为台顶，台顶包括顶帽和道碴槽。顶帽位于托盘上，上部有排水坡，周边有抹角。前面的排水坡上有两块垫石用于安放支座。

道碴槽位于后墙的上部,形状如图 12-34 所示,它是由挡碴墙和端墙围成的一个中间高、两边低的凹槽。两侧的挡碴墙比较高,前后的端墙比较低。挡碴墙和端墙的内表面均设有凹进去的防水层槽。道碴槽的底部表面是用混凝土垫成的中间高、两边低的排水坡,坡面上铺设有防水层,防水层四周嵌入挡碴墙和端墙上的防水层槽内。在挡碴墙的下部设有泄水管,用以排除道碴槽内的积水。道碴槽和顶帽使用的材料均为钢筋混凝土。

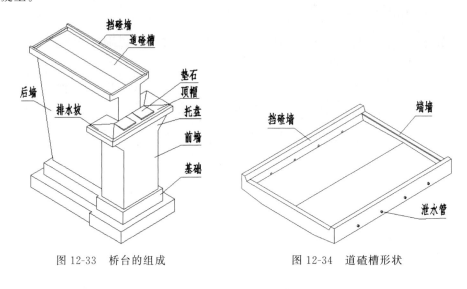

图 12-33　桥台的组成　　　　　　　　　图 12-34　道碴槽形状

桥台常依据台身的水平断面形状来取名,除 T 形桥台外,常见的还有 U 形桥台、十字形桥台、矩形桥台等。

桥台的表达:

表示一个桥台总是先画出它的总图,用以表示桥台的整体形状、大小以及桥台与线路的相对位置关系。

除桥台总图外,还要用较大的比例画出台顶构造图。另外还要表明顶帽和道碴槽内钢筋的布置情况,需要画出顶帽和道碴槽的钢筋布置图。

桥台总图(以 T 形桥台为例)的上面画出了桥台的侧面、半平面及半基顶剖面、半正面及半背面等几个视图,如图 12-35 所示。

桥台顶部分详细尺寸见桥台顶构造图(图 12-36)。

在画正面图的位置画的是桥台的侧面,表示垂直于线路方向观察桥台。将桥台本身全部画成是可见的,路基、锥体护坡及河床地面均未完整示出,只画出了轨底线、部分路肩线、锥体护坡的轮廓线及台前台后的部分地面线,这些线及有关尺寸反映了桥台与线路的关系及桥台的埋深。前墙上距托盘底部 40cm 处的水平虚线是材料分界线。图上还注出了基础、台身及台顶在侧面上能反映出来的尺寸,有许多尺寸是重复标注的。大量出现重复尺寸是土建工程图的一个特点。

在画平面图的位置画出的是半平面及半基顶平面,这是由两个半视图合成的视图:对称轴线上方一半画的是桥台本身的平面图;对称轴线下方一半画的是沿着基顶剖切

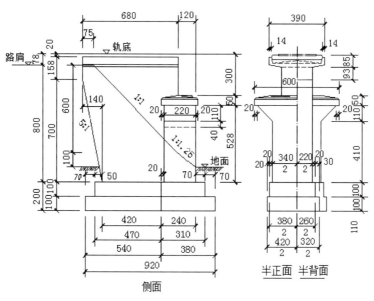

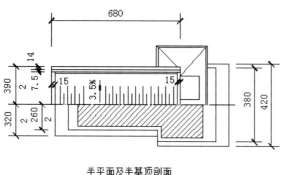

图 12-35 桥台总图

说明：
1.本图尺寸单位以cm计
2.材料
基础：M10水泥砂浆砌片石
台身：M10水泥砂浆砌片石，块石镶面
台顶：顶帽、道碴槽为C20级钢筋混凝土，其余为
C15混凝土
3.台顶部分详细尺寸，见台顶构造图

得到的水平剖面（剖视）图。由于剖切位置已经明确，因此未再对剖切位置作标注。虽然基础埋在地下，但仍画成了实线。半平面及半基顶平面反映了台顶、台身、基础的平面形状及大小，按照习惯，合成视图上对称部位的尺寸常注写成全长一半的形式，例如写成 320/2 的样子。

在画侧面图的位置画的是桥台的半正面及半背面合成的视图，用以表示桥台正面和背面的形状和大小。图 12-36 中的双点划线画出的是轨枕和道床，虚线是材料分界线。图上重复标注了有关尺寸，只示出了一半的对称部位亦注写成全长一半的形式。

桥台顶构造图如图 12-36 所示。它主要用来表示顶帽和道碴槽的形状、构造和大小。桥台顶构造图由几个基本视图和若干详图组成。

1—1 剖面图的剖切位置和投射方向在半正面半 2—2 剖面图中示出，它是沿桥台对称面剖切得到的全剖视图。1—1 剖面图用来表示道碴槽的构造及台顶各部分所使用的材料。图中的虚线是材料分界线。受图的比例的限制，道碴槽上局部未能表示清楚的地方，如圆圈 A 处，另用较大的比例画出其详图作为补充。

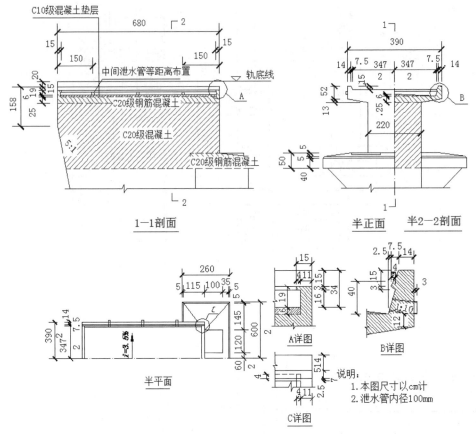

图 12-36　桥台顶构造图

平面图上只画出了一半，称为半平面，它是台顶部分的外形视图，表明了道碴槽、顶帽的平面形状和大小。道碴槽上未能表示清楚的 C 部位，亦通过 C 详图作进一步的表达。半正面和半 2—2 剖面是台顶从正面观察和从 2—2 处剖切后观察得到的合成视图，图中未能表示清楚的 B 部位，另用 B 详图如图所示。

公路上常用的 U 形桥台的总图（如图 12-37 所示），包括纵剖面图、平面图和台前、台后合成视图。纵剖面图是沿桥台对称面剖切得到的全剖视图，主要用来表明桥台内部的形状和尺寸，以及各组成部分所使用的材料。平面图是一个外形图，主要用以表明桥台的平面形状和尺寸。台前、台后合成视图是由桥台的半正面、半背面组合而成的，用以表明桥台的正面和背面的形状和大小。

12.2.2　桥边墩平面图绘制

绘制思路

使用直线命令绘制桥边墩轮廓定位中心线；使用直线、多段线命令绘制桥边墩轮廓线；使用多行文字命令标注文字；使用线性、连续标注命令以及 DIMTEDIT 命令标注修改尺寸。完成的桥边墩平面图如图 12-38 所示。

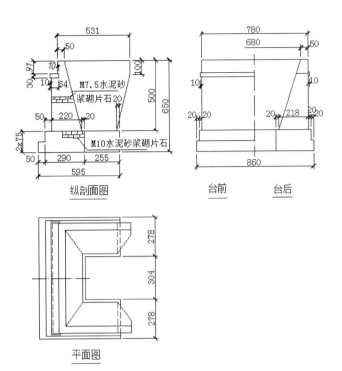

图 12-37　U 形桥台的总图

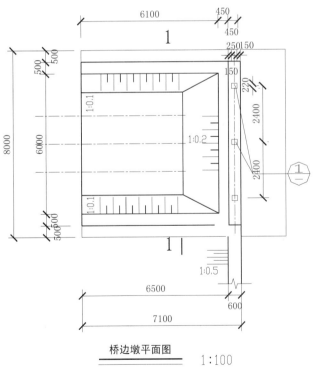

桥边墩平面图

1:100

图 12-38　桥边墩平面图

操作步骤

1. 前期准备以及绘图设置

1）确定绘图比例

根据需绘制图形确定绘图的比例，建议采用 1∶1 的比例绘制，1∶100 的比例出图。

2）建立新文件

打开 AutoCAD 2020 应用程序，建立新文件，将新文件命名为"桥边墩平面图.dwg"并保存。

3）设置图层

设置以下 4 个图层："尺寸""轮廓线""定位中心线"和"文字"，把这些图层设置成不同的颜色，使图纸上表示得更加清晰，将"定位中心线"图层设置为当前图层。设置好的图层如图 12-39 所示。

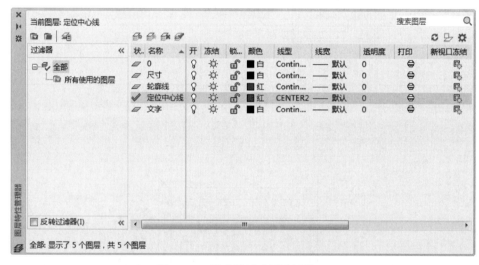

图 12-39　桥边墩平面图图层设置

4）文字样式的设置

单击"默认"选项卡"注释"面板中的"文字样式"按钮 **A** ，打开"文字样式"对话框。选择仿宋字体，宽度因子设置为 0.8。

5）标注样式的设置

根据绘图比例设置标注样式，对标注样式线、符号和箭头、文字、主单位进行设置，具体如下。

➢ 线：超出尺寸线为 400，起点偏移量为 500。

➢ 符号和箭头：第一个为建筑标记，箭头大小为 500，圆心标记为标记 250。

➢ 文字：文字高度为 500，文字位置为垂直上，从尺寸线偏移为 250，文字对齐为 ISO 标准。

➢ 主单位：精度为 0，比例因子为 1。

2．绘制桥边墩轮廓定位中心线

（1）在状态栏中，单击"正交"按钮 ⌐，打开正交模式。单击"默认"选项卡"绘图"面板中的"直线"按钮 ／，绘制一条长为9100的水平直线。

（2）单击"默认"选项卡"绘图"面板中的"直线"按钮 ／，绘制交于端点的垂直的长为8000的直线。

（3）把尺寸图层设置为当前图层。单击"默认"选项卡"注释"面板中的"线性"按钮 ⊢ ，标注直线尺寸。完成的图形如图12-40所示。

（4）单击"默认"选项卡"修改"面板中的"复制"按钮 ，复制刚刚绘制好的水平直线，向上复制的位移分别为500、1000、1800、4000、6200、7000、7500、8000。

（5）单击"默认"选项卡"修改"面板中的"复制"按钮 ，复制刚刚绘制好的垂直直线，向右复制的位移分别为4500、6100、6500、6550、7100、9100。

（6）注意把尺寸图层设置为当前图层。单击"默认"选项卡"注释"面板中的"线性"按钮 ⊢ ，标注直线尺寸。单击"注释"选项卡"标注"面板中的"连续"按钮 ⊢⊢ ，进行连续标注，如图12-41所示。

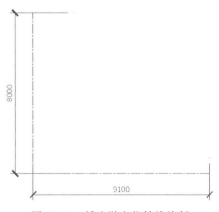

图12-40 桥边墩定位轴线绘制

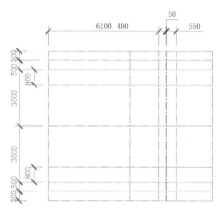

图12-41 桥边墩平面图定位轴线复制

3．绘制桥边墩平面轮廓线

（1）把轮廓线图层设置为当前图层。单击"默认"选项卡"绘图"面板中的"多段线"按钮 ，绘制桥边墩轮廓线，选择w，设置起点和端点的宽度为30。

（2）单击"默认"选项卡"绘图"面板中的"多段线"按钮 ，完成其他线的绘制。完成的图形如图12-42所示。

（3）单击"默认"选项卡"修改"面板中的"复制"按钮 ，复制定位轴线去确定支座定位线。

（4）单击"默认"选项卡"绘图"面板中的"矩形"按钮 ▭ ，绘制220×220的矩形作为支座。

（5）单击"默认"选项卡"修改"面板中的"复制"按钮 ，复制支座矩形。完成的图形如图12-43所示。

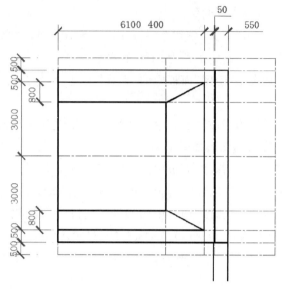

图 12-42　桥边墩平面轮廓线绘制(一)

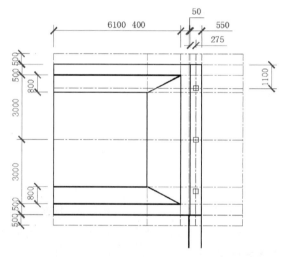

图 12-43　桥边墩平面轮廓线绘制(二)

（6）单击"默认"选项卡"绘图"面板中的"直线"按钮 ╱，绘制坡度和水位线。

（7）单击"默认"选项卡"绘图"面板中的"多段线"按钮 ⊃，绘制剖切线。利用所学知识绘制折断线，如图 12-44 所示。

（8）单击"默认"选项卡"修改"面板中的"删除"按钮 ✎，删除多余的定位线。

（9）单击"默认"选项卡"修改"面板中的"修剪"按钮 ✄，框选实体，删除多余的实体。完成的图形如图 12-45 所示。

4. 标注文字

（1）单击"默认"选项卡"注释"面板中的"多行文字"按钮 Ａ，标注文字。

（2）单击"默认"选项卡"修改"面板中的"复制"按钮 ⅛，复制文字相同的内容到指

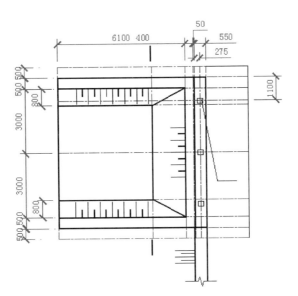

图 12-44　桥边墩平面轮廓线绘制(三)

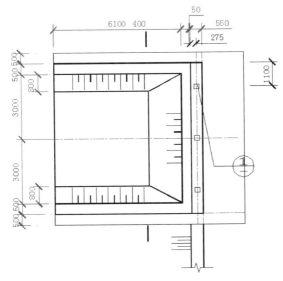

图 12-45　桥边墩平面轮廓线绘制(四)

定位置。完成的图形如图 12-46 所示。

5. 标注尺寸

(1)把尺寸图层设置为当前图层。单击"默认"选项卡"注释"面板中的"线性"按钮┣┫,标注尺寸。

(2)单击"注释"选项卡"标注"面板中的"连续"按钮┣┿┫,进行连续标注。注意尺寸标注时需要把尺寸图层设置为当前图层。

(3)对标注文字进行重新编辑。完成的图形如图 12-38 所示。

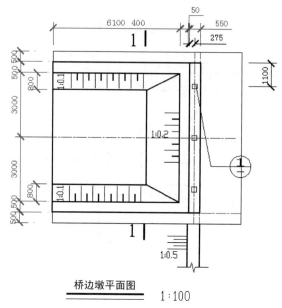

图 12-46　桥边墩平面图文字标注

12.2.3　桥边墩立面图绘制

绘制思路

使用直线、多段线命令绘制桥边墩立面轮廓线；使用多行文字、文字编辑命令标注文字，保存桥边墩立面图。结果如图 12-47 所示。

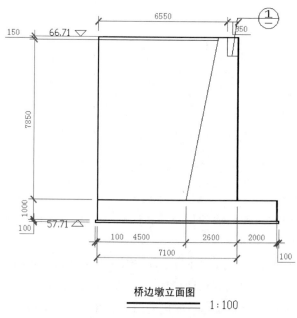

图 12-47　桥边墩立面图

操作步骤

1. 前期准备以及绘图设置

1）确定绘图比例

根据需绘制图形确定绘图的比例，建议采用 1：1 的比例绘制，1：100 的比例出图。

2）建立新文件

打开 AutoCAD 2020 应用程序，建立新文件，将新文件命名为"桥边墩立面图.dwg"并保存。

3）设置图层

设置以下 4 个图层："尺寸""定位中心线""轮廓线"和"文字"，把这些图层设置成不同的颜色，使图纸上表示得更加清晰，将"定位中心线"图层设置为当前图层。

4）文字样式的设置

单击"默认"选项卡"注释"面板中的"文字样式"按钮 **A**，打开"文字样式"对话框。选择仿宋字体，宽度因子设置为 0.8。

5）标注样式的设置

根据绘图比例设置标注样式，对标注样式线、符号和箭头、文字、主单位进行设置。具体如下。

- ➤ 线：超出尺寸线为 400，起点偏移量为 500。
- ➤ 符号和箭头：第一个为建筑标记，箭头大小为 500，圆心标记为标记 250。
- ➤ 文字：文字高度为 500，文字位置为垂直上，从尺寸线偏移为 250，文字对齐为 ISO 标准。
- ➤ 主单位：精度为 0，比例因子为 1。

2. 绘制桥边墩立面定位线

（1）在状态栏中，单击"正交"按钮 ，打开正交模式。单击"绘图"工具栏中的"直线"按钮 ，绘制一条长为 9300 的水平直线。

（2）单击"默认"选项卡"绘图"面板中的"直线"按钮 ，绘制交于端点的垂直的长为 9100 的直线。

（3）把尺寸图层设置为当前图层，单击"默认"选项卡"注释"面板中的"线性"按钮 ，标注直线尺寸。完成的图形如图 12-48 所示。

（4）单击"默认"选项卡"修改"面板中的"复制"按钮 ，复制刚刚绘制好的水平直线，向上复制的位移分别为 100、1100、8950、9100。

（5）单击"默认"选项卡"修改"面板中的"复制"按钮 ，复制刚刚绘制好的垂直直线，向右复制的位移分别为 100、4600、6650、7200、9200、9300。

（6）把尺寸图层设置为当前图层。单击"默认"选项卡"注释"面板中的"线性"按钮 ，标注直线尺寸。

（7）单击"注释"选项卡"标注"面板中的"连续"按钮 ，进行连续标注。完成的图形如图 12-49 所示。

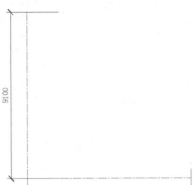

图 12-48　桥边墩立面定位轴线绘制　　　　图 12-49　桥边墩立面定位轴线复制

（8）将轮廓线图层设置为当前图层。单击"默认"选项卡"绘图"面板中的"矩形"按钮 ▢ ，绘制 9300×100 的矩形，选择 w 来指定矩形的线宽为 30。重复单击"矩形"按钮，绘制 9100×1000 的矩形和 7100×8000 的矩形。完成的图形如图 12-50 所示。

（9）单击"默认"选项卡"绘图"面板中的"直线"按钮 ╱，绘制其他桥边墩立面轮廓线。完成的图形如图 12-51 所示。

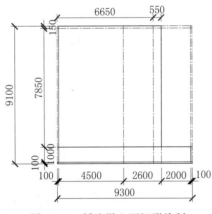

图 12-50　桥边墩立面矩形绘制　　　　图 12-51　桥边墩立面轮廓线绘制

3. 标注文字

（1）使用 Ctrl＋C 快捷键复制桥梁纵剖面图中绘制好的标高，然后使用 Ctrl＋V 快捷键粘贴到桥边墩立面图中。

（2）对标注文字进行重新编辑。完成的图形如图 12-47 所示。

12.2.4　桥边墩剖面图绘制

绘制思路

使用直线、多段线命令绘制桥边墩剖面轮廓线；使用多行文字、文字编辑命令标注文字；使用线性、连续标注命令标注尺寸。完成的桥边墩剖面图如图 12-52 所示。

12-6

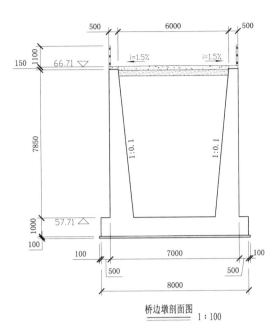

桥边墩剖面图 1∶100

图 12-52 桥边墩剖面图

 操作步骤

1. 前期准备以及绘图设置

1）确定绘图比例

根据需绘制图形确定绘图的比例,建议采用 1∶1 的比例绘制,1∶100 的比例出图。

2）建立新文件

打开 AutoCAD 2020 应用程序,建立新文件,将新文件命名为"桥边墩剖面图.dwg"并保存。

3）设置图层

设置以下 4 个图层:"尺寸""定位中心线""轮廓线"和"文字",把这些图层设置成不同的颜色,使图纸上表示得更加清晰,将"轮廓线"图层设置为当前图层。设置好的图层如图 12-39 所示。

4）文字样式的设置

单击"标注"工具栏中的"文字样式"按钮 $\mathbf{A}$,打开"文字样式"对话框。选择仿宋字体,宽度因子设置为 0.8。

5）标注样式的设置

根据绘图比例设置标注样式,对标注样式线、符号和箭头、文字、主单位进行设置,具体如下。

➤ 线:超出尺寸线为 400,起点偏移量为 500。

➤ 符号和箭头:第一个为建筑标记,箭头大小为 500,圆心标记为标记 250。

➤ 文字:文字高度为 500,文字位置为垂直上,从尺寸线偏移为 250,文字对齐为 ISO 标准。

➤ 主单位：精度为 0,比例因子为 1。

2. 绘制桥边墩剖面轮廓线

（1）将轮廓线图层设置为当前图层。单击"默认"选项卡"绘图"面板中的"矩形"按钮 ❏,绘制 8200×100 的矩形。

（2）把定位中心线图层设置为当前图层。单击"默认"选项卡"绘图"面板中的"直线"按钮 ╱,绘制定位线,以 A 点为起点,绘制坐标点为(@100,0)(@0,1000)(@500,0)(@0,7850)(@785,0)(@-7889.5＜96)(@1890,0)。

（3）把尺寸图层设置为当前图层。单击"默认"选项卡"注释"面板中的"线性"按钮 ⊢⊣,标注直线尺寸。单击"注释"选项卡"标注"面板中的"连续"按钮 ⊢⊢⊢,进行连续标注。完成的图形如图 12-53 所示。

（4）单击"默认"选项卡"绘图"面板中的"多段线"按钮 ⊃,指定起点宽度为 30,端点宽度为 30,加粗桥边墩剖面轮廓线。

（5）单击"默认"选项卡"修改"面板中的"镜像"按钮 ⚫,镜像刚刚绘制好的桥边墩剖面轮廓线。完成的图形如图 12-54 所示。

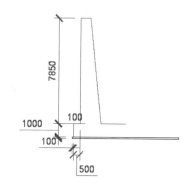

图 12-53　桥边墩剖面图绘制流程(一)

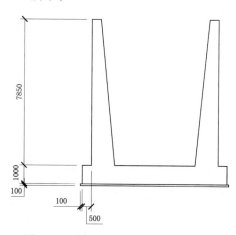

图 12-54　桥边墩剖面图绘制流程(二)

（6）单击"默认"选项卡"绘图"面板中的"直线"按钮 ╱,绘制桥边墩栏杆和顶部构造。完成的图形如图 12-55 所示。

（7）单击"默认"选项卡"绘图"面板中的"图案填充"按钮 ▦,选择"AR-SAND"图例,填充比例设置为 2。继续选择"混凝土 3"图例,填充比例设置为 2。结果如图 12-56 所示。

3. 标注文字

（1）使用 Ctrl＋C 快捷键复制桥梁纵剖面图中绘制好的标高和箭头,然后使用 Ctrl＋V 快捷键粘贴到桥边墩剖面图中。

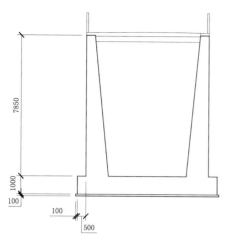

图 12-55　桥边墩剖面图绘制流程（三）

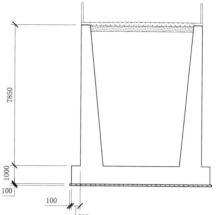

图 12-56　桥边墩剖面图填充

（2）对标注文字进行重新编辑。完成的图形如图 12-57 所示。

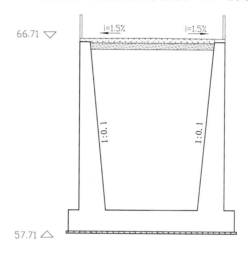

图 12-57　桥边墩剖面图文字标注

4.标注尺寸

（1）把尺寸图层设置为当前图层。单击"默认"选项卡"注释"面板中的"线性"按钮，标注直线尺寸。

（2）单击"注释"选项卡"标注"面板中的"连续"按钮，进行连续标注。完成的图形如图 12-52 所示。

12.2.5　桥边墩钢筋图绘制

桥边墩钢筋图的绘制与桥中墩剖面图钢筋图的绘制类似，不再赘述，完成的图形如图 12-58 所示。

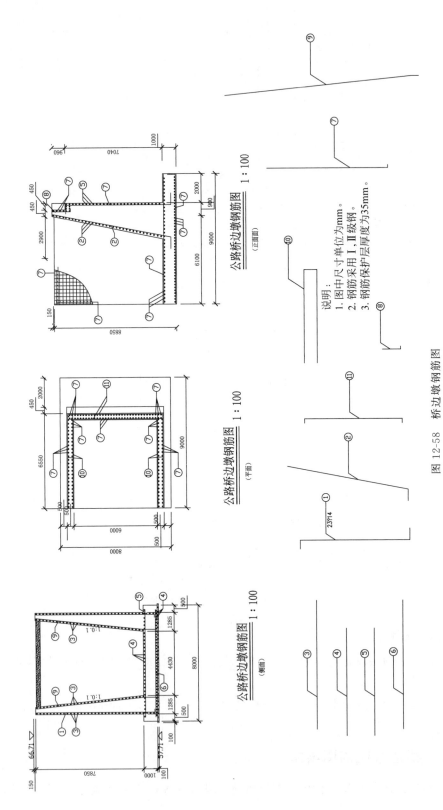

图 12-58 桥边墩钢筋图

12.3 附属结构图绘制

12.3.1 桥面板钢筋图绘制

 绘制思路

使用直线、复制命令绘制桥面板定位中心线；使用直线、复制、修剪等命令绘制纵横梁平面布置；使用多段线、直线命令绘制钢筋；使用多行文字、复制命令标注文字；使用线性、连续标注命令标注尺寸，保存桥面板钢筋图。结果如图 12-59 所示。

12-7

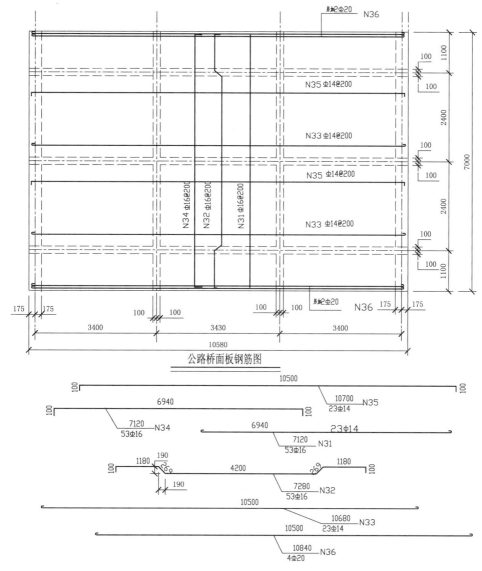

图 12-59 桥面板钢筋图

操作步骤

1. 前期准备以及绘图设置

1）确定绘图比例

根据需绘制图形确定绘图的比例，建议采用 1∶1 的比例绘制，1∶50 的比例出图。

2）建立新文件

打开 AutoCAD 2020 应用程序，建立新文件，将新文件命名为"桥面板钢筋图.dwg"并保存。

3）设置图层

设置以下 6 个图层："尺寸""定位中心线""钢筋""轮廓线""文字"和"虚线"，将"定位中心线"图层设置为当前图层。设置好的图层如图 12-60 所示。

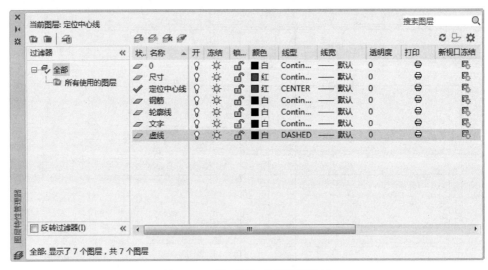

图 12-60　桥面板钢筋图图层设置

4）文字样式的设置

单击"默认"选项卡"注释"面板中的"文字样式"按钮 A，打开"文字样式"对话框。选择仿宋字体，宽度因子设置为 0.8。

5）标注样式的设置

根据绘图比例设置标注样式，对标注样式线、符号和箭头、文字、主单位进行设置，具体如下。

➤ 线：超出尺寸线为 120，起点偏移量为 150。

➤ 符号和箭头：第一个为建筑标记，箭头大小为 150，圆心标记为标记 75。

➤ 文字：文字高度为 150，文字位置为垂直上，从尺寸线偏移为 75，文字对齐为 ISO 标准。

➤ 主单位：精度为 0，比例因子为 1。

2. 绘制桥面板定位中心线

（1）在状态栏中，单击"正交"按钮 ，打开正交模式。在状态栏中，单击"对象捕捉"按钮 ┌┐，打开对象捕捉。单击"默认"选项卡"绘图"面板中的"直线"按钮 ╱，绘制一条长为 10580 的水平直线。

（2）单击"默认"选项卡"绘图"面板中的"直线"按钮 ╱，绘制交于端点的垂直的长为 7000 的直线。

（3）把尺寸图层设置为当前图层。单击"默认"选项卡"注释"面板中的"线性"按钮 ┝┥，标注直线尺寸。完成的图形如图 12-61 所示。

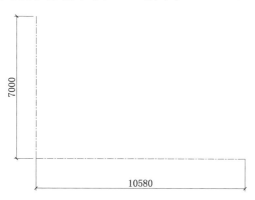

图 12-61　桥面板钢筋图定位轴线绘制

（4）单击"默认"选项卡"修改"面板中的"复制"按钮 ％，复制刚刚绘制好的水平直线，向上复制的位移分别为 1100、3500、5900、7000。

（5）单击"默认"选项卡"修改"面板中的"复制"按钮 ％，复制刚刚绘制好的垂直直线，向右复制的位移分别为 3575、7005、10405、10580。

（6）单击"默认"选项卡"注释"面板中的"线性"按钮 ┝┥，标注直线尺寸。

（7）单击"注释"选项卡"标注"面板中的"连续"按钮 ┽┼┽，进行连续标注。完成的图形如图 12-62 所示。

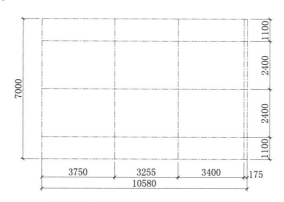

图 12-62　桥面板钢筋图定位轴线复制

3. 绘制纵横梁平面布置

（1）单击"默认"选项卡"修改"面板中的"复制"按钮 ％，复制纵横梁定位线。

（2）单击"默认"选项卡"修改"面板中的"删除"按钮 ✐，删除多余的标注尺寸。单击"默认"选项卡"注释"面板中的"线性"按钮，标注直线尺寸。

（3）单击"注释"选项卡"标注"面板中的"连续"按钮，进行连续标注。完成的图形如图 12-63 所示。

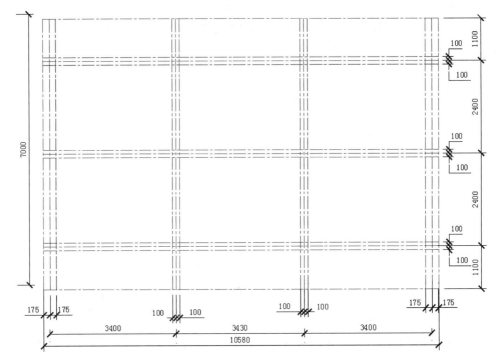

图 12-63　桥面板纵横梁定位线复制

（4）把"轮廓线"图层设置为当前图层。单击"默认"选项卡"绘图"面板中的"直线"按钮，绘制桥面板外部轮廓线。

（5）把"虚线"图层设置为当前图层。单击"默认"选项卡"绘图"面板中的"直线"按钮，绘制一条直线。

（6）把纵横梁的线型变成虚线。完成的图形如图 12-64 所示。

（7）单击"默认"选项卡"修改"面板中的"修剪"按钮，框选剪切纵横梁交接处。完成的图形如图 12-65 所示。

4．绘制钢筋

（1）在状态栏中，右击"极轴追踪"按钮，在下拉菜单中选择"正在追踪设置"命令，打开"草图设置"对话框。对极轴追踪进行设置，设置的参数如图 12-66 所示。

（2）把"轮廓线"图层设置为当前图层。单击"默认"选项卡"绘图"面板中的"多段线"按钮，绘制钢筋。具体的操作参见桥梁纵主梁钢筋图（图 11-4）的绘制。

完成的图形如图 12-67 所示。

（3）多次单击"默认"选项卡"修改"面板中的"复制"按钮，把绘制好的钢筋复制到相应的位置。完成的图形如图 12-68 所示。

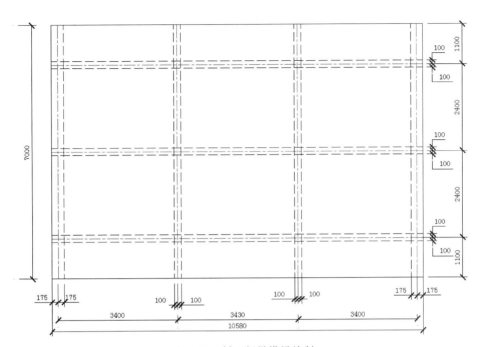

图 12-64 桥面板纵横梁绘制

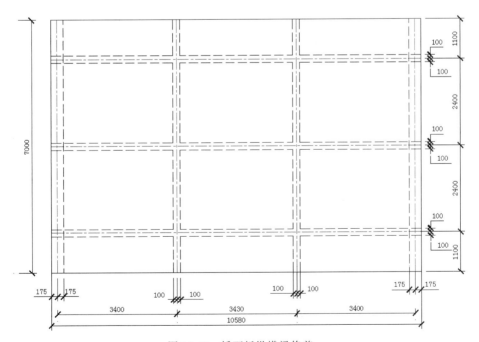

图 12-65 桥面板纵横梁修剪

图 12-66　极轴追踪设置

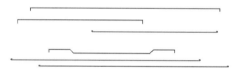

图 12-67　桥面板钢筋绘制

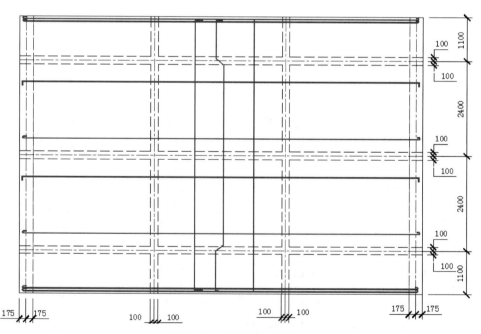

图 12-68　桥面板钢筋复制

5．标注文字

（1）单击"默认"选项卡"注释"面板中的"多行文字"按钮 **A** ，标注钢筋编号和型号。

（2）单击"默认"选项卡"修改"面板中的"复制"按钮，复制文字相同的内容到指定位置。完成的图形如图12-69所示。

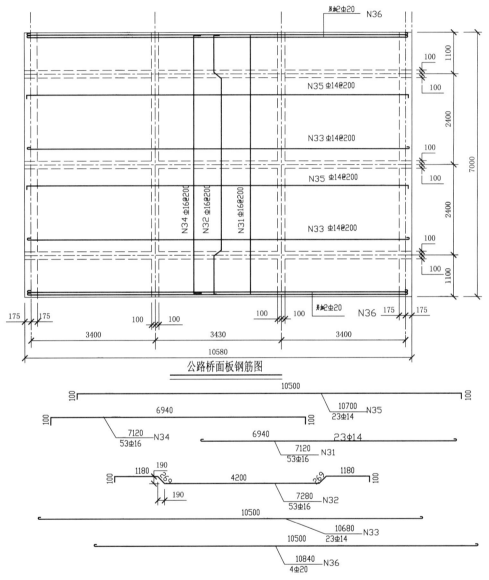

图12-69 桥面板钢筋图文字标注

6．标注尺寸

单击"默认"选项卡"注释"面板中的"线性"按钮，标注斜钢筋尺寸。完成的图形如图12-59所示。

12-8

Note

12.3.2 伸缩缝图绘制

绘制思路

使用直线、折断线以及复制命令绘制伸缩缝大样；使用填充命令填充填料；使用多行文字命令标注文字,保存伸缩缝大样。结果如图12-70所示。

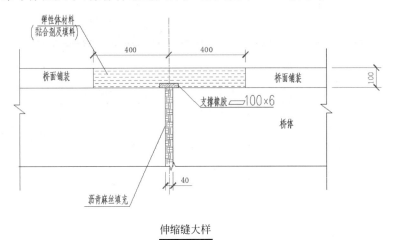

伸缩缝大样

图12-70 伸缩缝大样

 操作步骤

1．前期准备以及绘图设置

1）确定绘图比例

根据需绘制图形确定绘图的比例,建议采用1∶1的比例绘制,1∶10的比例出图。

2）建立新文件

打开AutoCAD 2020应用程序,建立新文件,将新文件命名为"伸缩缝大样.dwg"并保存。

3）设置图层

设置以下5个图层："尺寸""定位中心线""轮廓线""填充"和"虚线",将"定位中心线"图层设置为当前图层。设置好的图层如图12-71所示。

4）文字样式的设置

单击"默认"选项卡"注释"面板中的"文字样式"按钮 A ,打开"文字样式"对话框。选择仿宋字体,宽度因子设置为0.8。

5）标注样式的设置

根据绘图比例设置标注样式,对标注样式线、符号和箭头、文字、主单位进行设置,具体如下。

➢ 线：超出尺寸线为25,起点偏移量为30。

➢ 符号和箭头：第一个为建筑标记,箭头大小为30,圆心标记为标记15。

➢ 文字：文字高度为30,文字位置为垂直上,从尺寸线偏移为15,文字对齐为ISO标准。

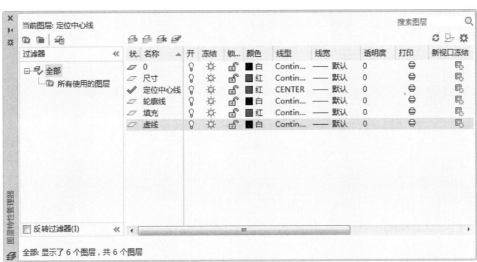

图 12-71 伸缩缝大样图层设置

➢ 主单位：精度为 0，比例因子为 1。

2．绘制伸缩缝大样

（1）在状态栏中，单击"正交"按钮 ，打开正交模式。在状态栏中，单击"对象捕捉"按钮 ，打开对象捕捉。在状态栏中，单击"极轴追踪"按钮 ，打开极轴追踪。

（2）单击"默认"选项卡"绘图"面板中的"直线"按钮 ，绘制一条长为 1600 的水平直线。单击"默认"选项卡"绘图"面板中的"直线"按钮 ，绘制交于水平直线中点的垂直的长为 900 的直线。完成的图形如图 12-72 所示。

（3）单击"默认"选项卡"修改"面板中的"复制"按钮 ，复制刚刚绘制好的水平直线，向上复制的位移为 100，向下复制的位移为 400。

（4）单击"默认"选项卡"修改"面板中的"复制"按钮 ，复制刚刚绘制好的垂直直线，向右复制的位移分别为 20、50、400，向左复制的位移分别为 20、50、400。

图 12-72 伸缩缝大样定位轴线绘制

（5）把尺寸图层设置为当前图层。单击"默认"选项卡"注释"面板中的"线性"按钮 ，标注复制的直线尺寸。

（6）单击"注释"选项卡"标注"面板中的"连续"按钮 ，进行连续标注。完成的图形如图 12-73 所示。

（7）把轮廓线图层设置为当前图层。单击"默认"选项卡"绘图"面板中的"直线"按钮 ，绘制伸缩缝大样轮廓线。

（8）绘制折断线。完成的图形如图 12-74 所示。

（9）单击"默认"选项卡"修改"面板中的"删除"按钮 ，删除多余的定位中心线。完成的图形如图 12-75 所示。

Note

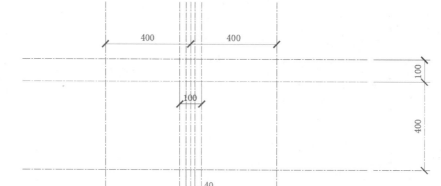

图 12-73　伸缩缝大样定位轴线复制

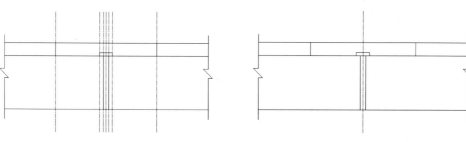

图 12-74　伸缩缝大样轮廓线绘制　　　　　　　图 12-75　多余直线的删除

3．填充填料

（1）将填充图层设置为当前图层。单击"默认"选项卡"绘图"面板中的"图案填充"按钮▨，选择"DASH"图例进行填充，填充比例和角度分别为 5 和 0。

（2）将填充图层设置为当前图层。单击"默认"选项卡"绘图"面板中的"图案填充"按钮▨，选择"ANSI31"图例进行填充，填充比例和角度分别为 2 和 0。

（3）单击"默认"选项卡"绘图"面板中的"图案填充"按钮▨，选择"EARTH"图例进行填充，填充比例和角度分别为 5 和 0。

完成的图形如图 12-76 所示。

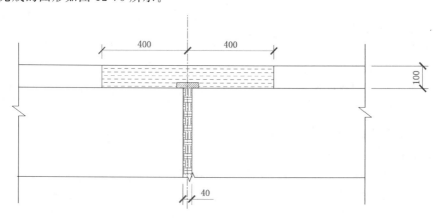

图 12-76　伸缩缝大样填充

4. 标注文字

单击"默认"选项卡"注释"面板中的"多行文字"按钮 A ，标注文字。完成的图形如图 12-70 所示。

12.3.3　支座绘制

绘制思路

绘制桥边墩、桥中墩支座构造；绘制支座梁底垫块平面。结果如图 12-77 所示。

操作步骤

12-9

1. 前期准备以及绘图设置

1）确定绘图比例

根据需绘制图形确定绘图的比例，建议采用 1：1 的比例绘制，1：10 的比例出图。

2）建立新文件

打开 AutoCAD 2020 应用程序，建立新文件，将新文件命名为"支座构造图.dwg"并保存。

3）设置图层

设置以下 5 个图层："尺寸""定位中心线""轮廓线""填充"和"虚线"，将"轮廓线"图层设置为当前图层。设置好的图层如图 12-78 所示。

4）文字样式的设置

单击"默认"选项卡"注释"面板中的"文字样式"按钮 A，打开"文字样式"对话框。选择仿宋字体，宽度因子设置为 0.8。

5）标注样式的设置

根据绘图比例设置标注样式，对标注样式线、符号和箭头、文字、主单位进行设置。具体如下。

> 线：超出尺寸线为 25，起点偏移量为 30。
> 符号和箭头：第一个为建筑标记，箭头大小为 30，圆心标记为标记 15。
> 文字：文字高度为 30，文字位置为垂直上，从尺寸线偏移为 15，文字对齐为 ISO标准。
> 主单位：精度为 0，比例因子为 1。

2. 绘制桥边墩、桥中墩支座构造

下面以桥边墩支座构造图为例进行介绍。

（1）在状态栏中，单击"正交"按钮 ，打开正交模式。在状态栏中，单击"对象捕捉"按钮 ，打开对象捕捉。

（2）单击"默认"选项卡"绘图"面板中的"直线"按钮 ，绘制 350×220 的矩形。

（3）单击"默认"选项卡"修改"面板中的"复制"按钮 ，复制刚刚绘制好的底下水平直线，向上复制的位移分别为 12.5、110、207.5。

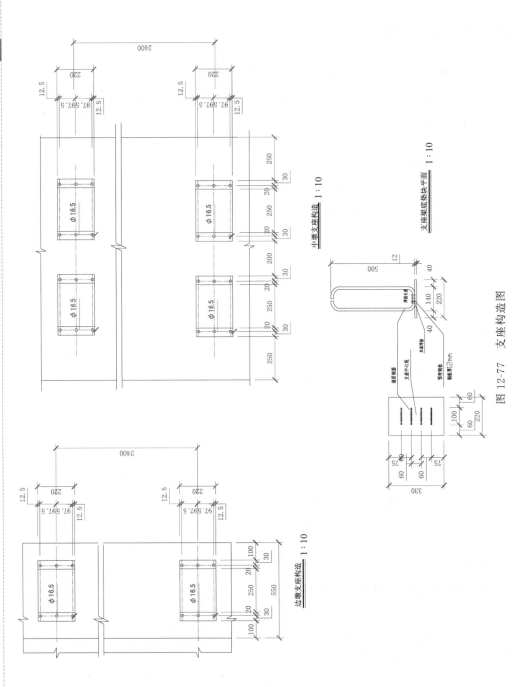

图12-77 支座构造图

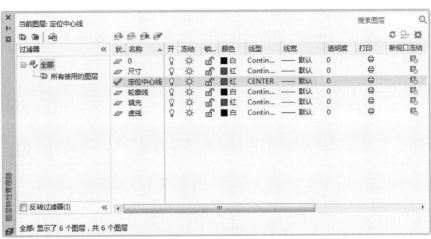

图 12-78　支座大样图层设置

（4）单击"默认"选项卡"修改"面板中的"复制"按钮 🎛️,复制刚刚绘制好的左边垂直直线,向右复制的位移分别为 30、50。

（5）单击"默认"选项卡"注释"面板中的"线性"按钮 ┝┥,标注直线尺寸。

（6）单击"注释"选项卡"标注"面板中的"连续"按钮 ╫,进行连续标注。注意应该把尺寸图层设置为当前图层。完成的图形如图 12-79 所示。

（7）单击"默认"选项卡"绘图"面板中的"圆"按钮 ⊙,绘制一个直径为 16.5 的圆。

（8）把定位中心线图层设置为当前图层。绘制一条直线,把中心线设置为 center 线型。

（9）单击"默认"选项卡"注释"面板中的"直径"按钮 ⊘,标注预留孔直径。注意应该把尺寸图层设置为当前图层。完成的图形如图 12-80 所示。

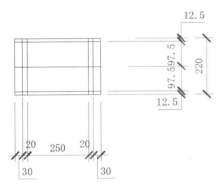

图 12-79　支座轮廓线绘制

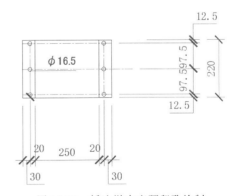

图 12-80　桥边墩支座预留孔绘制

（10）单击"默认"选项卡"绘图"面板中的"直线"按钮 ╱,绘制一个 650×1250 的矩形。

（11）单击"默认"选项卡"修改"面板中的"复制"按钮 🎛️,复制刚刚绘制好的底下水平直线,向上复制的位移分别为 200、1050。

（12）单击"默认"选项卡"修改"面板中的"复制"按钮 🎛️,复制刚刚绘制好的左边垂直直线,向右复制的位移分别为 100、200、550。

(13)单击"默认"选项卡"注释"面板中的"线性"按钮 ┝┥,标注直线尺寸。注意应该把尺寸图层设置为当前图层。

(14)在命令行输入 DDEDIT,将竖向中心线尺寸修改为 2400。

(15)单击"默认"选项卡"修改"面板中的"复制"按钮 ❀,复制刚刚绘制的支座到指定位置。

(16)单击"默认"选项卡"修改"面板中的"删除"按钮 ✐,删除多余的直线。完成的图形如图 12-81 所示。

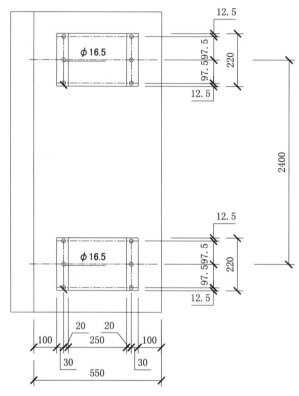

图 12-81　桥边墩支座复制

(17)绘制折断线。

(18)单击"默认"选项卡"修改"面板中的"修剪"按钮 ▼,剪去多余的直线。完成的图形如图 12-82 所示。

(19)单击"默认"选项卡"绘图"面板中的"直线"按钮 ╱,绘制一个 1400×1250 的矩形。

(20)单击"默认"选项卡"修改"面板中的"复制"按钮 ❀,复制刚刚绘制好的底下水平直线,向上复制的位移分别为 200、1050。

(21)单击"默认"选项卡"修改"面板中的"复制"按钮 ❀,复制刚刚绘制好的左边垂直直线,向右复制的位移分别为 250、600、800、1150。

(22)单击"默认"选项卡"修改"面板中的"复制"按钮 ❀,复制刚刚绘制的支座到

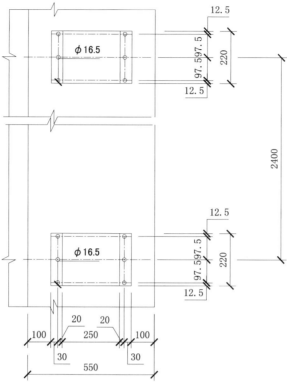

图 12-82 桥边墩支座折断线绘制

指定位置。

（23）单击"默认"选项卡"注释"面板中的"线性"按钮┝┥，标注直线尺寸。

（24）单击"注释"选项卡"标注"面板中的"连续"按钮┞┼┼，进行连续标注。注意应该把尺寸图层设置为当前图层。

（25）在命令行输入 DDEDIT，将竖向中心线尺寸修改为 2400。

（26）单击"默认"选项卡"修改"面板中的"删除"按钮✎，删除多余的直线。完成桥中墩支座图形绘制。完成的图形如图 12-83 所示。

（27）绘制折断线。

（28）单击"默认"选项卡"修改"面板中的"修剪"按钮▔，剪去多余的直线。完成的图形如图 12-84 所示。

3．绘制支座梁底垫块平面

（1）把定位中心线图层设置为当前图层。单击"默认"选项卡"绘图"面板中的"直线"按钮╱，绘制一条长为 220 的水平直线。

（2）单击"默认"选项卡"绘图"面板中的"直线"按钮╱，绘制交于端点的垂直的长为 330 的直线。

（3）单击"默认"选项卡"修改"面板中的"复制"按钮％，复制刚刚绘制好的垂直直线，向右复制的位移分别为 60、160、220。

（4）单击"默认"选项卡"修改"面板中的"复制"按钮％，复制刚刚绘制好的水平直

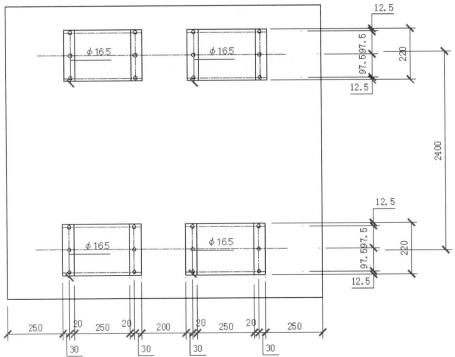

图 12-83　桥中墩支座复制

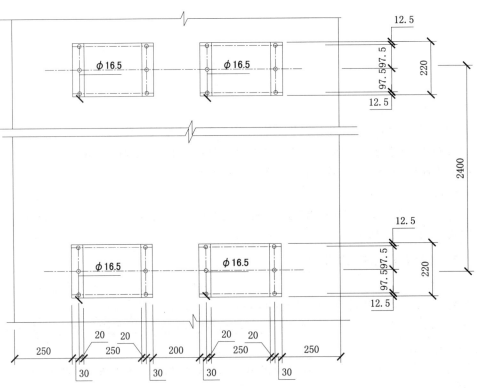

图 12-84　桥中墩支座折断线绘制

线,向上复制的位移分别为 75、135、195、255、330。

(5) 把尺寸图层设置为当前图层。单击"默认"选项卡"注释"面板中的"线性"按钮 ,标注直线尺寸。

(6) 单击"注释"选项卡"标注"面板中的"连续"按钮 ,连续标注定位线。完成的图形以及尺寸如图 12-85 所示。

(7) 把轮廓线图层设置为当前图层。单击"默认"选项卡"绘图"面板中的"多段线"按钮 ,绘制焊缝长度。输入 w 来确定多段线的宽度为 5。

(8) 单击"默认"选项卡"绘图"面板中的"直线"按钮 ,绘制一条垂直的长为 10 的直线。

(9) 单击"默认"选项卡"修改"面板中的"矩形阵列"按钮 ,选择刚刚绘制的直线为阵列对象,设置行数为 1、列数为 16,设置列间距为 6。

(10) 单击"默认"选项卡"修改"面板中的"复制"按钮 ,复制刚刚绘制的焊缝到指定位置。完成的图形如图 12-86 所示。

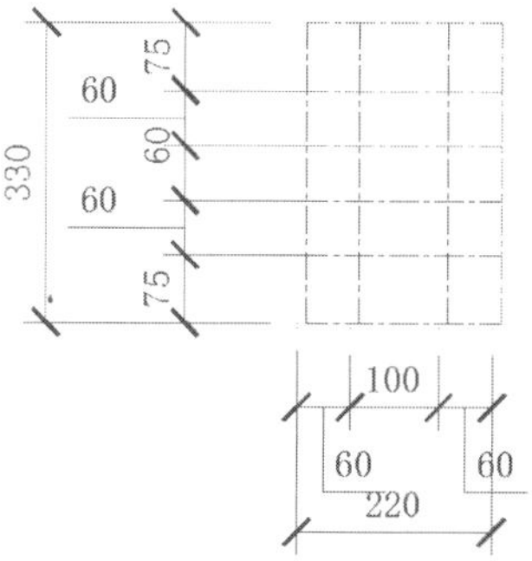

图 12-85　支座梁底垫块绘制

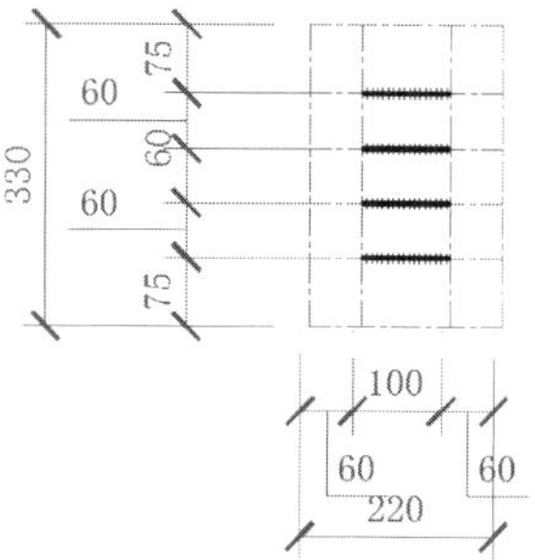

图 12-86　支座梁底垫块焊缝复制

(11) 单击"默认"选项卡"绘图"面板中的"矩形"按钮 ,绘制 220×330 的矩形。

(12) 单击"默认"选项卡"修改"面板中的"删除"按钮 ,删除多余的定位中心线。完成的图形如图 12-87 所示。

(13) 单击"默认"选项卡"绘图"面板中的"矩形"按钮 ,绘制 220×12 的矩形。

(14) 把定位中心线图层设置为当前图层。单击"默认"选项卡"绘图"面板中的"直线"按钮 ,取其长边的中点绘制一条垂直的长为 512 的直线。

(15) 单击"默认"选项卡"修改"面板中的"复制"按钮 ,复制刚刚绘制好的垂直直线。

(16) 把尺寸图层设置为当前图层。单击"默认"选项卡"注释"面板中的"线性"按钮 ,标注直线尺寸。

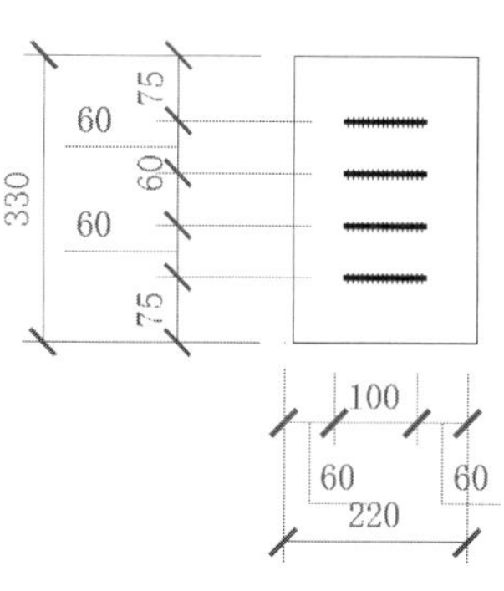

图 12-87　支座梁底垫块平面图绘制

(17) 单击"注释"选项卡"标注"面板中的"连续"按钮 ,进行连续标注。复制的尺寸和完成的图形如图 12-88 所示。

（18）把轮廓线图层设置为当前图层。单击"默认"选项卡"绘图"面板中的"直线"按钮 ，绘制钢筋。

（19）单击"默认"选项卡"修改"面板中的"圆角"按钮 ，绘制钢筋转角。选择 r 来指定圆角半径为 30。

（20）单击"默认"选项卡"修改"面板中的"镜像"按钮 ，复制刚刚圆角好的钢筋。完成的图形如图 12-89 所示。

（21）将文字图层设置为当前图层。单击"默认"选项卡"注释"面板中的"单行文字"按钮 A，标注文字。

（22）利用所学知识添加剩余图形。单击"默认"选项卡"修改"面板中的"删除"按钮 ，删除多余的定位轴线。完成的图形如图 12-90 所示。

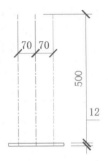

图 12-88 支座梁底垫块立面定位轴线绘制

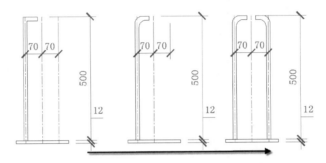

图 12-89 支座梁底垫块立面钢筋绘制流程

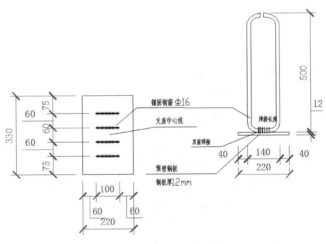

图 12-90 支座构造图

4

给水排水系统是为人们的生活、生产、市政和消防提供用水和废水排除设施的总称。

给水排水系统的功能是向各种不同类别的用户供应满足不同需求的水量和水质，同时承担用户排除废水的收集、输送和处理工作，达到消除废水中污染物质从而保护人体健康和环境的目的。

第4篇　给水排水施工

本篇主要介绍给水、雨水、排水的分类、组成、功能、管线布置以及绘制的方法和步骤。通过本篇的学习，读者应能识别AutoCAD市政给水排水施工图，熟练掌握使用AutoCAD进行给水、雨水、排水制图的一般方法，具有一般给水、雨水、排水制图绘制、设计技能。

第13章

给水排水管道概述

本章导读

　　给水排水系统是为人们的生活、生产、市政和消防提供用水和废水排除设施的总称。

学 习 要 点

◆ 给水排水系统的组成
◆ 给水排水管道系统的功能与特点
◆ 给水排水管网系统
◆ 给水管网系统规划布置

13.1 给水排水系统的组成

给水系统(water supply system)是保障城市居民、工矿企业等用水的各项构筑物和输配水管网组成的系统。根据系统的性质不同有 4 种分类方法：

（1）按水源种类可以分为地表水(江河、湖泊、水库、海洋等)和地下水(潜水、承压水、泉水等)给水系统；

（2）按服务范围可分为区域给水、城镇给水、工业给水和建筑给水等系统；

（3）按供水方式分为自流系统(重力供水)、水泵供水系统(加压供水)和两者相结合的混合供水系统；

（4）按使用目的可分为生活给水、生产给水和消防给水系统。

废水收集、处理和排放工程设施，称为排水系统(sewerage system)。

根据排水系统所接收的废水的性质和来源不同，废水可分为生活污水、工业废水和雨水三类。

整个城市给水排水系统如图 13-1 所示。

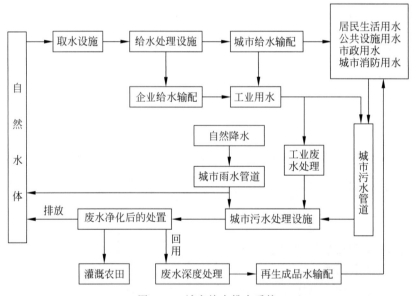

图 13-1　城市给水排水系统

给水排水系统一般包括取水系统、给水处理系统、给水管网系统、排水管道系统、污水处理系统、污水排放系统、重复利用系统。给水排水系统组成如图 13-2 所示。

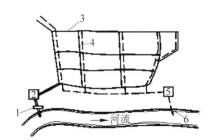

图 13-2　给水排水系统组成

1—取水系统；2—给水处理系统；3—给水管网系统；

4—排水管道系统；5—污水处理系统；6—污水排放系统

13.2　给水排水管道系统的功能与特点

1. 给水排水管道系统的功能

（1）水量输送：实现一定水量的位置迁移，满足用水和排水的地点要求。

（2）水量调节：采用贮水措施解决供水、用水与排水的水量不平均问题。

（3）水压调节：采用加压和减压措施调节水的压力，满足水输送、使用和排放的能量要求。

2. 给水排水管道系统的特点

给水排水管道系统具有一般网络系统的特点，即分散性（覆盖整个用水区域）、连通性（各部分之间的水量、水压和水质紧密关联且相互作用）、传输性（水量输送、能量传递）、扩展性（可以向内部或外部扩展，一般分多次建成）等。同时给水排水管道系统又具有与一般网络系统不同的特点，如隐蔽性强、外部干扰因素多、容易发生事故、基建投资费用大、扩建改建频繁、运行管理复杂等。

13.3　给水排水管网系统

1. 给水管网系统

1）给水管网系统的组成

给水管网系统一般由输水管（渠）、配水管网、水压调节设施（泵站、减压阀）及水量调节设施（清水池、水塔、高位水池）等构成。图 13-3 所示为地表水源给水管道系统示意图。

2）给水管网系统的类型

（1）按水源的数目分类

➢ 单水源给水管网系统

➢ 多水源给水管网系统

Note

（2）按系统构成方式分类

➤ 统一给水管网系统：同一管网按相同的压力供应生活、生产、消防各类用水。系统简单，投资较小，管理方便。用在工业用水量占总水量比例小、地形平坦的地区。按水源数目不同可分为单水源给水系统和多水源给水系统。

➤ 分质给水系统：因用户对水质的要求不同而分成两个或两个以上系统，分别供给各类用户，可分为生活给水管网和生产给水管网等。可以从同一水源取水，在同一水厂中经过不同的工艺和流程处理后，由彼此独立的水泵、输水管和管网，将不同水质的水供给各类用户。采用此种系统，可使城市水厂规模缩小，特别是可以节约大量药剂费用和动力费用，但管道和设备增多，管理较复杂。适用在工业用水量占总水量比例大、水质要求不高的地区。

➤ 分区给水系统：将给水管网系统划分为多个区域，各区域管网具有独立的供水泵站，供水具有不同的水压。分区给水管网系统可以降低平均供水压力，避免局部水压过高的现象，减少爆管的概率和泵站能量的浪费。

管网分区的方法有两种，一种为城镇地形较平坦，功能分区较明显或自然分隔而分区，如图 13-4 所示。

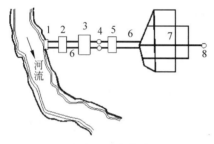

图 13-3　地表水源给水管道系统示意图

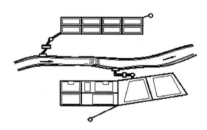

图 13-4　分区给水管网系统

1—取水构筑物；2——级泵站；3—水处理构筑物；4—清水池；
5—二级泵站；6—输水管；7—管网；8—水塔

另一种为地形高差较大或输水距离较长而分区，可分为串联分区和并联分区两类。图 13-5 所示为并联分区给水管网系统，图 13-6 所示为串联分区给水管网系统。

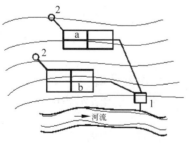

图 13-5　并联分区给水管网系统

a—高区；b—低区；1—净水厂；2—水塔

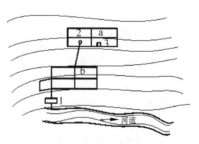

图 13-6　串联分区给水管网系统

a—高区；b—低区；1—净水厂；
2—水塔；3—加压泵站

（3）按输水方式分类

> 重力输水：水源处地势较高，清水池中的水依靠重力进入管网系统，无动力消耗，较经济。

> 压力输水：依靠泵站加压输水。

2．排水管道系统

1）排水管道系统的组成

排水管道系统一般由废水收集设施、排水管道、水量调节池、提升泵站、废水输水管（渠）和排放口等组成，如图13-7所示。

2）排水管网系统的体制

排水管网系统的体制是指在一个地区内收集和输送废水的方式，简称排水体制（制度）。它有合流制和分流制两种基本方式。

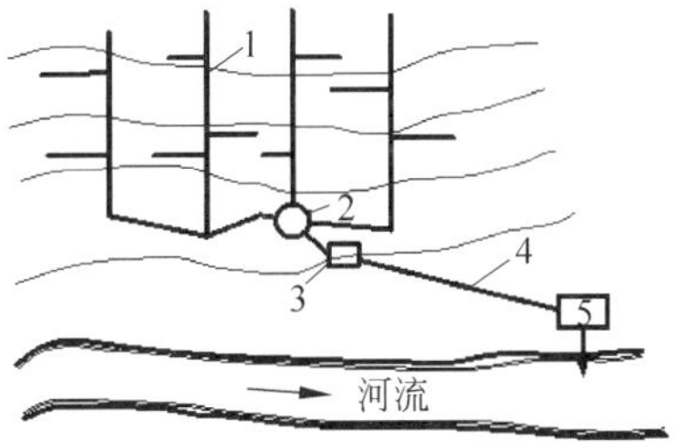

（1）合流制

所谓合流制是指用同一种管渠收集和输送生活污水、工业废水和雨水的排水方式。根据污水汇集后的处置方式不同，又可把合流制分为下列三种情况。

① 直排式合流制

管道系统的布置就近坡向水体，分若干排出

图13-7　排水管道系统示意图
1—排水管道；2—水量调节池；
3—提升泵站；4—输水管道（渠）；
5—污水处理厂

口，混合的污水未经处理直接排入水体。我国许多老城市的旧城区采用的是这种排水体制。

特点：对水体污染严重，系统简单。

这种直排式合流制系统目前不宜采用。

② 截流式合流制

这种系统是在沿河的岸边铺设一条截流干管，同时在截流干管上设置溢流井，并在下游设置污水处理厂。

特点：比直排式有了较大的改进，但在雨天时，仍有部分混合污水未经处理而直接排放，成为水体的污染源。

此种体制适用于对老城市的旧合流制的改造。

③ 完全合流制

这种系统是将污水和雨水合流于一条管渠，全部送往污水处理厂进行处理。

特点：卫生条件较好，在街道交接处将管道综合也比较方便，但工程量较大，初期投资大，污水厂的运行管理不便。

此种方法采用者不多。

（2）分流制

所谓分流制是指用不同管渠分别收集和输送生活污水、工业废水和雨水的排水方式。

排除生活污水、工业废水的系统称为污水排水系统；排除雨水的系统称为雨水排水系统。

根据雨水的排除方式不同,分流制又分为下列三种情况。

① 完全分流制

这种体制既有污水管道系统,又有雨水管渠系统。如下:

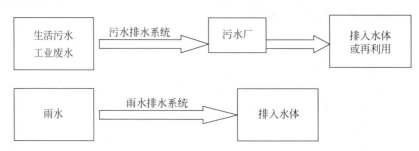

特点:比较符合环境保护的要求,但对城市管渠的一次性投资较大。适用于新建城市。

② 不完全分流制

这种体制只有污水排水系统,没有完整的雨水排水系统。各种污水通过污水排水系统送至污水厂,经过处理后排入水体;雨水沿道路边沟、地面明渠和小河进入较大的水体。

如城镇的地势适宜,不易积水时,或初建城镇和小区可采用不完全分流制,先解决污水的排放问题,待城镇进一步发展后,再建雨水排水系统,完成完全分流制的排水系统。这样可以节省初期投资,有利于城镇的逐步发展。

③ 半分流制

这种体制既有污水排水系统,又有雨水排水系统。如下:

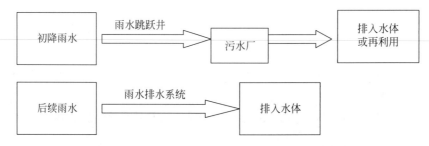

特点:可以更好地保护环境,但工程费用较大。目前使用不多,适用于污染较严重地区。

(3)排水体制的比较选择

合理选择排水体制,关系到排水系统是否实用,是否满足环境保护要求,同时也影响排水工程的总投资、初期投资和经营费用。排水体制的选择要从以下方面来综合考虑。

① 从城市规划方面

合流制仅有一条管渠系统,与地下建筑相互间的矛盾较小,占地少,施工方便。分流制管线多,与地下建筑的竖向规划矛盾较大。

② 从环境保护方面

直排式合流制不符合卫生要求,新建的城镇和小区已不再采用。

完全合流制排水系统卫生条件较好,但工程量大,初期投资大,污水厂的运行管理不便,特别是在我国经济实力还不雄厚的城镇和地区,更是无法采用。

在老城市的改造中,常采用截流式合流制,充分利用原有的排水设施,与直排式相比,减小了对环境的危害,但仍有部分混合污水通过溢流井直接排入水体。

分流制排水系统的管线多,但卫生条件好,有利于环境保护,虽然初降雨水对水体有污染,但它比较灵活,比较容易适应社会发展的需要,一般又能符合城镇卫生的要求,所以在国内外得到推荐应用,而且也是城镇排水系统体制发展的方向。

不完全分流制排水系统,初期投资少,有利于城镇建设的分期发展,在新建城镇和小区可考虑采用这种体制;半分流制卫生情况比较好,但管渠数量多,建造费用高,一般仅在地面污染较严重的区域(如某些工厂区等)采用。

③ 从基建投资方面

分流制比合流制高。合流制只敷设一条管渠,其管渠断面尺寸与分流制的雨水管渠相差不大,管道总投资较分流制低20%～40%,但合流制的泵站和污水厂却比分流制的造价要高。由于管道工程的投资占给排水工程总投资的70%～80%,因此总的投资分流制比合流制高。

如果是初建的城镇和小区,初期投资受到限制时,可以考虑采用不完全分流制,先建污水管道而后建雨水管道系统,以节省初期投资,有利于城镇发展,且工期短,见效快,随着工程建设的发展,逐步建设雨水排水系统。

④ 从维护管理方面

合流制管道系统在晴天时只是分流,流速较低,容易产生沉淀,根据经验,管中的沉淀物易被暴雨水流冲走,这样合流制管道系统的维护管理费用可以降低。但是,流入污水厂的水量变化较大,污水厂运行管理复杂。

分流制管道系统可以保证管内的流速,不致发生沉淀,同时,污水厂的运行管理也易于控制。

排水系统体制的选择,应根据城镇和工业企业规划、当地降雨情况和排放标准、原有排水设施、污水处理和利用情况、地形和水体等条件,在满足环境保护的前提下,全面规划,按近期设计,考虑远期发展,通过技术经济比较,综合考虑而定。

新建的城镇和小区宜采用分流制和不完全分流制;老城镇可采用截流式合流制;在干旱少雨地区,或街道较窄、地下设施较多而修建污水和雨水两条管线有困难的地区,也可考虑采用合流制。

13.4　给水管网系统规划布置

给水管网规划、定线是管网设计的初始阶段,其布置得合理与否直接关系到供水运行得合理与否及水泵扬程的设置。

1. 给水管网布置原则

布置给水管网应遵循以下原则。

(1) 应符合场地总体规划的要求,并考虑供水的分期发展,留有充分的余地。

（2）管网应布置在整个给水区域内，在技术上要使用户有足够的水量和水压。

（3）无论在正常工作或在局部管网发生故障时，应保证不中断供水。

（4）在经济上要使给水管道修建费最少，定线时应选用短捷的线路，并要使施工方便。

2. 给水管网布置基本形式

给水管网的布置一般分为树状网、环状网。

1）树状网

树状网是指干管与支管的布置有如树干与树枝的关系。其主要优点是管材省、投资少、构造简单；缺点是供水可靠性较差，一处损坏则下游各段全部断水，同时各支管尽端易造成"死水"，会恶化水质。适用于对供水安全可靠性要求不高的小城市和小型工业企业。

2）环状网

环状网是供水干管间都用联络管互相连通起来，形成许多闭合的环。这样每条管都可以由两个方向来水，因此供水安全可靠。一般在大中城市给水系统或供水要求较高，不能停水的管网，均应用环状网。环状网还可降低管网中的水头损失，节省动力，管径可稍减小。另外环状网还能减轻管内水锤效应带来的威胁，有利管网的安全。总之，环网的管线较长，投资较大，但供水安全可靠。

适用于对供水安全可靠性要求较高的大、中城市和大型工业企业。

3. 给水管网定线

给水管网定线包括干管和连接管（干管之间），不包括从干管到用户的分配管和进户管。

1）管网定线要点

管网定线要点如下。

（1）以满足供水要求为前提，尽可能缩短管线长度。

（2）干管延伸方向与管网的主导流向一致，主要取决于二级泵站到大用水户、水塔的水流方向。

（3）沿管网的主导流向布置一条或数条干管。

（4）干管应从两侧用水量大的街道下经过（双侧配水），减少单侧配水的管线长度。

（5）干管之间的间距根据街区情况，宜控制在 500～800m，连接管间距宜控制在 800～1000m。

（6）干管一般沿城市规划道路定线，尽量避免在高级路面或重要道路下通过。

（7）管线在街道下的平面和高程位置，应符合城镇或厂区管道的综合设计要求。

2）分配管、进户管

分配管：敷设在每一街道或工厂车间的路边，将干管中的水送到用户和消火栓。直径由消防流量决定（防止火灾时分配管中的水头损失过大），最小管径为 100mm，大城市一般为 150～200mm。

进户管：一般设一条，重要建筑设两条，从不同方向引入。

13.5 排水管网系统规划布置

1. 排水管网布置原则与形式

1）排水管网布置原则

布置排水管网应遵循以下原则。

（1）按照城市总体规划，结合实际布置。

（2）先确定排水区域和排水体制，然后布置排水管网，按从主干管到干管到支管的顺序进行布置。

（3）充分利用地形，采用重力流排除污水和雨水，并使管线最短和埋深最小。

（4）协调好与其他管道的关系。

（5）施工、运行和维护方便。

（6）远近期结合，留有发展余地。

2）排水管网布置形式

排水管网一般布置成树状网，根据地形、竖向规划、污水厂的位置、土壤条件、河流情况以及污水种类和污染程度等分为多种形式。以地形为主要考虑因素的布置形式有以下几种。

（1）正交式

正交式是在地势向水体适当倾斜的地区，各排水流域的干管可以最短距离沿与水体垂直相交的方向布置。其特点主要是干管长度短，管径小，较经济，污水排出也迅速；由于污水未经处理就直接排放，会使水体遭受严重污染，影响环境；适用于雨水排水系统。

（2）截流式

截流式是沿河岸再敷设主干管，并将各干管的污水截流送至污水厂，是正交式发展的结果。其特点主要是减轻水体污染，保护环境，适用于分流制污水排水系统。

（3）平行式

平行式是在地势向河流方向有较大倾斜的地区，可使干管与等高线及河道基本上平行，主干管与等高线及河道成一倾斜角敷设。其特点主要是保证干管较好的水力条件，避免因干管坡度过大以至于管内流速过大，使管道受到严重冲刷或跌水井过多，适用于地形坡度大的地区。

（4）分区式

在地势高低相差很大的地区，当污水不能靠重力流至污水厂时采用分区式。分区式分别在高地区和低地区敷设独立的管道系统。高地区的污水靠重力流直接流入污水厂，而低地区的污水用水泵抽送至高地区干管或污水厂。其优点在于能充分利用地形排水，节省电力，适用于个别阶梯地形或起伏很大的地区。

（5）分散式

当城镇中央部分地势高，且向周围倾斜，四周又有多处排水出路时，各排水流域的干管常采用辐射状布置，各排水流域具有独立的排水系统。其特点主要是干管长度短，管径小,管道埋深浅,便于污水灌溉等,但污水厂和泵站(如需设置时)的数量将增多,适用于在地势平坦的大城市。

(6)环绕式

可沿四周布置主干管,将各干管的污水截流送往污水厂集中处理,这样就由分散式发展成环绕式布置。其特点主要是污水厂和泵站(如需设置时)的数量少,基建投资和运行管理费用小。

2.污水管网规划布置

1)污水管网布置

污水管网布置的主要内容包括确定排水区界,划分排水流域;选定污水厂和出水口的位置;进行污水管道系统的定线;确定需要抽升区域的泵站位置;确定管道在街道上的位置等。一般按主干管、干管、支管的顺序进行布置。

(1)确定排水区界,划分排水流域

排水区界是污水排水系统设置的界限。它是根据城市规划的设计规模确定的。在排水区界内,一般根据地形划分为若干个排水流域。

① 在丘陵和地形起伏的地区:流域的分界线与地形的分水线基本一致,由分水线所围成的地区即为一个排水流域。

② 在地形平坦无明显分水线的地区:可按面积的大小划分,使各流域的管道系统合理分担排水面积,并使干管在最大合理埋深的情况下,各流域的绝大部分污水能自流排出。每一个排水流域内,可布置若干条干管,根据流域地势标明水流方向和污水需要抽升的地区。

(2)选定污水厂和出水口的位置

现代化的城市,需将各排水流域的污水通过主干管输送到污水厂,经处理后再排放,以保护受纳水体。在布置污水管道系统时,应遵循如下原则选定污水厂和出水口的位置。

① 出水口应位于城市河流下游。当城市采用地表水源时,应位于取水构筑物下游,并保持100m以上的距离。

② 出水口不应设在回水区,以防止回水污染。

③ 污水厂要位于河流下游,并与出水口尽量靠近,以减少排放渠道的长度。

④ 污水厂应设在城市夏季主导风向的下风向,并与城市、工矿企业和农村居民点保持300m以上的卫生防护距离。

⑤ 污水厂应设在地质条件较好,不受雨洪水威胁的地方,并有扩建的余地。

2)污水管道定线

在城市规划平面图上确定污水管道的位置和走向,称为污水管道系统的定线。

污水管道定线的主要原则是采用重力流排除污水和雨水,尽可能在管线最短和埋深较小的情况下,让最大区域的污水能自流排出。影响污水管道定线的主要因素有城市地形、竖向规划、排水体制、污水厂和出水口位置、水文地质、道路宽度、大出水户位置等。

(1)主干管

主干管定线的原则是如果地形平坦或略有坡度,主干管一般平行于等高线布置,在

Note

地势较低处,沿河岸边敷设,以便于收集干管来水;如果地形较陡,主干管可与等高线垂直,这样布置主干管坡度较大,但可设置数量不多的跌水井,使干管的水力条件改善,避免受到严重冲刷;同时选择时尽量避开地质条件差的地区。

（2）干管

干管定线的原则是尽量设在地势较低处,以便支管顺坡排水;地形平坦或略有坡度,干管与等高线垂直(减小埋深);地形较陡,干管与等高线平行(减少跌水井数量);一般沿城市街道布置,通常设置在污水量较大、地下管线较少、地势较低一侧的人行道、绿化带或慢车道下,并与街道平行;当街道宽度大于40m,可考虑在街两侧设两条污水管,以减少连接支管的长度和数量。

（3）支管

支管定线取决于地形和街坊建筑特征,并应便于用户接管排水。布置形式有以下几种。

> 低边式:当街坊面积较小而街坊内污水又采用集中出水方式时,支管敷设在服务街坊较低侧的街道下。

> 周边式(围坊式):当街坊面积较大且地势平坦时,宜在街坊四周的街道下敷设支管。

> 穿坊式:当街坊或小区已按规划确定,其内部的污水管网已按建筑物需要设计,组成一个系统时,可将该系统穿过其他街坊,并与所穿街坊的污水管网相连。

3）确定污水管道在街道下的具体位置

在城市街道下常有各种管线,如给水管、污水管、雨水管、煤气管、热力管、电力电缆、电信电缆等。此外,街道下还可能有地铁、地下人行横道、工业隧道等地下设施。这就需要在各单项管道工程规划的基础上,综合规划,统筹考虑,合理安排各种管线在空间的位置,以利施工和维护管理。

由于污水管道为重力流管道,其埋深大,连接支管多,使用过程中难免渗漏损坏,所有这些都增加了污水管道的施工和维修难度,还会对附近建筑物和构筑物的基础造成危害,甚至污染生活饮用水。

因此,污水管道与建筑物应有一定间距,与生活给水管道交叉时,应敷设在生活给水管的下面。管线综合规划时,所有地下管线都应尽量设置在人行道、非机动车道和绿化带下,只有在不得已时,才考虑将埋深大、维修次数较少的污水、雨水管道布置在机动车道下。各种管线在平面上布置的次序一般是,从建筑规划线向道路中心线方向依次为:电力电缆——电信电缆——煤气管道——热力管道——给水管道——雨水管道——污水管道。若各种管线布置时发生冲突,处理的原则一般为未建让已建的,临时让永久的,小管让大管,压力管让无压管,可弯管让不可弯管。在地下设施较多的地区或交通极为繁忙的街道下,应把污水管道与其他管线集中设置在隧道(管廊)中,但雨水管道应设在隧道外,并与隧道平行敷设。

3.雨水管的布置及排水系统选择

1）雨水管的布置

城市道路的雨水管线应该是直线,平行于道路中心线或规划红线,宜布置在人行道或绿化带下,不宜布置在快车道下,以免积水时影响交通或维修管道时破坏路面。雨水干管一般设置在街道中间或一侧,并宜设在快车道以外,当道路红线宽度大于60m时,可考虑沿街道两侧作双线布置。这主要根据街道的等级、横断面的形式、车辆交通、街道建筑等技术经济条件来决定。

雨水管线应该尽量避免或减少与河流、铁路以及其他城市地下管线的交叉,否则将使施工复杂以致增加造价。在不能避免时,相交处应该正交,并保证相互之间有一定的竖向间隙。雨水管道离开房屋及其他地下管线或构筑物的最小净距可参照表13-1。

表 13-1　雨水管道与其他管线(构筑物)的最小净距　　　　　　　　　　m

名　称	水平净距	垂直净距	名　称	水平净距	垂直净距
建筑物	见注3		乔木	1.5	
给水管	1.5	0.4	地上柱杆(中心)	1.5	
排水管	1.5	0.15	道路侧石边缘	1.5	
煤气管 低压	1.0	0.15	铁路钢轨(或坡脚)	5.0	轨底1.2
煤气管 中压	1.5		电车轨底	2.0	1.0
煤气管 高压	2.0		架空管架基础	2.0	
煤气管 特高压	5.0		油管	1.5	0.25
热力管沟	1.5	0.15	压缩空气管	1.5	0.15
电力电缆	1.0	0.5	氧气管	1.5	0.25
通信电缆	1.0	直埋0.5 穿管0.15	乙炔管	1.5	0.25
			电车电缆		0.5
涵洞基础底		0.15	明渠渠底		0.5

注:1. 表列数字除注明外,水平净距均指外壁净距,垂直净距系指下面管道的外顶与上面管道基础底间净距。

2. 采取充分措施(如结构措施)后,表列数字可以减小。

3. 与建筑物水平净距,管道埋深浅于建筑物基础时,不得小于2.5m;管道埋深深于建筑物基础时,按计算规定,但不得小于3.0m。

雨水管与其他管线发生平交时其他管线一般可以用倒虹管的办法。雨水管和污水管相交,一般将污水管用倒虹管穿过雨水管的下方。如果污水管的管径较小,也可在交汇处加建窨井,将污水管改用生铁管穿越而过。当雨水管与给水管相交时,可以把给水管向上做成弯头,用铁管穿过雨水窨井。

由于雨水在管道内是靠其本身的重力而流动,因此雨水管道都是由上游向下游倾斜的。雨水管的纵断面设计应尽量与街道地形相适应,即雨水管管道纵坡尽可能与街道纵坡取得一致。从排除雨水的要求来说,水管的最小纵坡不得太小,一般不小于0.3%,最好在0.3%～4%范围内。为防止或减少沉淀,雨水管设计流速常采用自清流速,一般为0.75m/s。为了满足管中雨水流速不超过管壁受力安全的要求,对雨水管的最大纵坡也要加以控制,通常道路纵坡大于4%时,需分段设置跌水井。

管道的埋植深度,对整个管道系统的造价和施工的影响很大。管道越深,造价越高,施工越困难,所以埋植深度不宜过大。管道最大允许埋深:一般在干燥土壤中,管道最大埋深不超过7～8m,地下水位较高,可能产生流沙的地区不超过4～5m。最小埋深等于管直径与管道上面的最小覆土深度之和。在车行道下,管顶最小覆土深度一般不小于0.7m。在管道保证不受外部荷载损坏时,最小覆土深度可适当减小。冰冻地区,则要根据防冻要求来确定覆土深度。

2）雨水排水系统的选择

城市道路路面排水系统,根据构造特点,可分为明沟、暗管和混合式三种。

（1）明沟系统

公路和一般乡镇道路采用明沟排水,在街坊出入口、人行横道处增设一些盖板、涵管等构造物。其特点是造价低；但明沟容易淤积,滋生蚊蝇,影响环境卫生,且明沟占地大,使道路的竖向规划和横断面设计受限,桥涵费用也增加。

纵向明沟可设在道路的两边或一边,也可设在车行道的中间。纵向明沟过长将增大明沟断面和开挖过深,此时应在适当地点开挖横向明沟,将水引向道路两侧的河滨排出。

明沟的排水断面尺寸,可按照排泄面积依照水力学所述公式计算。郊区道路采用明沟排水时,小于或等于0.5m的低填土路基和挖土路基,均应设边沟。边沟宜采用梯形断面,底宽应大于或等于0.3m,最小设计流速为0.4m/s,最大流速规定见表13-2。超过最大设计流速时,应采取防冲刷措施。

表13-2　明沟最大设计流速　　　　　　　　　　　　　m/s

土质或防护类型	最大设计流速	土质或防护类型	最大设计流速
粗砂土	0.8	干砌片石	2.0
中液限的细粒土	1.0	浆砌砖、浆砌片石	3.0
高液限的细粒土	1.2	混凝土铺砌	4.0
草皮护面	1.6	石灰岩或砂岩	4.0

注：表中数值适用于水流深度为0.4～1.0m。

（2）暗管系统

暗管系统包括街沟、雨水口、连管、干管、检查井、出水口等部分。在城市市区或厂区内,由于建筑密度高,交通量大,一般采用暗管排除雨水。其特点是卫生条件好、不影响交通,但造价高。

道路上及其相邻地区的地面水依靠道路设计的纵、横坡度,流向车行道两侧的街沟,然后顺街沟的纵坡流入沿街沟设置的雨水管,再由地下的连管通向干管,排入附近河滨或湖泊中。

雨水排水系统一般不设泵站,雨水靠管道的坡降排入水体。但在某些地势平坦、区域较大的大城市如上海等,因为水体的水位高于出水口,常常需要设置泵站抽升雨水。

（3）混合式系统

混合式系统是明沟和暗管相结合的一种形式。城市中排除雨水可用暗管,也可用明沟。

4．雨水口和检查井的布置

1）雨水口的布置

雨水口是在雨水管道或合流管道上收集雨水的构筑物。地面上、街道路面上的雨水首先进入雨水口,再经过连接管流入雨水管道。雨水口一般设在街区内、广场上、街道交叉口和街道边沟的一定距离处,以防止雨水漫过道路或造成道路及低洼处积水,妨碍交通。道路汇水点、人行横道上游、沿街单位出入口上游、靠地面径流的街坊或庭院的出水口等处均应设置雨水口。道路低洼和易积水地段应根据需要适当增加雨水口。此外，在道路上每隔 25～50m 也应设置雨水口。

此外，在道路路面上应尽可能利用道路边沟排除雨水，为此，在每条雨水干管的起端，通常利用道路边沟排除雨水，从而减少暗管长度 100～150m，降低了整个管渠工程的造价。

雨水口形式有平算式、立式和联合式等。

平算式雨水口有缘石平算式和地面平算式。缘石平算式雨水口适用于有缘石的道路。地面平算式适用于无缘石的路面、广场、地面低洼聚水处等。

立式雨水口有立孔式和立算式，适用于有缘石的道路。其中立孔式适用于算隙容易被杂物堵塞的地方。

联合式雨水口是平算与立式的综合形式，适用于路面较宽、有缘石、径流量较集中且有杂物处。

雨水口的泄水能力，平算式雨水口约为 20L/s，联合式雨水口约为 30L/s。大雨时易被杂物堵塞的雨水口泄水能力应乘以 0.5～0.7 的系数。多算式雨水口、立式雨水口的泄水能力经计算确定。

雨水口的泄水能力按下式计算：

$$Q = \omega c (2ghk)^{1/2}$$

式中：Q——雨水口排泄的流量，m^3/s；

　　　ω——雨水口进水面积，m^2；

　　　c——孔口系数，圆角孔用 0.8，方角孔用 0.6；

　　　g——重力加速度；

　　　h——雨水口上允许贮存的水头，一般认为街沟的水深不宜大于侧石高度的 2/3，一般采用 $h = 0.02～0.06\text{m}$；

　　　k——孔口阻塞系数，一般 $k = 2/3$。

平算式雨水口的算面应低于附近路面 3～5cm，并使周围路面坡向雨水口。

立式雨水口进水孔底面应比附近路面略低。

雨水口井的深度宜小于或等于 1m。冰冻地区应对雨水井及其基础采取防冻措施。在泥沙量较大的地区，可根据需要设沉泥槽。

雨水口连接管最小管径为 200mm。连接管坡度应大于或等于 10%，长度小于或等于 25m，覆土厚度大于或等于 0.7m。

必要时雨水口可以串联。串联的雨水口不宜超过 3 个，并应加大出口连接管管径。

雨水口连接管的管基与雨水管道基础做法相同。

雨水口的间距宜为 25～50m，其位置应与检查井的位置协调，连接管与干管的夹角宜接近 90°；斜交时连接管应布置成与干管的水流顺向。

平面交叉口应按竖向设计布设雨水口，并应采取措施防止路段的雨水流入交叉口。

2）检查井的布置

为了对管道进行检查和疏通，管道系统上必须设置检查井，同时检查井还起到连接沟管的作用。相邻两个检查井之间的管道应在同一直线上，便于检查和疏通操作。检查井一般设置在管道容易沉积污物以及经常需要检查的地方。

（1）检查井设置的条件

➢ 管道方向转折处。

➢ 管道交汇处，包括当雨水管直径小于 800mm 时，雨水口管接入处。

➢ 管道坡度改变处。

➢ 直线管道上每隔一定距离处，管径不大于 600，间距为 25～40m。管径为 700～
1100，间距为 40～55m。

（2）构造要求

一切形式的检查井都要求砌筑流槽。污水检查井流槽顶可与 0.85 倍大管管径处
相平，雨水（合流）检查井流槽顶可与 0.5 倍大管管径处相平。流槽顶部宽度宜满足检
修要求。

井口、井筒和井室的尺寸应便于养护和检修，爬梯和脚窝的尺寸、位置应便于检修
和上下安全。

井室工作高度在管道深许可条件下，一般为 1.8m，由管算起。污水检查井由流槽
顶算起，雨水（合流）检查井由管底算起。

检查井在直线管段的最大间距应根据疏通方法等具体情况确定，一般宜按表 13-3
的规定取值。

表 13-3　检查井最大间距

管径或暗渠净高/mm	最大间距/m	
	污水管道	雨水（合流）管道
200～400	40	50
500～700	60	70
800～1000	80	90
1100～1500	100	120
1600～2000	120	120

检查井由基础、井底、井身、井盖和盖座组成，材料一般有砖、石、混凝土或钢筋混
凝土。

13.6　道路给水排水制图简介

1. 一般规定

1）图线

给排水施工图的线宽 b 应根据图纸的类别、比例和复杂程度确定。一般线宽 b 宜
为 0.7mm 或 1.0mm。

2）比例

道路给排水平面图采用的比例为 1∶200、1∶150、1∶100，且宜与道路平面图一
致。管道的纵向断面图常常采用的比例为 1∶200、1∶100、1∶50，横向断面图一般为

1：1000、1：500、1：300,且宜与相应图纸一致。管道纵断面图可根据需要对纵向与横向采用不同的组合比例。

3）标高

沟渠和重力流管道的起讫点、转角点、连接点、变坡点、变尺寸(管径)点及交叉点、压力流管道中的标高控制点,管道穿外墙、剪力墙和构筑物的壁及底板等处,不同水位线处等处应标注标高。

压力管道应标注管中心标高；重力流管道宜标注管底标高。标高单位为 m。管径的表达方式,依据管材不同,可标注公称直径 DN、外径 D×壁厚、内径 d 等。

标高的标注方法应符合下列规定。

（1）平面图中,管道标高应按如图 13-8 所示的方式标注。

（2）平面图中,沟渠标高应按如图 13-9 所示的方式标注。

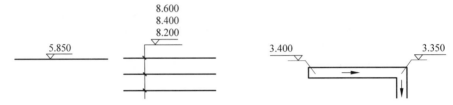

图 13-8　平面图中管道标高标注法　　　图 13-9　平面图中沟渠标高标注法

（3）轴测图中,管道标高应按如图 13-10 所示的方式标注。

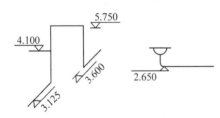

图 13-10　轴测图中管道标高标注法

4）管径

管径应以 mm 为单位。水煤气输送钢管(镀锌或非镀锌)、铸铁管等管材,管径宜以公称直径 DN 表示(如 DN15、DN50)；无缝钢管、焊接钢管(直缝或螺旋缝)、铜管、不锈钢管等管材,管径宜以外径 D×壁厚表示(如 D108×4、D159×4.5 等)；钢筋混凝土(或混凝土)管、陶土管、耐酸陶瓷管、缸瓦管等管材,管径宜以内径 d 表示(如 d230、d380 等)；塑料管材,管径宜按产品标准的方法表示。当设计均用公称直径 DN 表示管径时,应用公称直径 DN 与相应产品规格对照表。

管径的标注方法应符合下列规定。

（1）单根管道时,管径应按如图 13-11 所示的方式标注。

（2）多根管道时,管径应按如图 13-12 所示的方式标注。

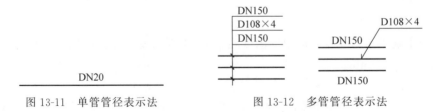

图 13-11　单管管径表示法　　　　　　图 13-12　多管管径表示法

2．常用给水排水图例

《建筑给水排水制图标准》(GB/T 50106—2010)中列出了管道、管道附件、管道连接、管件、阀门、给水配件、消防设施、卫生设备及水池、小型给水排水构筑物、给水排水设备、仪表等共 11 类图例。这里仅给出一些常用图例供参考，见表 13-4。

表 13-4　常用图例

序号	名　称	图　例	备　注
1	生活给水管	J	
2	热水给水管	——RJ——	
3	热水回水管	——RH——	
4	中水给水管	——ZJ——	
5	循环给水管	——XJ——	
6	循环回水管	——XH——	
7	热媒给水管	——RM——	
8	热媒回水管	——RMH——	
9	蒸汽管	——Z——	
10	凝结水管	——N——	
11	废水管	——F——	可与中水源水管合用
12	压力废水管	——YF——	
13	通气管	——T——	
14	污水管	——W——	
15	压力污水管	——YW——	
16	雨水管	——Y——	
17	压力雨水管	——YY——	
18	膨胀管	——PZ——	

常见的给水排水图示如图 13-13 所示。

矩形化粪池	圆形化粪池	跌水井	矩形阀门检查井	立管检查口
水表井	单口雨水口	双口雨水口	水封井	圆形阀门检查井
系统侧入式雨水斗	系统雨水斗	减压孔板	平面排水栓	系统排水栓
通用箅宽300	通用箅宽350	通用箅宽400	坡向　排水暗沟	坡向　排水明沟

图 13-13　给水排水常见图样画法

13.7 实 例 简 介

  本案例给水排水管网规划是某大城市的市政道路给排水。城区生活用水的最小要求服务水头为 40m，A 路给水引自市政给水管，与整个西区给水形成环状给水网。根据该城区的平面图，可知该城区自北向南倾斜，即北高南低。城区土壤种类为黏质土，地下水水位深度为 16m，年降水量为 936mm，城市最高温度为 42℃，最低温度为 0.5℃，年平均温度为 20.4℃，暴雨强度按本市暴雨强度公式计算，重现期 1 年，地面集水时间 15min，径流系数 0.7。在管基土质情况较好，且地下水位低于管底地段，采用素土基础，将天然地基整平，管道敷设在未经扰动的原土上。给水管网采用环状网；排水管网采用雨污分流体制。

第 14 章

给水工程施工图绘制

本章介绍如何利用二维绘图命令和二维编辑命令绘制给水管道设计说明、材料表及图例,给水管道平面图,给水管道纵断面图,给水节点详图和管线综合横断面图等。

学 习 要 点

◆ 给水管道设计说明、材料表及图例
◆ 给水管道平面图绘制
◆ 给水管道纵断面图绘制
◆ 管线综合横断面图绘制

Note

14.1 给水管道设计说明、材料表及图例

给水管道设计说明一般包括设计依据、工程概况、设计范围、给水管道管材及工程量一览表以及图例构成。

 绘制思路

使用多行文字命令输入给水管道设计说明；使用直线、复制、阵列命令绘制材料表，然后使用单行文字命令输入文字；绘制图例。结果如图14-1所示。

14.1.1 前期准备及绘图设置

 操作步骤

1. 确定绘图比例

根据需绘制图形确定绘图的比例，建议使用1∶1的比例绘制，1∶200比例出图。

2. 建立新文件

打开AutoCAD 2020应用程序，以"A3.dwg"样板文件为模板，建立新文件，将新文件命名为"给水设计说明.dwg"并保存。

3. 设置图层

设置以下3个图层："轮廓线""图框"和"文字"，设置好的各图层的属性如图14-2所示。

4. 标注样式的设置

根据绘图比例设置标注样式，对标注样式线、符号和箭头、文字、主单位进行设置，具体如下。

➤ 线：超出尺寸线为0.5，起点偏移量为0.6。

➤ 符号和箭头：第一个为建筑标记，箭头大小为0.6，圆心标记为标记0.3。

➤ 文字：文字高度为0.6，文字位置为垂直上，从尺寸线偏移为0.3，文字对齐为ISO标准。

➤ 主单位：精度为0.0，比例因子为1。

5. 文字样式的设置

单击"默认"选项卡"注释"面板中的"文字样式"按钮，打开"文字样式"对话框。选择仿宋字体，宽度因子设置为0.8。

图 例

图例	名称
⊗DN300 L=150 i=3.5 管径（mm）井（m）坡度（‰）⊗	给水管道及阀门井
●	消火栓
32.95 / 31.70 设计地面标高 / 管中心线标高	
△PQ △ 排气阀门井	排气阀门井
▶PN ▶ 排泥阀门井	排泥阀门井

给水管道管材及工程量一览表

序号	名称	规格	材料	单位	数量	备注
①	镀锌钢管	DN100	镀锌钢管	米	275	
②	承插铸铁管	DN300	球墨铸铁	米	80	
③	承插铸铁管	DN400	球墨铸铁	米	2014	
④	承插铸铁管	DN600	球墨铸铁	米	128	
⑤	承插铸铁管	DN900	球墨铸铁	米	2010	
⑥	承插铸铁管	DN1000	球墨铸铁	米	62	
⑦	承插铸铁管	DN1000×900	球墨铸铁	个	1	参见S311
⑧	球墨三通	DN1000×400	球墨铸铁	个	1	参见S311
⑨	球墨三通	DN900×800	球墨铸铁	个	2	参见S311
⑩	球墨三通	DN1000×100	球墨铸铁	个	10	参见S311
⑪	球墨三通	DN800×100	球墨铸铁	个	1	参见S311
⑫	球墨三通	DN900×400	球墨铸铁	个	1	参见S311
⑬	球墨三通	DN400×300	球墨铸铁	个	1	参见S311
⑭	球墨三通	DN400×100	球墨铸铁	个	12	参见S311
⑮	球墨四通	DN600×400	球墨铸铁	个	1	参见S311
⑯	球墨四通	DN900×500	球墨铸铁	个	10	参见S311
⑰	球墨四通	DN400×300	球墨铸铁	个	7	
⑱	D34X-1.0蜗轮传动蝶阀	DN100	铸铁	个	29	
⑲	D34X-1.0蜗轮传动蝶阀	DN300	铸铁	个	20	
⑳	D34X-1.0蜗轮传动蝶阀	DN400	铸铁	个	5	
㉑	D34X-1.0蜗轮传动蝶阀	DN600	铸铁	个	2	
㉒	D34X-1.0蜗轮传动蝶阀	DN900	铸铁	个	5	
㉓	室外地上式消火栓	SS100-1.0	铸铁	座	39	
㉔	圆形阀门井	φ1600	砖砌	座	20	S143-17-7
㉕	圆形阀门井	φ1800	砖砌	座	5	S143-17-7
㉖	圆形阀门井	φ2200	砖砌	座	2	S143-17-7
㉗	圆形阀门井	φ1800	砖砌	座	6	S143-17-7
㉘	排气阀门井	φ1200	砖砌	座	2	S146-8-4
㉙	排气阀门井	φ1400	砖砌	座	2	S146-8-4
㉚	排气阀门井	φ1800	砖砌	座	1	S148-8-7

给水管道设计说明

1. 给水水引自市政给水管，与整个给水系统成环形状给水管网。
2. 设计尺寸单位：高程、距离以 m 计，管径以 mm 计；高程为黄海高程系。
3. 管材及及接口：给水管采用承插式铸铁管、橡胶柔性接口，钢制管件制作参照北京市政设计院《给水设计通用图集S311》有关部分，给水铸铁管用钢制承插口的制作参照国家标准图集S311。给水管节点处后1m及消火栓支管及管下穿越机动车道的部分均采用钢管，干管在预留丁字管节点处前后1m改为钢管，阀门井及消火栓节点后后1m改为钢管，钢管与钢管之间采用。
4. 管道基础：在管基土质情况较好，且地下水位低于管底地段，采用素土基础；将天然地基整平，管道敷设在未经扰动的原土上。管道在石地段采用砂垫层基础，垫层厚度200mm，再垫砂D=200mm，管道在回填土地段，垫层宽度D=200mm。管道在地基结构突变处、管道敷设斜度变化要求达到刚接处，管基在软地基地段时应根据具体情况现场处理。管道回填土的要求按S220-30-2总说明执行，若该项要求低于上道路回填土的密实度要求，则以过路密实度为准。
5. 管道防腐处理：钢管及铸铁管内壁喷砂除锈后涂抹无毒复合物水泥砂浆，外喷双组环氧煤沥青，按CECS10、89执行。
6. 阀门井采用轻型铸铁井盖，井座。排水管就近接入雨水井。
7. 室外消防栓安装及所需具体规格具体情况现场处理。
8. 图中给水管道桩号与道路桩号一致，给水管道以管线排列尺寸及道路桩号进行放线。
9. 给水管道试验压力1.1MPa，并做渗水量试验。
10. 管道重直与水平转弯处应设应设管道支墩，支墩大样见标准图集S345，管顶覆土深度不小于0.5m。
11. 本设计道路西侧将管道DN900管为西区形成配水环网应敷设的市政管道，此次施工可暂缓实施。
12. 管道施工要求严格按"给排水管道施工及验收规范"执行。

图14-1 给水设计说明效果图

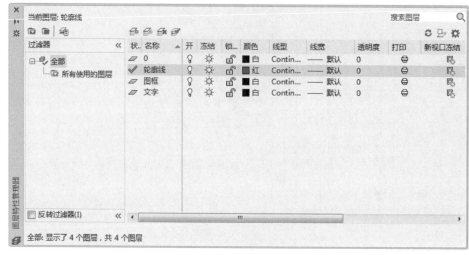

图 14-2　给水设计说明图层设置

14.1.2　给水管道设计说明

把文字图层设置为当前图层。单击"默认"选项卡"注释"面板中的"多行文字"按钮 **A**，标注给水管道设计。选择功能区下的"文字编辑器"选项卡，进行文字字体和大小的设置，如图 14-3 所示。

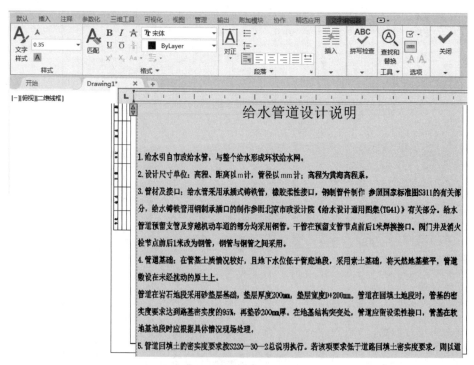

图 14-3　"文字编辑器"选项卡

完成的设计说明如图 14-4 所示。

给水管道设计说明

1. 给水引自市政给水管，与整个给水形成环状给水网。

2. 设计尺寸单位：高程、距离以 m 计；管径以 mm 计；高程为黄海高程系。

3. 管材及接口：给水管采用承插式铸铁管，橡胶柔性接口，钢制管件制作 参照国家标准图S311的有关部分，给水铸铁管用钢制承插口的制作参照北京市政设计院《给水设计通用图集(TG41)》有关部分。给水管道预留支管及穿越机动车道的部分均采用钢管。干管在预留支管节点前后1m焊接接口。阀门井及消火栓节点前后1m改为钢管，钢管与钢管之间采用。

4. 管道基础：在管基土质情况较好，且地下水位低于管底地段，采用素土基础，将天然地基整平，管道敷设在未经扰动的原土上。
管道在岩石地段采用砂垫层基础，垫层厚度200mm，垫层宽度D+200mm。管道在回填土地段时，管基的密实度要求达到路基密实度的95%，再垫砂200mm厚。在地基结构突变处，管道应留设柔性接口，管基在软地基地段时应根据具体情况现场处理。

5. 管道回填土的密实度要求按S220－30－2总说明执行。若该项要求低于道路回填土密实度要求，则以道路为准。

6. 管道防腐处理：钢管及铸铁管内壁喷砂除锈后涂衬无毒聚合物水泥砂浆，外壁敷环氧煤沥青，按CECS10：89执行。

7. 阀门井采用轻型铸铁井盖、井座，排水管就近接入雨水井。

8. 室外消防栓安装及所需具体管件按标准图集88S162执行。

9. 图中给水管道桩号与道路桩号一致，给水管道以管线排列尺寸及道路桩号进行放线。

10. 给水管道试验压力1.1MPa，并做渗水量试验。

11. 管道垂直与水平转弯处应设置支墩，支墩大样见标准图集S345，管顶覆土深度不小于0.5m。

12. 本次设计道路西侧DN900管为西区形成配水管网应敷设的市政管道，此次施工可暂缓实施。

13. 管道施工要求严格按"给排水管道工程施工及验收规范"执行。

图 14-4　标注完后的设计说明

14.1.3　绘制材料表

 操作步骤

（1）把轮廓线图层设置为当前图层。单击"默认"选项卡"绘图"面板中的"直线"按钮 ／，绘制一条长为15 的水平直线。

（2）单击"默认"选项卡"修改"面板中的"矩形阵列"按钮 品，选择绘制好的水平直线为阵列对象，设置行数为 32、列数为 1，设置行间距为 0.8。完成的图形如图 14-5 所示。

（3）单击"默认"选项卡"绘图"面板中的"直线"按钮 ／，连接阵列完直线的两端。

（4）单击"默认"选项卡"修改"面板中的"复制"按钮 器，把最左边的直线向右复制，距离分别为 1.5、5.5、8、10、11.5、13。复制的尺寸和完成的图形如图 14-6 所示。

图 14-5　阵列完的图形

（5）单击"默认"选项卡"修改"面板中的"删除"按钮 ，删除标注尺寸。

（6）单击"默认"选项卡"注释"面板中的"多行文字"按钮 A，输入文字。完成的材料表如图 14-7 所示。

给水管道管材及工程量一览表

序号	名　　称	规格	材料	单位	数量	备注
①	镀锌钢管	DN100	镀锌钢管	米	275	
②	承插铸铁管	DN300	球墨铸铁	米	80	
③	承插铸铁管	DN400	球墨铸铁	米	2014	
④	承插铸铁管	DN600	球墨铸铁	米	128	
⑤	承插铸铁管	DN900	球墨铸铁	米	2010	
⑥	承插铸铁管	DN1000	球墨铸铁	米	62	
⑦	承插铸铁管	DN1000×900	球墨铸铁	个	1	参见S311
⑧	球铸三通	DN1000×400	球墨铸铁	个	1	参见S311
⑨	球铸三通	DN900×800	球墨铸铁	个	2	参见S311
⑩	球铸三通	DN1000×100	球墨铸铁	个	10	参见S311
⑪	球铸三通	DN800×400	球墨铸铁	个	1	参见S311
⑫	球铸三通	DN900×400	球墨铸铁	个	1	参见S311
⑬	球铸三通	DN400×300	球墨铸铁	个	1	参见S311
⑭	球铸三通	DN400×100	球墨铸铁	个	12	参见S311
⑮	球铸四通	DN6600×400	球墨铸铁	个	1	参见S311
⑯	球铸四通	DN900×500	球墨铸铁	个	10	参见S311
⑰	球铸四通	DN400×300	球墨铸铁	个	7	参见S311
⑱	D34X-1.0涡轮传动蝶阀	DN100	铸铁	个	29	
⑲	D34X-1.0涡轮传动蝶阀	DN300	铸铁	个	20	
⑳	D34X-1.0涡轮传动蝶阀	DN400	铸铁	个	5	
㉑	D34X-1.0涡轮传动蝶阀	DN600	铸铁	个	2	
㉒	D34X-1.0涡轮传动蝶阀	DN800	铸铁	个	5	
㉓	室外地上式消火栓	SS100-1.0	砖制	座	39	
㉔	圆形阀门井	φ1600	砖制	座	20	S143-17-7
㉕	圆形阀门井	φ1800	砖制	座	5	S143-17-7
㉖	圆形阀门井	φ2200	砖制	座	2	S143-17-7
㉗	圆形阀门井	φ1800	砖制	座	6	S143-17-7
㉘	排气阀井	φ1200	砖制	座	2	S146-8-4
㉙	排气阀井	φ1400	砖制	座	2	S146-8-4
㉚	排气阀井	φ1800	砖制	座	1	S148-8-7

图 14-6　材料表的图框　　　　　图 14-7　给水管材料表

14.1.4　绘制图例

图例图框的绘制和材料表的类似，这里就不过多介绍。绘制的尺寸和图形如图 14-8 所示。

操作步骤

1．绘制给水管道标高图例1

（1）把"轮廓线"图层设置为当前图层。单击"默认"选项卡"绘图"面板中的"矩形"按钮 ，绘制 0.4×0.4 的矩形。

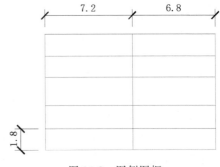
图 14-8　图例图框

（2）在状态栏中，打开"对象捕捉追踪"按钮，捕捉矩形中心。单击"默认"选项卡"绘图"面板中的"圆"按钮 ⊙，以矩形的中心为圆心，以矩形的交点为半径绘制圆。绘制流程和完成的图形如图 14-9 所示。

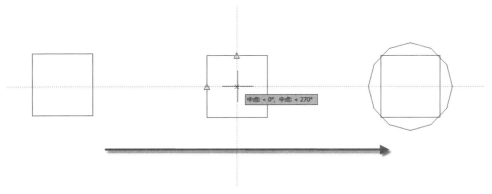

图 14-9　给水管道标高图例绘制（一）

2．绘制给水管道标高图例 2

（1）单击"默认"选项卡"绘图"面板中的"直线"按钮 ╱，绘制其他线。

（2）单击"默认"选项卡"注释"面板中的"多行文字"按钮 A，标注文字。

（3）单击"默认"选项卡"修改"面板中的"复制"按钮 ％，复制刚刚绘制好的图形。双击文字对文字进行修改。操作步骤和完成的图形如图 14-10 所示。

图 14-10　给水管道标高图例绘制（二）

3．绘制排泥阀门井

（1）单击"默认"选项卡"绘图"面板中的"圆"按钮 ⊙，绘制半径分别为 0.2 和 0.3 的同心圆。

（2）单击"默认"选项卡"绘图"面板中的"直线"按钮 ╱，绘制两条水平直线和一条垂直直线，交于圆心。

（3）单击"默认"选项卡"修改"面板中的"旋转"按钮 ↻，以同心圆圆心为旋转基点，把水平向右的直线旋转 30°。

（4）单击"默认"选项卡"修改"面板中的"旋转"按钮 ↻，以同心圆圆心为旋转基点，把水平向左的直线旋转−30°。

（5）单击"默认"选项卡"绘图"面板中的"直线"按钮 ╱，以 3 条直线与内部圆的交点为端点，绘制三角形。

（6）单击"默认"选项卡"修改"面板中的"删除"按钮 ✎，删除多余的实体。

（7）单击"默认"选项卡"绘图"面板中的"图案填充"按钮 ▨，选择"SOLID"图例进行三角形填充。

（8）单击"默认"选项卡"注释"面板中的"多行文字"按钮 **A**，标注文字，完成排泥阀门井图例绘制。具体的操作步骤如图 14-11 所示。

图 14-11　排泥阀门井图例绘制

同理，可以完成其他图例的绘制。完成的图形如图 14-12 所示。

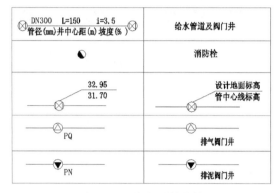

图 14-12　给水图例绘制

14.2　给水管道平面图绘制

 绘制思路

直接调用道路平面布置图所需内容；使用直线、复制命令绘制给水管道以及定位轴线；调用给水管道设计说明中的图例，复制到指定的位置；使用多行文字命令标注文字；使用线性、连续标注命令标注尺寸，并对图进行修剪整理，最后保存给水管道平面图。结果如图 14-13 所示。

14.2.1　前期准备及绘图设置

 操作步骤

1．确定绘图比例

根据需绘制图形确定绘图的比例，建议使用 1∶1 的比例绘制，1∶100 的比例出图。

2．建立新文件

打开 AutoCAD 2020 应用程序，以"A3.dwt"样板文件为模板，建立新文件，将新文件命名为"给水管道平面图.dwg"并保存。

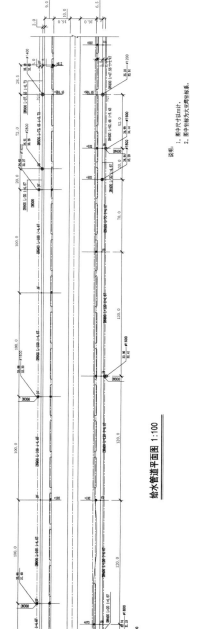

图 14-13 给水管道平面效果图

3.设置图层

根据需要设置以下7个图层:"尺寸""道路中心线""给水""路网""轮廓线""图框"和"文字",设置好的各图层的属性如图14-14所示。

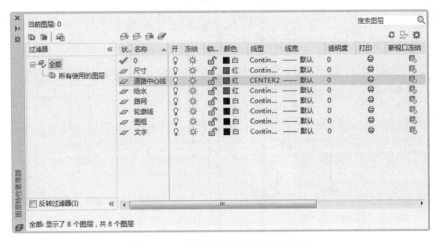

图14-14 给水管道平面图图层设置

4.标注样式的设置

根据绘图比例设置标注样式,对标注样式线、符号和箭头、文字、主单位进行设置,具体如下。

➤ 线:超出尺寸线为2.5,起点偏移量为3。

➤ 符号和箭头:第一个为建筑标记,箭头大小为3,圆心标记为标记1.5。

➤ 文字:文字高度为3,文字位置为垂直上,从尺寸线偏移为1.5,文字对齐为ISO标准。

➤ 主单位:精度为0.0,比例因子为1。

5.文字样式的设置

单击"默认"选项卡"注释"面板中的"文字样式"按钮，打开"文字样式"对话框。选择仿宋字体,宽度因子设置为0.8。文字样式的设置如图14-15所示。

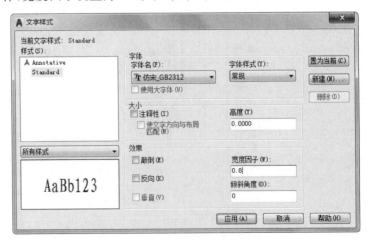

图14-15 管线综合横断面图文字样式设置

14.2.2　调用道路平面布置图

 操作步骤

（1）直接调用道路平面布置图，双击图名文字对文字进行修改。完成的图形如图 14-16 所示。

（2）单击"默认"选项卡"修改"面板中的"拉伸"按钮 □，将 A3 图幅沿水平向右拉伸 297。

（3）单击"默认"选项卡"注释"面板中的"多行文字"按钮 **A** ，标注标题栏的内容。完成的图形如图 14-17 所示。

14.2.3　绘制给水管道

 操作步骤

1．绘制给水管道

（1）单击"默认"选项卡"修改"面板中的"复制"按钮 ♋，复制定位中心线，向下的距离分别为 20、22.5、27.5、31。

（2）单击"默认"选项卡"修改"面板中的"复制"按钮 ♋，复制定位中心线，向上的距离分别为 22.5、35。

（3）把"尺寸"图层设置为当前图层。单击"默认"选项卡"注释"面板中的"线性"按钮 ⊢┤，标注直线尺寸。完成的图形和复制的尺寸如图 14-18 所示。

（4）把轮廓线图层设置为当前图层。单击"默认"选项卡"绘图"面板中的"圆"按钮 ⊙，绘制半径为 0.2 的圆。

（5）单击"默认"选项卡"绘图"面板中的"图案填充"按钮 ▨，选择"SOLID"的填充图案进行填充。

（6）单击"默认"选项卡"修改"面板中的"复制"按钮 ♋，复制生活给水管到指定的位置，向下复制的距离分别为 40、160、280、400、500、600，向上复制的距离分别为 60、160、260、360、460、580.5。

（7）把尺寸图层设置为当前图层。单击"默认"选项卡"注释"面板中的"线性"按钮 ⊢┤，标注直线尺寸。

（8）单击"注释"选项卡"标注"面板中的"连续"按钮 ⊢┼┤ ，进行连续标注。

（9）把文字图层设置为当前图层。单击"默认"选项卡"注释"面板中的"多行文字"按钮 **A** ，标注给水管编号。完成的图形如图 14-19 所示。

2．绘制图例定位线

（1）将给水图层设置为当前图层。单击"默认"选项卡"绘图"面板中的"直线"按钮 ／，绘制一条长为 42 的垂直直线。

（2）单击"默认"选项卡"修改"面板中的"复制"按钮 ♋，复制刚刚绘制好的垂直直线，向右复制。

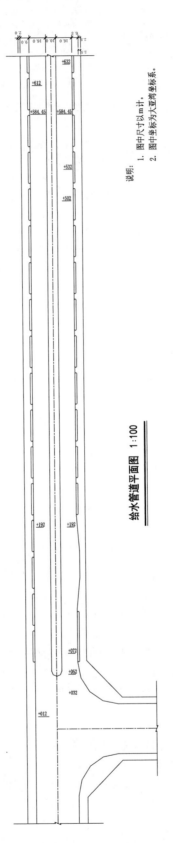

给水管道平面图 1:100

说明:
1. 图中尺寸以m计。
2. 图中坐标为大亚湾坐标系。

图14-16 给水管道平面图调用

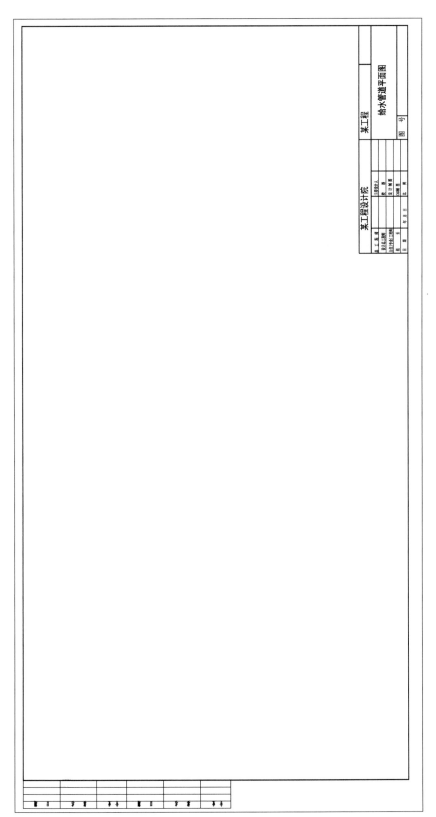

图 14-17　A3 图幅的拉伸

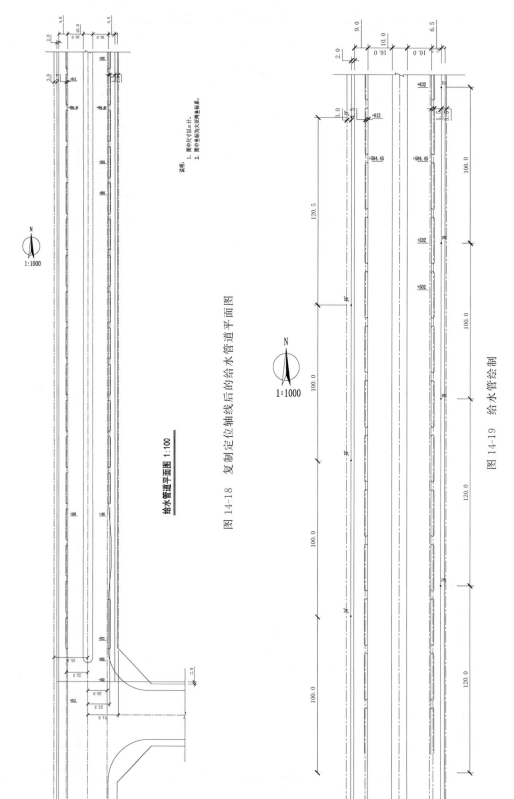

给水管道平面图 1:100

图 14-18　复制定位轴线后的给水管道平面图

图 14-19　给水管绘制

（3）单击"默认"选项卡"修改"面板中的"复制"按钮 ，复制刚刚绘制好的垂直直线，向左右两侧复制，复制的距离为20。

（4）单击"默认"选项卡"绘图"面板中的"直线"按钮 ╱，绘制一条长为28的垂直直线。

（5）单击"默认"选项卡"修改"面板中的"复制"按钮 ，复制刚刚绘制好的垂直直线，向右复制，以确定阀门井、消防栓、排气阀门中线。

（6）把尺寸图层设置为当前图层。单击"默认"选项卡"注释"面板中的"线性"按钮 ⊢⊣，标注直线尺寸。

（7）单击"注释"选项卡"标注"面板中的"连续"按钮 ⊩⊩，进行连续标注。完成的图形和尺寸如图14-20所示。

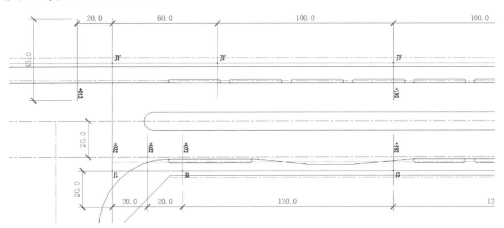

图14-20　图例定位中心线绘制

3. 调用、复制给水管道设计说明中的图例

（1）使用Ctrl＋C快捷键复制给水管道设计说明图中的图例，使用Ctrl＋V快捷键粘贴到给水管道平面图中。

（2）单击"默认"选项卡"修改"面板中的"缩放"按钮 ，将图例扩大2倍。

（3）单击"默认"选项卡"修改"面板中的"复制"按钮 ，复制图例到相应的交点上。完成的图形如图14-21所示。

14.2.4　标注文字和尺寸

　操作步骤

1. 标注文字

（1）单击"默认"选项卡"注释"面板中的"多行文字"按钮 Ａ，标注坐标文字。注意要把文字图层设置为当前图层。

（2）单击"默认"选项卡"修改"面板中的"复制"按钮 ，复制相同的内容，来进行图例名称、管径、中心距、坡度等的标注。完成的图形如图14-22所示。

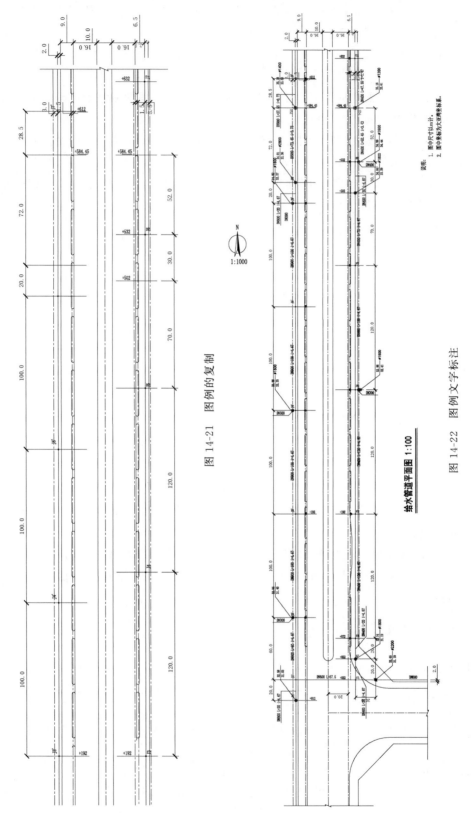

图 14-21　图例的复制

图 14-22　图例文字标注

2．标注尺寸

（1）把"尺寸"图层设置为当前图层。单击"默认"选项卡"注释"面板中的"线性"按钮┝─┤，标注直线尺寸。

（2）单击"注释"选项卡"标注"面板中的"连续"按钮 ┼┼┤ ，进行连续标注。

（3）单击"默认"选项卡"修改"面板中的"删除"按钮 ✎ ，删除多余的定位线和尺寸。完成的图形如图 14-13 所示。

14.3　给水管道纵断面图绘制

14-3

 绘制思路

使用直线、阵列命令绘制网格；使用多段线、复制命令绘制其他线；使用多行文字命令输入文字；根据高程，使用直线、多段线命令绘制给水管地面线、管中心设计线、高程线，完成给水管道纵断面图。结果如图 14-23 所示。

14.3.1　前期准备及绘图设置

 操作步骤

1．确定绘图比例

根据需绘制图形确定绘图的比例，建议使用 1∶1 的比例绘制，横向 1∶1000、纵向1∶100 的比例出图。

2．建立新文件

打开 AutoCAD 2020 应用程序，以"A3.dwt"样板文件为模板，建立新文件，将新文件命名为"给水管道纵断面图.dwg"并保存。

3．设置图层

设置 10 个图层："电""方格网""给排水口""给水""给水管道""管道地面""轮廓线""图框""文字"和"中心线"，设置好的各图层的属性如图 14-24 所示。

4．标注样式的设置

根据绘图比例设置标注样式，对标注样式线、符号和箭头、文字、主单位进行设置。具体如下。

➤ 线：超出尺寸线为 2.5，起点偏移量为 3。

➤ 符号和箭头：第一个为建筑标记，箭头大小为 3，圆心标记为标记 1.5。

➤ 文字：文字高度为 3，文字位置为垂直上，从尺寸线偏移为 1.5，文字对齐为 ISO标准。

➤ 主单位：精度为 0.0，比例因子为 1。

5．文字样式的设置

单击"默认"选项卡"注释"面板中的"文字样式"按钮 **A** ，打开"文字样式"对话框。选择仿宋字体，宽度因子设置为 0.8。

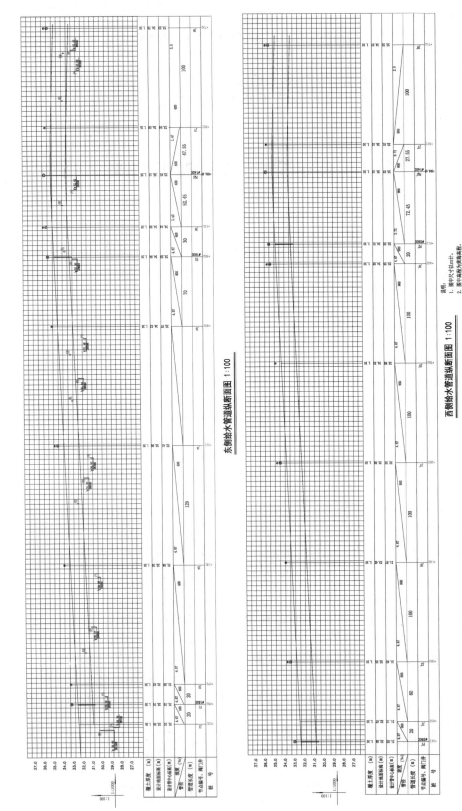

图 14-23　给水管道纵断面图

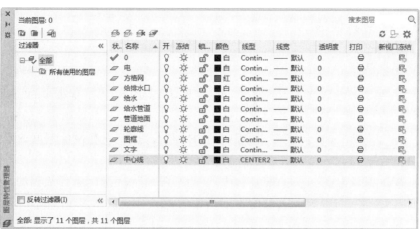

图 14-24　给水管道纵断面图图层设置

14.3.2　绘制网格

操作步骤

（1）在状态栏中，单击"正交"按钮 ，把方格网图层设置为当前图层。单击"默认"选项卡"绘图"面板中的"直线"按钮 ／，绘制一条水平的长为 745 的直线。

（2）在状态栏中，单击"对象捕捉"按钮 ，打开对象捕捉模式。单击"默认"选项卡"绘图"面板中的"直线"按钮 ／，绘制一条垂直的长为 120 的直线。

（3）单击"默认"选项卡"注释"面板中的"线性"按钮 ，标注直线尺寸。

（4）单击"注释"选项卡"标注"面板中的"连续"按钮 ，进行连续标注。完成的图形如图 14-25 所示。

图 14-25　给水管道方格网正交直线

（5）单击"默认"选项卡"修改"面板中的"矩形阵列"按钮 ，选择绘制的水平直线为阵列对象，设置行数为 25、列数为 1，行间距为 5。选择绘制好的垂直直线为阵列对象，设置行数为 1、列数为 150，列偏移为 5。

完成的图形如图 14-26 所示。

图 14-26　给水管道方格网的绘制

14.3.3 绘制其他线

操作步骤

（1）把轮廓线图层设置为当前图层。单击"默认"选项卡"绘图"面板中的"多段线"按钮 ⌐ ，绘制底部线框。选择 w 来设定起点宽度和端点宽度为 0.2，绘制水平的多段线。

（2）单击"默认"选项卡"修改"面板中的"拉伸"按钮 ⚄ ，把刚刚绘制好的水平多段线水平向左延伸 40。

（3）单击"默认"选项卡"修改"面板中的"矩形阵列"按钮 ⊞ ，选择绘制的水平多段线为阵列对象，设置行数为 8、列数为 1，行间距为 11。完成的图形如图 14-27 所示。

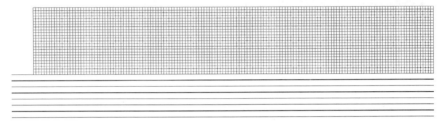

图 14-27　阵列后的图形

（4）单击"默认"选项卡"绘图"面板中的"多段线"按钮 ⌐ ，绘制其他的多段线。完成的图形如图 14-28 所示。

图 14-28　外部轮廓绘制完后的图形

（5）单击"默认"选项卡"绘图"面板中的"直线"按钮 ／ ，绘制其他的直线。完成的图形如图 14-29 所示。

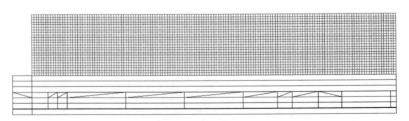

图 14-29　底部线框直线绘制

（6）把文字图层设置为当前图层。单击"默认"选项卡"注释"面板中的"多行文字"按钮 **A** ，标注文字和标高。完成的图形如图 14-30 所示。

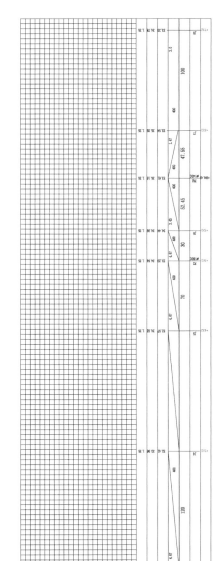

图 14-30 输入文字后的给水管道纵断面图

Note

14.3.4 绘制给水管地面线、管中心设计线、高程线

 操作步骤

（1）把给排水口图层设置为当前图层。单击"绘图"工具栏中的"矩形"按钮 □，绘制电信管道。

（2）单击"默认"选项卡"绘图"面板中的"椭圆"按钮 ○，绘制雨、污管道。单击"默认"选项卡"注释"面板中的"多行文字"按钮 **A**，标注名称。完成的图形如图 14-31 所示。

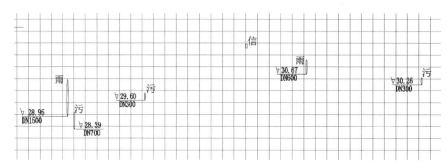

图 14-31　雨、污、电信管道绘制

复制给水管道及阀门井、消防栓、排气阀图例到高程和里程桩号确定的位置。使用多段线命令绘制以上图例的高程线。完成的图形如图 14-32 所示。

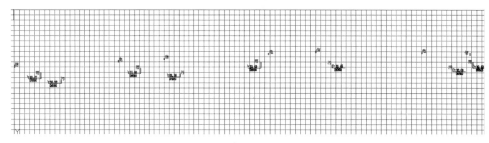

图 14-32　给水管道图例复制

（3）单击"默认"选项卡"绘图"面板中的"多段线"按钮 ⎯⊃，绘制水平箭头。输入 w 来指定起点宽度和端点宽度为 0.2000。输入 w 来指定起点宽度为 1 和端点宽度为 0。

单击"默认"选项卡"绘图"面板中的"多段线"按钮 ⎯⊃，绘制垂直箭头。输入 w 来指定起点宽度和端点宽度为 0.2000。输入 w 来指定起点宽度为 1 和端点宽度为 0。完成的图形如图 14-33 所示。

（4）根据高程的数值，单击"默认"选项卡"绘图"面板中的"多段线"按钮 ⎯⊃，绘制给水管道地面线和设计线。注意绘制给水管道地面线需要把管道地面图层设置为当前图层，绘制设计线需要把给水管道图层设置为当前图层。完成的图形如图 14-34 所示。

图 14-33　箭头的绘制

（5）同理，绘制西侧给水管道纵断面图。完成的图形如图 14-35 所示。

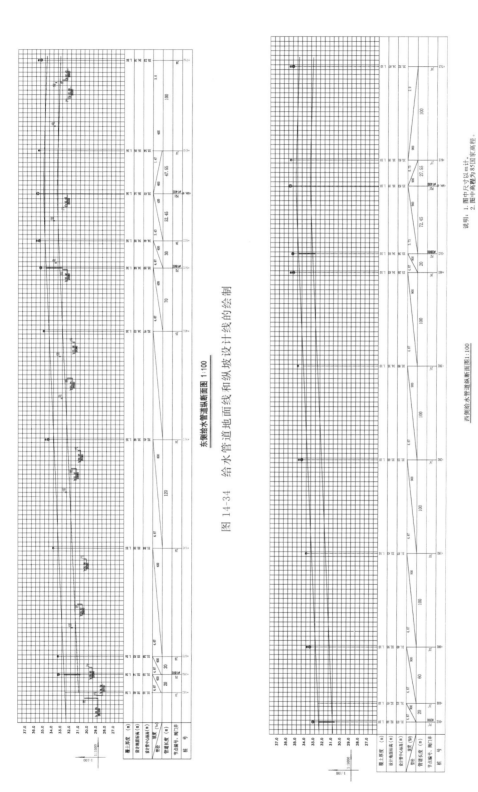

图 14-34 给水管道地面线和纵坡设计线的绘制

图 14-35 西侧给水管道纵断面图的绘制

整个给水管道纵断面图如图 14-23 所示。

14.4　给水节点详图绘制

绘制思路

使用直线命令绘制给水管道线；使用直线、镜像等命令绘制阀门井，并复制到相应的位置；使用单行文字、复制命令标注文字；保存给水节点详图。结果如图 14-36 所示。

14.4.1　前期准备及绘图设置

操作步骤

1．确定绘图比例

根据需绘制图形确定绘图的比例，建议采用 1∶1 的比例绘制，1∶15 的比例出图。

2．建立新文件

打开 AutoCAD 2020 应用程序，以"A3.dwt"样板文件为模板，建立新文件，将新文件命名为"给水节点详图.dwg"并保存。

3．设置图层

根据需要设置 4 个图层："尺寸""管道线""轮廓线"和"文字"，把"管道线"图层设置为当前图层。设置好的各图层的属性如图 14-37 所示。

4．标注样式的设置

根据绘图比例设置标注样式，对标注样式线、符号和箭头、文字、主单位进行设置。具体如下。

➤ 线：超出尺寸线为 0.15，起点偏移量为 0.2。

➤ 符号和箭头：第一个为建筑标记，箭头大小为 0.2，圆心标记为标记 0.1。

➤ 文字：文字高度为 0.2，文字位置为垂直上，从尺寸线偏移为 0.1，文字对齐为 ISO 标准。

➤ 主单位：精度为 0.00，比例因子为 1。

5．文字样式的设置

单击"默认"选项卡"注释"面板中的"文字样式"按钮 **A**，打开"文字样式"对话框。选择仿宋字体，宽度因子设置为 0.8。

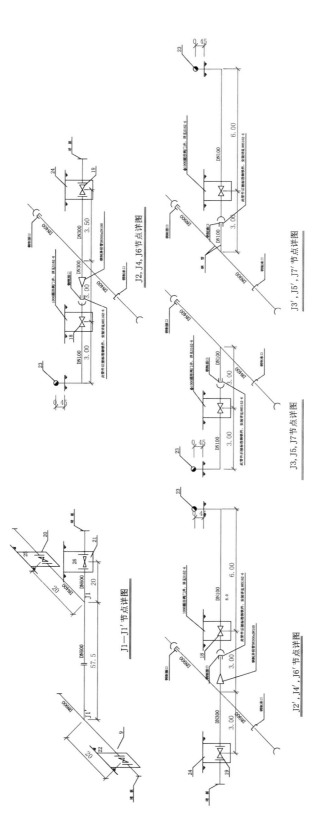

图 14-36 给水节点详图效果图

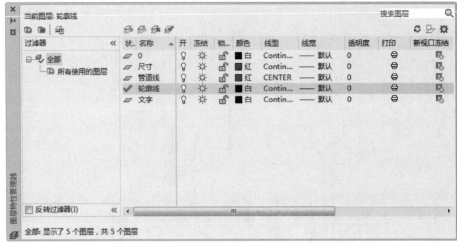

图 14-37　给水节点详图图层的设置

14.4.2　J1—J1′节点详图

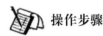**操作步骤**

1．绘制给水管道线

（1）在状态栏中，单击"正交"按钮 ，打开正交模式。在状态栏中，右击"极轴追踪"按钮 ，弹出"正在追踪设置"下拉菜单。打开"草图设置"对话框，极轴追踪的参数设置如图 14-38 所示。单击"确定"按钮，完成极轴追踪的设置。

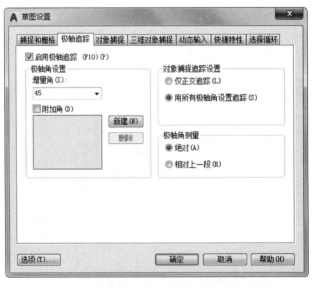

图 14-38　极轴追踪设置

（2）单击"默认"选项卡"绘图"面板中的"直线"按钮 ，绘制两条长分别为 5.75 和 2 的水平直线。

（3）单击"默认"选项卡"绘图"面板中的"直线"按钮 ╱ ,绘制两条 45°方向的直线，如图 14-39 所示。

（4）把尺寸图层设置为当前图层。单击"默认"选项卡"注释"面板中的"线性"按钮 ⊢ ,标注直线尺寸。

（5）单击"注释"选项卡"标注"面板中的"连续"按钮 ⊣⊣⊣ ,进行连续标注。完成的图形如图 14-40 所示。

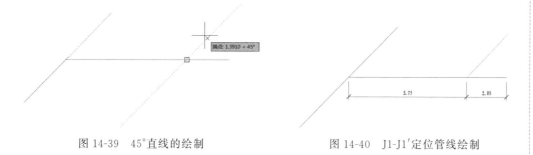

图 14-39　45°直线的绘制　　　　　图 14-40　J1-J1′定位管线绘制

2. 绘制阀门井

（1）把轮廓线图层设置为当前图层。单击"默认"选项卡"绘图"面板中的"直线"按钮 ╱ ,绘制一个 1×1.5 的矩形。

（2）单击"默认"选项卡"绘图"面板中的"直线"按钮 ╱ ,取其水平直线中点绘制一条垂直直线。

（3）单击"默认"选项卡"修改"面板中的"复制"按钮 ❂ ,复制刚刚绘制好的水平直线，向上复制的位移为 0.5。

（4）把尺寸图层设置为当前图层。单击"默认"选项卡"注释"面板中的"线性"按钮 ⊢ ,标注直线尺寸。完成的图形如图 14-41(a)所示。

（5）单击"默认"选项卡"修改"面板中的"复制"按钮 ❂ ,复制刚刚绘制完的水平直线，向上复制的距离分别为 0.15、0.25。然后向下复制，距离分别为 0.15、0.25。

（6）单击"默认"选项卡"修改"面板中的"复制"按钮 ❂ ,复制刚刚绘制好的垂直中心线，向右复制的距离分别为 0.25、0.35。然后向左复制，距离分别为 0.25、0.35。

（7）单击"默认"选项卡"修改"面板中的"删除"按钮 ✐ ,删除多余的标注尺寸。

（8）单击"默认"选项卡"注释"面板中的"线性"按钮 ⊢ ,标注直线尺寸。

（9）单击"注释"选项卡"标注"面板中的"连续"按钮 ⊣⊣⊣ ,进行连续标注。完成的图

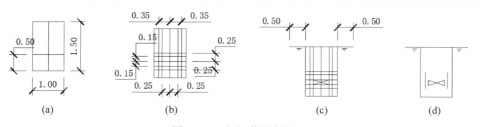

图 14-41　阀门井绘制流程

401

Note

形如图14-41（b）所示。

（10）把轮廓线图层设置为当前图层。单击"默认"选项卡"绘图"面板中的"直线"按钮╱，绘制轮廓线。

（11）单击"默认"选项卡"修改"面板中的"删除"按钮，删除多余的标注尺寸。

（12）单击"默认"选项卡"注释"面板中的"线性"按钮，标注直线尺寸。完成的图形如图14-41（c）所示。

（13）单击"默认"选项卡"修改"面板中的"删除"按钮，删除多余的直线和标注。完成的图形如图14-41（d）所示。

3. 绘制45°方向阀门井

（1）单击"默认"选项卡"修改"面板中的"复制"按钮，复制刚刚绘制好的部分实体。复制的部分如图14-42（a）所示。

（2）单击"默认"选项卡"修改"面板中的"旋转"按钮，把上部水平水位直线旋转45°。完成的图形如图14-42（b）所示。

（3）单击"默认"选项卡"修改"面板中的"旋转"按钮，把下部水平线旋转45°。

（4）单击"默认"选项卡"绘图"面板中的"直线"按钮╱，连接另一条垂直直线。完成的图形如图14-42（c）所示。

（5）单击"默认"选项卡"修改"面板中的"复制"按钮，复制垂直直线。复制的尺寸和图14-42（b）中的一样。

（6）单击"默认"选项卡"修改"面板中的"复制"按钮，复制45°方向直线，复制的尺寸和图14-42（c）中的一样。完成的图形如图14-42（d）所示。

（7）单击"默认"选项卡"修改"面板中的"修剪"按钮，剪切多余的部分。完成的图形如图14-42（e）所示。

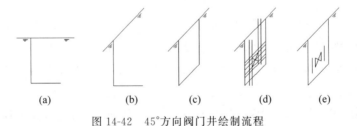

(a)　　　　　(b)　　　　　(c)　　　　　(d)　　　　　(e)

图14-42　45°方向阀门井绘制流程

4. 复制阀门井

（1）单击"默认"选项卡"修改"面板中的"复制"按钮，复制水平阀门井到指定的位置。

（2）单击"默认"选项卡"绘图"面板中的"直线"按钮╱，沿左边45°直线绘制长为2的直线。

（3）单击"默认"选项卡"绘图"面板中的"直线"按钮╱，沿右边45°直线绘制长为3的直线。

（4）单击"默认"选项卡"修改"面板中的"复制"按钮 ⚙️，复制45°水平阀门井到指定的位置。

（5）把尺寸图层设置为当前图层。单击"默认"选项卡"注释"面板中的"对齐"按钮 ，标注直线尺寸。完成的图形和尺寸如图14-43所示。

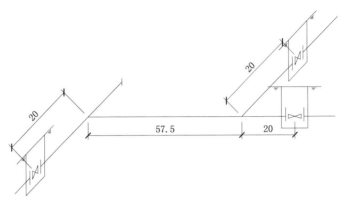

图14-43　阀门井复制

（6）单击"默认"选项卡"绘图"面板中的"直线"按钮 ，绘制其他直线。

（7）单击"默认"选项卡"修改"面板中的"修剪"按钮 ，剪切多余的部分。完成的图形如图14-44所示。

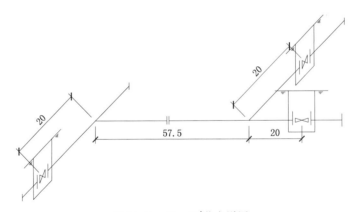

图14-44　J1—J1′节点详图

5. 标注文字

（1）把文字图层设置为当前图层。单击"默认"选项卡"注释"面板中的"单行文字"按钮 A，标注45°方向的文字。

（2）单击"默认"选项卡"注释"面板中的"单行文字"按钮 A，标注水平方向的文字。

（3）单击"默认"选项卡"注释"面板中的"单行文字"按钮 A，标注垂直方向的文字，指定文字的旋转角度为90°。

（4）单击"默认"选项卡"修改"面板中的"复制"按钮 ⚙️，复制相同的文字到指定的位置。完成的图形如图14-45所示。

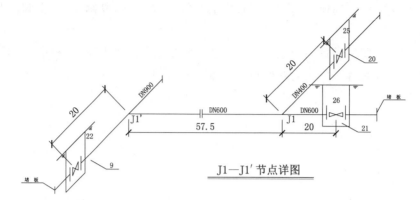

图 14-45　J1—J1′节点详图文字标注

14.4.3　J2、J4、J6 节点详图

操作步骤

1. 绘制给水管道线

（1）把管道线图层设置为当前图层。在状态栏中，单击"正交"按钮 ⌐，打开正交模式。在状态栏中，右击"极轴追踪"按钮 ⟳，弹出"正在追踪设置"下拉菜单，打开"草图设置"对话框。极轴追踪的参数设置如图 14-38 所示。

（2）单击"默认"选项卡"绘图"面板中的"直线"按钮 ╱，绘制水平直线的长度分别为 3、3、3.5、2。在状态栏中，单击"对象捕捉"按钮 ▢，打开对象捕捉模式。

（3）单击"默认"选项卡"绘图"面板中的"直线"按钮 ╱，绘制垂直直线的长度分别为 1、0.45。

（4）单击"默认"选项卡"绘图"面板中的"直线"按钮 ╱，沿 45°方向绘制两条长为 4 的直线。

（5）把尺寸图层设置为当前图层。单击"默认"选项卡"注释"面板中的"线性"按钮├┤，标注直线尺寸。

（6）单击"注释"选项卡"标注"面板中的"连续"按钮 ╫ ，进行连续标注。完成的图形如图 14-46 所示。

2. 绘制阀门井

（1）单击"默认"选项卡"修改"面板中的"复制"按钮 ⅋，复制水平阀门井到指定的位置。完成的图形如图 14-47 所示。

（2）使用 Ctrl＋C 快捷键复制给水管道设计说明中的图例，然后使用 Ctrl＋V 快捷键粘贴到给水节点详图中。

（3）单击"默认"选项卡"修改"面板中的"复制"按钮 ⅋，复制消防栓图例到指定位置。

（4）单击"默认"选项卡"绘图"面板中的"直线"按钮 ╱，绘制其他线。

（5）单击"默认"选项卡"绘图"面板中的"圆弧"按钮 ⌒，绘制圆弧。

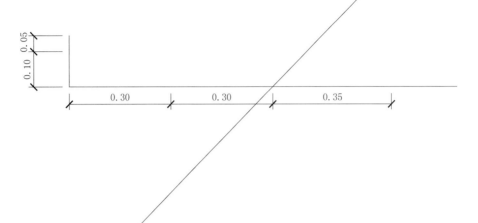

图 14-46 J2、J4、J6 节点给水定位线绘制

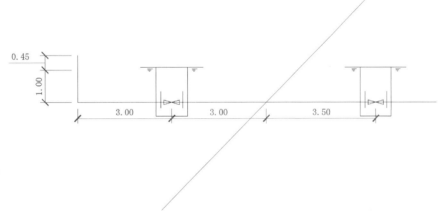

图 14-47 J2、J4、J6 节点阀门井复制

（6）单击"默认"选项卡"修改"面板中的"修剪"按钮，剪切多余的部分。完成的图形如图 14-48 所示。

（7）单击"默认"选项卡"修改"面板中的"打断"按钮，打断图例之间的直线。完成的图形如图 14-49 所示。

3. 标注文字

（1）把文字图层设置为当前图层。单击"默认"选项卡"注释"面板中的"单行文字"按钮 A，标注 45°方向的文字。

（2）单击"默认"选项卡"注释"面板中的"单行文字"按钮 A，标注水平方向的文字。

（3）单击"默认"选项卡"修改"面板中的"复制"按钮，复制相同的文字到指定的

Note

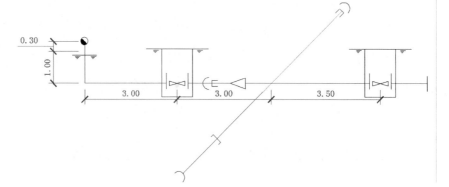

图 14-48　J2、J4、J6 节点详图轮廓线绘制

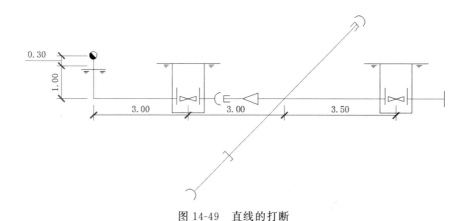

图 14-49　直线的打断

位置。完成的图形如图 14-50 所示。

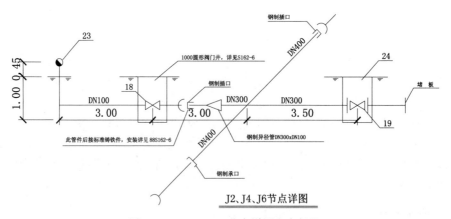

图 14-50　J2、J4、J6 节点详图文字标注

（4）单击"默认"选项卡"修改"面板中的"删除"按钮 ，删除多余的标注。完成的图形如图 14-51 所示。

同理，完成其他给水节点的绘制。完成的图形如图 14-52～图 14-54 所示。

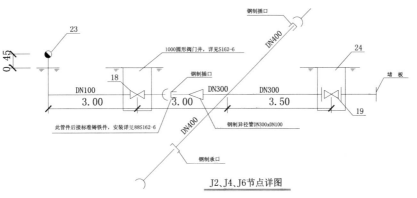

J2、J4、J6节点详图

图 14-51　J2、J4、J6 节点详图

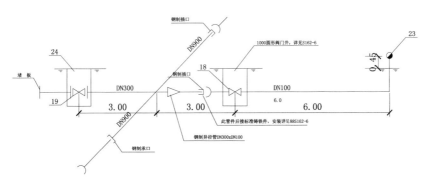

J2′、J4′、J6′节点详图

图 14-52　J2′、J4′、J6′节点详图

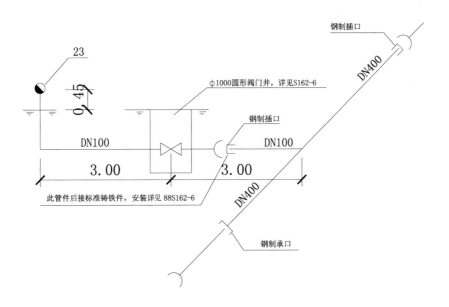

J3、J5、J7节点详图

图 14-53　J3、J5、J7 节点详图

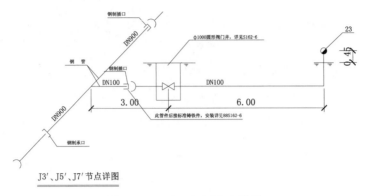

图 14-54   J3′、J5′、J7′节点详图

14.5   排气阀详图绘制

排气阀详图绘制流程与给水节点详图的绘制相同,结果如图 14-55 所示。

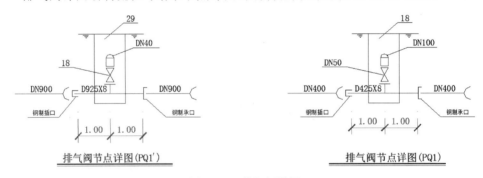

图 14-55   排气阀详图

14.6   阀门井详图绘制

阀门井详图的前期准备、绘图设置与给水节点详图相同,操作流程与给水节点详图的绘制类似,如图 14-56 所示。

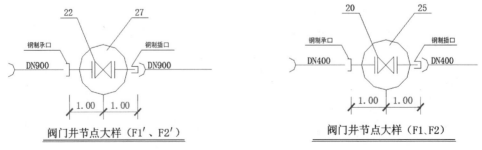

图 14-56   阀门井详图

14-5

Note

14.7　管线综合横断面图绘制

绘制思路

从讲述的道路横断面图中调用箭头以及路灯和绿化树；使用直线命令绘制道路中心线、车行道、人行道各组成部分的位置和宽度；使用多行文字命令标注文字，保存管线综合横断面图。结果如图14-57所示。

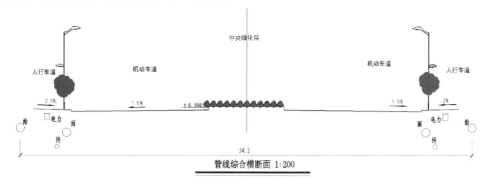

图 14-57　管线综合横断面图

14.7.1　前期准备及绘图设置

操作步骤

1. 确定绘图比例

根据需绘制图形确定绘图的比例，建议使用 1∶1 的比例绘制，1∶200 的比例出图。

2. 建立新文件

打开 AutoCAD 2020 应用程序，建立新文件，将新文件命名为"管线综合横断面.dwg"并保存。

3. 设置图层

设置 9 个图层："尺寸线""道路中线""路灯""路基路面""轮廓线""坡度""树""填充"和"文字"，将"轮廓线"图层设置为当前图层。设置好的各图层的属性如图 14-58 所示。

4. 文字样式的设置

单击"默认"选项卡"注释"面板中的"文字样式"按钮 A，打开"文字样式"对话框。选择仿宋字体，宽度因子设置为 0.8。文字样式的设置如图 14-59 所示。

5. 标注样式的设置

根据绘图比例设置标注样式，对标注样式线、符号和箭头、文字、主单位进行设置，具体如下。

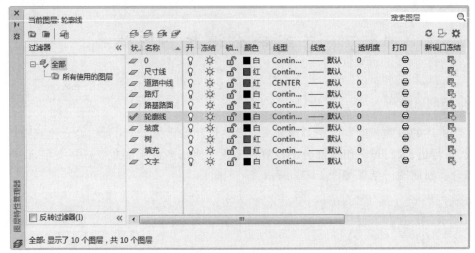

图 14-58　管线综合横断面图图层设置

图 14-59　管线综合横断面图文字样式设置

- 线：超出尺寸线为 0.5，起点偏移量为 0.6。
- 符号和箭头：第一个为建筑标记，箭头大小为 0.6，圆心标记为标记 0.3。
- 文字：文字高度为 0.6，文字位置为垂直上，从尺寸线偏移为 0.3，文字对齐为 ISO 标准。
- 主单位：精度为 0.0，比例因子为 1。

14.7.2　从道路横断面图中调用箭头、路灯和绿化树

 **操作步骤**

（1）打开源文件中第 7 章绘制的道路横断面图，使用 Ctrl＋C 快捷键复制所需图形和文字，使用 Ctrl＋V 快捷键粘贴到管线综合横断面图中，如图 14-60 所示。

（2）进行相关的文字的修改。完成的图形如图 14-61 所示。

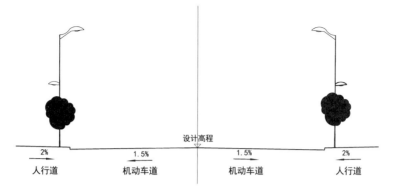

图 14-60　调用的图形

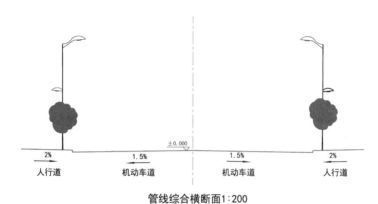

管线综合横断面1:200

图 14-61　文字的编辑修改

14.7.3　绘制道路中心线、车行道、人行道

 操作步骤

（1）在状态栏中，单击"正交"按钮 ⌐，打开正交模式。在状态栏中，单击"对象捕捉"按钮 ⌐，打开对象捕捉。

（2）单击"默认"选项卡"修改"面板中的"移动"按钮 ✛，把道路中线左边的图形向左移动 5。重复"移动"命令，把道路中线右边的图形向右移动 5；把道路中线左边的图形向下移动 0.4；把道路中线右边的图形向下移动 0.4。完成的图形如图 14-62 所示。

（3）单击"默认"选项卡"修改"面板中的"拉伸"按钮 ⌐，将道路中线左边机动车道水平向左拉伸 5.5。重复"拉伸"命令，将道路中线右边机动车道水平向右拉伸 5.5；将道路中线左边人行道水平向左拉伸 6；将道路中线右边人行道水平向右拉伸 6。

（4）单击"默认"选项卡"修改"面板中的"移动"按钮 ✛，将机动车道、人行道以及坡度移动到合适的位置。

（5）单击"默认"选项卡"注释"面板中的"多行文字"按钮 **A**，标注中央绿化带。

管线综合横断面1:200

图 14-62　中央绿化带绘制

（6）单击"默认"选项卡"绘图"面板中的"多段线"按钮 ，指定起点宽度为0、端点宽度为0，绘制左右两图形之间的连接线。完成的图形如图14-63所示。

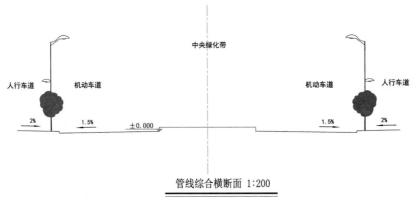

管线综合横断面 1:200

图 14-63　横断面绘制

（7）单击"默认"选项卡"绘图"面板中的"矩形"按钮 ，绘制 0.6×0.8 的矩形代表电力管道。

（8）单击"默认"选项卡"绘图"面板中的"圆"按钮 ，绘制两个半径为 0.5 和一个半径为 0.25 的圆，分别代表给水、雨水和污水管道。完成的图形如图 14-64 所示。

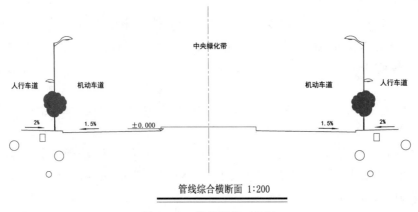

管线综合横断面 1:200

图 14-64　管线横断面绘制

（9）单击"默认"选项卡"绘图"面板中的"徒手画修订云线"按钮 ，绘制中央绿化带植物外形轮廓。

（10）将填充图层设置为当前图层。单击"默认"选项卡"绘图"面板中的"图案填充"按钮 ，选择"SOLID"图例进行填充。

（11）单击"默认"选项卡"修改"面板中的"矩形阵列"按钮 ，选择填充后的绿化物为阵列对象。设置行数为 1、列数为 12，列间距为 0.8。完成的图形如图 14-65 所示。

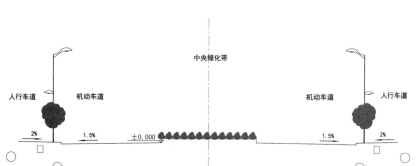

图 14-65 中央绿化带植物绘制

14.7.4 标注文字和尺寸

操作步骤

（1）把文字图层设置为当前图层。单击"默认"选项卡"注释"面板中的"多行文字"按钮 **A**，标注电力、给、雨、污等文字。

（2）把尺寸线图层设置为当前图层。单击"默认"选项卡"注释"面板中的"线性"按钮 ，标注直线尺寸。

5

园林是现代化城市的重要组成部分。在市政规划设计中，园林景观是市政规划设计的重要内容。园林景观是文科与理工科的贯穿、科学性与艺术性的交融，在广义建筑学中与城市规划学、建筑学共同组成一个学科和建设的系列。园林设计的要素包含构思立意、自然地形地貌的利用与塑造、园林建筑布置、园路和场地、植物种植、置石、假山与小品的设置等。

第5篇　市政园林施工

由于园林是个综合性的学科，涉及的专业很多，内容比较广泛，因此本篇重点介绍如何使用AutoCAD绘制园林建筑、园林水体、园路铺装、植物等典型构成元素施工图，简单介绍园林绘图以及相关的基础知识。

第 15 章

园林景观概述

本章导读

　　本篇主要讲解园林设计单元的设计方法,包括园林水景图的绘制、园林绿化图的绘制、园林建筑图的绘制和园林小品图的绘制。

学 习 要 点

◆ 园林设计的基本原则

◆ 园林施工图绘制的具体要求

◆ 风景园林常见图例

15.1　园林设计的基本原则

1．主景与配景设计原则

为了表现主题，在园林和建筑艺术中突出主景通常采用下列手法。

（1）中轴对称。在布局中，首先确定某方向一轴线，轴线上方通常安排主要景物，在主景前方两侧，常常配置一对或若干对次要景物，以陪衬主景，如天安门广场、凡尔赛宫等。

（2）主景升高。主景升高犹如鹤立鸡群，这是普通、常用的艺术手段。主景升高往往与中轴对称方法同用，如美国华盛顿纪念性园林、北京人民英雄纪念碑等。

（3）环拱水平视觉四合空间的交汇点。园林中，环拱四合空间主要出现在宽阔的水平面景观或四周由群山环抱的盆地类型园林空间，如杭州西湖中的三潭印月等。自然式园林中四周由土山和树林环抱的林中草地，也是环拱的四合空间。四周配绿林带，在视觉交汇点上布置主景，即可起到主景突出的作用。

（4）构图重心位能。三角形、圆形图案等重心为几何构图中心，往往是处理主景突出的最佳位置，能起到最好的位能效应。自然山水园的视觉重心忌居正中。

（5）渐变法。渐变法即园林景物布局采用渐变的方法，从低到高，逐步升级，由次要景物到主景，级级引入，通过园林景观的序列布置，引人入胜，引出主景。

2．对比与调和

对比与调和，是布局中运用统一与变化的基本规律，是事物形象的具体表现。采用骤变的景象，以产生唤起兴致的效果。调和的手法，主要通过布局形式、造园材料等方面的统一、协调来表现。

园林设计中，对比手法主要应用于空间对比、疏密对比、虚实对比、藏露对比、高低对比、曲直对比等。主景与配景本身就是"主次对比"的一种对比表现形式。

3．节奏与韵律

在园林布局中，常使同样的景物重复出现，这样的同样的景物重复出现和布局，就是节奏与韵律在园林中的应用。韵律可分为连续韵律、渐变韵律、交错韵律、起伏韵律等处理方法。

4．均衡

在园林布局中均以静态依靠动势求得均衡，或称之为拟对称的均衡。对称的均衡为静态均衡，一般在主轴两边景物以相等的距离、体量、形态组成均衡，即和气态均衡。拟对称均衡，是主轴不在中线上，两边的景物形体、大小、与主轴的距离都不相等，但两边的景物又处于动态的均衡之中。

5．尺度与比例

任何物体，不论任何形状，必有三个方向，即长、宽、高的度量。比例就是研究三者之间的关系。任何园林景观，都要研究双重的两个关系，一是景物本身的三维空间；二是整体与局部。园林中的尺度,指园林空间中各个组成部分与具有一定自然尺度的物体的比较。功能、审美和环境特点决定园林设计的尺度。尺度可分为可变尺度和不可变尺度两种。不可变尺度是按一般人体的常规尺寸确定的尺度。可变尺度如建筑形体、雕像的大小、桥景的幅度等都要依具体情况而定。园林中常应用的是夸张尺度,夸张尺度往往是将景物放大或缩小,以达到造园造景的效果。

15.2 园林施工图绘制的具体要求

园林制图是表达园林设计意图最直接的方法,是每个园林设计师必须掌握的技能。园林 AutoCAD 制图是风景园林景观设计的基本语言,AutoCAD 园林制图可参照有关国家标准。在园林图纸中,对制图的基本内容都有规定。这些内容包括图纸幅面、标题栏及会签栏、线宽及线型、汉字、字符、数字、符号和标注等。具体可以参考本书第 1 章。

一套完整的园林施工图一般包括封皮、目录、设计说明、总平面图、施工放线图、竖向设计施工图、植物配置图、照明电气图、喷灌施工图、给排水施工图、园林小品施工详图、铺装剖切断面等。

1. 文字部分

文字部分应该包括封皮、目录、总说明、材料表等。

(1) 封皮的内容包括工程名称、建设单位、施工单位、时间、工程项目编号等。

(2) 目录的内容包括图纸的名称、图别、图号、图幅、基本内容、张数等。图纸编号以专业为单位,各专业各自编排各专业的图号。对于大、中型项目,应按照以下专业进行图纸编号:园林、建筑、结构、给排水、电气、材料附图等。对于小型项目,可以按照以下专业进行图纸编号:园林、建筑及结构、给排水、电气等。每一专业图纸应该对图号加以统一标示,以方便查找,如建筑结构施工图可以缩写为"建施(JS)",给排水施工图可以缩写为"水施(SS)",种植施工图可以缩写为"绿施(LS)"。

(3) 设计说明主要针对整个工程需要说明的问题。如设计依据、施工工艺等,材料数量、规格及其他要求。其具体内容主要包括如下几项。

① 设计依据及设计要求:应注明采用的标准图集及依据的法律规范。

② 设计范围。

③ 标高及标注单位:应说明图纸文件中采用的标注单位;采用的是相对坐标还是绝对坐标,如为相对坐标,须说明采用的依据以及与绝对坐标的关系。

④ 材料选择及要求:对各部分材料的材质要求及建议;一般应说明的材料包括饰面材料、木材、钢材、防水疏水材料、种植土及铺装材料等。

⑤ 施工要求:强调需注意工种配合及对气候有要求的施工部分。

⑥ 经济技术指标:施工区域总的占地面积,绿地、水体、道路、铺地等的面积及占地百分比,绿化率及工程总造价等。

除了总的说明之外,在各个专业图纸之前还应该配备专门的说明,有时施工图纸中还应该配有适当的文字说明。

Note

2．施工放线

施工放线应该包括施工总平面图、各分区施工放线图、局部放线详图等。

1）施工总平面图

（1）施工总平面图的主要内容

① 指北针（或风玫瑰图）、绘图比例（比例尺），文字说明，景点、建筑物或者构筑物的名称标注，图例表。

② 道路、铺装的位置、尺度、主要点的坐标、标高以及定位尺寸。

③ 小品主要控制点坐标及小品的定位、定形尺寸。

④ 地形、水体的主要控制点坐标、标高及控制尺寸。

⑤ 植物种植区域轮廓。

⑥ 对无法用标注尺寸准确定位的自由曲线园路、广场、水体等，应给出该部分局部放线详图，用放线网表示，并标注控制点坐标。

（2）施工总平面图绘制的要求

① 布局与比例。图纸应按上北下南的方向绘制，根据场地形状或布局，可向左或向右偏转，但不宜超过45°。施工总平面图一般采用 1∶500、1∶1000、1∶2000 的比例进行绘制。

② 图例。《总图制图标准》（GB/T 50103—2010）中列出了建筑物、构筑物、道路、铁路以及植物等的图例，具体内容见相应的制图标准。如果由于某些原因必须另行设定图例时，应该在总图上绘制专门的图例表进行说明。

③ 图线。在绘制总图时应该根据具体内容采用不同的图线，具体内容参照《总图制图标准》（GB/T 50103—2010）。

④ 单位。施工总平面图中的坐标、标高、距离宜以米（m）为单位，并应至少取至小数点后两位，不足时以 0 补齐。详图宜以毫米（mm）为单位，如不以毫米（mm）为单位，应另加说明。

建筑物、构筑物、铁路、道路方位角（或方向角）和铁路、道路转向角的度数，宜注写到秒，特殊情况应另加说明。

道路纵坡度、场地平整坡度、排水沟沟底纵坡度宜以百分计，并应取至小数点后一位，不足时以 0 补齐。

⑤ 坐标网格。坐标分为测量坐标和施工坐标。测量坐标为绝对坐标，测量坐标网应画成交叉十字线，坐标代号宜用 X、Y 表示。施工坐标为相对坐标，相对零点通常选用已有建筑物的交叉点或道路的交叉点。为区别于绝对坐标，施工坐标用大写英文字母 A、B 表示。

施工坐标网格应以细实线绘制，一般画成 100M[①]×100M 或者 50M×50M 的方格网，当然也可以根据需要进行调整，比如通常采用的就是 30M×30M 的网格，对于面积较小的场地可以采用 5M×5M 或者 10M×10M 的施工坐标网。

⑥ 坐标标注。坐标宜直接标注在图上，如图面无足够位置，也可列表标注，如坐标数字的位数太多时，可将前面相同的位数省略，其省略位数应在附注中加以说明。

---

① M 表示基本模数，1M＝100mm。

建筑物、构筑物、铁路、道路等应标注下列部位的坐标：建筑物、构筑物的定位轴线（或外墙线）或其交点；圆形建筑物、构筑物的中心；挡土墙墙顶外边缘线或转折点。表示建筑物、构筑物位置的坐标，宜标注其三个角的坐标，如果建筑物、构筑物与坐标轴线平行，可标注对角坐标。

平面图上有测量和施工两种坐标系统时，应在附注中注明两种坐标系统的换算公式。

⑦ 标高标注。施工图中标注的标高应为绝对标高，如标注相对标高，则应注明相对标高与绝对标高的关系。

建筑物、构筑物、铁路、道路等应按以下规定标注标高：建筑物室内地坪，标注图中±0.00 处的标高，对不同高度的地坪，分别标注其标高；建筑物室外散水，标注建筑物四周转角或两对角的散水坡脚处的标高；构筑物标注其有代表性的标高，并用文字注明标高所指的位置；道路标注路面中心交点及变坡点的标高；挡土墙标注墙顶和墙脚标高，路堤、边坡标注坡顶和坡脚标高，排水沟标注沟顶和沟底标高；场地平整标注其控制位置标高；铺砌场地标注其铺砌面标高。

（3）施工总平面图绘制步骤

① 绘制设计平面图。

② 根据需要确定坐标原点及坐标网格的精度，绘制测量和施工坐标网。

③ 标注尺寸、标高。

④ 绘制图框、比例尺、指北针、填写标题、标题栏、会签栏，编写说明及图例表。

2）施工放线图

施工放线图的内容主要包括道路、广场铺装、园林建筑小品、放线网格（间距 1m 或 5m 或 10m 不等）、坐标原点、坐标轴、主要点的相对坐标、标高（等高线、铺装等）。图 15-1 所示为水体施工放线图。

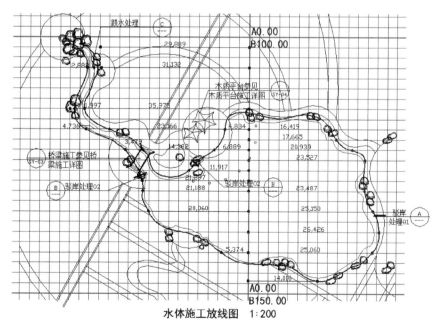

水体施工放线图 1:200

图 15-1　水体施工放线图

3．土方工程

土方工程应该包括竖向设计施工图、土方调配图。

1）竖向设计施工图

竖向设计指的是在一块场地中进行垂直于水平方向的布置和处理，也就是地形高程设计。

（1）竖向设计施工图的内容

① 指北针、图例、比例、文字说明、图名。文字说明中应该包括标注单位、绘图比例、高程系统的名称、补充图例等。

② 现状与原地形标高，地形等高线，设计等高线的等高距一般取 0.25～0.5m，当地形较为复杂时，需要绘制地形等高线放样网格。

③ 最高点或者某些特殊点的坐标及该点的标高。如道路的起点、变坡点、转折点和终点等的设计标高（道路在路面中，阴沟在沟顶和沟底）、纵坡度、纵坡距、纵坡向、平曲线要素、竖曲线半径、关键点坐标；建筑物、构筑物室内外设计标高；挡土墙、护坡或土坡等构筑物的坡顶和坡脚的设计标高；水体驳岸、岸顶、岸底标高，池底标高，水面最低、最高及常水位。

④ 地形的汇水线和分水线，或用坡向箭头标明设计地面坡向，指明地表排水的方向、排水的坡度等。

⑤ 绘制重点地区、坡度变化复杂的地段的地形断面图，并标注标高、比例尺等。

当工程比较简单时，竖向设计施工平面图可与施工放线图合并。

（2）竖向设计施工图的具体要求

① 计量单位。通常标高的标注单位为米（m），如果有特殊要求则应该在设计说明中注明。

② 线型。竖向设计图中比较重要的就是地形等高线，设计等高线用细实线绘制，原有地形等高线用细虚线绘制，汇水线和分水线用细单点长划线绘制。

③ 坐标网格及其标注。坐标网格采用细实线绘制，网格间距取决于施工的需要以及图形的复杂程度，一般采用与施工放线图相同的坐标网体系。对于局部的不规则等高线，或者单独作出施工放线图，或者在竖向设计图纸中局部缩小网格间距，提高放线精度。竖向设计施工图的标注方法同施工放线图，针对地形中最高点、建筑物角点或者特殊点进行标注。

④ 地表排水方向和排水坡度。利用箭头表示排水方向，并在箭头上标注排水坡度，对于道路或者铺装等区域除了要标注排水方向和排水坡度之外，还要标注坡长。一般排水坡度标注在坡度线的上方，坡长标注在坡度线的下方。

⑤ 其他方面的绘制要求与施工总平面图相同。

2）土方调配图

在土方调配图上要注明挖填调配区、调配方向、土方数量和每对挖填之间的平均运距。图 15-2（A 为挖方，B 为填方）中的土方调配，仅考虑场内挖方、填方平衡。

（1）建筑工程应该包括建筑设计说明、建筑构造作法一览表、建筑平面图、立面图、

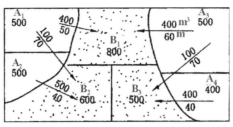

图 15-2　土方调配图

Note

剖面图和建筑施工详图等。

（2）结构工程应该包括结构设计说明、基础图、基础详图、梁、柱详图、结构构件详图等。

（3）电气工程应该包括电气设计说明、主要设备材料表、电气施工平面图、施工详图、系统图、控制线路图等。大型工程应按强电、弱电、火灾报警及其智能系统分别设置目录。

（4）照明电气施工图的内容主要包括灯具形式、类型、规格、布置位置、配电图（电缆电线型号规格，连接方式；配电箱数量、形式规格等）等。

电位走线只需标明开关与灯位的控制关系，线型宜用细圆弧线（也可适当用中圆弧线），各种强弱电的插座走线不需标明。

要有详细的开关（一联、二联、多联）、电源插座、电话插座、电视插座、空调插座、宽带网插座、配电箱等图标及位置（插座高度未注明的一律距地面 300mm，有特殊要求的要在插座旁注明标高）。

4. 现状植物的表示

1）行列式栽植

对于行列式的种植形式（如行道树、树阵等），可用尺寸标注出株行距、始末树种植点与参照物的距离。

2）自然式栽植

对于自然式的种植形式（如孤植树），可用坐标标注种植点的位置或采用三角形标注法进行标注。孤植树往往对植物的造型、规格的要求较严格，应在施工图中表达清楚，除利用立面图、剖面图示以外，可与苗木表相结合，用文字来加以标注。

5. 图例及尺寸标注

1）片植、丛植

施工图应绘出清晰的种植范围边界线，标明植物名称、规格、密度等。对于边缘线呈规则的几何形状的片状种植，可用尺寸标注方法标注，为施工放线提供依据，而对边缘线呈不规则的自由线的片状种植，应绘制坐标网格，并结合文字标注。

2）草皮种植

草皮是用打点的方法表示，标注应标明草坪名、规格及种植面积。

15.3　风景园林常见图例

风景园林常见图例见图 15-3。

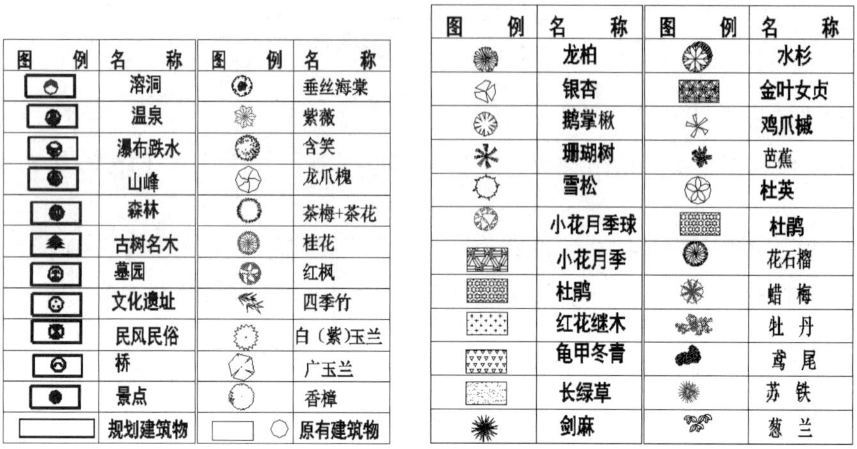

图　例	名　称	图　例	名　称
	溶洞		垂丝海棠
	温泉		紫薇
	瀑布跌水		含笑
	山峰		龙爪槐
	森林		茶梅+茶花
	古树名木		桂花
	墓园		红枫
	文化遗址		四季竹
	民风民俗		白（紫）玉兰
	桥		广玉兰
	景点		香樟
	规划建筑物		原有建筑物

图　例	名　称	图　例	名　称
	龙柏		水杉
	银杏		金叶女贞
	鹅掌楸		鸡爪槭
	珊瑚树		芭蕉
	雪松		杜英
	小花月季球		杜鹃
	小花月季		花石榴
	杜鹃		蜡梅
	红花继木		牡丹
	龟甲冬青		鸢尾
	长绿草		苏铁
	剑麻		葱兰

图 15-3　风景园林常见图例

园林水景图绘制

　　本章主要介绍园林水景图的绘制。水景,作为园林中一道别样的风景点缀,以它特有的气息与神韵感染着每一个人。它是园林景观和给水排水的有机结合。随着房地产等相关行业的发展,人们对居住环境有了更高的要求,水景逐渐成为居住区环境设计的一大亮点,水景的应用技术也得到快速发展,许多技术已大量应用于实践中。

（学）（习）（要）（点）

- ◆ 园林水景工程图的绘制
- ◆ 喷泉立面图绘制
- ◆ 喷泉详图绘制

16.1　园林水景概述

水景,作为园林中一道别样的风景点缀,以它特有的气息与神韵感染着每一个人。它是园林景观和给水排水的有机结合。随着房地产等相关行业的发展,人们对居住环境有了更高的要求,水景逐渐成为居住区环境设计的一大亮点,水景的应用技术也得到快速发展,许多技术已大量应用于实践中。

1. 园林水景的作用

园林水景的用途非常广泛,主要归纳为以下几个方面:

(1)园林水体景观。如喷泉、瀑布、池塘等,都以水体为题材,水成了园林的重要构成要素,也引发无穷尽的诗情画意。冰灯、冰雕也是水在非常温状态下的一种观赏形式。

(2)改善环境,调节气候,控制噪声。矿泉水具有医疗作用,负离子具有清洁作用,都不可忽视。

(3)提供体育娱乐活动场所,如游泳、划船、溜冰、船模等,有的也体现出现在休闲的热点,如冲浪、漂流、水上乐园等。

(4)汇集、排泄天然雨水。此项功能,在认真设计的园林中,会节省不少地下管线的投资,为植物生长创造良好的立地条件。相反,污水倒灌、淹苗,又会造成意想不到的损失。

(5)防护、隔离、防灾用水。如护城河、隔离河,以水面作为空间隔离,是最自然、最节约的办法。引申来说,水面创造了园林迂回曲折的线路。救火、抗旱都离不开水,城市园林水体,可作为救火备用水,郊区园林水体、沟渠,是抗旱天然管网。

2. 园林景观的分类

园林水体的景观形式是丰富多彩的。明袁中郎谓:"水突然而趋,忽然而折,天回云昏,顷刻不知其千里,细则为罗谷,旋则为虎眼,注则为天坤,立则为岳玉;矫而为龙,喷而为雾,吸而为风,怒而为霆,疾徐舒蹙,奔跃万状。"下面以水体存在的4种形态来划分水体的景观。

(1)水体因压力而向上喷,形成各种各样的喷泉、涌泉、喷雾……总称"喷水"。

(2)水体因重力而下跌,高程突变,形成各种各样的瀑布、水帘……总称"跌水"。

(3)水体因重力而流动,形成各种各样的溪流、漩涡……总称"流水"。

(4)水面自然,不受重力及压力影响,称"池水"。

自然界不流动的水体,并不是静止的。它因风吹而起涟漪、起波涛,因降雨而得到补充,因蒸发、渗透而减少、枯干,因各种动植物、微生物的参与而被污染、净化,无时不在进行生态的循环。

3. 喷水的类型

人工造就的喷水,有7种景观类型。

(1)水池喷水:这是最常见的形式,停喷时,是一个静水池。

(2)旱池喷水:喷头等隐于地下,适用于让人参与的地方,如广场、游乐场。停喷时是场中一块微凹地坪,缺点是水质易污染。

(3)浅池喷水:喷头置于山石、盆栽之间,可以把喷水的全范围做成一个浅水盆,也可以仅在射流落点之处设几个水钵。美国迪士尼乐园有座间歇喷泉,由 A 定时喷一串水珠至 B,再由 B 喷一串水珠至 C,如此不断循环跳跃下去,何尝不是喷泉的一种形式。

(4)舞台喷水:影剧院、跳舞厅、游乐场等场所,有时作为舞台前景、背景,有时作为表演场所和活动内容。这里小型的水池往往是活动的。

(5)盆景喷水:家庭、公共场所的摆设,大小不一,往往成套出售。此种以水为主要景观的设施,不限于"喷"的水姿,而易于吸取高科技成果,做出让人意想不到的景观,很有启发意义。

(6)自然喷水:喷头置于自然水体之中。

(7)水幕影像:上海城隍庙的水幕电影,由喷水组成十余米宽、二十余米长的扇形水幕,与夜晚天际连成一片,电影放映时,人物驰骋万里,来去无影。

当然,除了这 7 种类型景观,还有不少奇闻趣观。

4. 水景的类型

水景是园林景观构成的重要组成部分,水的形态不同,则构成的景观也不同。水景一般可分为以下几种类型。

(1)水池。园林中常以天然湖泊作水池,尤其在皇家园林中,此水景有一望千顷、海阔天空之气派,构成了大型园林的宏旷水景。而私家园林或小型园林的水池面积较小,其形状可方、可圆、可直、可曲,常以近观为主,不可过分分隔,故给人的感觉是古朴野趣。

(2)瀑布。瀑布在园林中虽用得不多,但它特点鲜明,即充分利用了高差变化,使水产生动态之势。如把石山叠高,下挖成潭,水自高往下倾泻,击石四溅,飞珠若帘,俨如千尺飞流,震撼人心,令人流连忘返。

(3)溪涧。溪涧的特点是水面狭窄而细长,水因势而流,不受拘束。水口的处理应使水声悦耳动听,使人犹如置身于真山真水之间。

(4)泉源。泉源之水通常是溢满的,一直不停地往外流出。古有天泉、地泉、甘泉之分。泉的地势一般比较低下,常结合山石,光线幽暗,别有一番情趣。

(5)濠濮。濠濮是山水相依的一种景象,其水位较低,水面狭长,往往能产生两山夹岸之感。而护坡置石,植物探水,可造成幽深濠涧的气氛。

(6)渊潭。潭景一般与峭壁相连,水面不大,深浅不一。大自然之潭周围峭壁嶙峋,俯瞰气势险峻,有若万丈深渊。庭园中潭之创作,岸边宜叠石,不宜披土;光线处理宜荫蔽浓郁,不宜阳光灿烂;水位标高宜低下,不宜涨满。水面集中而空间狭隘是渊潭的创作要点。

(7)滩。滩的特点是水浅而与岸高差很小。滩景结合洲、矶、岸等,潇洒自如,极富自然。

(8)水景缸。水景缸是用容器盛水作景。其位置不定,可随意摆放,内可养鱼、种花,以用做庭园点景。

除上述类型外,随着现代园林艺术的发展,水景的表现手法越来越多,如喷泉造景、叠水造景等,均可活跃园林空间,丰富园林内涵,美化园林的景致。

5．喷水池的设计原则

（1）要尽量考虑向生态方向发展，如空调冷却水的利用、水帘幕降温、鱼塘增氧、兼作消防水池、喷雾增加空气湿度和负离子，以及作为水系循环水源等。科学研究证明，水滴分裂有带电现象，水滴由加有高压电的喷嘴中以雾状喷出，可吸附微小烟尘乃至有害气体，会大大提高除尘效率。带电水雾硝烟的技术及装置、向雷云喷射高速水流消除雷害的技术，正在积极研究中。真是"喷流飞电来，奇观有奇用"。

（2）要与其他景观设施结合。例如喷水等水景工程，是一项综合性工程，要园林、建筑、结构、雕塑、自控、电气、给排水、机械等方面专家参加，才能做到臻善臻美。

（3）水景是园林绿化景观中的一部分内容，要有雕塑、花坛、亭廊、花架、座椅、地坪铺装、儿童游戏场、露天舞池等内容的参加配合，才能成景，并做到规模不至过大，而效果淋漓尽致，喷射时好看，停止时也好看。

（4）要有新意，不落窠臼。日本的喷水，是由声音、风向、光线来控制开启的，还有座"激流勇进"，一股股激浪冲向艘艘木舟，激起千堆雪。不细看，还以为是老渔翁在奋勇前进呢！美国有座喷泉，上喷的水正对着下泻的瀑，水花在空中爆炸，蔚为壮观。

（5）要因地制宜选择合理的喷泉。例如，适于参与、有管理条件的地方采用旱地喷水；而只适于观赏的要采用水池喷泉；园林环境下可考虑采用自然式浅池喷水。

6．各种喷水款式的选择

现在的喷泉设计，多从造型考虑，喜欢哪个样子就选哪种喷头。实际上现有各种喷头的使用条件是有很多不同的。

（1）声音：有的喷头的水噪声很大，如充气喷头；而有的是有造型而无声，很安静的，如喇叭喷头。

（2）风力的干扰：有的喷头受外界风力影响很大，如半圆形喷头，此类喷头形成的水膜很薄，强风下几乎不能成型；有的则没什么影响，如树水状喷头。

（3）水质的影响：有的喷头受水质的影响很大，水质不佳，动辄堵塞，如蒲公英喷头，堵塞局部，破坏整体造型。但有的影响很小，如涌泉。

（4）高度和压力：各种喷头都有其合理、高效的喷射高度。例如，要喷得高，可用中空喷头，比用直流喷头好，因为环形水流的中部空气稀薄，四周空气裹紧水柱使之不易分散。而儿童游戏场为安全起见，要选用低压喷头。

（5）水姿的动态：多数喷头是安装后或调整后按固定方向喷射的，如直流喷头。还有一些喷头是动态的，如摇摆和旋转喷头，在机械和水力的作用下，喷射时喷头是移动的；经过特殊设计，有的喷头还按预定的轨迹前进。同一种喷头，由于设计的不同，可喷射出各种高度，此起彼伏。无级变速可使喷射轨迹呈曲线形状，甚至时断时续，射流呈现出点、滴、串的水姿，如间歇喷头。多数喷头是安装在水面之上的，但是鼓泡（泡沫）喷头是安装在水面之下的，因水面的波动，喷射的水姿会呈现起伏动荡的变化。使用此类喷头，还要注意水池会有较大的波浪出现。

（6）射流和水色：多数喷头喷射时水色是透明无色的。鼓泡（泡沫）喷头、充气喷头由于空气和水混合，射流是不透明白色的。而雾状喷头在阳光照射下才会产生瑰丽的彩虹。水盆景、摆设类水景，往往把水染色，使之在灯光下，更显烂漫辉煌。

16.2 园林水景工程图的绘制

山石水体是园林的骨架,表达水景工程构筑物(如驳岸、码头、喷水池等)的图样称为水景工程图。在水景工程图中,除表达工程设施的土建部分外,一般还有机电、管道、水文地质等专业内容。此处主要介绍水景工程图的表达方法、水景工程图的尺寸标注法、水景工程图的内容和喷水池工程图。

1. 水景工程图的表达方法

1) 视图的配置

水景工程图的基本图样仍然是平面图、立面图和剖面图。水景工程构筑物,如基础、驳岸、水闸、水池等部分被土层覆盖,所以剖面图和断面图应用较多。人站在上游(下游),面向建筑物作投射,所得的视图称为上游(下游)立面图。图 16-1 所示为上游立面图。

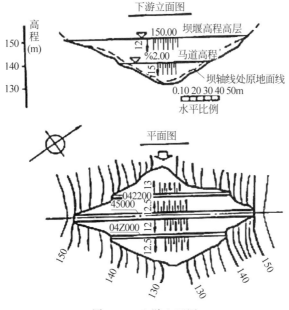

图 16-1 上游立面图

为看图方便,每个视图都应在图形下方标出名称,各视图应尽量按投影关系配置。布置图形时,习惯使水流方向由左向右或自上而下。

2) 其他表示方法

(1) 局部放大图

物体的局部结构用较大比例画出的图样称为局部放大图或详图。放大的详图必须标注索引标志和详图标志。

(2) 展开剖面图

当构筑物的轴线是曲线或折线时,可沿轴线剖开物体并向剖切面投影,然后将所得剖面图展开在一个平面上,这种剖面图称为展开剖面图,在图名后应标注"展开"二字。

Note

（3）分层表示法

当构筑物有几层结构时，在同一视图内可按其结构层次分层绘制。相邻层次用波浪线分界，并用文字在图形下方标注各层名称。

（4）掀土表示法

被土层覆盖的结构，在平面图中不可见。为表示这部分结构，可假想将土层掀开后再画出视图。

（5）规定画法

除可采用规定画法和简化画法外，还有以下规定：

① 构筑物中的各种缝线，如沉陷缝、伸缩缝和材料分界线，两边的表面虽然在同一平面内，但画图时一般按轮廓线处理，用一条粗实线表示。

② 水景构筑物配筋图的规定画法与园林建筑图相同。如钢筋网片的布置对称可以只画一半，另一半表达构件外形。对于规格、直径、长度和间距相同的钢筋，可用粗实线画出其中一根来表示，同时用一横穿的细实线表示其余的钢筋。

③ 如图形的比例较小，或者某些设备，另有专门的图纸来表达，可以在图中相应的部位用图例来表达工程构筑物的位置。常见图例如图 16-2 所示。

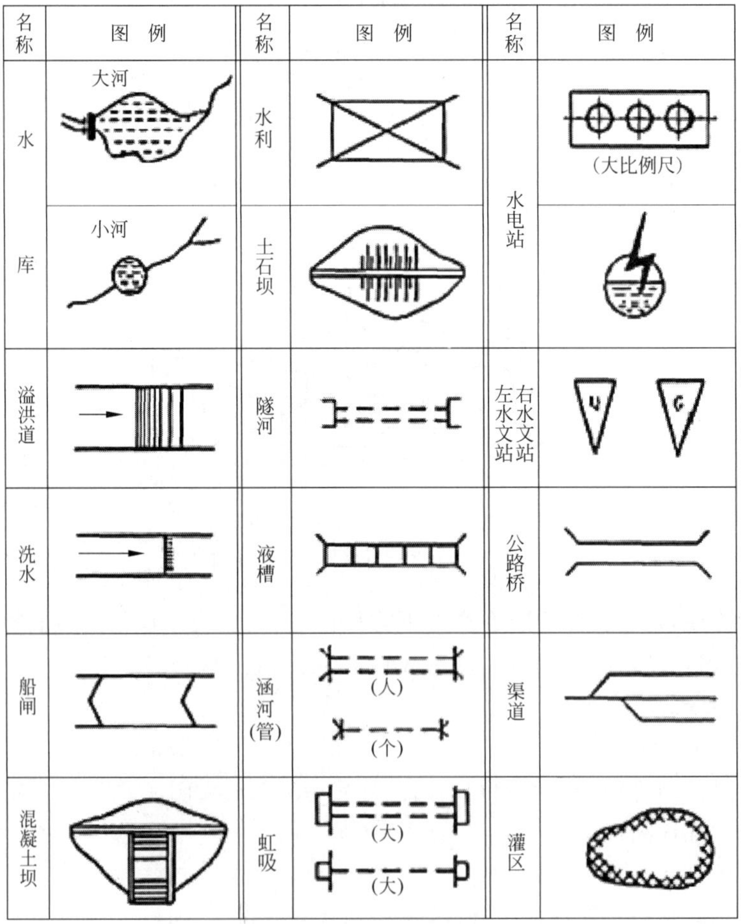

名称	图 例	名称	图 例	名称	图 例
水库	大河 / 小河	水利 / 土石坝		水电站	（大比例尺）
溢洪道		隧河		左右水文站	
洗水		液槽		公路桥	
船闸		涵河(管)	（人）/（个）	渠道	
混凝土坝		虹吸	（大）/（大）	灌区	

图 16-2　常见图例

2. 水景工程图的尺寸标注法

投影制图有关尺寸标注的要求,在注写水景工程图的尺寸时也必须遵守。但水景工程图也有其特点,主要如下。

(1)基准点和基准线。要确定水景工程构筑物在地面的位置,必须先定好基准点和基准线在地面的位置,各构筑物的位置均以基准点进行放样定位。基准点的平面位置是根据测量坐标确定的,两个基准点的连线可以定出基准线的平面位置。基准点的位置用交叉十字线表示,引出标注测量坐标。

(2)常水位、最高水位和最低水位。设计和建造驳岸、码头、水池等构筑物时,应根据当地的水情和一年四季的水位变化来确定驳岸和水池的形式和高度,使得常水位时景观最佳,最高水位不至于溢出,最低水位时岸壁的景观也可入画。因此在水景工程图上,应标注常水位、最高水位和最低水位的标高,并将常水位作为相对标高的零点。图 16-3 所示为驳岸剖面图尺寸标注。为便于施工测量,图中除注写各部分的高度尺寸外,还需注出必要的高程。

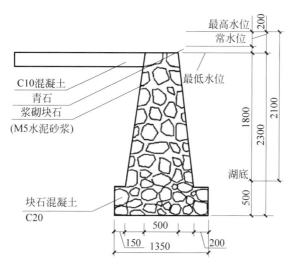

图 16-3　驳岸剖面图尺寸标注

(3)里程桩。对于堤坝、渠道、驳岸、隧洞等较长的水景工程构筑物,沿轴线的长度尺寸通常采用里程桩的标注方法。标注形式为 $k+m$,k 为千米数,m 为米数。如起点桩号标注成 $0+000$,起点桩号之后,k、m 为正值;起点桩号之前,k、m 为负值。桩号数字一般沿垂直于轴线的方向注写,且标注在同一侧,如图 16-4 所示。当同一图中几种建筑物均采用"桩号"标注时,可在桩号数字之前加注文字以示区别,如坝 $0+021.00$,洞 $0+018.30$ 等。

3. 水景工程图的内容

开池理水是园林设计的重要内容。园林中的水景工程,一类是利用天然水源(河流、湖泊)和现状地形修建的较大型水面工程,如驳岸、码头、桥梁、引水渠道和水闸等;更多的是在街头、游园内修建的小型水面工程,如喷水池、种植池、盆景池、观鱼池等人工水池。水景工程设计一般也要经过规划、初步设计、技术设计和施工设计几个阶段。

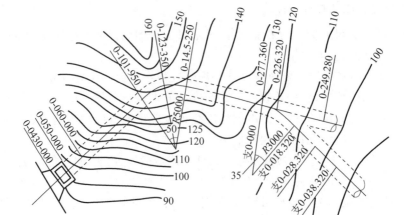

图 16-4　里程桩尺寸标注

每个阶段都要绘制相应的图样。水景工程图主要有总体布置图和构筑物结构图。

1）总体布置图

总体布置图主要表示整个水景工程各构筑物在平面和立面的布置情况。总体布置图以平面布置图为主，必要时配置立面图；平面布置图一般画在地形图上；为了使图形主次分明，结构图的次要轮廓线和细部构造均省略不画，或用图例或示意图表示这些构造的位置和作用。图中一般只注写构筑物的外形轮廓尺寸和主要定位尺寸、主要部位的高程和填挖方坡度。总体布置图的绘图比例一般为 1：200～1：500。总体布置图的内容包括：

（1）工程设施所在地区的地形现状、河流及流向、水面、地理方位（指北针）等。

（2）各工程构筑物的相互位置、主要外形尺寸、主要高程。

（3）工程构筑物与地面交线、填挖方的边坡线。

2）构筑物结构图

构筑物结构图是以水景工程中某一构筑物为对象的工程图，包括结构布置图、分部和细部构造图以及钢筋混凝土结构图。构筑物结构图必须把构筑物的结构形状、尺寸大小、材料、内部配筋及相邻结构的连接方式等都表达清楚。构筑物结构图包括平、立、剖面图，详图和配筋图，绘图比例一般为 1：5～1：100。构筑物结构图的内容包括：

（1）表明工程构筑物的结构布置、形状、尺寸和材料。

（2）表明构筑物各分部和细部构造、尺寸和材料。

（3）表明钢筋混凝土结构的配筋情况。

（4）工程地质情况及构筑物与地基的连接方式。

（5）相邻构筑物之间的连接方式。

（6）附属设备的安装位置。

（7）构筑物的工作条件，如常水位和最高水位等。

4．喷水池工程图

喷水池的面积和深度较小，一般仅几十厘米至 1m 左右，可根据需要建成地面上或地面下或者半地上半地下的形式。人工水池与天然湖池的区别：一是采用各种材料修建池壁和池底,并有较高的防水要求;二是采用管道给排水,要修建闸门井、检查井、排放口和地下泵站等附属设备。

常见的喷水池结构有两种:一类是砖、石池壁水池,池壁用砖墙砌筑,池底采用素混凝土或钢筋混凝土;另一类是钢筋混凝土水池,池底和池壁都采用钢筋混凝土结构。喷水池的防水做法多是在池底上表面和池壁内外墙面抹20mm厚防水砂浆。北方水池还有防冻要求,可以在池壁外侧回填时采用排水性能较好的轻骨料,如矿渣、焦渣或级配砂石等。喷水池土建部分用喷水池结构图表达,以下主要说明喷水池管道的画法。

喷水的基本形式有直射形、集射形、放射形、散射形、混合形等。喷水又可与山石、雕塑、灯光等相互依赖,共同组合形成景观。不同的喷水外形主要取决于喷头的形式,可根据不同的喷水造型设计喷头。

1) 管道的连接方法

喷水池采用管道给排水。管道是工业产品,有一定的规格和尺寸,在安装时加以连接组成管路,其连接方式因管道的材料和系统而不同。常用的管道连接方式有4种。

(1) 法兰接:在管道两端各焊一个圆形的先到趾,在法兰盘中间垫以橡皮,四周钻有成组的小圆孔,在圆孔中用螺栓连接。

(2) 承插接:管道的一端做成钟形承口,另一端是直管,直管插入承口内,在空隙处填以石棉、水泥。

(3) 螺纹接:管端加工有外螺纹,用有内螺纹的套管将两根管道连接起来。

(4) 焊接:将两管道对接焊成整体。在园林给排水管路中应用不多。

喷水池给排水管路中,给水管一般采用螺纹接,排水管大多采用承插接。

2) 管道平面图

管道平面图主要是用以显示区域内管道的布置。一般游园的管道综合平面图常用比例为1:200~1:2000。喷水池管道平面图主要能显示清楚该小区范围内的管道即可,通常选用1:50~1:300的比例。管道均用单线绘制,称为单线管道图,但用不同的宽度和不同的线型加以区别。新建的各种给排水管用粗线,原有的给排水管用中粗线。给水管用实线,排水管用虚线等。

管道平面图中的房屋、道路、广场、围墙、草地、花坛等原有建筑物和构筑物按建筑总平面图的图例用细实线绘制,水池等新建建筑物和构筑物用中粗线绘制。

铸铁管以公称直径"DN"表示,公称直径指管道内径,通常以英寸为单位(1″=25.4mm),也可标注毫米,例如DN50。混凝土管以内径"d"表示,例如d150。管道应标注起讫点、转角点、连接点、变坡点的标高。给水管宜注管中心线标高。排水管宜注管内底标高。一般标注绝对标高,如无绝对标高资料,也可注相对标高。给水管是压力管,通常水平敷设,可在说明中注明中心线标高。排水管为简便起见,可在检查井处引出标注,水平线上面注写管道种类及编号,例如W-5,水平线下面注写井底标高。也可在说明中注写管口内底标高和坡度。管道平面图中还应标注闸门井的外形尺寸和定位尺寸、指北针或风向玫瑰图。为便于对照阅读,应附上给水排水专业图例和施工说明。施工说明一般包括设计标高、管径及标高、管道材料和连接方式、检查井和闸门井尺寸、质量要求和验收标准等。

3) 安装详图

安装详图是主要用以表达管道及附属设备安装情况的图样,或称工艺图。安装详图以平面图作为基本视图,然后根据管道布置情况选择合适的剖面图,剖切位置通过管道中心,但管道按不剖绘制。局部构造,如闸门井、泄水口、喷泉等用管道节点图表达。在一般情况下管道安装详图与水池结构图应分别绘制。

一般安装详图的画图比例都比较大,各种管道的位置、直径、长度及连接情况必须表达清楚。在安装详图中,管径大小按比例用双粗实线绘制,称为双线管道图。

为便于阅读和施工备料,应在每个管件旁边,以指引线引出6mm小圆圈并加以编号,相同的管配件可编同一号码。在每种管道旁边注明其名称,并画箭头以示其流向。

池体等土建部分另有构筑物结构图详细表达其构造、厚度、钢筋配置等内容。在管道安装工艺图中,一般只画水池的主要轮廓,细部结构可省略不画。池体等土建构筑物的外形轮廓线(非剖切)用细实线绘制,闸门井、池壁等剖面轮廓线用中粗线绘制,并画出材料图例。管道安装详图的尺寸包括构筑尺寸、管径及定位尺寸、主要部位标高。构筑尺寸指水池、闸门井、地下泵站等内部长、宽和深度尺寸,沉淀池、泄水口、出水槽的尺寸等。在每段管道旁边注写管径和代号"DN"等,管道通常以池壁或池角定位。构筑物的主要部位(池顶、池底、泄水口等)及水面、管道中心、地坪应标注标高。

喷头是经机械加工的零部件,与管道用螺纹连接或法兰连接。自行设计的喷头应按机械制图标准画出部件装配图和零件图。

为便于施工备料、预算,应将各种主要设备和管配件汇总列出材料表。表列内容:件号、名称、规格、材料、数量等。

4)喷水池结构图

喷水池池体等土建构筑物的布置、结构、形状、大小和细部构造用喷水池结构图来表示。喷水池结构图通常包括:表达喷水池各组成部分的位置、形状和周围环境的平面布置图,表达喷泉造型的外观立面图,表达结构布置的剖面图和池壁、池底结构详图或配筋图。图16-5所示为某公园喷泉结构图。

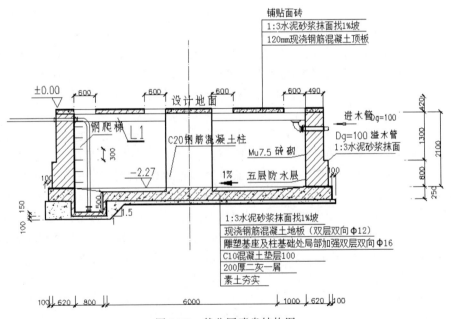

图16-5 某公园喷泉结构图

16-1

16.3　喷泉顶视图绘制

绘制思路

使用直线、圆命令绘制定位轴线和喷池；使用直线、偏移、修剪命令绘制喷泉顶视图；使用半径标注命令标注尺寸；保存喷泉顶视图。结果如图 16-6 所示。

16.3.1　前期准备与绘图设置

操作步骤

1．确定绘图比例

根据需绘制图形确定绘图的比例，建议采用 1∶1 的比例绘制。

2．建立新文件

打开 AutoCAD 2020 应用程序，建立新文件，将新文件命名为"喷泉顶视图.dwg"并保存。

3．设置图层

设置以下 4 个图层："标注尺寸""轮廓线""文字"和"中心线"，把这些图层设置成不同的颜

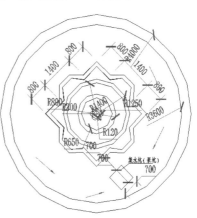

喷泉顶视图

图 16-6　喷泉顶视图

色，使图纸上表示得更加清晰，将"中心线"图层设置为当前图层。设置好的图层如图 16-7 所示。

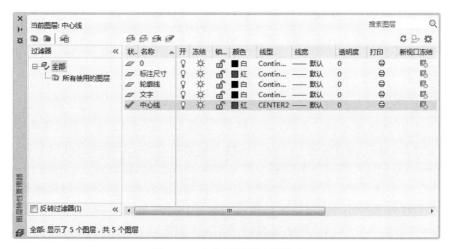

图 16-7　喷泉顶视图图层设置

4．标注样式的设置

根据绘图比例设置标注样式，对标注样式线、符号和箭头、文字、主单位进行设置，

具体如下。

> 线：超出尺寸线为 250，起点偏移量为 300。
> 符号和箭头：第一个为建筑标记，箭头大小为 300，圆心标记为标记 150。
> 文字：文字高度为 300，文字位置为垂直上，从尺寸线偏移为 150，文字对齐为 ISO 标准。
> 主单位：精度为 0，比例因子为 1。

5. 文字样式的设置

单击"默认"选项卡"注释"面板中的"文字样式"按钮 ，打开"文字样式"对话框。选择仿宋字体，宽度因子设置为 0.8。文字样式的设置如图 16-8 所示。

图 16-8　喷泉顶视图文字样式设置

16.3.2　绘制定位轴线

操作步骤

（1）在状态栏中，单击"正交"按钮 ，打开正交模式。在状态栏中，单击"对象捕捉"按钮 ，打开对象捕捉模式。

（2）单击"默认"选项卡"绘图"面板中的"直线"按钮 ，绘制一条长为 8000 的水平直线。重复"直线"命令，以中点为起点向上绘制一条长为 4000 的垂直直线。重复"直线"命令，以中点为起点向下绘制一条长为 4000 的垂直直线。

（3）把标注尺寸图层设置为当前图层。单击"默认"选项卡"注释"面板中的"线性"按钮 ，标注外形尺寸。完成的图层和尺寸如图 16-9 所示。

（4）单击"默认"选项卡"绘图"面板中的"圆"按钮 ，绘制同心圆，圆的半径分别为 120、200、280、650、800、1250、1400、3600、4000。

（5）把轮廓线图层设置为当前图层。单击"默认"选项卡"修改"面板中的"删除"按钮 ，删除标注尺寸。

（6）把标注尺寸图层设置为当前图层。单击"默认"选项卡"注释"面板中的"半径"

按钮 ,标注外形尺寸。完成的图形和尺寸如图 16-10 所示。

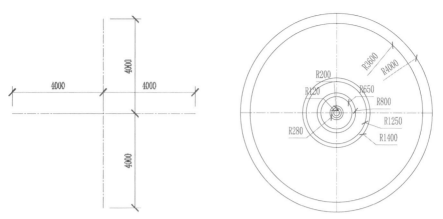

图 16-9　喷泉顶视图定位中心线绘制　　　　图 16-10　喷泉顶视图同心圆绘制

（7）单击"默认"选项卡"修改"面板中的"删除"按钮 ,选择上一步标注尺寸为删除对象将其删除。

16.3.3　绘制喷泉顶视图

操作步骤

（1）把轮廓线图层设置为当前图层。单击"默认"选项卡"绘图"面板中的"圆"按钮 ⊙ ,绘制一个半径为 2122 的圆。

（2）单击"默认"选项卡"绘图"面板中的"直线"按钮 / ,绘制刚刚绘制好的圆与定位中心线的交点的直线。然后在状态栏中打开"极轴追踪"按钮 ⊙ 和"对象捕捉"按钮 ,极轴追踪和对象捕捉的设置如图 16-11 所示。

图 16-11　喷泉顶视图极轴追踪和对象捕捉设置

Note

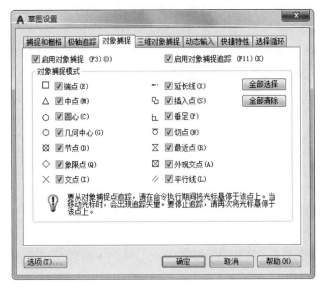

图 16-11(续)

（3）单击"默认"选项卡"绘图"面板中的"直线"按钮 ╱，在 45°方向绘制长为 800 的两条直线。

（4）把标注尺寸图层设置为当前图层。单击"默认"选项卡"注释"面板中的"半径"按钮 ╱，标注半径尺寸。

（5）单击"默认"选项卡"注释"面板中的"对齐"按钮 ╲，标注斜向尺寸。完成的图形和尺寸如图 16-12 所示。

（6）把轮廓线图层设置为当前图层。单击"默认"选项卡"绘图"面板中的"圆"按钮 ⊙，以 45°方向直线的端点为圆心绘制两个半径为 750 的圆，两圆交于下方的一点为 C。

（7）单击"默认"选项卡"绘图"面板中的"圆弧"按钮 ╱，绘制 45°方向圆弧，指定 45°方向直线的端点 A 点为圆弧的起点，指定两圆交点 C 点为圆弧的圆心，指定 45°方向直线的端点 B 点为圆弧的端点。

（8）单击"默认"选项卡"注释"面板中的"半径"按钮 ╱，标注半径尺寸。完成的图形和尺寸如图 16-13 所示。

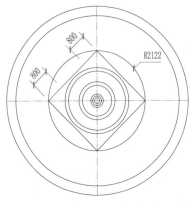

图 16-12　45°方向直线绘制

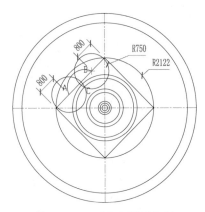

图 16-13　45°方向圆弧绘制

（9）单击"默认"选项卡"修改"面板中的"删除"按钮 ，删除多余的圆和直线。

（10）单击"默认"选项卡"注释"面板中的"对齐"按钮 ，标注斜向尺寸。

（11）单击"默认"选项卡"修改"面板中的"镜像"按钮 ，分别以两条定位中心线为镜像线复制 45°方向圆弧的实体。完成的图形如图 16-14 所示。

（12）把 45°方向的实体转化为多段线，指定所有线段的新宽度为 2。

（13）单击"默认"选项卡"修改"面板中的"偏移"按钮 ，复制刚刚定义好的多段线，向内偏移距离为 150。完成的图形如图 16-15 所示。

图 16-14　45°方向实体的复制　　　　　图 16-15　45°方向实体的偏移

16.3.4　绘制喷泉池

　操作步骤

（1）单击"默认"选项卡"绘图"面板中的"直线"按钮 ，绘制一条与水平成 30°的直线。

（2）单击"默认"选项卡"绘图"面板中的"圆"按钮 ，分别以垂直直线和 30°的直线与半径为 200 的圆的交点 A 和 B 为圆心绘制半径为 100 的两个圆。

（3）单击"默认"选项卡"绘图"面板中的"圆弧"按钮 ，以上面绘制的两个圆交点 C 为圆心，100 为半径，绘制过 A 和 B 的圆弧。完成的图形和尺寸如图 16-16 所示。

（4）单击"默认"选项卡"修改"面板中的"删除"按钮 ，删除多余的圆和直线。

（5）单击"默认"选项卡"修改"面板中的"环形阵列"按钮 ，选择圆弧为阵列对象。阵列中心点为圆的圆心，设置项目数为 6。完成的图形如图 16-17 所示。

（6）单击"默认"选项卡"绘图"面板中的"直线"按钮 ，绘制集水坑定位轴线。

（7）单击"默认"选项卡"绘图"面板中的"矩形"按钮 ，绘制集水坑。指定矩形的长度为 700，指定矩形的宽度为 700，指定旋转角度为 45°。

（8）把标注尺寸图层设置为当前图层。单击"默认"选项卡"注释"面板中的"线性"按钮 ，标注外形尺寸。

（9）单击"默认"选项卡"注释"面板中的"对齐"按钮 ，标注斜向尺寸。完成的图形和尺寸如图 16-18 所示。

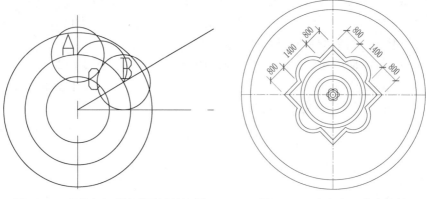

图 16-16　喷泉中心喷池平面圆弧绘制　　　　图 16-17　喷泉中心喷池绘制

（10）单击"默认"选项卡"修改"面板中的"删除"按钮 ，删除多余的标注尺寸和定位直线。

（11）单击"默认"选项卡"绘图"面板中的"多段线"按钮 ，绘制箭头。输入 w 来指定起点宽度和端点宽度为 5，然后输入 w 来指定起点宽度为 50 和端点宽度为 0。完成的图形如图 16-19 所示。

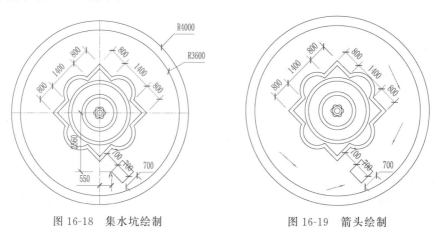

图 16-18　集水坑绘制　　　　　　　图 16-19　箭头绘制

16.3.5　标注尺寸和文字

 操作步骤

（1）单击"默认"选项卡"注释"面板中的"半径"按钮 ，标注半径尺寸。标注完的图形如图 16-20 所示。

（2）把文字图层设置为当前图层。单击"默认"选项卡"注释"面板中的"多行文字"按钮 **A**，标注文字。完成的图形如图 16-20 所示。

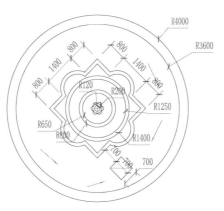

图 16-20　喷泉标注绘制

16.4　喷泉立面图绘制

绘制思路

　　使用直线、复制命令绘制定位轴线；使用直线、样条曲线、复制、修剪等命令绘制喷泉立面图；标注标高，使用多行文字命令标注文字；保存喷泉立面图。结果如图16-21所示。

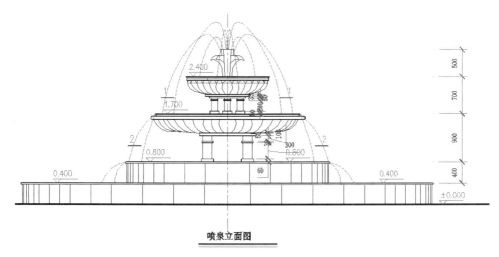

图 16-21　喷泉立面图

16.4.1　前期准备及绘图设置

操作步骤

1．确定绘图比例

　　根据需绘制图形确定绘图的比例，建议采用1∶1的比例绘制。

16-2

16-3

Note

2．建立新文件

打开 AutoCAD 2020 应用程序，建立新文件，将新文件命名为"喷泉立面图.dwg"并保存。

3．设置图层

设置以下 5 个图层："标注尺寸""轮廓线""水面线""文字"和"中心线"，将"中心线"图层设置为当前图层。设置好的图层如图 16-22 所示。

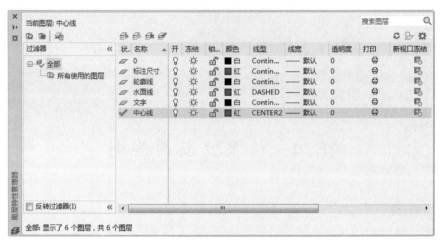

图 16-22　喷泉立面图图层设置

4．标注样式的设置

根据绘图比例设置标注样式，对标注样式线、符号和箭头、文字、主单位进行设置，具体如下。

➢ 线：超出尺寸线为 120，起点偏移量为 150。

➢ 符号和箭头：第一个为建筑标记，箭头大小为 150，圆心标记为标记 75。

➢ 文字：文字高度为 150，文字位置为垂直上，从尺寸线偏移为 150，文字对齐为 ISO 标准。

➢ 主单位：精度为 0，比例因子为 1。

5．文字样式的设置

单击"默认"选项卡"注释"面板中的"文字样式"按钮 A，打开"文字样式"对话框。选择仿宋字体，宽度因子设置为 0.8。

16.4.2　绘制定位轴线

操作步骤

（1）在状态栏中，单击"正交"按钮，打开正交模式。在状态栏中，单击"对象捕捉"按钮，打开对象捕捉模式。

（2）单击"默认"选项卡"绘图"面板中的"直线"按钮，绘制一条长为 8050 的水平直线。重复"直线"命令，以中点为起点向上绘制一条长为 2224 的垂直直线。重复"直线"命令，以中点为起点向下绘制一条长为 2224 的垂直直线。

（3）把标注尺寸图层设置为当前图层。单击"默认"选项卡"注释"面板中的"线性"按钮 ⊢⊣，标注外形尺寸。然后单击"注释"选项卡"标注"面板中的"连续"按钮 ⊢⊢⊢，进行连续标注。完成的图形和尺寸如图16-23所示。

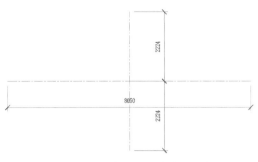

图16-23 喷泉立面定位轴线绘制

（4）单击"默认"选项卡"修改"面板中的"删除"按钮 ✍，删除标注尺寸线。单击"默认"选项卡"修改"面板中的"复制"按钮 ❀，复制刚刚绘制好的水平直线，向上复制的位移分别为700、1200。

（5）单击"默认"选项卡"修改"面板中的"复制"按钮 ❀，复制刚刚绘制好的水平直线，向下复制的位移分别为900、1300、1700。

（6）单击"默认"选项卡"修改"面板中的"复制"按钮 ❀，复制刚刚绘制好的垂直直线，向右复制的位移分别为120、200、273、650、800、1250、1400、1832、1982、3800、4000。重复"复制"命令，复制刚刚绘制好的垂直直线，向左复制的位移分别为120、200、273、650、800、1250、1400、1832、1982、3800、4000。

（7）单击"默认"选项卡"注释"面板中的"线性"按钮 ⊢⊣，标注直线尺寸。

（8）单击"注释"选项卡"标注"面板中的"连续"按钮 ⊢⊢⊢，进行连续标注。完成的图形和尺寸如图16-24所示。

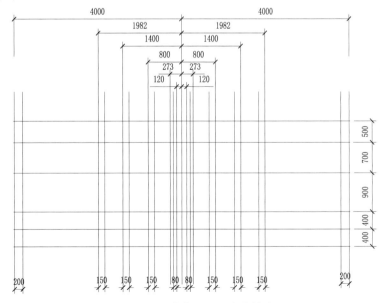

图16-24 喷泉立面图定位轴线

16.4.3 绘制喷泉立面图

 操作步骤

1. 绘制底面喷池

（1）把轮廓线图层设置为当前图层。单击"默认"选项卡"绘图"面板中的"多段线"按钮 ⊃，绘制一条水平地面线。输入 w 来指定起点和端点的宽度为 30。

（2）单击"默认"选项卡"绘图"面板中的"矩形"按钮 □，绘制最外面的喷池，尺寸为 8000×30。输入 f 来指定矩形的圆角半径为 15，输入 w 来指定矩形的线宽为 5。完成的图形如图 16-25 所示。

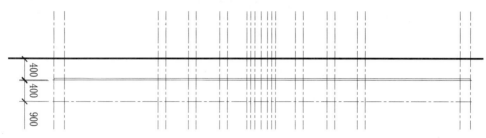

图 16-25　底面喷池绘制

（3）单击"默认"选项卡"绘图"面板中的"直线"按钮 ╱，绘制底面的竖向线，长度为 370。

（4）单击"默认"选项卡"修改"面板中的"复制"按钮 ⅔，复制刚刚绘制好的竖向线，向右复制的距离分别为 25、75、125、225、325、525、725、925、1325、1725、2325、2925、3525。

（5）单击"默认"选项卡"修改"面板中的"删除"按钮 ✍，删除最初绘制的竖向线。

（6）单击"默认"选项卡"修改"面板中的"镜像"按钮 ▲，以竖向线为对称轴复制刚刚绘制完的竖向线。

（7）把标注尺寸图层设置为当前图层。单击"默认"选项卡"注释"面板中的"线性"按钮 ┝┥，标注直线尺寸。

（8）单击"注释"选项卡"标注"面板中的"连续"按钮 ┼┼┼，进行连续标注。完成的图形和尺寸如图 16-26 所示。

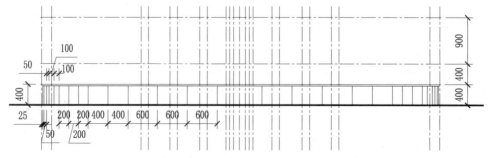

图 16-26　底面喷池竖向线绘制

2．绘制第二层喷池

（1）把轮廓线图层设置为当前图层。单击"默认"选项卡"绘图"面板中的"矩形"按钮 □ ，绘制第二层喷池，尺寸为3964×30。输入 f 来指定矩形的圆角半径为15，输入 w 来指定矩形的线宽为5。

（2）单击"默认"选项卡"绘图"面板中的"直线"按钮 ╱ ，绘制最底面的竖向线，长度为370。

（3）单击"默认"选项卡"修改"面板中的"复制"按钮 ％ ，复制刚刚绘制好的竖向线，向右复制的距离分别为 25、75、125、225、325、525、725、1125、1525。

（4）单击"默认"选项卡"修改"面板中的"删除"按钮 ✐ ，删除最初绘制的竖向线。

（5）单击"默认"选项卡"修改"面板中的"镜像"按钮 ⚊ ，以竖向线为对称轴复制刚刚绘制完的竖向线。

（6）把标注尺寸图层设置为当前图层。单击"默认"选项卡"注释"面板中的"线性"按钮 ├┤ ，标注直线尺寸。

（7）单击"注释"选项卡"标注"面板中的"连续"按钮 ├┤├ ，进行连续标注。完成第二层喷池的绘制，完成的图形和尺寸如图16-27所示。

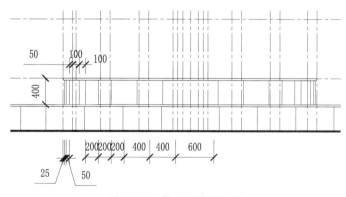

图16-27　第二层喷池绘制

3．绘制第三层喷池

（1）单击"默认"选项卡"修改"面板中的"复制"按钮 ％ ，复制与地面距离为1700的直线，向下复制的距离分别为15、45、105。

（2）把轮廓线图层设置为当前图层。单击"默认"选项卡"绘图"面板中的"矩形"按钮 □ ，绘制第三层喷池，尺寸为2800×15。输入 f 来指定矩形的圆角半径为7.5，输入 w 来指定矩形的线宽为5。重复"矩形"命令，绘制3000×60的矩形。输入 f 来指定矩形的圆角半径为30，输入 w 来指定矩形的线宽为5。

（3）单击"默认"选项卡"绘图"面板中的"多段线"按钮 ⌐ ，绘制圆弧。输入 w 来设置起点和端点宽度为5。

（4）把标注尺寸图层设置为当前图层。单击"默认"选项卡"注释"面板中的"线性"按钮 ├┤ ，标注直线尺寸。

（5）单击"注释"选项卡"标注"面板中的"连续"按钮 ├┤├ ，进行连续标注。完成的图形和尺寸如图16-28所示。

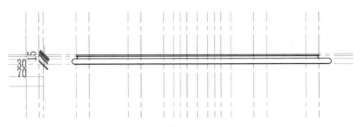

图16-28　第三层喷池绘制

（6）单击"默认"选项卡"修改"面板中的"删除"按钮 ，删除多余的标注尺寸。使用直线和多段线命令绘制立柱。

（7）单击"默认"选项卡"修改"面板中的"复制"按钮 ，复制中心的垂直直线，向左右的距离均为390，以确定底柱中心线。

（8）把轮廓线图层设置为当前图层。单击"默认"选项卡"绘图"面板中的"多段线"按钮 ，绘制240×60的矩形，输入 w 来设置起点宽度为5。

（9）单击"默认"选项卡"绘图"面板中的"直线"按钮 ，绘制长为300的垂直直线。

（10）单击"默认"选项卡"修改"面板中的"复制"按钮 ，复制此竖向直线，向右的距离为180。

（11）单击"默认"选项卡"绘图"面板中的"多段线"按钮 ，绘制220×30的矩形，输入 w 来设置起点宽度为5。

（12）单击"默认"选项卡"绘图"面板中的"直线"按钮 ，绘制长为100的垂直直线。

（13）单击"默认"选项卡"修改"面板中的"复制"按钮 ，复制此竖向直线，向右的距离为180。

（14）单击"默认"选项卡"绘图"面板中的"多段线"按钮 ，绘制1100×50的矩形，输入 w 来设置起点宽度为5。

（15）单击"默认"选项卡"修改"面板中的"复制"按钮 ，复制刚刚绘制好的立柱，复制的距离为780。

（16）把标注尺寸图层设置为当前图层。单击"默认"选项卡"注释"面板中的"线性"按钮 ，标注直线尺寸。

（17）单击"注释"选项卡"标注"面板中的"连续"按钮 ，进行连续标注。完成的图形和尺寸如图16-29所示。

（18）单击"默认"选项卡"修改"面板中的"删除"按钮 ，删除多余的标注尺寸。

（19）单击"默认"选项卡"绘图"面板中的"圆弧"按钮 ，绘制喷池立面装饰线。完成的图形如图16-30所示。

4．绘制第四层喷池

（1）单击"默认"选项卡"修改"面板中的"复制"按钮 ，复制与地面距离为2400的直线，向下复制的距离分别为15、45、75。

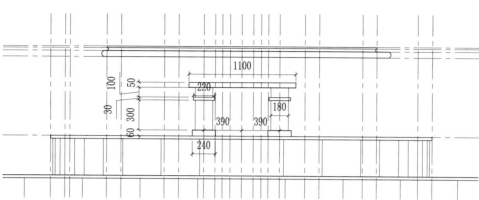

图 16-29 第三层立柱绘制

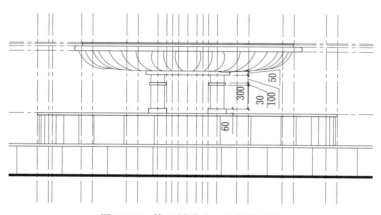

图 16-30 第三层喷池立面装饰绘制

（2）把轮廓线图层设置为当前图层。单击"默认"选项卡"绘图"面板中的"矩形"按钮 □ ，绘制第四层喷池，尺寸为 1615×15。输入 f 来指定矩形的圆角半径为 7.5，输入 w 来指定矩形的线宽为 5。重复"矩形"命令，绘制 1600×30 的矩形。输入 f 来指定矩形的圆角半径为 15，输入 w 来指定矩形的线宽为 5。

（3）单击"默认"选项卡"绘图"面板中的"多段线"按钮 ，绘制圆弧。输入 w 来设置起点和端点宽度为 5。

（4）把标注尺寸图层设置为当前图层。单击"默认"选项卡"注释"面板中的"线性"按钮 ，标注直线尺寸。

（5）单击"注释"选项卡"标注"面板中的"连续"按钮 ，进行连续标注。完成的图形和尺寸如图 16-31 所示。

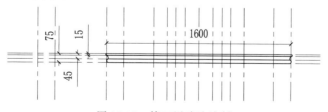

图 16-31 第四层喷池绘制

（6）单击"默认"选项卡"修改"面板中的"删除"按钮 ，删除多余的标注尺寸。

（7）把轮廓线图层设置为当前图层。单击"默认"选项卡"绘图"面板中的"多段线"按钮 ，绘制180×50的矩形，输入w来设置起点宽度为5。

（8）单击"默认"选项卡"绘图"面板中的"直线"按钮 ，绘制长为200的垂直直线。

（9）单击"默认"选项卡"修改"面板中的"复制"按钮 ，复制此竖向直线，向右的距离为120。

（10）单击"默认"选项卡"绘图"面板中的"多段线"按钮 ，绘制140×20的矩形，输入w来设置起点宽度为5。

（11）单击"默认"选项卡"绘图"面板中的"直线"按钮 ，绘制长为30的垂直直线。

（12）单击"默认"选项卡"修改"面板中的"复制"按钮 ，复制此竖向直线，向右的距离为120。

（13）单击"默认"选项卡"绘图"面板中的"多段线"按钮 ，绘制700×30的矩形，输入w来设置起点宽度为5。

（14）单击"默认"选项卡"绘图"面板中的"多段线"按钮 ，绘制860×35的矩形，输入w来设置起点宽度为5。

（15）单击"默认"选项卡"修改"面板中的"复制"按钮 ，复制刚刚绘制好的立柱，向左向右复制的距离均为250。

（16）把标注尺寸图层设置为当前图层。单击"默认"选项卡"注释"面板中的"线性"按钮 ，标注直线尺寸。

（17）单击"注释"选项卡"标注"面板中的"连续"按钮 ，进行连续标注。完成第四层喷池的绘制，完成的图形和尺寸如图16-32所示。

（18）单击"默认"选项卡"绘图"面板中的"圆弧"按钮 ，绘制喷池立面装饰线。

（19）单击"默认"选项卡"绘图"面板中的"直线"按钮 ，绘制1550×50的矩形。

（20）单击"默认"选项卡"修改"面板中的"删除"按钮 ，删除多余的标注尺寸和直线。完成的图形如图16-33所示。

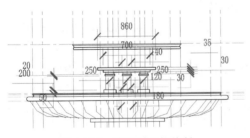

图16-32　第四层立柱绘制

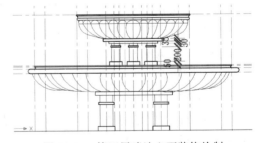

图16-33　第四层喷池立面装饰绘制

16.4.4　绘制喷嘴造型

操作步骤

（1）把"轮廓线"图层设置为当前图层。单击"默认"选项卡"绘图"面板中的"直线"

按钮 ╱,绘制喷嘴。

（2）把标注尺寸图层设置为当前图层。单击"默认"选项卡"注释"面板中的"线性"按钮 ┠,标注直线尺寸。完成的图形和尺寸如图 16-34(a)所示。

（3）把"轮廓线"图层设置为当前图层。单击"默认"选项卡"绘图"面板中的"圆弧"按钮 ╱,绘制花瓣。完成的图形如图 16-34(b)所示。

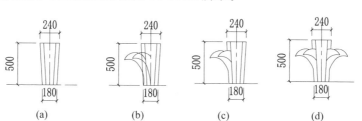

图 16-34　顶部喷嘴造型绘制流程

（4）单击"默认"选项卡"修改"面板中的"修剪"按钮 ⁂,剪切多余的部分。完成的图形如图 16-34(c)所示。

（5）单击"默认"选项卡"修改"面板中的"镜像"按钮 ⚠,复制刚刚绘制好的花瓣。完成的图形如图 16-34(d)所示。

（6）单击"默认"选项卡"修改"面板中的"移动"按钮 ✛,把绘制好的喷嘴花瓣移动到指定的位置,删除多余的定位线。完成的图形如图 16-35 所示。

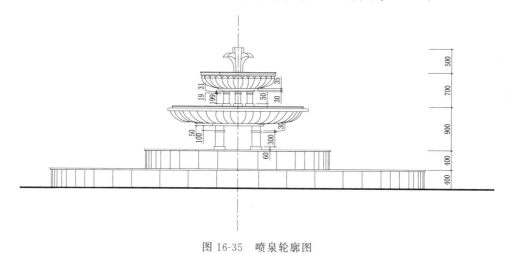

图 16-35　喷泉轮廓图

（7）单击"默认"选项卡"绘图"面板中的"样条曲线拟合"按钮 ⌒,绘制喷水。完成的图形如图 16-36 所示。

16.4.5　标注文字

操作步骤

（1）使用 Ctrl＋C 快捷键复制源文件中桥梁平面布置图中绘制好的标高,然后使用 Ctrl＋V 快捷键粘贴到喷泉立面图中。

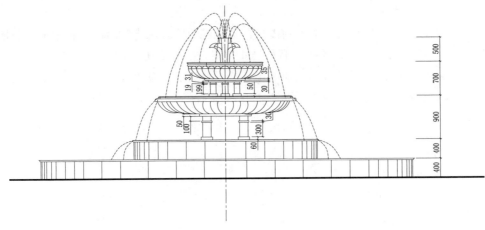

图 16-36　喷水的绘制

（2）单击"默认"选项卡"修改"面板中的"复制"按钮 ，把标高和文字复制到相应的位置。然后双击文字，对标高文字进行修改。完成的图形如图 16-37 所示。

（3）单击"默认"选项卡"绘图"面板中的"多段线"按钮 ，绘制剖切线。输入 w 来确定多段线的宽度为 10。

（4）单击"默认"选项卡"注释"面板中的"多行文字"按钮 **A**，标注剖切文字和图名。完成的图形如图 16-21 所示。

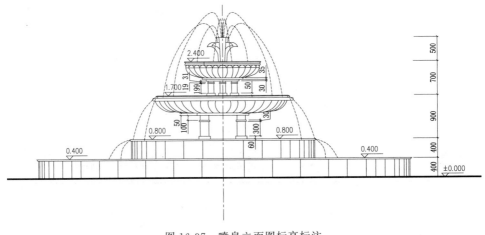

图 16-37　喷泉立面图标高标注

16.5　喷泉剖面图绘制

绘制思路

使用多段线、矩形、复制等命令绘制基础；使用直线、圆弧等命令绘制喷泉剖面轮廓；使用直线、矩形等命令绘制管道；填充基础和喷池；标注标高，使用多行文字命令标注文字。完成的喷泉剖面图如图 16-38 所示。

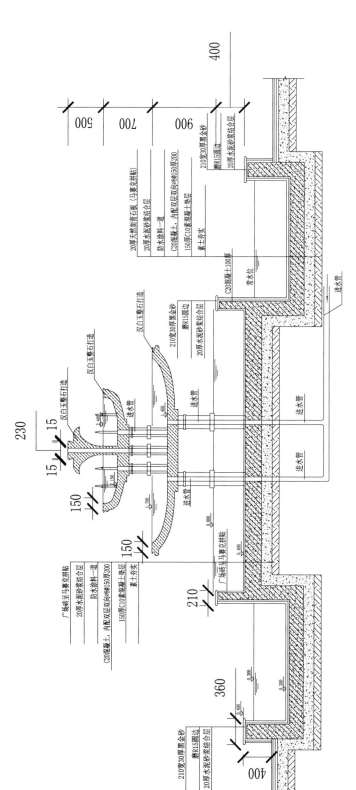

喷泉剖面图

图 16-38 喷泉剖面图

16.5.1 前期准备及绘图设置

 操作步骤

1. 确定绘图比例

根据需绘制图形确定绘图的比例,建议采用 1 : 1 的比例绘制。

2. 建立新文件

打开 AutoCAD 2020 应用程序,建立新文件,将新文件命名为"喷泉剖面图.dwg"并保存。

3. 设置图层

设置以下 6 个图层:"标注尺寸""轮廓线""水面线""填充""文字"和"中心线",将"轮廓线"图层设置为当前图层。设置好的图层如图 16-39 所示。

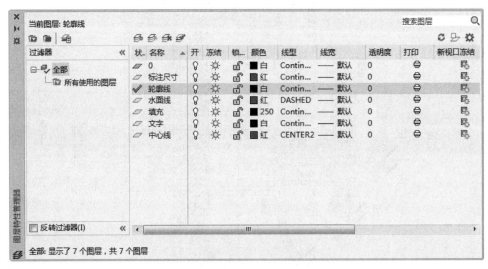

图 16-39 喷泉剖面图图层设置

4. 标注样式设置

根据绘图比例设置标注样式,对标注样式线、符号和箭头、文字、主单位进行设置。具体如下。

- ➤ 线:超出尺寸线为 120,起点偏移量为 150。
- ➤ 符号和箭头:第一个为建筑标记,箭头大小为 150,圆心标记为标记 75。
- ➤ 文字:文字高度为 150,文字位置为垂直上,从尺寸线偏移为 150,文字对齐为 ISO 标准。
- ➤ 主单位:精度为 0,比例因子为 1。

5. 文字样式的设置

单击"默认"选项卡"注释"面板中的"文字样式"按钮 **A**,打开"文字样式"对话框。选择仿宋字体,宽度因子设置为 0.8。

16.5.2　绘制基础

 操作步骤

Note

（1）在状态栏中，单击"正交"按钮 ，打开正交模式。在状态栏中，单击"对象捕捉"按钮 ，打开对象捕捉模式。

（2）单击"默认"选项卡"绘图"面板中的"多段线"按钮 ，起点宽度为5，端点宽度为5，绘制基础底部线。

（3）把标注尺寸图层设置为当前图层。单击"默认"选项卡"注释"面板中的"线性"按钮 ，标注外形尺寸。

（4）单击"注释"选项卡"标注"面板中的"连续"按钮 ，进行连续标注。完成的图形和尺寸如图16-40所示。

图16-40　喷泉剖面图基础底部线

（5）单击"默认"选项卡"修改"面板中的"删除"按钮 ，删除多余的标注尺寸。

（6）把轮廓线图层设置为当前图层。单击"默认"选项卡"绘图"面板中的"矩形"按钮 ，绘制5个尺寸分别为1000×100、2400×100、3400×100、2400×100、1000×100的矩形。

（7）把标注尺寸图层设置为当前图层。单击"默认"选项卡"注释"面板中的"线性"按钮 ，进行线性标注完成的图形和尺寸如图16-41所示。

图16-41　喷泉剖面图基础垫层绘制

（8）把轮廓线图层设置为当前图层。单击"默认"选项卡"修改"面板中的"偏移"按钮 ，把绘制好的多段线向上偏移150。

（9）单击"默认"选项卡"修改"面板中的"复制"按钮 ，复制直线。

（10）把标注尺寸图层设置为当前图层。单击"默认"选项卡"注释"面板中的"线性"按钮 ，标注外形尺寸。

（11）单击"注释"选项卡"标注"面板中的"连续"按钮 ，进行连续标注。复制的尺寸和完成的图形如图16-42所示。

（12）把轮廓线图层设置为当前图层。多次单击"默认"选项卡"绘图"面板中的"多段线"按钮 ，绘制长分别为1100、370、360、570、1605、970、150的直线。

（13）单击"默认"选项卡"绘图"面板中的"直线"按钮 ，绘制长为370的垂直直

图 16-42　喷泉剖面图基础定位线复制

线和长为 2000 的水平直线。

（14）单击"默认"选项卡"修改"面板中的"镜像"按钮 ◭，复制刚刚绘制好的直线。

（15）单击"默认"选项卡"注释"面板中的"线性"按钮 ┝┥，标注外形尺寸。完成的图形如图 16-43 所示。

图 16-43　喷泉剖面图基础轮廓绘制(一)

（16）单击"默认"选项卡"修改"面板中的"删除"按钮 ✍，删除多余的标注尺寸。

（17）单击"默认"选项卡"修改"面板中的"复制"按钮 ❤，复制刚刚绘制的竖向线和水平线。

（18）单击"默认"选项卡"绘图"面板中的"矩形"按钮 ▭，绘制立面水台。输入 f 来指定矩形的圆角半径为 15，输入 w 来指定矩形的线宽为 5。

（19）把"标注尺寸"图层设置为当前图层。单击"默认"选项卡"注释"面板中的"线性"按钮 ┝┥，标注外形尺寸。复制的距离和尺寸如图 16-44 所示。

图 16-44　喷泉剖面图基础轮廓绘制(二)

（20）绘制折断线。完成的图形如图 16-45 所示。

图 16-45　喷泉剖面图基础折断线绘制

（21）单击"默认"选项卡"修改"面板中的"修剪"按钮 ▼，框选剪切多余的部分。完成的图形如图 16-46 所示。

图 16-46　喷泉剖面图基础轮廓绘制(三)

16.5.3　绘制喷泉剖面轮廓

 操作步骤

（1）使用 Ctrl＋C 快捷键复制喷泉立面图中绘制好的定位轴线，然后使用 Ctrl＋V 快捷键粘贴到喷泉剖面图中。

（2）单击"默认"选项卡"修改"面板中的"移动"按钮 ✛，把绘制好的基础轮廓线复制到定位线上。完成的图形如图 16-47 所示。

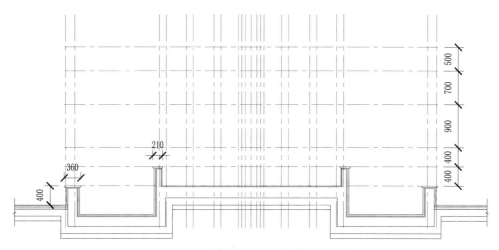

图 16-47　喷泉剖面图基础复制到定位线

（3）根据立面图的尺寸，使用直线、圆弧等命令绘制喷泉剖面轮廓，具体的绘制流程和方法与立面图轮廓线的绘制类似。完成的图形如图 16-48 所示。

16.5.4　绘制管道

 操作步骤

（1）把轮廓线图层设置为当前图层。单击"默认"选项卡"绘图"面板中的"直线"按钮 ╱，绘制进水管道。

（2）单击"默认"选项卡"修改"面板中的"圆角"按钮 ⌒，把进水管道转角处进行圆角，指定圆角半径为 50。完成的图形如图 16-49 所示。

（3）单击"默认"选项卡"绘图"面板中的"直线"按钮 ╱，绘制喷嘴管道。

Note

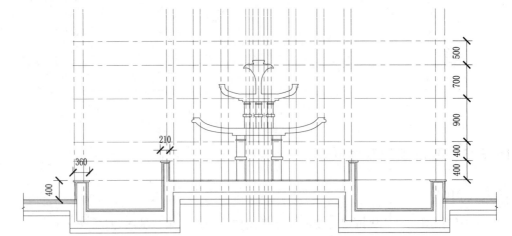

图 16-48　喷泉剖面图轮廓线绘制

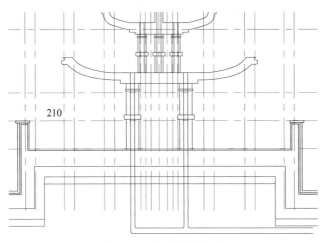

图 16-49　进水管道绘制

（4）单击"默认"选项卡"绘图"面板中的"圆弧"按钮 ⌒，绘制喷嘴。完成的图形如图 16-50 所示。

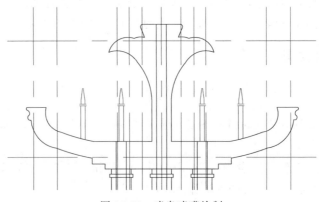

图 16-50　喷泉喷嘴绘制

（5）单击"默认"选项卡"绘图"面板中的"直线"按钮 ╱ ，绘制水位线。

（6）单击"默认"选项卡"修改"面板中的"复制"按钮 ⊶ ，复制刚刚绘制好的水位线到相应的位置。完成的图形如图 16-51 所示。

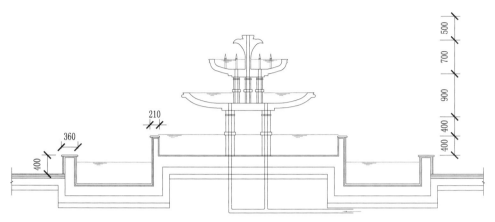

图 16-51　喷泉剖面水位线绘制

（7）单击"默认"选项卡"修改"面板中的"删除"按钮 ✍ ，删除多余的定位轴线。完成的图形如图 16-52 所示。

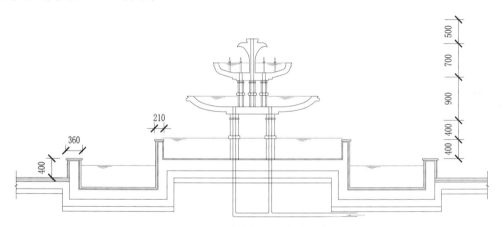

图 16-52　喷泉剖面轮廓线绘制

16.5.5　填充基础和喷池

把填充图层设置为当前图层。单击"默认"选项卡"绘图"面板中的"图案填充"按钮 ▦ ，填充基础和喷池。选择如下：

➤ 自定义"回填土 1"图例，填充比例和角度分别为 400 和 0；

➤ 自定义"混凝土 1"图例，填充比例和角度分别为 0.5 和 0；

➤ 自定义"钢筋混凝土"图例，填充比例和角度分别为 10 和 0；

➤ "汉白玉整石"填充采用"ANSI33"图例，填充比例和角度分别为 10 和 0。

完成的图形如图 16-53 所示。

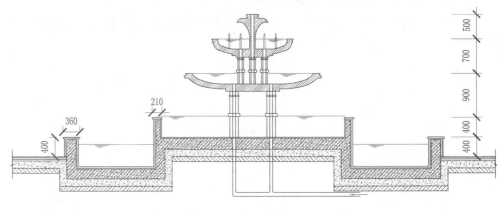

图 16-53　喷泉剖面的填充

16.5.6　标注文字

操作步骤

（1）使用Ctrl＋C快捷键复制喷泉立面图中绘制好的标高，然后使用Ctrl＋V快捷键粘贴到喷泉剖面图中。

（2）单击"默认"选项卡"修改"面板中的"复制"按钮 ❅ ，把标高和文字复制到相应的位置。

（3）把标注尺寸图层设置为当前图层。单击"默认"选项卡"注释"面板中的"线性"按钮 ╟╌ ，标注其他直线尺寸。完成的图形如图 16-54 所示。

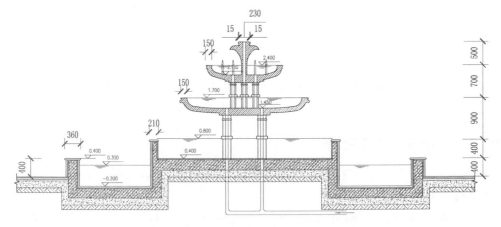

图 16-54　喷泉剖面标高标注

（4）把文字图层设置为当前图层。多次单击"默认"选项卡"注释"面板中的"多行文字"按钮 **A** ，标注坐标文字。完成的图形如图 16-38 所示。

16.6　喷泉详图绘制

绘制思路

使用直线和复制命令绘制定位轴线；使用圆命令绘制汉白玉石柱；使用多行文字命令标注文字，保存喷泉详图。结果如图 16-55 所示。

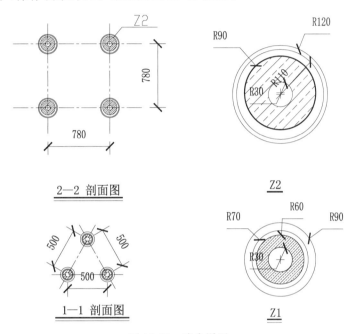

图 16-55　喷泉详图

16.6.1　前期准备及绘图设置

操作步骤

1. 确定绘图比例

根据需绘制图形确定绘图的比例，建议采用 1∶1 的比例绘制。

2. 建立新文件

打开 AutoCAD 2020 应用程序，建立新文件，将新文件命名为"喷泉详图.dwg"并保存。

3. 设置图层

设置以下 6 个图层："标注尺寸""轮廓线""水面线""填充""文字"和"中心线"，把这些图层设置成不同的颜色，使图纸上表示得更加清晰，将"中心线"图层设置为当前图层。设置好的图层如图 16-39 所示。

4. 标注样式设置

根据绘图比例设置标注样式,对标注样式线、符号和箭头、文字、主单位进行设置,具体如下。

➢ 线:超出尺寸线为120,起点偏移量为150。
➢ 符号和箭头:第一个为建筑标记,箭头大小为150,圆心标记为标记75。
➢ 文字:文字高度为150,文字位置为垂直上,从尺寸线偏移为150,文字对齐为ISO标准。
➢ 主单位:精度为0,比例因子为1。

5. 文字样式的设置

单击"默认"选项卡"注释"面板中的"文字样式"按钮A,打开"文字样式"对话框。选择仿宋字体,宽度因子设置为0.8。

16.6.2　绘制定位线(以 Z2 为例)

操作步骤

(1) 在状态栏中,单击"正交"按钮,打开正交模式。在状态栏中,单击"对象捕捉"按钮,打开对象捕捉模式。

(2) 单击"默认"选项卡"绘图"面板中的"直线"按钮,绘制一条长为 1600 的水平直线。重复"直线"命令,绘制一条长为 1600 的垂直直线。

(3) 单击"默认"选项卡"注释"面板中的"线性"按钮,标注外形尺寸。完成的图形如图 16-56(a)所示。

(4) 单击"默认"选项卡"修改"面板中的"删除"按钮,删除标注尺寸线。

(5) 单击"默认"选项卡"修改"面板中的"复制"按钮,复制刚刚绘制好的水平直线,向上复制的位移为780。

(6) 单击"默认"选项卡"修改"面板中的"复制"按钮,复制刚刚绘制好的垂直直线,向右复制的位移为780。

(7) 把标注尺寸图层设置为当前图层。单击"默认"选项卡"注释"面板中的"线性"按钮,标注外形尺寸。完成的图形如图 16-56(b)所示。

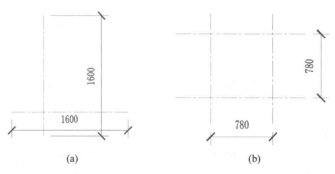

图 16-56　喷泉详图定位轴绘制

16.6.3　绘制汉白玉石柱

操作步骤

（1）单击"默认"选项卡"绘图"面板中的"圆"按钮 ⊙，绘制 4 个半径分别为 30、90、110、120 的同心圆。

（2）单击"默认"选项卡"注释"面板中的"半径"按钮，标注圆的半径。完成的图形和尺寸如图 16-57(a)所示。

（3）单击"默认"选项卡"修改"面板中的"删除"按钮 ，删除标注尺寸线。

（4）单击"默认"选项卡"绘图"面板中的"多段线"按钮，加粗立柱圆。输入 w 来设置起点宽度为 2.5。完成的图形和尺寸如图 16-57(b)所示。

（5）单击"默认"选项卡"绘图"面板中的"图案填充"按钮，选择"ANSI33"图例，填充比例为 5，填充角度为 0，填充石柱。完成的图形如图 16-57(c)所示。

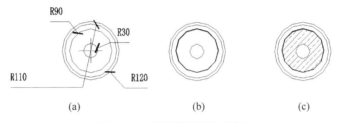

图 16-57　喷泉详图石柱绘制

16.6.4　标注文字

操作步骤

（1）单击"默认"选项卡"修改"面板中的"复制"按钮，把绘制好的石柱复制到定位轴线的交点。完成的图形如图 16-58 所示。

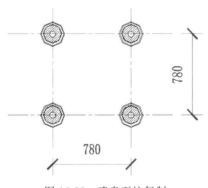

图 16-58　喷泉石柱复制

（2）单击"默认"选项卡"修改"面板中的"缩放"按钮，把绘制好的石柱放大 5 倍，得到石柱平面放置的详图。

（3）单击"默认"选项卡"注释"面板中的"多行文字"按钮 **A** ，标注文字。

（4）单击"默认"选项卡"注释"面板中的"半径"按钮 ，标注圆的半径。完成的图形如图 16-59 所示。

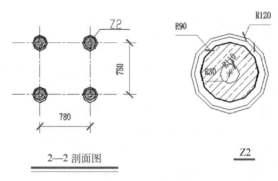

图 16-59　喷泉 Z2 绘制

同理，完成另一 Z1 详图的绘制。完成的图形如图 16-60 所示。

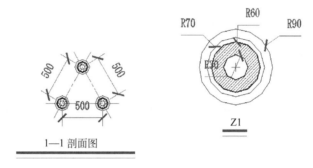

图 16-60　喷泉 Z1 绘制

完成喷泉详图，如图 16-55 所示。

16.7　喷泉施工图绘制

　绘制思路

将前面绘制的各个喷泉视图，定义成块插入到视图中，完成喷泉施工图的绘制。结果如图 16-61 所示。

操作步骤

（1）使用 Ctrl＋C 快捷键复制"A3.dwt"图幅，然后使用 Ctrl＋V 快捷键粘贴到喷泉详图中。

（2）单击"默认"选项卡"修改"面板中的"缩放"按钮 ，把绘制好的 A3 图幅放大 50 倍，即输入的比例因子为 50，并将文件另存为"喷泉.dwg"。

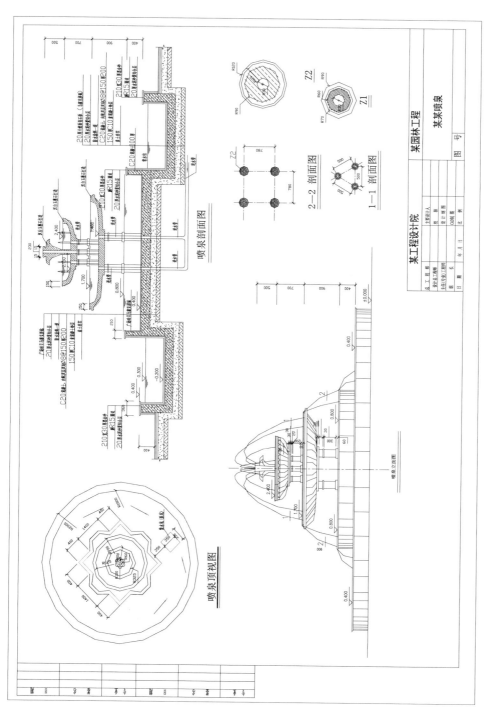

图 16-61　喷泉施工图

（3）单击"默认"选项卡"注释"面板中的"多行文字"按钮 **A** ，标注标签栏和会签栏里面的文字。使用 Ctrl＋C 快捷键复制喷泉立面图、剖面图，然后使用 Ctrl＋V 快捷键粘贴到"喷泉.dwg"中。

（4）单击"默认"选项卡"修改"面板中的"移动"按钮 ✛，把立面图和剖面图移动到合适的位置。

（5）打开喷泉顶视图。单击"默认"选项卡"块"面板中的"创建"按钮 ，打开"块定义"对话框，如图 16-62 所示。拾取同心圆的圆心为拾取点，把喷泉顶视图创建为块并输入块的名称。

图 16-62　"块定义"对话框

（6）单击"默认"选项卡"块"面板中的"插入"按钮 ，把插入比例设置为 0.5，选择上步定义的图块，将图块插入到图形中，如图 16-63 所示。

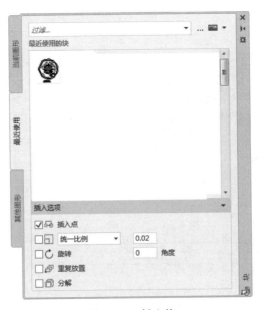

图 16-63　插入块

第 17 章

园林绿化图绘制

　　城市园林作为城市唯一具有生命的基础设施,在改善生态环境、提高环境质量方面有着不可替代的作用。城市绿化不但要求城市绿起来,而且要美观,因而绿化植物的配置就显得十分重要,与环境在生态适应性上要统一,又要体现植物个体与群体的形态美、色彩美和意境美,充分利用植物的形体、线条、色彩进行构图,通过植物的季相及生命周期的变化达到预期的景观效果。

　　本章主要以某大型庭院绿化设计为例详细介绍园林绿化图的设计和绘制方法。

◆ 园林植物配置原则
◆ 道路绿化图绘制

17.1 园林植物配置原则

城市园林作为城市唯一具有生命的基础设施,在改善生态环境、提高环境质量方面有着不可替代的作用。城市绿化不但要求城市绿起来,而且要美观,因而绿化植物的配置就显得十分重要,与环境在生态适应性上要统一,又要体现植物个体与群体的形态美、色彩美和意境美,充分利用植物的形体、线条、色彩进行构图,通过植物的季相及生命周期的变化达到预期的景观效果。认识自然,尊重自然,改造自然,保护自然,利用自然,使人与自然和谐相处,这就是植物配置的意义所在。

1. 城市园林植物配置原则

(1)整体优先原则。城市园林植物配置要遵循自然规律,根据城市所处的环境、地形地貌特征、自然景观、城市性质等进行科学建设或改建。要高度重视保护自然景观、历史文化景观及物种的多样性,把握好它们与城市园林的关系,使城市建设与自然和谐,在城市建设中可以回味历史,保障历史文脉的延续。充分研究和借鉴城市所处地带的自然植被类型、景观格局和特征特色,在科学合理的基础上,适当增加植物配置的艺术性、趣味性,使之具有人性化和亲近感。

(2)生态优先原则。在植物材料的选择、树种的搭配、草本花卉的点缀、草坪的衬托及新品种的选择等方面必须最大限度地以改善生态环境、提高生态质量为出发点,也应该尽量多地选择和使用乡土树种,创造出稳定的植物群落;充分应用生态位原理和植物的作用,合理配置植物,只有最适合的才是最好的,才能发挥出最大的生态效益。

(3)可持续发展原则。以自然环境为出发点,按照生态学原理,在充分了解各植物种类的生物学、生态学特性的基础上,合理布局、科学搭配,使各植物物种和谐共存,群落稳定发展,达到调节自然环境与城市环境的关系,在城市中实现社会、经济和环境效益的协调发展。

(4)文化原则。在植物配置中坚持文化原则,可以使城市园林向充满人文内涵的高品位方向发展,使不断演变起伏的城市历史文化脉络在城市园林中得到体现。在城市园林中把反映某种人文内涵、象征某种精神品格、代表某个历史时期的植物科学合理地进行配置,形成具有特色的城市园林景观。

2. 园林植物配置方法

(1)近自然式配置。所谓近自然式配置,一方面是指植物材料本身为近自然状态,尽量避免人工重度修剪和造型,另一方面是指在配置中要避免植物种类的单一、株行距的整齐划一,以及苗木规格的一致。在配置中,尽可能自然,通过不同物种、密度、不同规格的适应、竞争实现群落的共生与稳定。目前,城市森林在我国还处于起步阶段,森林绿地的近自然配置应该大力提倡。首先要以地带性植被为样板进行模拟,选择合适的建群种;同时要减少对树木个体、群落的过度人工干扰。

(2)融合传统园林中植物配置方法。充分吸收传统园林植物配置中模拟自然的方法,师法自然,经过艺术加工来提升植物景观的观赏价值,在充分发挥群落生态功能的同时尽可能创造社会效益。

3．树种选择配置

树木是构成森林最基本的组成要素，科学地选择城市森林树种是保证城市森林发挥多种功能的基础，也直接影响城市森林的经营和管理成本。

（1）发展各种高大的乔木树种。在我国城市绿化用地十分有限的情况下，要达到以较少的城市绿化建设用地获得较高生态效益的目的，必须发挥乔木树种占有空间大、寿命长、生态效益高的优势。比如德国城市森林树木达到 12m 修剪 6m 以下的侧枝，林冠下种植栎类、山毛榉等阔叶树种。我国的高大树木物种资源丰富，30～40m 的高大乔木树种很多，应该广泛加以利用。在高大乔木树种选择的过程中除了重视一些长寿命的基调树种以外，还要重视一些速生树种的使用，特别是在我国城市森林还比较落后的现实情况下，通过发展速生树种可以尽快形成森林环境。

（2）按照我国城市的气候特点和具体城市绿地的环境选择常绿与阔叶树种。乔木树种的主要作用之一是为城市居民提供遮阴环境。在我国，大部分地区都有酷热漫长的夏季，冬季虽然比较冷，但阳光比较充足。因此，我国的城市森林建设在夏季能够遮阴降温，在冬季要透光增温。而现在许多城市的城市森林建设并没有这种考虑，偏爱使用常绿树种。有些常绿树种引种进来了，许多都处在濒死的边缘，几乎没有生态效益。一些具有鲜明地方特色的落叶阔叶树种，不仅能够在夏季旺盛生长而发挥降温增湿、净化空气等生态效益，而且在冬季落叶增加光照，起到增温作用。因此，要根据城市所处地区的气候特点和具体城市绿地的环境需求选择常绿与落叶树种。

（3）选择本地带野生或栽培的建群种。追求城市绿化的个性与特色是城市园林建设的重要目标。地区之间因气候条件、土壤条件的差异造成植物种类上的不同，乡土树种是表现城市园林特色的主要载体之一。使用乡土树种更为可靠、廉价、安全，它能够适应本地区的自然环境条件，抵抗病虫害、环境污染等干扰的能力强，能尽快形成相对稳定的森林结构和发挥多种生态功能，有利于减少养护成本。因此，乡土树种和地带性植被应该成为城市园林的主体。建群种是森林植物群落中在群落外貌、土地利用、空间占用、数量等方面占主导地位的树木种类。建群种可以是乡土树种，也可以是在引入地经过长期栽培，已适应引入地自然条件的外来种。建群种无论是在对当地气候条件的适应性、增建群落的稳定性，还是展现当地森林植物群落外貌特征等方面都具有不可替代的作用。

17.2　道路绿化概述

1．城市道路绿化设计要求

道路是城市最重要的基础设施之一，是人们认识和理解一座城市的媒介，城市道路绿化水平的高低直接影响道路形象进而决定城市的品位。道路绿化，除了具有一般绿地的净化空气、降低噪声、调节小气候等生态功能外，还具有保护路面和行人，引导控制人流车流，提高行车安全等功能。搞好道路绿化，首要任务是高水平的绿化设计。城市道路绿化设计应符合以下基本要求。

（1）道路绿化应符合行车视线和行车净空要求。行车视线要求符合安全视距、交叉口视距、停车视距和视距三角形等方面的安全。安全视距即最短通视距离：驾驶员在一定距离内，可随时看到前面的道路和在道路上出现的障碍物以及迎面驶来的其他车辆，以便能当机立断及时采取减速制动措施或绕越障碍物前进。交叉口视距：为保证行车安全，车辆在进入交叉口处前一段距离内，必须能看清相交道路上的行驶情况，以便能顺利驶过交叉口或及时减速停车，避免相撞，这一段距离必须大于或等于停车视距。停车视距：车辆在同一车道上，突然遇到前方障碍物，而必须及时刹车时，所需要的安全停车距离。视距三角形：是由两相交道路的停车视距作为直角边长，在交叉口处组成的三角形。为了保证行车安全，在视距三角形范围内和内侧范围内，不得种植高于外侧机动车车道中线处路面标高 1m 的树木，可以保证通视。

行车净空则要求道路设计在一定宽度和高度范围内为车辆运行的空间，树木不得进入该空间。

（2）满足树木对立地空间与生长空间的需要。树木生长需要的地上和地下空间，如果得不到满足，树木就不能正常生长发育，甚至死亡。因此，市政公用设施如交通管理设施、照明设施、地下管线、地上杆线等，与绿化树木的相应位置必须统一设计，合理安排，使其各得其所，减少矛盾。

道路绿化应以乔木为主，乔灌、花卉、地被植物相结合，没有裸露土壤，绿化美化，景观层次丰实，最大限度地发挥道路绿化对环境的改善能力。

（3）树种选择要求适地适树。树种选择要符合本地自然条件，根据栽植地的小气候、地下环境、土壤条件等，选择适宜生长的树种。不适宜绿化的土质，应加以改良。道路绿化采用人工植物群落的配置形式时，要使植物生长分布的相互位置与各自的生态习性相适应。地上部分，植物树冠、花叶分布的空间与光照、空气、温度、湿度要求相一致，各得其所。地下部分，植物根系分布对土壤中营养物质全面吸收互不影响，符合植物间伴生的生态习性。植物配置应协调空间层次、树形组合、色彩搭配和季相变化的关系。此外，对辖区内的古树名木要加强保护。古树名木都是适宜本地生长或经长久磨难而生存下来的品种，十分珍贵，是城市历史的缩影。因此，在道路平面、纵断面与横断面设计时，对古树名木必须严加保护，对有价值的其他树木也应注意保护。对衰老的古树名木，还应采取复壮措施。

（4）道路绿化设计要求实行远近期结合。道路绿化很难在栽植时就充分体现其设计意图，达到完美的境界往往需要几年、十几年的时间。因此，设计要具备发展观点和长远的眼光，对各种植物树种的形态、大小、色彩等现状和可能发生的变化，要有充分的了解，使其长到鼎盛时期时，达到最佳效果。同时，对道路绿化的近期效果也应该重视，尤其是行道树苗木规格不宜过小，速生树胸径一般不宜小于 5cm，慢生树木不宜小于 8cm，使其尽快达到其防护功能。

道路绿地还需要配备灌溉设施，道路绿地的坡向、坡度应符合排水要求，并与城市排水系统相结合，防止绿地内积水和水土流失。

（5）道路绿化应符合美学要求。道路绿化的布局、配置、节奏、色彩变化等都要与道路的空间尺度相协调。同一道路的绿化宜有统一的景观风格，不同道路和绿化形式可有所变化。园林景观道路应配置观赏价值高、有地方特色的植物，并与街景结合；主干路应体现城市道路绿化景观风貌；毗邻山、河、湖、海的道路，其绿化应结合自然环境，突出自然景观特色。总之，道路绿化设计要处理好区域景观与整体景观的关系，创造完美的景观。

（6）适应抵抗性和防护能力的需要。城市道路绿地的立地条件极为复杂，既有地上架空线和地下管线的限制，又有因人流车流频繁，人踩车压及沿街摊群侵占等人为破坏，还有城市环境污染，再加上行人和摊棚在绿地旁和林荫下，给浇水、打药、修剪等日常养护管理工作带来困难。因此，设计人员要充分认识道路绿化的制约因素，在树种选择、地形处理、防护设施等方面进行认真考虑，力求绿地自身有较强的抵抗性和防护能力。

2．城市道路绿化植物的选择

城市道路绿化植物的选择，主要考虑艺术效果和功能效果。

1）乔木的选择

乔木在街道绿化中，主要作为行道树，作用主要是夏季为行人遮阴、美化街景，因此选择品种时主要从下面几方面着手。

（1）株形整齐，观赏价值较高（或花型、叶型、果实奇特，或花色鲜艳，或花期长），最好叶秋季变色，冬季可观树形、赏枝干。

（2）生命力强健，病虫害少，便于管理，管理费用低，花、果、枝叶无不良气味。

（3）树木发芽早、落叶晚，适合本地区正常生长，晚秋落叶期在短时间内树叶即能落光，便于集中清扫。

（4）行道树树冠整齐，分枝点足够高，主枝伸张角度与地面不小于30°，叶片紧密，有浓荫。

（5）繁殖容易，移植后易于成活和恢复生长，适宜大树移植。

（6）有一定耐污染、抗烟尘的能力。

（7）树木寿命较长，生长速度不太缓慢。

2）灌木的选择

灌木多应用于分车带或人行道绿地带（车行道的边缘与建筑红线之间的绿化带），可遮挡视线、减弱噪声等。选择时应注意以下几个方面：

（1）枝叶丰满，株形完美，花期长，花多而显露，防止过多萌蘖枝过长而妨碍交通；

（2）植株无刺或少刺，叶色有变，耐修剪，在一定年限内人工修剪可控制其树形和高矮；

（3）繁殖容易，易于管理，能耐灰尘和路面辐射。应用较多的有大叶黄杨、金叶女贞、紫叶小檗、月季、紫薇、丁香、紫荆、连翘、榆叶梅等。

3）地被植物的选择

目前，北方大多数城市主要选择冷季型草坪作为地被植物，根据气候、温度、湿度、土壤等条件选择适宜的草坪草种是至关重要的；另外多种低矮花灌木均可作地被应用，如棣棠等。

4）草本花卉的选择

一般露地花卉以宿根花卉为主，与乔灌草巧妙搭配，合理配置；一、二年生草本花卉只在重点部位点缀，不宜多用。

5）道路绿化中行道树种植设计形式

（1）树带式。交通、人流不大的路段，在人行道和车行道之间，留出一条不加铺装

Note

的种植带，一般宽不小于1.5m，植一行大乔木和树篱，如宽度适宜，则可分别植两行或多行乔木与树篱；树下铺设草皮，留出铺装过道，以便人流或汽车停站。

（2）树池式。在交通量较大，行人多而人行道又窄的路段，设计正方形、长方形或圆形空地，种植花草树木，形成池式绿地。正方形以边长1.5m较合适，长方形长、宽分别以2m、1.5m为宜，圆形树池以直径不小于1.5m为好。行道树的栽植点位于几何形的中心，池边缘高出人行道8～10cm，避免行人践踏。如果树池略低于路面，应加与路面同高的池墙，这样可增加人行道的宽度，又避免践踏，同时还可使雨水渗入池内。池墙可用铸铁或钢筋混凝土做成，设计时应当简单大方。

行道树种植时，应充分考虑株距与定干高度。一般株行距要根据树冠大小确定，有4m、5m、6m、8m不等，若种植干径为5cm以上的树苗，株距应定为6～8m。从车行道边缘至建筑红线之间的绿化地段，统称为人行道绿化带。为了保证车辆在车行道上行驶时，车中人能够看到人行道上的行人和建筑，在人行道绿化带上种植树木，必须保持一定的株距，一般来说，株距不应小于树冠的2倍。

6）城市干道的植物配置

城市干道具有实现交通、组织街景、改善小气候等三大功能，并以丰富的景观效果、多样的绿地形式和多变的季相色彩影响着城市景观空间和景观视线。城市干道分为一般城市干道、景观游憩型干道、防护型干道、高速公路、高架道路等类型。各种类型城市干道的绿化设计都应该在遵循生态学原理的基础上，根据美学特征和人的行为游憩学原理来进行植物配置，体现各自的特色。植物配置应视地点的不同而有各自的特点。

（1）景观游憩型干道的植物配置。

景观游憩型干道的植物配置应兼顾其观赏和游憩功能，从人的需求出发，兼顾植物群落的自然性和系统性来设计可供游人参与游赏的道路。有"城市林荫道"之称的肇嘉浜路中间有宽21m的绿化带，种植了大量的香樟、雪松、水杉、女贞等高大的乔木，林下配置了各种灌木和花草，同时绿地内设置了游憩步道，其间点缀各种雕塑和园林小品，发挥其观赏和休闲功能。

（2）防护型干道的植物配置。

道路与街道两侧的高层建筑形成了城市大气下垫面内的狭长低谷，不利于汽车尾气的排放，直接危害两侧的行人和建筑内的居民，对人的危害相当严重。基于隔离防护主导功能的道路绿化主要发挥其隔离有害有毒气体、噪声的功能，兼顾观赏功能。绿化设计选择具有抗污染、滞尘、吸收噪声的植物，如雪松、圆柏、桂花、珊瑚树、夹竹桃等，采用由乔木群落向小乔木群落、灌木群落、草坪过渡的形式，形成立体层次感，起到良好的防护作用和景观效果。

（3）高速公路的植物配置。

良好的高速公路植物配置可以减轻驾驶员的疲劳，丰富的植物景观也可为旅客带来轻松愉快的旅途。高速公路的绿化由中央隔离带绿化、边坡绿化和互通绿化组成。中央隔离带内一般不成行种植乔木，避免投影到车道上的树影干扰司机的视线，树冠太大的树种也不宜选用。隔离带内可种植修剪整齐、具有丰富视觉韵律感的大色块模纹绿带，绿带中选择的植物品种不宜过多，色彩搭配不宜过艳，重复频率不宜太高，节奏感也不宜太强烈，一般可以根据分隔带宽度每隔30～70m重复一段，色块灌木品种选用

3～6 种,中间可以间植多种形态的开花或常绿植物使景观富于变化。

边坡绿化的主要目的是固土护坡、防止冲刷,其植物配置应尽量不破坏自然地形地貌和植被,选择根系发达、易于成活、便于管理、兼顾景观效果的树种。

互通绿化位于高速公路的交叉口,最容易成为人们视觉上的焦点。其绿化形式主要有两种:一种是大型的模纹图案,花灌木根据不同的线条造型种植,形成大气简洁的植物景观;另一种是苗圃景观模式,人工植物群落按乔、灌、草的种植形式种植,密度相对较高,在发挥其生态和景观功能的同时,还兼顾了经济功能,为城市绿化发展所需的苗木提供了有力的保障。

(4) 园林绿地内道路的植物配置。

园林道路是全园的骨架,具有组织游览路线、连接景观区等重要功能。道路植物配置无论从植物品种的选择上还是搭配形式(包括色彩、层次高低、大小面积比例等)上,都要比城市道路配置更加丰富多样,更加自由生动。

园林道路分为主路、次路和小路。主路绿化常常代表绿地的形象和风格,植物配置应该引人入胜,形成与其定位一致的气势和氛围。如在入口的主路上定距种植较大规格的高大乔木,如悬铃木、香樟、杜英、榉树等,其下种植杜鹃、红花木、龙柏等整形灌木,节奏明快富有韵律,形成壮美的主路景观。次路是园中各区内的主要道路,一般宽 2～3m。小路则是供游人在宁静的休息区中漫步,一般宽仅 1～1.5m。绿地的次干道常常蜿蜒曲折,植物配置也应以自然式为宜。沿路在视觉上应有疏有密,有高有低,有遮有敞。形式上有草坪、花丛、灌丛、树丛、孤植树等,游人沿路散步可经过大草坪,也可在林下小憩或穿行在花丛中赏花。竹径通幽是中国传统园林中经常应用的造景手法,竹生长迅速,适应性强,常绿,清秀挺拔,具有文化内涵,至今仍可在现代绿地见到。

(5) 城市广场绿化植物的配置。

由于植物具有生命的设计要素,其生长受到土壤肥力、排水、日照、风力以及温度和湿度等因素的影响,因此设计师在进行设计之前,就必须了解广场相关的环境条件,然后才能确定、选择适合在此条件下生长的植物。

在城市广场等空地上栽植树木,土壤作为树木生长发育的"胎盘",无疑具有举足轻重的作用。因此,土壤的结构必须满足以下条件:可以让树木长久地茁壮成长;土壤自身不会流失;对环境影响具有抵抗力。

根据形状、习性和特征的不同,城市广场上绿化植物的配置,可以采取一点、两点、线段、团组、面、垂直或自由式等形式。在保持统一性和连续性的同时,显露其丰富性和个性。例如,在不同功能空间的周边,常采用树篱等方式进行隔离,而树篱通常选用大叶黄杨、小叶黄杨、紫叶小檗、绿叶小檗、侧柏等常绿树种;花坛和草坪常配置 30～90cm 的镶边,起到阻隔、装饰和保持水土的作用。

花坛虽然在各种绿化空间中都可能出现,但由于其布局灵活、占地面积小、装饰性强,因此在广场空间中出现得更加频繁。既有以平面图案和肌理形式表现的花池,也有与台阶等构筑物相结合的花台,还有以种植容器为依托的各种形式。花坛不仅可以独立设置,也可以与喷泉、水池、雕塑、休息座椅等结合。在空间环境中除了起到限定、引导等作用外,还可以由于本身优美的造型或独特的排列、组合方式,而成为视觉焦点。

7) 城市道路绿化的布置形式

城市道路绿化的布置形式也是多种多样的,其中断面布置形式是规划设计所用的主要模式。常用的城市道路绿化的形式有以下几种。

（1）一板二带式。这是道路绿化中最常用的一种形式，即在车行道两侧人行道分隔线上种植行道树。此法操作简单、用地经济、管理方便。但当车行道过宽时行道树的遮阴效果较差，不利于机动车辆与非机动车辆混合行驶时的交通管理。

（2）二板三带式。在分隔单向行驶的两条车行道中间绿化，并在道路两侧布置行道树。这种形式适于宽阔道路，绿带数量较大、生态效益较显著，多用于高速公路和城市道路绿化。

（3）三板四带式。利用两条分隔带把车行道分成三块，中间为机动车道，两侧为非机动车道，连同车道两侧的行道树共为 4 条绿带。此法虽然占地面积较大，但其绿化量大，夏季蔽阴效果好，组织交通方便，安全可靠，可解决各种车辆混合互相干扰的问题。

（4）四板五带式。利用 3 条分隔带将车道分为 4 条从而规划出 5 条绿化带，以便各种车辆上行、下行互不干扰，利于限定车速和交通安全；如果道路面积不宜布置五带，则可用栏杆分隔，以节约用地。

（5）其他形式。按道路所处地理位置、环境条件特点，因地制宜地设置绿带，如山坡、水道的绿化设计。

17.3 道路绿化图绘制

绘制思路

绘制 B 区道路轮廓线以及定位轴线；使用直线、阵列、圆、填充等命令绘制 B 区道路绿化、亮化；使用阵列、直线、复制等命令绘制人行道绿化、亮化；使用多行文字命令标注文字；保存道路绿化平面图。结果如图 17-1 所示。

17.3.1 前期准备与绘图设置

操作步骤

1. 确定绘图比例

根据需绘制图形确定绘图的比例，建议采用 1：1 的比例绘制，1：200 的比例出图。

2. 建立新文件

打开 AutoCAD 2020 应用程序，以"A2.dwt"样板文件为模板，建立新文件，将新文件命名为"道路绿化平面图.dwg"并保存。单击"默认"选项卡"修改"面板中的"缩放"按钮 ，输入比例因子为 0.2。

3. 设置图层

根据需要设置以下 11 个图层："标注尺寸""粗线""道路""道路红线""亮化""绿化""其他线""图例""文字""香樟"和"中心线"，把"中心线"图层设置为当前图层。设置好的各图层的属性如图 17-2 所示。

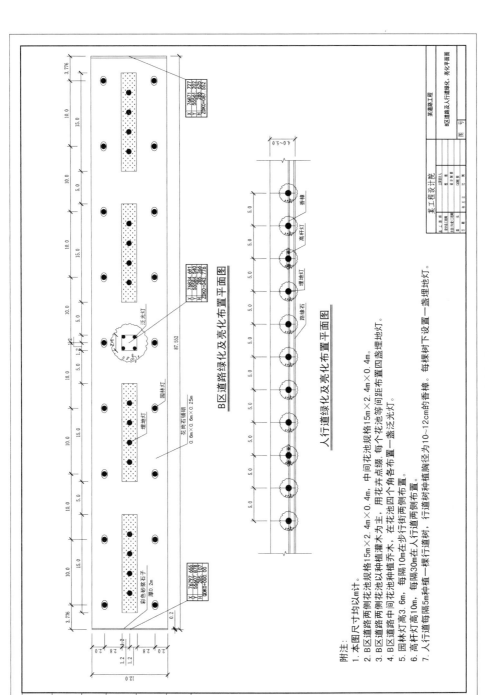

图 17-1　道路绿化平面图

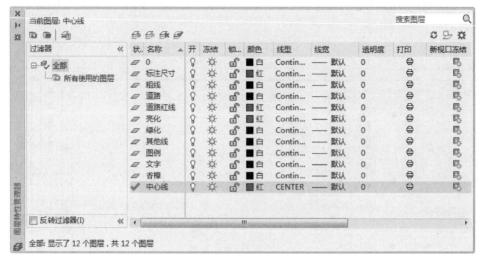

图 17-2　道路绿化图图层设置

4. 标注样式设置

根据绘图比例设置标注样式,对标注样式线、符号和箭头、文字、主单位进行设置,
具体如下。

- 线:超出尺寸线为 0.5,起点偏移量为 0.6。
- 符号和箭头:第一个为建筑标记,箭头大小为 0.6,圆心标记为标记 0.3。
- 文字:文字高度为 0.6,文字位置为垂直上,从尺寸线偏移为 0.3,文字对齐为
  ISO 标准。
- 主单位:精度为 0.0,比例因子为 1。

5. 文字样式设置

单击"默认"选项卡"注释"面板中的"文字样式"按钮 A,打开"文字样式"对话框。
选择仿宋字体,宽度因子设置为 0.8。文字样式的设置如图 17-3 所示。

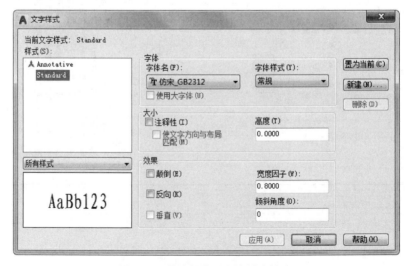

图 17-3　道路绿化图文字样式设置

17.3.2　绘制 B 区道路轮廓线及定位轴线

操作步骤

（1）在状态栏中，单击"正交"按钮 ⌐，打开正交模式。在状态栏中，单击"对象捕捉"按钮 ⌐，打开对象捕捉模式。在状态栏中，单击"对象捕捉追踪"按钮 ∠，打开对象捕捉追踪。

（2）单击"默认"选项卡"绘图"面板中的"直线"按钮 ╱，绘制一条长为 87.552 的水平直线。重复"直线"命令，取水平直线中点绘制一条长为 12 的垂直直线。

（3）把标注尺寸图层设置为当前图层。单击"标注"工具栏中的"线性标注"按钮 ⊢，标注外形尺寸。在命令行输入 ddedit 命令，把水平方向的标注修改为 87.552。完成的图形如图 17-4 所示。

（4）单击"默认"选项卡"修改"面板中的"删除"按钮 ✍，删除标注尺寸线。

（5）单击"默认"选项卡"修改"面板中的"复制"按钮 ⅋，复制刚刚绘制好的水平直线，向上复制的位移分别为 1.2、4、6，向下复制的位移分别为 1.2、4、6。

（6）单击"默认"选项卡"修改"面板中的"复制"按钮 ⅋，复制刚刚绘制好的垂直直线，向右复制的位移分别为 1.2、6.2、10、20、21.2、26.2、30、40、41.2、43.576、43.776，向左复制的位移分别为 1.2、6.2、10、20、21.2、26.2、30、40、41.2、43.576、43.776。

（7）单击"默认"选项卡"注释"面板中的"线性"按钮 ⊢⊢，标注直线尺寸。

（8）单击"注释"选项卡"标注"面板中的"连续"按钮 ⊬⊬，进行连续标注。在命令行输入 ddedit 命令，把水平方向的标注修改为 87.552。复制的尺寸和完成的图形如图 17-5 所示。

（9）把道路红线图层设置为当前图层。单击"默认"选项卡"绘图"面板中的"直线"按钮 ╱，绘制道路红线。完成的图形如图 17-6 所示。

17.3.3　绘制 B 区道路绿化、亮化

操作步骤

1．绘制园林灯

（1）把"亮化"图层设置为当前图层。单击"默认"选项卡"绘图"面板中的"圆"按钮 ⊙，绘制半径为 0.4 的圆。

（2）单击"默认"选项卡"绘图"面板中的"椭圆"按钮 ◯，以上一步绘制的圆心为椭圆圆心，绘制长半轴为 0.7、短半轴为 0.5 的椭圆。结果如图 17-7 所示。

（3）单击"默认"选项卡"绘图"面板中的"图案填充"按钮 ▨，选择"SOLID"图例进行填充圆。

（4）单击"默认"选项卡"修改"面板中的"矩形阵列"按钮 ⊞，选择刚刚绘制好的园林灯为阵列对象，设置行数为 2、列数为 9、行间距为 −8、列间距为 10。

完成的图形如图 17-8 所示。

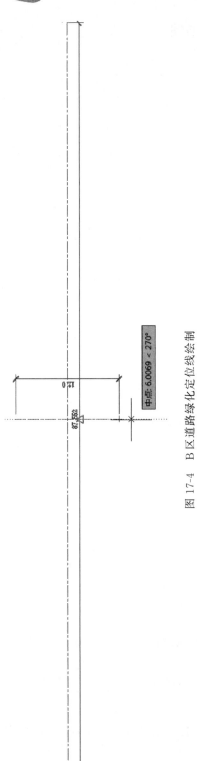

图 17-4　B 区道路绿化定位线绘制

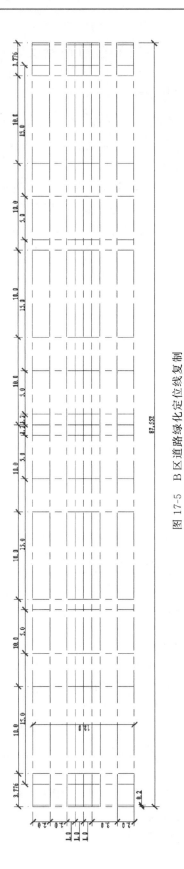

图 17-5　B 区道路绿化定位线复制

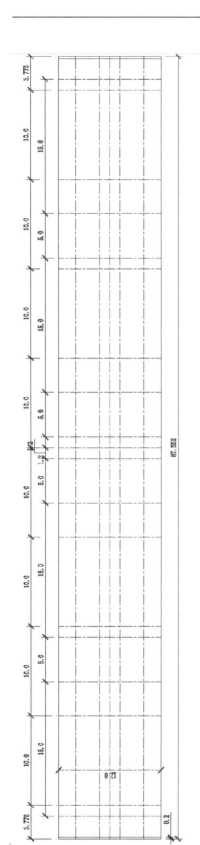

图 17-6 B 区道路红线复制

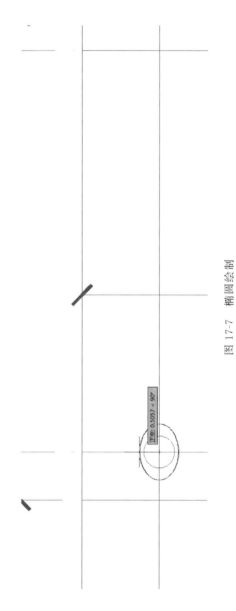

图 17-7 椭圆绘制

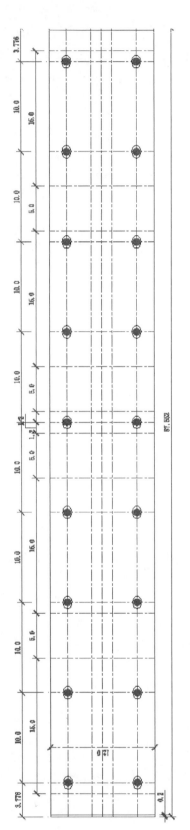

图 17-8　园林灯阵列复制

2．绘制绿化带

（1）把绿化图层设置为当前图层。单击"默认"选项卡"绘图"面板中的"矩形"按钮，绘制一个15×2.4的矩形。

（2）单击"默认"选项卡"修改"面板中的"复制"按钮，复制园林灯到指定的位置。

（3）把标注尺寸图层设置为当前图层。单击"默认"选项卡"注释"面板中的"线性"按钮，标注外形尺寸。

（4）单击"注释"选项卡"标注"面板中的"连续"按钮，进行连续标注。复制的尺寸和完成的图形如图17-9所示。

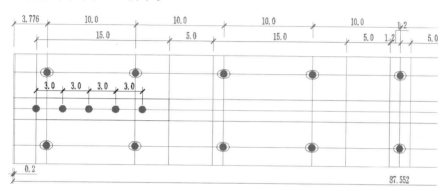

图17-9　绿化带园林灯复制

（5）单击"默认"选项卡"修改"面板中的"删除"按钮，删除多余的绿化带的园林灯和标注尺寸。

（6）单击"默认"选项卡"绘图"面板中的"图案填充"按钮，选择"GRASS"图例进行填充，填充的比例设置为0.02，填充矩形。

（7）单击"默认"选项卡"修改"面板中的"复制"按钮，复制绘制好的绿化带到指定位置。复制的尺寸和完成的图形如图17-10所示。

3．绘制泛光灯以及调用香樟图例

（1）使用Ctrl＋C快捷键复制风景区规划图例绘制好的香樟图例，然后使用Ctrl＋V快捷键粘贴到道路绿化平面图中。

（2）单击"默认"选项卡"修改"面板中的"缩放"按钮，输入比例因子为0.005。

（3）把绿化图层设置为当前图层。单击"默认"选项卡"绘图"面板中的"矩形"按钮，绘制一个2.4×2.4的矩形。

（4）把亮化图层设置为当前图层。单击"默认"选项卡"绘图"面板中的"圆"按钮，绘制半径为0.3的圆。

（5）单击"默认"选项卡"修改"面板中的"复制"按钮，复制泛光灯到指定的位置。

（6）把标注尺寸图层设置为当前图层。单击"默认"选项卡"注释"面板中的"线性"按钮，标注外形尺寸。完成的图形如图17-11所示。

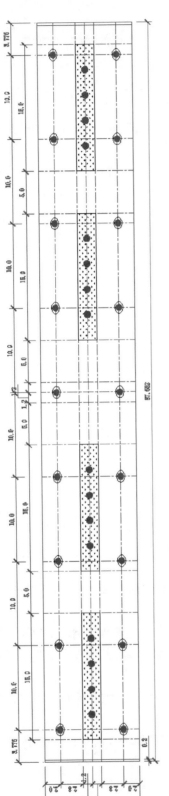

图 17-10 绿化带复制

图 17-11 泛光灯和香樟复制

4．绘制人行道绿化

（1）把其他线图层设置为当前图层。单击"默认"选项卡"绘图"面板中的"直线"按钮 ／，绘制一条长为 60 的水平直线。重复"直线"命令，绘制一条长为 4 的垂直直线。

（2）单击"默认"选项卡"修改"面板中的"复制"按钮 ❀，复制刚刚绘制好的垂直直线，向右复制的位移分别为 5、10、15、20、25、30、35、40、45、50、55、60。

单击"默认"选项卡"修改"面板中的"复制"按钮 ❀，复制刚刚绘制好的水平直线，向上复制的位移分别为 0.2、0.9、1.1、4.0。

（3）把标注尺寸图层设置为当前图层。单击"默认"选项卡"注释"面板中的"线性"按钮 ⊢⊣，标注直线尺寸。

（4）单击"注释"选项卡"标注"面板中的"连续"按钮 ⊢⊢⊢，进行连续标注。在命令行输入 ddedit 命令，把垂直方向的标注修改为 4.0～5.0。

（5）绘制两端折断线。完成的图形和尺寸如图 17-12 所示。

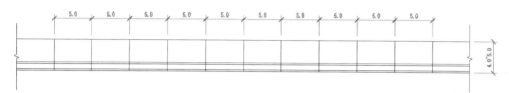

图 17-12　人行道绿化定位线

（6）把亮化图层设置为当前图层。单击"默认"选项卡"绘图"面板中的"圆"按钮 ⊙，绘制半径为 0.4 的圆。

（7）单击"默认"选项卡"绘图"面板中的"图案填充"按钮 ▦，选择"SOLID"图例进行填充，填充圆。

（8）单击"默认"选项卡"修改"面板中的"复制"按钮 ❀，复制香樟图例到指定的位置。

（9）单击"默认"选项卡"修改"面板中的"矩形阵列"按钮 ▦，选择刚刚绘制好的复制"香樟"图例和埋地灯为阵列对象，设置行数为 1、列数为 11，设置列间距为 5。

完成的图形如图 17-13 所示。

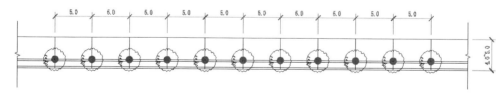

图 17-13　埋地灯复制

（10）把亮化图层设置为当前图层。单击"默认"选项卡"绘图"面板中的"直线"按钮 ／，绘制一条长为 6.6 的水平直线。重复"直线"命令，绘制一条长为 0.3 的垂直直线。

（11）单击"默认"选项卡"绘图"面板中的"样条曲线拟合"按钮 ～，绘制灯罩。

（12）单击"默认"选项卡"绘图"面板中的"圆弧"按钮 ⌒，绘制圆弧。

（13）把标注尺寸图层设置为当前图层。单击"默认"选项卡"注释"面板中的"线性"按钮├┤，标注外形尺寸。完成的图形如图 17-14(a)所示。

（14）把亮化图层设置为当前图层。单击"默认"选项卡"绘图"面板中的"椭圆"按钮 ◯，绘制高杆灯，指定轴的端点，十字光标指向水平方向，输入 1.0，指定另一条半轴长度，十字光标指向垂直方向，输入 0.5。完成的图形如图 17-14(b)所示。

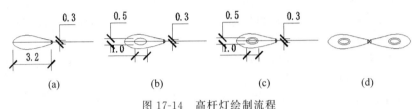

| (a) | (b) | (c) | (d) |

图 17-14   高杆灯绘制流程

（15）单击"默认"选项卡"修改"面板中的"偏移"按钮 ⊜，向里面偏移 0.1。完成的图形如图 17-14(c)所示。

（16）单击"默认"选项卡"修改"面板中的"删除"按钮 ✎，删除多余的标注尺寸和直线。

（17）单击"默认"选项卡"修改"面板中的"镜像"按钮 ◮，选择刚刚绘制好的图形为镜像对象。完成的图形如图 17-14(d)所示。

（18）单击"默认"选项卡"修改"面板中的"缩放"按钮 ▱，输入比例因子为 0.5。

（19）单击"默认"选项卡"修改"面板中的"复制"按钮 ⅜，复制到指定的位置。完成的图形如图 17-15 所示。

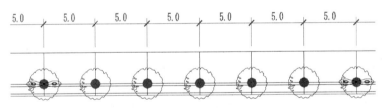

图 17-15   高杆灯复制

17.3.4   标注文字

操作步骤

（1）使用 Ctrl+C 快捷键复制源文件中的"道路平面布置图"中的里程桩号关键点，然后使用 Ctrl+V 快捷键粘贴到道路绿化平面图中。

（2）单击"默认"选项卡"注释"面板中的"多行文字"按钮 **A**，标注文字、图名和说明。完成的图形如图 17-1 所示。

园林建筑图绘制

园林建筑作为造园四要素之一,是一种独具特色的建筑,既要满足建筑的使用功能要求,又要满足园林景观的造景要求,并与园林环境密切结合,是与自然融为一体的建筑类型。

学 习 要 点

◆ 园林建筑概述
◆ 亭立面图绘制
◆ 亭屋面结构图绘制

18.1 园林建筑概述

1．功能

1）满足功能要求

园林是改善、美化人们生活环境的设施，也是供人们休息、游览、文化娱乐的场所。随着园林活动的日益增多，园林建筑类型也日益丰富起来，主要有茶室、餐厅、展览馆、体育场所等，以满足人们的需要。

2）满足园林景观要求

（1）点景：点景要与自然风景结合。园林建筑常成为园林景观的构图中心主体，或是易于近观的局部小景，或成为主景，控制全园布局。园林建筑在园林景观构图中常有画龙点睛的作用。

（2）赏景：作为观赏园内外景物的场所，一栋建筑常成为画面的观赏点，而一组建筑物与游廊相连成为动观全景的观赏线。因此，建筑朝向、门窗位置大小要考虑赏景的要求。

（3）引导游览路线：园林建筑常常具有启、承、转、合的作用，当人们的视线触及某处优美的园林建筑时，游览路线就会自然而然地延伸，建筑常成为视线引导的主要目标。人们常说的步移景异就是这个意思。

（4）组织园林空间：园林设计空间组合和布局是重要内容，园林常以一系列的空间的变化与巧妙安排给人以艺术享受，以建筑构成的各种形式的庭院及游廊、花墙、圆洞门等是组织空间、划分空间的最好方法。

2．特点

1）布局

园林建筑布局上要因地制宜，巧于因借，建筑规划选址除考虑功能要求外，要善于利用地形，结合自然环境，与自然融为一体。

2）情景交融

园林建筑应结合情景，抒发情趣，尤其在古典园林建筑中，常与诗画结合，加强感染力，达到情景交融的境界。

3）空间处理

在园林建筑的空间处理上，尽量避免轴线对称，整形布局，力求曲折变化，参差错落，空间布置要灵活。通过空间划分，形成大小空间的对比，增加层次感，扩大空间感。

4）造型

园林建筑在造型上要重视美观的要求，建筑体型、轮廓要有表现力，增加园林画面美，建筑体量、体态都应与园林景观协调统一，造型要表现园林特色、环境特色、地方特色。一般而言，在造型上，体量宜轻盈，形式宜活泼，力求简洁明快、通透有度，达到功能与景观的有机统一。

5）装修

在细节装饰上，应有精巧的装饰，增加本身的美观，又用之来组织空间画面，如常用的挂落、栏杆、漏窗、花格等。

3. 园林建筑的分类

按使用功能划分，园林建筑可分为以下几类。

（1）游憩性建筑：有休息、游赏使用功能，具有优美造型，如亭、廊、花架、榭、舫、园桥等。

（2）园林建筑小品：以装饰园林环境为主，注重外观形象的艺术效果，兼有一定的使用功能，如园灯、园椅、展览牌、景墙、栏杆等。

（3）服务性建筑：为游人在旅途中提供生活上的服务的设施，如小卖部、茶室、小吃部、餐厅、小型旅馆、厕所等。

（4）文化娱乐设施开展活动用的设施：如游船码头、游艺室、俱乐部、演出厅、露天剧场、展览厅等。

（5）办公管理用设施：主要有公园大门、办公室、实验室、栽培温室，动物园还应有动物室。

4. 园林建筑构成要素

1）亭

亭在我国园林中是运用最多的一种建筑形式。无论是在传统的古典园林中，或是在中华人民共和国成立后新建的公园及风景游览区，都可以看到各种各样的亭子，或屹立于山冈之上，或依附在建筑之旁，或漂浮在水池之畔，以玲珑美丽、丰富多样的形象与园林中的其他建筑、山水、绿化等相结合，构成一幅幅生动的图画。在造型上，要结合具体地形、自然景观和传统设计，并以其特有的娇美轻巧、玲珑剔透的形象，与周围的建筑、绿化、水景等结合而构成园林一景。

亭的构造大致可分为亭顶、亭身、亭基三部分，体量宁小勿大，形制也应细巧，以竹、木、石、砖瓦等地方性传统材料修建。现在更多的是用钢筋混凝土或兼以轻钢、铝合金、玻璃钢、镜面玻璃、充气塑料等新材料组建而成。

亭四面多开放，空间流动，内外交融，榭廊亦如此。解析了亭也就能举一反三于其他楼阁殿堂。亭榭等体量不大，但在园林造景中作用不小，是室内的室外；而在庭院中则是室外的室内。选择要有分寸，大小要得体，即要有恰到好处的比例与尺度。任何作品只有在一定的环境下，才是艺术、科学。生搬硬套学流行，会失去神韵和灵性，就谈不上艺术性与科学性。

园亭，是指园林绿地中精致细巧的小型建筑物。可分为两类，一类是供人休憩观赏的亭，另一类是具有实用功能的票亭、售货亭等。

（1）园亭的位置选择。

建亭位置，要从两方面考虑，一是由内向外好看，二是由外向内也好看。园亭要建在风景好的地方，使入内歇足休息的人有景可赏，留得住人，同时更要考虑建亭后成为一处园林美景，园亭在这里往往可以起到画龙点睛的作用。

（2）园亭的设计构思。

园亭虽小巧，却必须深思才能出类拔萃。

首先，选择所设计的园亭是传统或是现代，是中式或是西洋，是自然野趣或是奢华富贵，这些款式的不同是不难理解的。

其次，在同种款式中，平面、立面、装修的大小、形状、繁简也有很大的不同，需要斟酌。例如同样是植物园内的中国古典园亭，牡丹亭和橄树亭不同，牡丹亭必须重檐起翘，大红柱子；橄树亭白墙灰瓦足矣。这是因它们所在环境的气质不同而异。同样是欧式古典圆顶亭，高尔夫球场和私宅庭园的大小有很大不同。这是因它们所在环境的开阔郁闭不同而异。同是自然野趣，水际竹筏嬉鱼和树上杈窝观鸟不同。这是因环境的功能要求不同而异。

最后，所有的形式、功能、建材处于演变进步之中，常常是相互交叉的，必须着重于创造。例如，在中国古典园亭的梁架上，以卡普隆阳光板作顶代替传统的瓦，古中有今，洋为我用，可以取得很好的效果。以四片实墙，边框采用中国古典园亭的外轮廓，组成虚拟的亭，也是一种创造。用悬索、布幕、玻璃、阳光板等，层出不穷。

只有深入考虑这些细节，才能标新立异，不落俗套。

（3）园亭的平面。

园亭体量小，平面严谨。自点状伞亭起，三角、正方、长方、六角、八角，以至圆形、海棠形、扇形，由简单而复杂，基本上都是规则几何形体，或再加以组合变形。根据这个道理，可构思其他形状，也可以和其他园林建筑如花架、长廊、水榭组合成一组建筑。

园亭的平面组成比较单纯，除柱子、坐凳（椅）、栏杆外，有时也有一段墙体、桌、碑、井、镜、匾等。

园亭的平面布置，一种是一个出入口，终点式的；还有一种是两个出入口，穿过式的。视亭大小而采用。

（4）园亭的立面。

① 因款式的不同有很大的差异。但有一点是共同的，就是内外空间相互渗透，立面显得开畅通透。园亭的立面，可以分成几种类型，这是决定园亭风格款式的主要因素。如中国古典、西洋古典传统式样，这种类型都有程式可依，困难的是施工十分繁复。中国传统园亭柱子有木和石两种，用真材或混凝土仿制；但屋盖变化多，如以混凝土代木，则所费工、料均不合算，效果也不甚理想。西洋传统形式，现在市面有各种规格的玻璃钢、GRC柱式、檐口，可在结构外套用。

② 平顶、斜坡、曲线各种新式样。要注意园亭平面和组成均甚简洁，观赏功能又强，因此屋面变化不妨多一些。如做成折板、弧形、波浪形，或者用新型建材、瓦、板材；或者强调某一部分构件和装修，来丰富园亭外立面。

③ 仿自然、野趣的式样。目前用得多的是竹、松木、棕榈等植物外形或木结构，真实石材或仿石结构。用茅草作顶也特别有表现力。

（5）亭的设计。

有关亭的设计归纳起来应掌握下面几个要点：

第一，必须选择好位置，按照总的规划意图选点。

第二，亭的体量与造型的选择，主要应看它所处的周围环境的大小、性质等，因地制宜而定。

第三，亭子的材料及色彩，应力求就地选用地方材料，不但加工便利，而且易于配合自然。

2）廊

廊子本来是作为建筑物之间的联系而出现的，中国属木构架体系的建筑物，一般建筑的平面形状都比较简单，经常通过廊、墙等把一幢幢的单体建筑组织起来，形成空间层次丰富多变的中国传统建筑的特色之一。

廊子通常不止在两个建筑物或两个观赏点之间，成为空间联系和空间分划的一种重要手段，它不仅具有遮风避雨、交通联系的实际功能，而且对园林中风景的展开和观赏程序的层次起着重要的组织作用。

廊子还有一个特点，就是它一般是一种"虚"的建筑元素，两排细细的列柱顶着一个不太厚实的廊顶。在廊子的一边可透过柱子之间的空间观赏廊子另一边的景色，像一层"帘子"一样，似隔非隔、若隐若现，把廊子两边的空间有分又有合地联系起来，起到一般建筑元素达不到的效果。

中国园林中廊的结构常用的有木结构、砖石结构、钢及混凝土结构、竹结构等。廊顶有坡顶、平顶和拱顶等。中国园林中廊的形式和设计手法丰富多样，其基本类型按结构形式可分为：双面空廊、单面空廊、复廊、双层廊和单支柱廊5种；按廊的总体造型及其与地形、环境的关系可分为直廊、曲廊、回廊、抄手廊、爬山廊、叠落廊、水廊、桥廊等。

（1）双面空廊。两侧均为列柱，没有实墙，在廊中可以观赏两边的景色。双面空廊不论直廊、曲廊、回廊、抄手廊等都可采用，不论在风景层次深远的大空间中，或在曲折灵巧的小空间中都可运用。北京颐和园内的长廊，就是双面空廊，全长728m，北依万寿山，南临昆明湖，穿花透树，把万寿山前十几组建筑群联系起来，对丰富园林景色起着突出的作用。

（2）单面空廊。有两种：一种是在双面空廊的一侧列柱间砌上实墙或半实墙而成的；一种是一侧完全贴在墙或建筑物边沿上。单面空廊的廊顶有时作成单坡形，以利排水。

（3）复廊。在双面空廊的中间夹一道墙，就成了复廊，又称"里外廊"。因为廊内分成两条走道，所以廊的跨度大些。中间墙上开有各种式样的漏窗，从廊的一边透过漏窗可以看到廊的另一边的景色，一般用于设置两边景物各不相同的园林空间。如苏州沧浪亭的复廊就是一例，它妙在借景，把园内的山和园外的水通过复廊互相引借，使山、水、建筑构成整体。

（4）双层廊。上下两层的廊，又称"楼廊"。它为游人提供了在上下两层不同高程的廊中观赏景色的条件，也便于联系不同标高的建筑物或风景点以组织人流，可以丰富园林建筑的空间构图。

5. 水榭

水榭作为一种临水园林建筑在设计上除了应满足功能需要外，还要与水面、池岸自

Note

然融合,并在体量、风格、装饰等方面与所处园林环境相协调。其设计要点如下：

（1）在可能范围内,水榭应三面或四面临水。如果不宜突出于池（湖）岸,也应以平台作为建筑物与水面的过渡,以便使用者置身水面之上更好地欣赏景物。

（2）水榭应尽可能贴近水面。当池岸地坪距离水面较远时,水榭地坪应根据实际情况降低高度。此外,不能将水榭地坪与池岸地坪取齐,以免将支撑水榭的下部的混凝土骨架暴露出来,影响整体景观效果。

（3）全面考虑水榭与水面的高差关系。水榭与水面的高差关系,在水位无显著变化的情况下容易掌握；如果水位涨落变化较大,设计师应在设计前详细了解水位涨落的原因与规律,特别是最高水位的标高。应以稍高于最高水位的标高作为水榭的设计地坪,以免水淹。

（4）巧妙遮挡支撑水榭下部的骨架。当水榭与水面之间高差较大,支撑体又暴露得过于明显时,不要将水榭的驳岸设计成整齐的石砌岸边,而应将支撑的柱墩尽量向后设置,在浅色平台下部形成一条深色的阴影,在光影的对比中增加平台外挑的轻快感。

（5）在造型上,水榭应与水景、池岸风格相协调,强调水平线条。有时可通过设置水廊、白墙、漏窗,形成平缓而舒朗的景观效果。若在水榭四周栽种一些树木或翠竹等植物,效果会更好。

6. 围墙

1）围墙设计的原则

（1）能不设围墙的地方,尽量不设,让人接近自然,爱护绿化。

（2）能利用空间的办法、自然的材料达到隔离的目的,尽量利用。高差的地面、水体的两侧、绿篱树丛,都可以达到隔而不分的目的。

（3）要设置围墙的地方,能低尽量低,能透尽量透,只有少量须掩饰隐私处,才用封闭的围墙。

（4）使围墙处于绿地之中,成为园景的一部分,减少与人的接触机会,由围墙向景墙转化；善于把空间的分隔与景色的渗透联系一起来,有而似无,有而生情,才是高超的设计。

2）围墙按构造分类

围墙的构造有竹木、砖、混凝土、金属材料几种。

（1）竹木围墙：竹篱笆是过去最常见的围墙,现已难得用。有人设想过种一排竹子而加以编织,成为"活"的围墙（篱）,则是最符合生态学要求的墙垣了。

（2）砖墙：墙柱间距3~4m,中开各式漏花窗,是节约又易施工、管、养的办法。缺点是较为闭塞。

（3）混凝土围墙：一是以预制花格砖砌墙,花型富有变化但易爬越；二是混凝土预制成片状,可透绿,也易管、养。混凝土墙的优点是一劳永逸,缺点是不够通透。

（4）金属围墙。具体如下。

① 以型钢为材,断面有几种,表面光洁,性韧易弯不易折断,缺点是每2~3年要油漆一次。

② 以铸铁为材,可做各种花型,优点是不易锈蚀又价不高,缺点是性脆又光滑度不够。订货要注意所含成分不同。

③ 锻铁、铸铝材料。质优而价高,局部花饰中或室内使用。

④ 各种金属网材,如镀锌、镀塑铅丝网,铝板网,不锈钢网等。

现在往往把几种材料结合起来,取其长而补其短。混凝土往往用做墙柱、勒脚墙。取型钢为透空部分框架,用铸铁为花饰构件。局部、细微处用锻铁和铸铝。

围墙是长型构造物。长度方向要按要求设置伸缩缝,按转折和门位布置柱位,调整因地面标高变化的立面;横向则关及围墙的强度,影响用料的大小。利用砖、混凝土围墙的平面凹凸,金属围墙构件的前后交错位置,实际上等于加大围墙横向断面的尺寸,可以免去墙柱,使围墙更自然通透。

7. 花架

花架是攀缘植物的棚架,又是人们消夏避暑之所。花架在造园设计中往往具有亭、廊的作用,作长线布置时,就像游廊一样能发挥建筑空间的脉络作用,形成导游路线;也可以用来划分空间增加风景的深度。作点状布置时,就像亭子一般,形成观赏点,并可以在此组织环境景色的观赏。花架又不同于亭、廊空间,更为通透,特别由于绿色植物及花果自由地攀绕和悬挂,更添一番生气。花架在现代园林中除了供植物攀缘外,有时也取其形式轻盈以点缀园林建筑的某些墙段或檐头,使之更加活泼和具有园林的风格。

花架造型比较灵活和富于变化,最常见的形式是梁架式,另一种形式是半边列柱半边墙垣,上边叠架小坊,它在划分封闭或开敞的空间上更为自如。造园趣味类似半边廊,在墙上亦可以开设景窗使意境更为含蓄。此外新的形式还有单排柱花架或单柱式花架。

花架的设计往往与其他小品相结合,形成一组内容丰富的小品建筑,如布置坐凳供人小憩,墙面开设景窗、漏花窗,柱间或嵌以花墙,周围点缀叠石、小池等形式以吸引游人的景点。

花架在庭院中的布局可以采取附件式,也可以采取独立式。附件式属于建筑的一部分,是建筑空间的延续,如在墙垣的上部、垂直墙面的上部、垂直墙面的水平处搁置横墙向两侧挑出。它应保持建筑自身的统一的比例与尺度,在功能上除了供植物攀缘或设桌凳供游人休憩外,也可以只起装饰作用。独立式的布局应在庭院总体设计中加以确定,它可以在花丛中,也可以在草坪边,使庭院空间有起有伏,增加平坦空间的层次,有时亦可傍山临池随势弯曲。花架如同廊道也可以起到组织游览路线和组织观赏点的作用,布置花架时一方面要格调清新,另一方面要致力于与周围建筑和绿化栽培在风格上的统一。在我国传统园林中较少采用花架,因为其与山水园格调不尽相同。但在现代园林中融合了传统园林和西洋园林的诸多技法,因此花架这一小品形式在造园艺术中日益为造园设计者所乐用。

1) 花架设计要点

(1) 花架在绿荫掩映下要好看、好用,在落叶之后也要好看、好用,因此要把花架作为一件艺术品,而不单作构筑物来设计,应注意比例尺寸、选材和必要的装修。

(2)花架体型不宜太大。太大了不易做得轻巧,太高了不易荫蔽而显空旷,应尽量接近自然。

(3)花架的四周,一般都较为通透开敞,除了作支撑的墙、柱,没有围墙门窗。花架的上下(铺地和檐口)两个平面,也并不一定要对称和相似,可以自由伸缩交叉,相互引申,使花架置身于园林之内,融汇于自然之中,不受阻隔。

(4)最后也是最主要的一点,是要根据攀缘植物的特点、环境来构思花架的形体;根据攀缘植物的生物学特性,来设计花架的构造、材料等。

一般情况下,一个花架配置一种攀缘植物,配置 2～3 种相互补充的也可以。各种攀缘植物的观赏价值和生长要求不尽相同,设计花架前要有所了解。例如紫藤花架,紫藤枝粗叶茂,老态龙钟,尤宜观赏。设计紫藤花架,要采用能负荷、永久性材料,显古朴、简练的造型。葡萄架、葡萄浆果有许多耐人深思的寓言、童话,似可作为构思参考。种植葡萄,要求有充分的通风、光照条件,还要翻藤修剪,因此要考虑合理的种植间距。猕猴桃棚架,猕猴桃属有三十余种,为野生藤本果树,广泛生长于长江流域以南林中、灌丛、路边,枝叶左旋攀缘而上。设计此棚架之花架板,最好是双向的,或者在单向花架板上再放临时"石竹",以适应猕猴桃只旋而无吸盘的特点。对于茎干草质的攀缘植物,如葫芦、茑萝、牵牛等,往往要借助于牵绳而上,因此,种植池要近;在花架柱梁板之间也要有支撑、固定,方可爬满全棚。

2)常见花架类型

(1)双柱花架:好似以攀缘植物作顶的休憩廊。值得注意的是,供植物攀缘的花架板,其平面排列可等距(一般为 50cm),也可不等距,板间嵌入花架砧,取得光影和虚实变化;其立面也不一定是直线的,可以是曲线、折线,甚至由顶面延伸至两侧地面,如"滚地龙"一般。

(2)单柱花架:当花架宽度缩小,两柱接近而成一柱时,花架板变成中部支撑两端外悬。为了整体的稳定和美观,单柱花架在平面上宜做成曲线、折线型。

(3)各种供攀援用的花墙、花瓶、花钵、花柱。

3)花架常用的建材

(1)混凝土材料,是最常见的材料。基础、柱、梁皆可按设计要求,唯花架板量多而距近,且受木构断面影响,宜用光模、高标号混凝土一次捣制成型,以求轻巧挺薄。

(2)金属材料,常用于独立的花柱、花瓶等。造型活泼、通透、多变、现代、美观,唯需经常养护油漆,且阳光直晒下温度较高。

(3)玻璃钢、CRC 等,常用于花钵、花盆。

18.2　园林建筑图概述

园林建筑图的设计程序一般分为初步设计和施工图设计两个阶段,较复杂的工程项目还要进行技术设计。

初步设计主要是提出方案,说明建筑的平面布置、立面造型、结构选型等内容,绘制出建筑初步设计图,送有关部门审批。

技术设计主要是确定建筑的各项具体尺寸和构造做法;进行结构计算,确定承重构件的截面尺寸和配筋情况。

施工图设计主要是根据已批准的初步设计图,绘制出符合施工要求的图纸。园林建筑景观施工图一般包括平面图、施工图、剖面图以及建筑详图等内容。与建筑施工图的绘制基本类似。

1. 初步设计图的绘制

1)初步设计图的内容

包括基本图样:总平面图、建筑平立剖面图、有关技术和构造说明、主要技术经济指标等。通常要作一幅透视图,表示园林建筑竣工后的外貌。

2)初步设计图的表达方法

初步设计图尽量画在同一张图纸上,图面布置可以灵活些,表达方法可以多样,例如可以画上阴影和配景,或用色彩渲染,以加强图面效果。

3)初步设计图的尺寸

初步设计图上要画出比例尺并标注主要设计尺寸,例如总体尺寸、主要建筑的外形尺寸、轴线定位尺寸和功能尺寸等。

2. 施工图的绘制

设计图经审批后,再按施工要求绘制出完整的建施、结施图样及有关技术资料。绘图步骤如下。

(1)确定绘制图样的数量。根据建筑的外形、平面布置、构造和结构的复杂程度决定绘制哪几种图样。在保证能顺利完成施工的前提下,图样的数量应尽量少。

(2)在保证图样能清晰地表达其内容的情况下,根据各类图样的不同要求,选用合适的比例,平、立、剖面图尽量采用同一比例。

(3)进行合理的图面布置。尽量保持各图样的投影关系,或将同类型的、内容关系密切的图样集中绘制。

(4)通常先画建筑施工图,一般按总平面→平面图→立面图→剖面图→建筑详图的顺序进行绘制。再画结构施工图,一般先画基础图、结构平面图,然后分别画出各构件的结构详图。座椅的施工图参见图18-1。

① 视图:包括平、立、剖面图,表达座椅的外形和各部分的装配关系。

② 尺寸:在标有建施的图样中,主要标注与装配有关的尺寸、功能尺寸、总体尺寸。

③ 透视图:园林建筑施工图常附一个单体建筑物的透视图,特别是没有设计图的情况下更是如此。透视图应按比例用绘图工具画。

④ 编写施工总说明。施工总说明包括的内容有:放样和设计标高、基础防潮层、楼面、楼地面、屋面、楼梯和墙身的材料和做法,室内外粉刷、装修的要求、材料和做法等。

Note

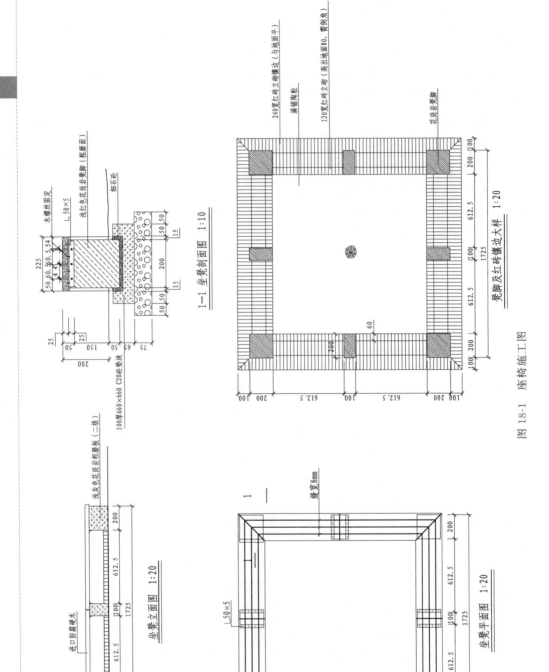

图 18-1 座椅施工图

18-1

Note

18.3　亭平面图绘制

绘制思路

使用直线命令绘制平面定位轴线；使用直线、矩形、圆、填充等命令绘制平面轮廓线；使用单行文字命令标注文字，对图形进行修剪整理，保存四角亭平面图。结果如图18-2所示。

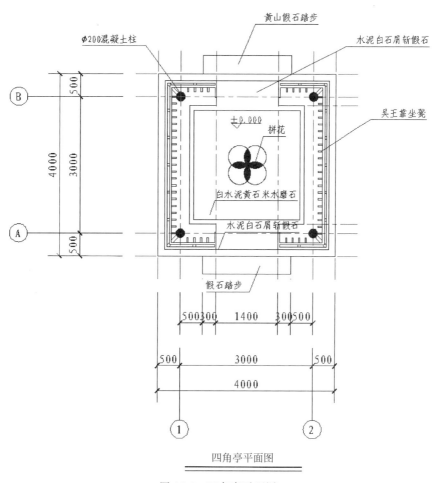

图18-2　四角亭平面图

18.3.1　前期准备及绘图设置

 操作步骤

1．确定绘图比例

根据需绘制图形确定绘图的比例，建议采用1∶1的比例绘制。

2．建立新文件

打开 AutoCAD 2020 应用程序，以"无样板打开—公制"建立一个新的文件，将新文件命名为"亭平面图.dwg"并保存。

3．设置图层

根据需要设置以下 8 个图层："标注尺寸""其他线""台阶""文字""中心线""轴线文字""柱"和"坐凳"，把"中心线"图层设置为当前图层。设置好的各图层的属性如图 18-3 所示。

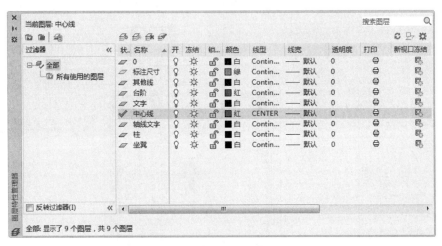

图 18-3 亭平面图图层设置

4．新建 AXIS50 样式

单击"默认"选项卡"注释"面板中的"文字样式"按钮 **A**，打开"文字样式"对话框。单击"新建"按钮，打开"新建文字样式"对话框。输入样式名为"DIM_FONT"，单击"确定"按钮，重返"文字样式"对话框，对字体进行设置。然后单击"应用"按钮和"置为当前"按钮完成操作，如图 18-4 所示。

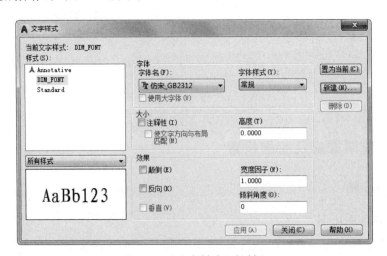

图 18-4 "文字样式"对话框

5．新建标注样式

单击"默认"选项卡"注释"面板中的"标注样式"按钮 ，打开"标注样式管理器"对话框。单击"新建"按钮，打开创建新标注样式对话框。输入新建样式名，单击"继续"按钮，进行标注样式的设置。

设置新标注样式时，根据绘图比例，对线、符号和箭头、文字、调整、主单位选项卡进行设置。具体如下。

➢ 线：超出尺寸线为 250，起点偏移量为 300。

➢ 符号和箭头：第一个为建筑标记，箭头大小为 100，圆心标记为标记 0.09。

➢ 文字：文字高度为 200，文字位置为垂直上，从尺寸线偏移为 50，文字对齐为 ISO标准。

➢ 调整：文字始终保持在尺寸界线之间，文字位置为尺寸线上方不带引线，标注特征比例为使用全局比例。

➢ 主单位：精度为 0，比例因子为 1。

18.3.2 绘制平面定位轴线

 **操作步骤**

（1）在状态栏中，单击"正交"按钮 ，打开正交模式。在状态栏中，单击"对象捕捉"按钮 ，打开对象捕捉模式。在状态栏中，单击"对象捕捉追踪"按钮 ，打开对象捕捉追踪。

（2）单击"默认"选项卡"绘图"面板中的"直线"按钮 ，绘制一条长为 5000 的水平直线。重复"直线"命令，取水平直线中点绘制一条长为 5000 的垂直直线。选中两条直线右击，在快捷菜单中选择"特性"命令，打开"特性"对话框。设置线型比例为 15。结果如图 18-5 所示。

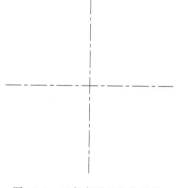

（3）单击"默认"选项卡"修改"面板中的"复制"按钮 ，复制刚刚绘制好的水平直线，向上复制的位移分别为 1200、1300、1500、1850、2000、2400，向下复制的位移分别为 1200、1300、1500、1850、2000、2400。

图 18-5 四角亭平面定位轴线

（4）单击"默认"选项卡"修改"面板中的"复制"按钮 ，复制刚刚绘制好的垂直直线，向右复制的位移分别为 700、1000、1300、1500、1850、2000，向左复制的位移分别为 700、1000、1300、1500、1850、2000。

（5）把标注尺寸图层设置为当前图层。单击"默认"选项卡"注释"面板中的"线性"按钮 和"连续"按钮 ，标注尺寸，如图 18-6 所示。

（6）把其他线图层设置为当前图层。单击"默认"选项卡"绘图"面板中的"直线"按钮 和"圆"按钮 ，在尺寸线上绘制长为 950 的直线，然后在绘制的直线端点处绘制

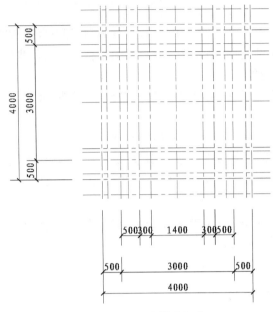

图 18-6　四角亭轴线标注

半径为 200 的圆。

（7）把轴线文字图层设置为当前图层。单击"默认"选项卡"注释"面板中的"多行文字"按钮 **A**，输入定位轴线的编号。完成的图形如图 18-7 所示。

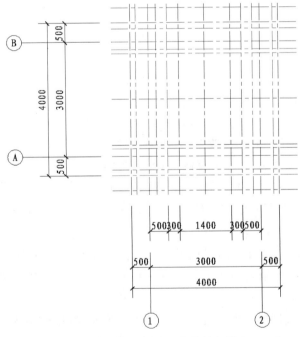

图 18-7　四角亭平面定位轴复制

18.3.3 绘制平面轮廓线

 **操作步骤**

1. 柱和矩形的绘制

（1）把柱图层设置为当前图层。单击"默认"选项卡"绘图"面板中的"圆"按钮 ⊙，绘制直径为200的圆柱。

（2）单击"默认"选项卡"绘图"面板中的"图案填充"按钮 ▨，选择"SOLID"图例进行填充圆柱，如图18-8(a)所示。

（3）把其他线图层设置为当前图层。单击"默认"选项卡"绘图"面板中的"矩形"按钮 ▭，绘制4000×4000、3700×3700和2600×2600的矩形。

（4）单击"默认"选项卡"修改"面板中的"偏移"按钮 ⊜，把2600×2600的矩形向内偏移100，把3700×3700的矩形向内分别偏移50、100、150。完成的图形如图18-8(b)所示。

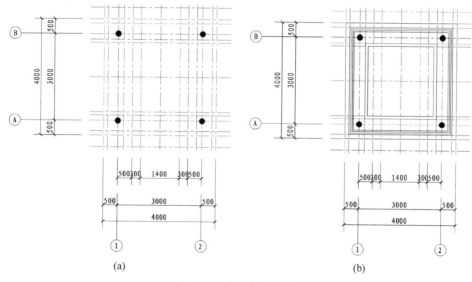

图 18-8 柱和矩形绘制

2. 绘制拼花

（1）把中心线图层设置为当前图层。单击"默认"选项卡"绘图"面板中的"直线"按钮 ／，绘制一条长为3000的水平直线。重复"直线"命令，取水平直线中点绘制一条长为2500的垂直直线。

（2）把其他线图层设置为当前图层。单击"默认"选项卡"绘图"面板中的"圆"按钮 ⊙，绘制一个半径为250的圆，如图18-9(a)所示。

（3）单击"默认"选项卡"修改"面板中的"旋转"按钮 ↻，把水平线以圆心作为基点，旋转的角度为45°，如图18-9(b)所示。

（4）单击"默认"选项卡"绘图"面板中的"圆"按钮 ⊙，以45°直线与圆的交点为圆心绘制半径为 250 的圆。完成的图形如图 18-9(c)所示。

（5）单击"默认"选项卡"修改"面板中的"环形阵列"按钮，阵列刚刚绘制好的圆，设置阵列项目为 4，填充角度为 360°，如图 18-10 所示。

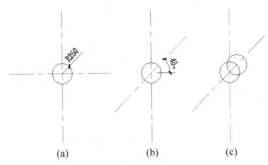

(a)　　　　(b)　　　　(c)

图 18-9　拼花绘制流程　　　　图 18-10　拼花阵列图

（6）单击"默认"选项卡"修改"面板中的"删除"按钮，删除多余的圆和轴线。

（7）单击"默认"选项卡"绘图"面板中的"图案填充"按钮，选择"石料"图例进行填充，填充的比例设置为 100，填充交集部分。完成的图形如图 18-11 所示。

图 18-11　拼花

3．绘制踏步和坐凳

（1）单击"默认"选项卡"绘图"面板中的"直线"按钮，绘制长为 2000、宽为 400 的踏步。单击"默认"选项卡"绘图"面板中的"矩形"按钮，绘制 100×30 的凳面。同理，再次绘制一个较大的矩形，如图 18-12 所示。

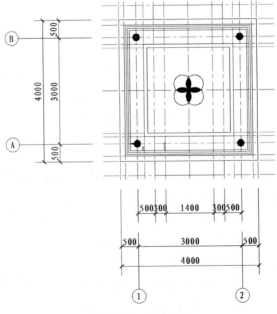

图 18-12　绘制凳面

（2）单击"默认"选项卡"修改"面板中的"复制"按钮 ，复制水平方向矩形的距离分别为 150、300、450。

（3）单击"默认"选项卡"修改"面板中的"矩形阵列"按钮 ，阵列垂直方向的凳面，设置行数为 21、列数为 1，行偏移为 150，如图 18-13 所示。

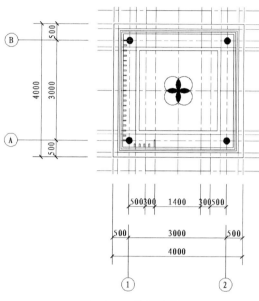

图 18-13　阵列凳面

（4）单击"默认"选项卡"修改"面板中的"镜像"按钮 ，以水平方向为对称轴进行复制。重复"镜像"命令，以垂直方向为对称轴进行复制。最后整理图形，结果如图 18-14 所示。

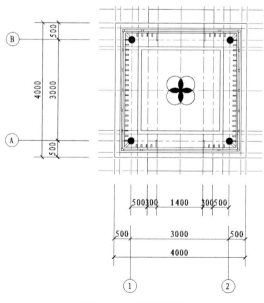

图 18-14　镜像凳面

（5）单击"默认"选项卡"修改"面板中的"修剪"按钮，框选剪切多余的实体。完成的图形如图18-15所示。

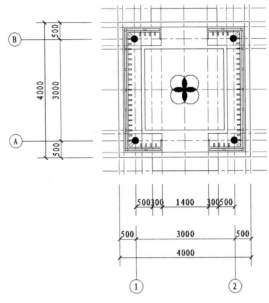

图18-15　坐凳绘制完成

4. 标注文字

（1）把文字图层设置为当前图层。在命令行中输入"qleader"命令，标注文字。

（2）单击"默认"选项卡"绘图"面板中的"直线"按钮／、"多段线"按钮 和"注释"面板中的"多行文字"按钮 A ，标注图名。

（3）单击"默认"选项卡"修改"面板中的"删除"按钮，删除多余的对称轴线。结果如图18-2所示。

18.4　亭立面图绘制

绘制思路

使用直线命令绘制亭立面定位轴线；使用直线、矩形、圆、填充等命令绘制亭立面轮廓线；使用多行文字命令标注文字，保存亭立面图。结果如图18-16所示。

18.4.1　前期准备及绘图设置

操作步骤

选择菜单栏中的"文件"→"打开"命令，将源文件中的亭平面图打开，将其另存为"亭立面图"，然后删除所有的图形，其对图层、文字和标注的设置仍然保留在该文件中。

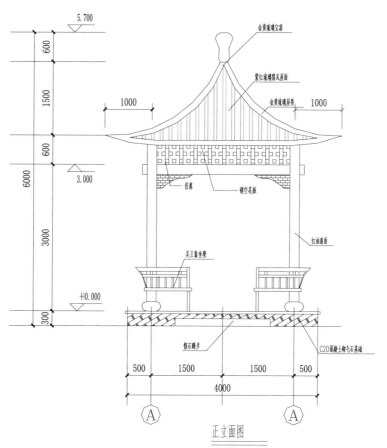

图 18-16　四角亭立面图

18.4.2　绘制立面定位轴线

操作步骤

（1）在状态栏中，单击"正交"按钮，打开正交模式。在状态栏中，单击"对象捕捉"按钮，打开对象捕捉模式。在状态栏中，单击"对象捕捉追踪"按钮，打开对象捕捉追踪。

（2）把中心线图层设置为当前图层。单击"默认"选项卡"绘图"面板中的"直线"按钮，绘制一条长为 5000 的水平直线。重复"直线"命令，取水平直线中点绘制一条长为 5900 的垂直直线。选中两条直线右击，在快捷菜单中选择"特性"命令，打开"特性"对话框。设置线型比例为 15。结果如图 18-17 所示。

（3）单击"默认"选项卡"修改"面板中的"复制"按钮，复制刚刚绘制好的水平直线，向上复制的位移分别为 300、780、1200、3100、3700、5200、5800。

（4）单击"默认"选项卡"修改"面板中的"复制"按钮，复制刚刚绘制好的垂直直线，向右复制的位移分别为 700、1000、1300、1500、1850、2000、2500，向左复制的位移分别为 700、1000、1300、1500、1850、2000、2500。结果如图 18-18 所示。

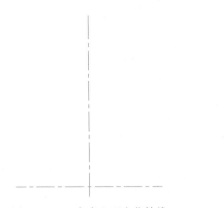

图 18-17 四角亭立面定位轴线

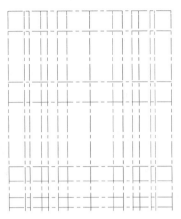

图 18-18 四角亭立面定位轴线复制

18.4.3 绘制立面轮廓线

 操作步骤

1. 绘制立面基础

（1）把其他线图层设置为当前图层。单击"默认"选项卡"绘图"面板中的"多段线"按钮，绘制一条水平地面线。输入 w 来确定多段线的宽度为 10。

（2）单击"默认"选项卡"绘图"面板中的"矩形"按钮，绘制 4100×50 和 2000×150 的矩形。单击"默认"选项卡"绘图"面板中的"直线"按钮，在图中合适的位置绘制两条短直线。结果如图 18-19 所示。

（3）单击"默认"选项卡"绘图"面板中的"图案填充"按钮，选择"BRSTONE"图例进行填充，比例设置为 15，填充基础。完成的图形如图 18-20 所示。

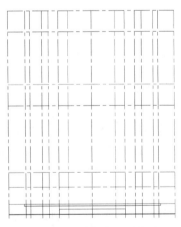

图 18-19 四角亭立面基础

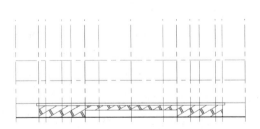

图 18-20 四角亭立面基础填充

2. 绘制圆柱立面

（1）单击"默认"选项卡"绘图"面板中的"矩形"按钮，绘制柱底。输入 f 来确定指定矩形的圆角半径为100,输入 D 来确定矩形的尺寸,指定矩形的长度为400,指定矩形的宽度为200。

（2）单击"默认"选项卡"绘图"面板中的"直线"按钮 ／,绘制立柱。完成的图形如图 18-21(a)所示。

（3）单击"默认"选项卡"绘图"面板中的"直线"按钮 ／,绘制坐凳立面水平线。

（4）单击"默认"选项卡"绘图"面板中的"矩形"按钮 ▢,绘制坐凳立面竖向线。

（5）单击"默认"选项卡"绘图"面板中的"圆弧"按钮 ／,绘制圆弧。

（6）单击"默认"选项卡"修改"面板中的"镜像"按钮 ⚠,以垂直中心线为镜像线复制坐凳立面。结果如图 18-21(b)所示。

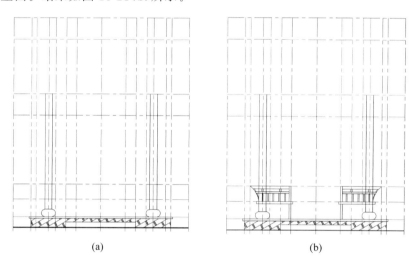

(a)　　　　　　　　　　(b)

图 18-21　柱和坐凳立面绘制

3. 绘制亭顶轮廓线

（1）单击"默认"选项卡"绘图"面板中的"矩形"按钮 ▢,绘制亭梁。

（2）单击"默认"选项卡"绘图"面板中的"样条曲线拟合"按钮 ∿,绘制挂落。

（3）单击"默认"选项卡"绘图"面板中的"直线"按钮 ／,绘制亭屋脊直线。

（4）单击"默认"选项卡"绘图"面板中的"圆弧"按钮 ／,绘制圆弧。

（5）单击"默认"选项卡"绘图"面板中的"直线"按钮 ／,绘制屋顶直线。

（6）单击"默认"选项卡"绘图"面板中的"样条曲线拟合"按钮 ∿,绘制屋顶曲线。完成的图形如图 18-22 所示。

（7）将图 18-22 中的部分曲线编辑成多段线。

（8）单击"默认"选项卡"修改"面板中的"偏移"按钮 ⊂,向内偏移100。完成的图形如图 18-23 所示。

4. 绘制屋面和挂落

（1）单击"默认"选项卡"修改"面板中的"删除"按钮 ✎,删除多余的定位轴线。完成的图形如图 18-24(a)所示。

（2）单击"默认"选项卡"绘图"面板中的"图案填充"按钮 ▨,使用图案填充命令填

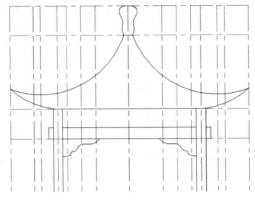

图 18-22　亭顶轮廓线绘制

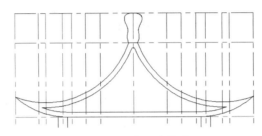

图 18-23　亭屋脊偏移

充屋面和挂落依次选择如下：

① 预定义"ANSI32"图例,填充比例和角度分别为 20 和 45。

② 预定义"BOX"图例,填充比例和角度分别为 10 和 180。

③ 预定义"BRICK"图例,填充比例和角度分别为 10 和 0。

完成的图形如图 18-24(b)所示。

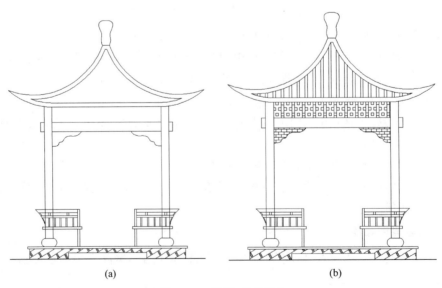

图 18-24　屋面、挂落填充

5．标注尺寸和文字

（1）把标注尺寸图层设置为当前图层。单击"默认"选项卡"注释"面板中的"线性"按钮，和"连续"按钮，标注尺寸。

（2）单击"默认"选项卡"绘图"面板中的"直线"按钮／和"注释"面板中的"多行文字"按钮 **A**，标注标高。

（3）把文字图层设置为当前图层。在命令行中输入"QLEADER"命令，标注文字。

（4）单击"默认"选项卡"绘图"面板中的"直线"按钮／、"多段线"按钮⌐⊃ 和"注释"面板中的"多行文字"按钮 **A**，标注图名，整理图形。结果如图 18-16 所示。

18.5 亭屋顶仰视图绘制

18-3

绘制思路

调用亭平面图中的定位轴线；使用直线、矩形、圆、填充等命令绘制立面轮廓线；使用多行文字命令标注文字，保存亭屋顶仰视图。结果如图 18-25 所示。

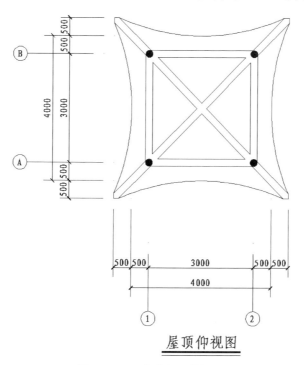

图 18-25　四角亭屋顶仰视图

18.5.1 前期准备及绘图设置

 操作步骤

选择菜单栏中的"文件"→"打开"命令,将源文件中的18.3节中的亭平面图打开,将其另存为"亭屋顶仰视图",然后删除部分图形并进行整理。结果如图18-26所示。

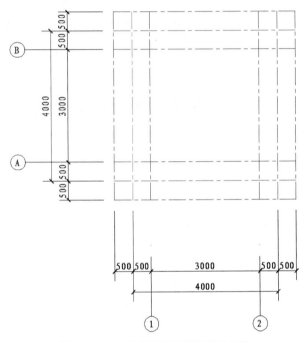

图18-26 四角亭屋顶仰视图定位轴线

18.5.2 绘制立面轮廓线

 操作步骤

(1) 在状态栏中,单击"正交"按钮 ,打开正交模式。在状态栏中,单击"对象捕捉"按钮 ,打开对象捕捉模式。在状态栏中,单击"对象捕捉追踪"按钮 ,打开对象捕捉追踪。

(2) 把柱图层设置为当前图层。单击"默认"选项卡"绘图"面板中的"圆"按钮 ,绘制半径为100的圆柱。

(3) 单击"默认"选项卡"绘图"面板中的"图案填充"按钮 ,选择"SOLID"图例,填充圆柱。完成的图形如图18-27(a)所示。

(4) 把其他线图层设置为当前图层。单击"默认"选项卡"绘图"面板中的"矩形"按钮 ,绘制4000×4000、3000×3000的矩形。

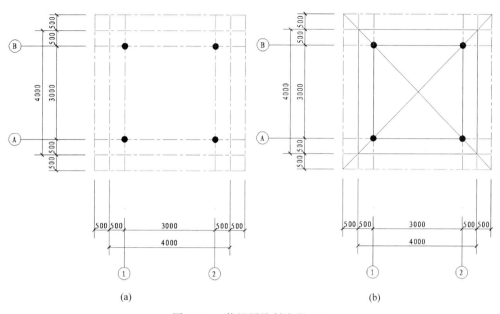

图 18-27　仰视图绘制流程(一)

（5）单击"默认"选项卡"绘图"面板中的"直线"按钮 ，连接矩形对角线。完成的图形如图 18-27(b)所示。

（6）单击"默认"选项卡"修改"面板中的"偏移"按钮 ⊆，把 3000×3000 的矩形和对角线向内外偏移的距离均为 100。完成的图形如图 18-28(a)所示。

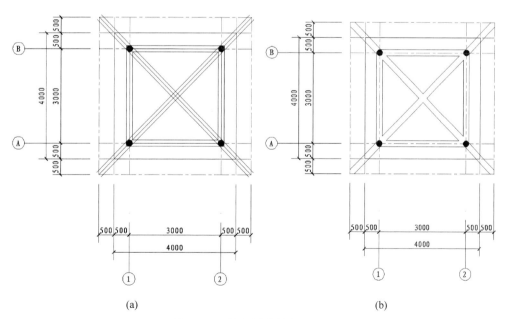

图 18-28　仰视图绘制流程(二)

（7）单击"默认"选项卡"修改"面板中的"删除"按钮 ✐，删除偏移前绘制的矩形和对角线。

（8）单击"默认"选项卡"修改"面板中的"修剪"按钮 ▼，剪切多余的实体。完成的图形如图18-28(b)所示。

（9）单击"默认"选项卡"绘图"面板中的"圆弧"按钮 ⟋，使用三点绘制圆弧。完成的图形如图18-29(a)所示。

（10）单击"默认"选项卡"修改"面板中的"删除"按钮 ✐，使用删除命令删除多余的矩形和轴线。

（11）单击"默认"选项卡"绘图"面板中的"直线"按钮 ⟋，连接对角线偏移直线两端。完成的图形如图18-29(b)所示。

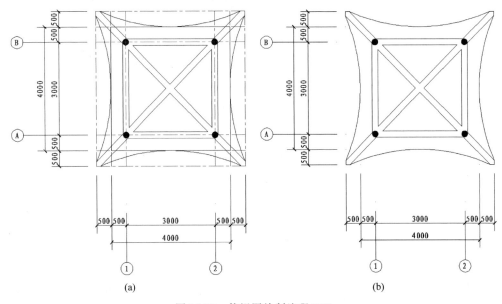

图18-29　仰视图绘制流程（三）

（12）标注文字。单击"默认"选项卡"注释"面板中的"多行文字"按钮 **A**，标注文字和图名。完成的图形如图18-25所示。

18.6　亭屋面结构图绘制

直接调用屋顶仰视图；使用多段线命令绘制钢筋，使用多行文字命令标注钢筋型号。结果如图18-30所示。

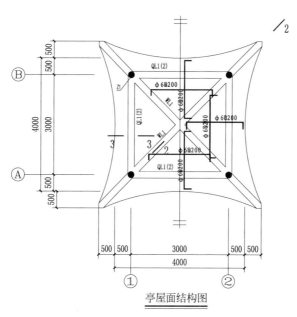

图 18-30 亭屋面结构图

18.7 亭基础平面图绘制

直接调用亭平面图相关的实体；使用多段线命令绘制钢筋,使用多行文字命令标注钢筋型号。结果如图 18-31 所示。

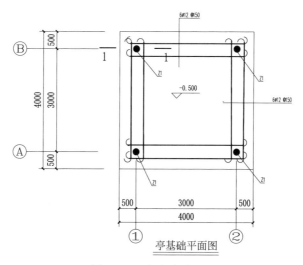

图 18-31 亭基础平面图

18.8 亭详图绘制

利用二维绘制和修改命令绘制亭详图,这里不再赘述。结果如图 18-32 所示。

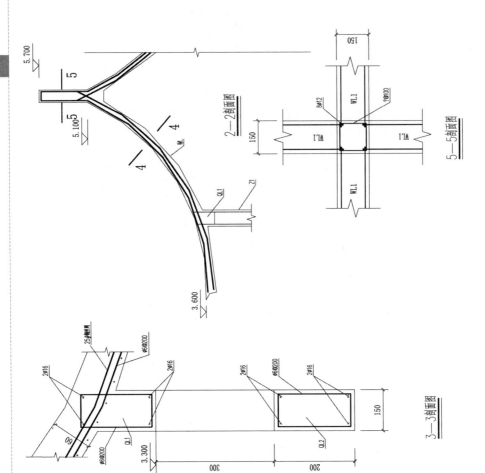

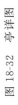

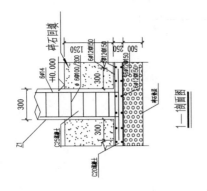

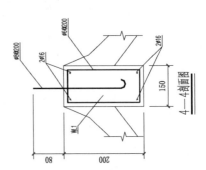

图 18-32　亭详图

第 **19** 章

园林小品图绘制

本章导读

园林小品是园林中供休息、装饰、照明、展示和为园林管理及方便游人之用的小型建筑设施。一般没有内部空间,体量小巧,造型别致,富有特色,并讲究适得其所。这种建筑小品设置在城市街头、广场、绿地等室外环境中便称为城市建筑小品。

学 习 要 点

- ◆ 园林小品概述
- ◆ 垃圾箱绘制
- ◆ 铺装大样绘制

19.1 园林小品概述

园林建筑小品在园林中既能美化环境,丰富园趣,为游人提供文化休息和公共活动的方便,又能使游人从中获得美的感受和良好的教益。

1.园林小品的分类

园林建筑小品按其功能分为 5 类。

(1)供休息的小品:包括各种造型的靠背园椅、凳、桌和遮阳的伞、罩等。常结合环境,用自然块石或用混凝土做成仿石、仿树墩的凳、桌;或利用花坛、花台边缘的矮墙和地下通气孔道来做椅、凳等;围绕大树基部设椅凳,既可休息,又能纳荫。

(2)装饰性小品:包括各种固定的和可移动的花钵、饰瓶,可以经常更换花卉。装饰性的日晷、香炉、水缸,各种景墙(如九龙壁)、景窗等,在园林中起点缀作用。

(3)照明的小品:园灯的基座、灯柱、灯头、灯具都有很强的装饰作用。

(4)展示性小品:各种布告板、导游图板、指路标牌及动物园、植物园和文物古建筑的说明牌、阅报栏、图片画廊等,都对游人有宣传、教育的作用。

(5)服务性小品:如为游人服务的饮水泉、洗手池、公用电话亭、时钟塔等;为保护园林设施的栏杆、格子垣、花坛绿地的边缘装饰等;为保持环境卫生的废物箱等。

2.园林小品设计原则

园林装饰小品在园林中不仅是实用设施,且可作为点缀风景的景观小品。因此它既有园林建筑技术的要求,又有造型艺术和空间组合上的美感要求。一般在设计和应用时应遵循以下原则。

(1)巧于立意。园林建筑装饰小品作为园林中局部主体景物,具有相对独立的意境,应具有一定的思想内涵,才能产生感染力。如我国园林中常在庭院的白粉墙前置玲珑山石、几竿修竹,粉墙花影恰似一幅花鸟国画,很有感染力。

(2)突出特色。园林建筑装饰小品应突出地方特色、园林特色及单体的工艺特色,使其有独特的格调,切忌生搬硬套,产生雷同。如广州某园草地一侧,花竹之畔,设一水罐形灯具,造型简洁,色彩鲜明,灯具紧靠地面与花卉绿草融成一体,独具环境特色。

(3)融于自然。园林建筑小品要使人工与自然浑然一体,追求自然又精于人工。"虽由人作,宛如天开"则是设计者们的匠心之处。如在老榕树下,塑以树根造型的园凳,似在一片林木中自然形成的断根树桩,可达到以假乱真的效果。

(4)注重体量。园林装饰小品作为园林景观的陪衬,一般在体量上力求与环境相适宜。如在大广场中,设巨型灯具,有明灯高照的效果,而在小林荫曲径旁,只宜设小型园灯,不但体量小,造型更应精致;又如喷泉、花池的体量等,都应根据所处的空间大小确定其相应的体量。

(5)因需设计。园林装饰小品,绝大多数有实用意义,因此除满足美观效果外,还应符合实用功能及技术上的要求。如园林栏杆具有各种使用目的,对于各种园林栏杆的高度也就有不同的要求;又如围墙则需要从围护要求来确定其高度及其他技术上的要求。

(6) 功能、技术要相符。园林小品绝大多数具有实用功能,因此除满足艺术造型美观的要求外,还应符合实用功能及技术的要求。例如园林栏杆的高度,应根据使用目的的不同有所变化。又如园林坐凳,应符合游人休息的尺度要求;又如园墙,应从围护要求来确定其高度及其他技术要求。

(7) 地域民族风格浓。园林小品应充分考虑地域特征和社会文化特征。园林小品的形式,应与当地自然景观和人文景观相协调,尤其在旅游城市,建设新的园林景观时,更应充分注意到这一点。

园林小品设计需考虑的问题是多方面的,不能局限于几条原则,应学会举一反三,融会贯通。园林小品作为园林之点缀,一般在体量上力求精巧,不可喧宾夺主,失去分寸。

3. 园林小品主要构成要素

园景规划设计应该包括园墙、门洞(又称墙洞)、空窗(又称月洞)、漏窗(又称漏墙或花墙窗洞)、室外家具、出入口标志等小品设施的设计。同时园林意境的空间构思与创造,往往又具有通过它们作为空间的分隔、穿插、渗透、陪衬,来增加景深变化,扩大空间的作用,使方寸之地能小中见大,并在园林艺术上又巧妙地作为取景的画框,随步移景,遮移视线,又成为情趣横溢的造园障景。

1)墙

园林景墙有分隔空间、组织导游、衬托景物、装饰美化或遮蔽视线的作用,是园林空间构图的一个重要因素。

2)装饰隔断

装饰隔断的作用在于可加强建筑线条、质地、阴阳、繁简及色彩上的对比。其式样可分为博古式、栅栏式、组合式和主题式等几类。

3)门洞

门洞的形式有曲线型、直线型、混合式。现代园林建筑中还出现了一些新的不对称的门洞式样,可以称之为自由型。门洞,由于游人进出繁忙,门框易受碰挤磨损,需要配置坚硬耐磨的材料,特别位于门碱楗部位的材料,更应如此;若有车辆出入,其宽度应该考虑车辆的净空要求。

4)园凳、椅

园凳、椅的首要功能是供游人就座休息,欣赏周围景物。园椅不仅作为休息、赏景的设施,而又作为园林装饰小品,以其优美精巧的造型,点缀园林环境,成为园林景色之一。

5)引水台、烧烤场及路标等

为了满足游人日常之需和野营等特殊需要,在风景区应该设置引水台和烧烤场,以及野餐桌、路标、厕所、废物箱、垃圾桶等。

6)铺地

园中铺地,其实是一种地面装饰。铺地形式多样,有乱石铺地、冰裂纹,以及各式各样的砖花地等。砖花地形式多样,若做得巧妙,则价廉形美。

也有铺地是用砖、瓦等与卵石混用拼出美丽的图案,这种形式是用立砖为界,中间填卵石;也有的用瓦片,以瓦的曲线做出"双钱"及其他带有曲线的图形。这种地面是园林中的庭院常用的铺地形式。另外,还有的利用卵石的不同大小或色泽,拼搭出各种图案。例如,以深色(或较大的)卵石为界线,以浅色(或较小的)卵石填入其间,拼填出鹿、鹤、麒麟等图案,或拼填出"平升三级"等吉祥如意的图形,当然还有"暗八仙"或其他形象。总之,可以用这种材料铺成各种形象的地面。

用碎的大小不等的青板石,还可以铺出冰裂纹地面。冰裂纹图案除了形式美之外,还有文化上的内涵。文人们喜欢这种形式,它具有"寒窗苦读"或"玉洁冰清"之意,隐喻出坚毅、高尚、纯朴之意。这又是一种文化了。

7)花色景梯

园林规划中结合造景和功能之需,采用不同一般花色景梯小品,有的依楼倚山,有的凌空展翅,或悬挑睡眠等造型,既满足交通功能之需,又丰富建筑空间的艺术景观效果。

8)栏杆边饰等装饰细部

园林中的栏杆除起防护作用外,还可用于分隔不同活动内容的空间,划分活动范围以及组织人流,以栏杆点缀装饰园林环境。

9)园灯

(1)园灯中使用的光源及特征。

➢ 汞灯:使用寿命长,是目前园林中最合适的光源之一。

➢ 金属卤化物灯:发光效率高,显色性好,也使用于照射游人多的地方,但使用范围受限制。

➢ 高压钠灯:效率高,多用于节能、照度要求高的场所,如道路、广场、游乐园之中。但不能真实地反映绿色。

➢ 荧光灯:由于照明效果好,寿命长,在范围较小的庭院中适用,但不适用于广场和低温条件工作。

➢ 白炽灯:能使红、黄更美丽显目。但寿命短,维修麻烦。

➢ 水下照明彩灯:用于水下观景、装饰作业照明或水下拍摄影视用的照明灯具。

(2)园林中使用的照明器及特征。

➢ 投光器:用在白炽灯,高强度放电处,能增加节日快乐的气氛,能从一个反向照射树木、草坪、纪念碑等。

➢ 杆头式照明器:布置在院落一侧或庭院角隅,适于全面照射铺地路面、树木、草坪,能营造静谧浪漫的气氛。

➢ 低照明器:有固定式、直立移动式、柱式照明器。

(3)植物的照明。

➢ 照明方法:树木照明可用自下而上照射的方法,以消除夜里的黑暗阴影。尤当其具有的照度为周围倍数时,被照射的树木就可以得到构景中心感。在一般的绿化环境中,需要的照度为50～100lx。

➢ 光源:汞灯、金属卤化灯都适用于绿化照明,但要看清树或花瓣的颜色,可使用白炽灯。同时应该尽可能地安排不直接出现的光源,以免产生色的偏差。

➢ 照明器:一般使用投光器,调整投光的范围和灯具的高度,以取得预期效果。对于低矮植物多半使用仅产生向下配光的照明器。

（4）灯具选择与设计原则。

➢ 外观舒适并符合使用要求与设计意图。

➢ 艺术性要强，有助于丰富空间的层次和立体感，形成阴影的大小，明暗要有分寸。

➢ 与环境和气氛相协调。用"光"与"影"来衬托自然的美，创造一定的场面气氛，分隔与变化空间。

➢ 保证安全。灯具线路开关乃至灯杆设置都要采取安全措施。

➢ 形美价廉，具有能充分发挥照明功效的构造。

（5）园林照明器具构造。

➢ 灯柱：多为支柱形，构成材料有钢筋混凝土、钢管、竹木及仿竹木，柱截面多为圆形和多边形两种。

➢ 灯具：有球形、半球形、圆及半圆筒形、角形、纺锤形、圆和角锥形、组合形等。所用材料则有镀金金属铝、钢化玻璃、塑料、搪瓷、陶瓷、有机玻璃等。

➢ 灯泡灯管：普通灯、荧光灯、水银灯、钠灯及其附件。

（6）园林照明标准。

➢ 照度：目前国内尚无统一标准，一般可采用 0.3～1.5lx，作为照度保证。

➢ 光源悬挂高度：一般取 4.5m。而花坛要求设置低照明度的园路，光源设置高度小于或等于 1.0m 为宜。

10）雕塑小品

园林建筑的雕塑小品主要是指带观赏性的小品雕塑，园林雕塑的取材应与园林建筑环境相协调，要有统一的构思。园林雕塑小品的题材确定后，在建筑环境中应如何配置是一个值得探讨的问题。

11）游戏设施

游戏设施较为多见的有秋千、滑梯、沙场、爬杆、爬梯、绳具、转盘等。

19.2 坐 凳 绘 制

 绘制思路

绘制坐凳平面图；绘制坐凳立面图；绘制坐凳剖面图；绘制凳脚及红砖镶边大样。结果如图 19-1 所示。

19.2.1 前期准备及绘图设置

 操作步骤

1. 确定绘图比例

根据需绘制图形确定绘图的比例，建议采用 1∶1 的比例绘制。

2. 建立新文件

打开 AutoCAD 2020 应用程序，以"A4.dwt"样板文件为模板，建立新文件，将新文

19-1

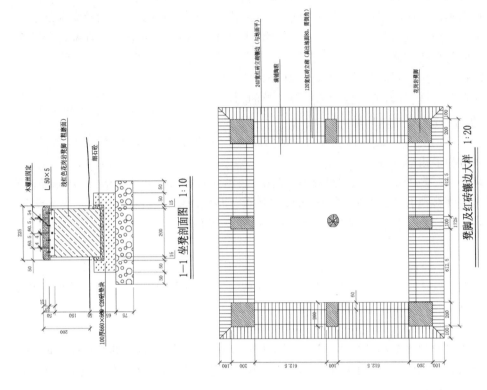

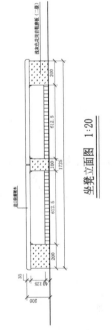

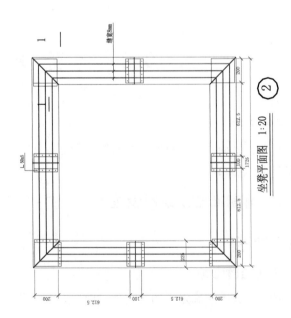

图 19-1　坐凳施工图

件命名为"坐凳.dwg"并保存。

3．设置图层

设置以下 4 个图层："标注尺寸""轮廓线""文字"和"中心线"，把这些图层设置成不同的颜色，使图纸上表示得更加清晰，将"中心线"图层设置为当前图层。设置好的图层如图 19-2 所示。

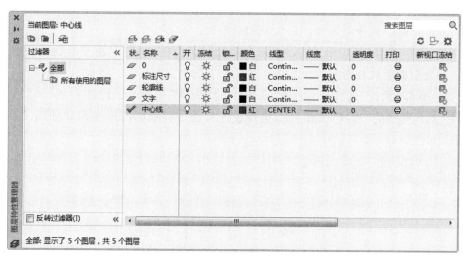

图 19-2　坐凳图层设置

4．标注样式的设置

根据绘图比例设置标注样式，对标注样式线、符号和箭头、文字、主单位进行设置，具体如下。

- ➤ 线：超出尺寸线为 25，起点偏移量为 30。
- ➤ 符号和箭头：第一个为建筑标记，箭头大小为 30，圆心标记为标记 15。
- ➤ 文字：文字高度为 30，文字位置为垂直上，从尺寸线偏移为 15，文字对齐为 ISO 标准。
- ➤ 主单位：精度为 0.0，比例因子为 1。

5．文字样式的设置

单击"默认"选项卡"注释"面板中的"文字样式"按钮 ，打开"文字样式"对话框。选择仿宋字体，宽度因子设置为 0.8。

19.2.2　绘制坐凳平面图

 操作步骤

1．绘制坐凳平面图定位线

（1）在状态栏中，单击"正交"按钮 ，打开正交模式。在状态栏中，单击"对象捕捉"按钮 ，打开对象捕捉模式。在状态栏中，单击"对象捕捉追踪"按钮 ，打开对象捕捉追踪。

19-2

（2）单击"默认"选项卡"绘图"面板中的"直线"按钮 ∕，绘制一条长为1725的水平直线。重复"直线"命令，取其端点绘制一条长为1725的垂直直线。

（3）把标注尺寸图层设置为当前图层。单击"默认"选项卡"注释"面板中的"线性"按钮 ┝┥，标注外形尺寸。完成的图形和尺寸如图19-3（a）所示。

（4）单击"默认"选项卡"修改"面板中的"删除"按钮 ✐，删除标注尺寸线。

（5）单击"默认"选项卡"修改"面板中的"复制"按钮 ⸬，复制刚刚绘制好的水平直线，向上复制的距离分别为200、812.5、912.5、152、1725。

（6）单击"默认"选项卡"修改"面板中的"复制"按钮 ⸬，复制刚刚绘制好的垂直直线，向右复制的距离分别为200、812.5、912.5、1525、1725。

（7）单击"默认"选项卡"注释"面板中的"线性"按钮 ┝┥，标注直线尺寸。单击"标注"工具栏中的"连续"按钮 ┠┠┠，进行连续标注。完成的图形和尺寸如图19-3（b）所示。

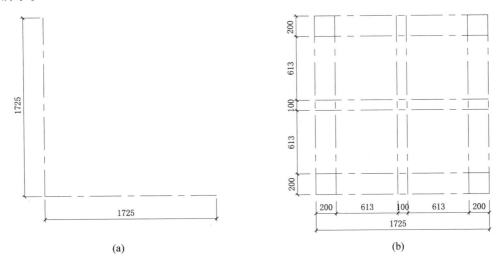

(a)　　　　　　　　　　　　(b)

图19-3　坐凳平面定位轴线

2．绘制坐凳平面图轮廓

（1）把轮廓线图层设置为当前图层。单击"默认"选项卡"绘图"面板中的"矩形"按钮 ▭，绘制200×200、200×100、100×200的矩形，作为坐凳基础支撑。完成的图形如图19-4（a）所示。

（2）单击"默认"选项卡"绘图"面板中的"矩形"按钮 ▭，绘制角钢固定连接。

（3）单击"默认"选项卡"绘图"面板中的"圆"按钮 ⊙，绘制直径为5的圆，作为连接螺栓。

（4）单击"默认"选项卡"修改"面板中的"复制"按钮 ⸬，复制刚刚绘制好的图形到指定位置。完成的图形如图19-4（b）所示。

（5）单击"默认"选项卡"修改"面板中的"复制"按钮 ⸬，把外围定位轴线向外平行复制，距离为12.5。

（6）单击"默认"选项卡"绘图"面板中的"矩形"按钮 ▭，绘制1750×1750的矩形1。

Note

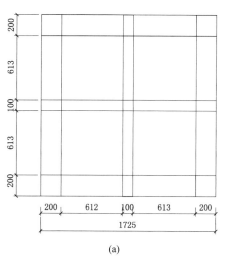

(a)

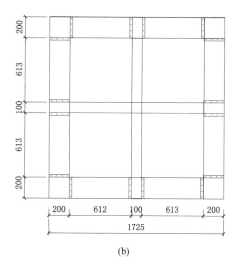

(b)

图 19-4 坐凳平面绘制(一)

(7) 单击"默认"选项卡"修改"面板中的"偏移"按钮 ⊜,向矩形内偏移 50,得到矩形 2。然后选择刚刚偏移后的矩形,向矩形内偏移 50,得到矩形 3。然后选择刚刚偏移后的矩形,向矩形内偏移 50,得到矩形 4。

(8) 单击"默认"选项卡"修改"面板中的"偏移"按钮 ⊜,选择刚刚偏移后的矩形 4,向矩形内偏移 75。

(9) 单击"默认"选项卡"修改"面板中的"偏移"按钮 ⊜,选择偏移后的矩形 2,向矩形内偏移 8。然后选择偏移后的矩形 3,向矩形内偏移 8。选择偏移后的矩形 4,向矩形内偏移 8。

(10) 单击"默认"选项卡"绘图"面板中的"直线"按钮 ╱,连接最外面和里面的对角。

(11) 单击"默认"选项卡"修改"面板中的"偏移"按钮 ⊜,偏移对角线。向对角线左侧偏移 4,向对角线右侧偏移 4。

(12) 把标注尺寸图层设置为当前图层。单击"默认"选项卡"注释"面板中的"线性"按钮 ├─┤,标注线性尺寸。

(13) 单击"注释"选项卡"标注"面板中的"连续"按钮 ├┼┤,进行连续标注。

(14) 单击"默认"选项卡"注释"面板中的"对齐"按钮 ╲,进行斜线标注。

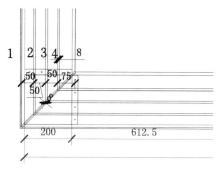

图 19-5 坐凳平面绘制(二)

(15) 单击"默认"选项卡"注释"面板中的"多行文字"按钮 **A**,标注文字。完成的图形如图 19-5 所示。

(16) 单击"默认"选项卡"修改"面板中的"删除"按钮 ✎,删除定位轴线、多余的文字和标注尺寸。

(17) 利用上述方法完成剩余边线的绘制,单击"默认"选项卡"修改"面板中的"修剪"按钮,框选删除多余的实体。完成的图形如

图 19-6(a)所示。

（18）单击"默认"选项卡"注释"面板中的"多行文字"按钮 **A**，标注文字和图名。完成的图形如图 19-6(b)所示。

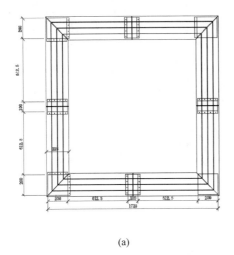

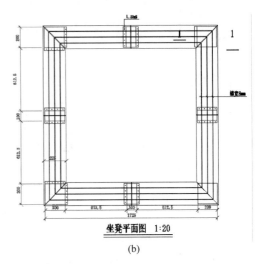

(a)　　　　　　　　　　　　　　　　(b)

图 19-6　坐凳平面绘制（三）

19.2.3　绘制坐凳立面图

　操作步骤

19-3

1. 绘制坐凳立面图定位线

（1）把中心线图层设置为当前图层。单击"默认"选项卡"绘图"面板中的"直线"按钮 ／，绘制一条长为 2600 的水平直线。重复"直线"命令，绘制一条长为 200 的垂直直线。

（2）单击"默认"选项卡"修改"面板中的"复制"按钮 ✂，复制刚刚绘制好的水平直线，向上复制的距离分别为 40、165、200。重复"复制"命令，复制刚刚绘制好的垂直直线，向右复制的距离分别为 200、812.5、912.5、1525、1725。

（3）把标注尺寸图层设置为当前图层。单击"默认"选项卡"注释"面板中的"线性"按钮 ┡┥，标注直线尺寸。单击"注释"选项卡"标注"面板中的"连续"按钮 ┞┼┼，进行连续标注。完成的图形和尺寸如图 19-7 所示。

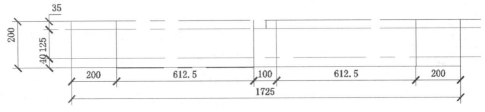

图 19-7　坐凳立面定位轴线

2．绘制坐凳立面图轮廓线

（1）单击"默认"选项卡"绘图"面板中的"多段线"按钮，绘制地面线。输入 w 来确定多段线的宽度为 5。

（2）单击"默认"选项卡"绘图"面板中的"矩形"按钮　，绘制 200×165、200×35、100×200 的矩形。

（3）单击"默认"选项卡"绘图"面板中的"直线"按钮　，绘制直线。完成的图形如图 19-8 所示。

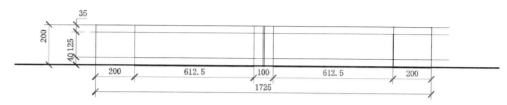

图 19-8　绘制地面线及轮廓线

（4）单击"默认"选项卡"修改"面板中的"修剪"按钮　，选择上一步绘制的直线为修剪对象，对其进行修剪处理。

（5）单击"默认"选项卡"修改"面板中的"删除"按钮　，删除定位轴线。

（6）单击"默认"选项卡"修改"面板中的"分解"按钮　，炸开矩形。

（7）单击"默认"选项卡"修改"面板中的"圆角"按钮　，当前工作空间的功能区上未提供倒角坐凳立面边缘，指定圆角半径为 12.5。

（8）单击"默认"选项卡"绘图"面板中的"直线"按钮　，绘制长为 40 的垂直直线。

（9）单击"默认"选项卡"修改"面板中的"矩形阵列"按钮　，选择上一步绘制的垂直直线为阵列对象，设置阵列行数为 1、列数为 21，列偏移为 30。结果如图 19-9 所示。

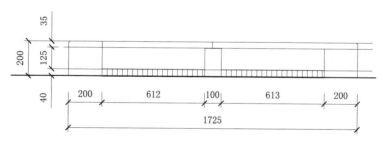

图 19-9　坐凳阵列

单击"默认"选项卡"修改"面板中的"偏移"按钮　，选择左右两侧竖直直线分别向内进行偏移，偏移距离为 12.5，并对偏移线段进行修剪。

（10）单击"默认"选项卡"绘图"面板中的"图案填充"按钮　，选择"混凝土"图例进行填充，填充比例设置为 5，填充坐凳基础。完成的图形如图 19-10（a）所示。

（11）单击"默认"选项卡"绘图"面板中的"多段线"按钮　，绘制地面线。输入 w 来确定多段线的宽度为 3。

（12）单击"默认"选项卡"绘图"面板中的"直线"按钮　，绘制角钢。重复"直线"命令，连接坐凳。完成的图形如图 19-10（b）所示。

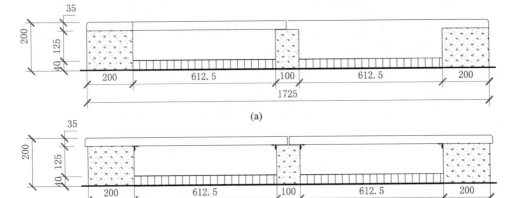

图 19-10 坐凳立面填充及角钢绘制

（13）把文字图层设置为当前图层。单击"默认"选项卡"注释"面板中的"多行文字"按钮 **A** ,标注文字。完成的图形如图 19-11 所示。

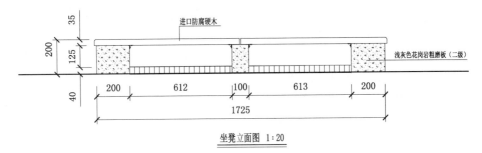

图 19-11 坐凳立面绘制流程

19.2.4 绘制坐凳剖面图

操作步骤

1. 绘制坐凳剖面图定位线

（1）把中心线图层设置为当前图层。单击"默认"选项卡"绘图"面板中的"直线"按钮 ╱ ,绘制一条长为 452 的水平直线。重复"直线"命令,绘制一条长为 190 的垂直直线。

（2）单击"默认"选项卡"修改"面板中的"复制"按钮 ,复制刚刚绘制好的水平直线,向上复制的距离分别为 75、140、190、340、390。重复"复制"命令,复制刚刚绘制好的垂直直线,向右复制的距离分别为 50、100、115、315、330,380,430。重复"复制"命令,重复"直线"命令,取水平直线的中点绘制一条长为 200 的垂直直线。复制 200 长的直线,向右复制的距离分别为 60.5,114.5,向左复制的距离分别为 60.5、110.5。

（3）把标注尺寸图层设置为当前图层。单击"默认"选项卡"注释"面板中的"线性"按钮 ┝━┥ ,标注直线尺寸。

（4）单击"注释"选项卡"标注"面板中的"连续"按钮 ，进行连续标注。完成的图形和尺寸如图19-12所示。

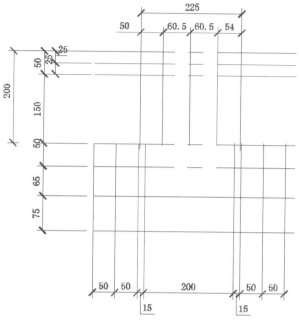

图 19-12　坐凳剖面定位轴线

2．绘制坐凳剖面图轮廓

（1）把轮廓线图层设置为当前图层。单击"默认"选项卡"绘图"面板中的"直线"按钮 ，绘制剖面直线。

（2）单击"默认"选项卡"绘图"面板中的"多段线"按钮 ，绘制地面线。输入 w 来确定多段线的宽度为5，绘制地面线。

（3）单击"默认"选项卡"修改"面板中的"圆角"按钮 ，倒角轮廓转角，倒角的半径为10。

（4）把标注尺寸图层设置为当前图层。单击"默认"选项卡"注释"面板中的"线性"按钮 ，标注直线尺寸。

（5）单击"注释"选项卡"标注"面板中的"连续"按钮 ，进行连续标注。完成的图形和尺寸如图19-13（a）所示。

（6）把轮廓线图层设置为当前图层。单击"默认"选项卡"绘图"面板中的"多段线"按钮 ，绘制地面线。输入 w 来确定多段线的宽度为5。绘制螺栓。完成的图形和尺寸如图19-13（b）所示。

（7）单击"默认"选项卡"修改"面板中的"删除"按钮 ，删除定位轴线。完成的图形如图19-14（a）所示。

（8）单击"默认"选项卡"绘图"面板中的"图案填充"按钮 ，填充坐凳基础。依次选择如下。

① 自定义"石料－12"图例，填充比例和角度分别为500和45。

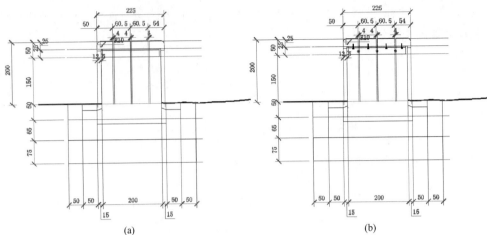

图 19-13　坐凳剖面图绘制(一)

② 自定义"混凝土 3"图例,填充比例和角度分别为 5 和 0。

③ 自定义"混凝土 1"图例,填充比例和角度分别为 0.1 和 45。

④ 预定义"ANSI33"图例,填充比例和角度分别为 10 和 0。

⑤ 预定义"GOST-WOOD"图例,填充比例和角度分别为 5 和 315。

完成的图形如图 19-14(b)所示。

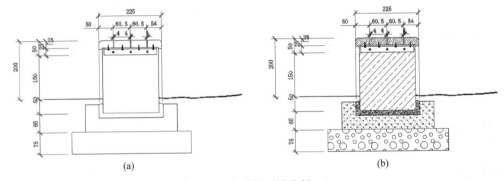

图 19-14　坐凳剖面图绘制(二)

(9) 单击"默认"选项卡"注释"面板中的"多行文字"按钮 **A**,标注文字和图名。完成的图形如图 19-15 所示。

19.2.5　绘制凳脚及红砖镶边大样

操作步骤

1. 绘制凳脚及红砖镶边大样定位线

(1) 把中心线图层设置为当前图层。单击"默认"选项卡"绘图"面板中的"直线"按钮 ╱,绘制一条长为 1925 的水平直线。重复"直线"命令,取其端点绘制一条长为 1925 的垂直直线。

(2) 单击"默认"选项卡"修改"面板中的"复制"按钮 ,复制刚刚绘制好的水平直

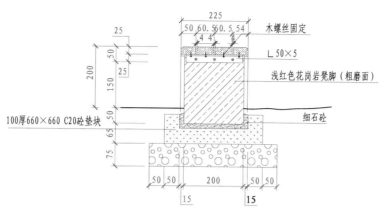

1—1 坐凳剖面图　1:10

图 19-15　坐凳剖面图绘制(三)

线,向上复制的距离分别为 100、300、912.5、1012.5、1625、1825、1925。重复"复制"命令,复制刚刚绘制好的垂直直线,向右复制的距离分别为 100、300、912.5、1012.5、1625、1825、1925。

(3)把标注尺寸图层设置为当前图层。单击"默认"选项卡"注释"面板中的"线性"按钮 ⊢⊣,标注直线尺寸。

(4)单击"注释"选项卡"标注"面板中的"连续"按钮 ⊢⊢,进行连续标注。完成的图形和尺寸如图 19-16 所示。

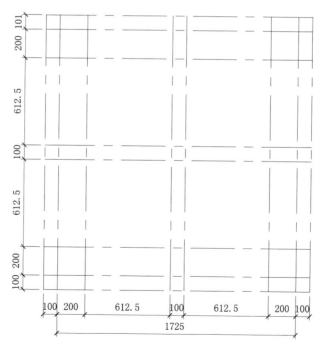

图 19-16　凳脚及红砖镶边大样定位轴线

2．绘制凳脚及红砖镶边大样轮廓

（1）把轮廓线图层设置为当前图层。单击"默认"选项卡"绘图"面板中的"矩形"按钮 ⬜，绘制 200×200、200×100、100×200、1925×1925 的矩形。完成的图形如图 19-17（a）所示。

（2）单击"默认"选项卡"修改"面板中的"偏移"按钮 ⊂，把最外围的矩形向内偏移 120、240、300。

（3）单击"默认"选项卡"绘图"面板中的"直线"按钮 ╱，连接对角线。

（4）单击"默认"选项卡"绘图"面板中的"圆弧"按钮 ⌒，绘制陶粒。完成的图形如图 19-17（b）所示。

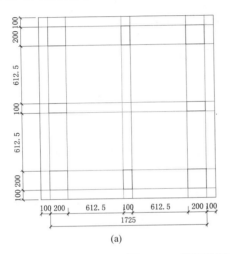

(a)

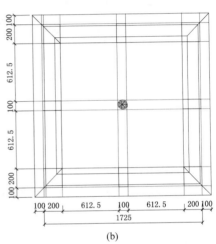

(b)

图 19-17　凳脚及红砖镶边大样绘制流程（一）

（5）单击"默认"选项卡"修改"面板中的"删除"按钮 ✐，删除多余的定位轴线。

（6）单击"默认"选项卡"绘图"面板中的"直线"按钮 ╱，在外围矩形的交点绘制 2 条长为 300 的水平和垂直的直线。

（7）单击"默认"选项卡"修改"面板中的"矩形阵列"按钮 ▦，选择绘制的水平直线 为阵列对象，设置阵列行数 64。列数为 1，行间距为 3。选择垂直直线为阵列对象，设置阵列行数为 1、列数为 64，列间距为 30。

（8）单击"默认"选项卡"修改"面板中的"镜像"按钮 ⚠，镜像上一步的阵列部分。 完成的图形如图 19-18（a）所示。

（9）单击"默认"选项卡"修改"面板中的"修剪"按钮 ✂，框选剪切多余的实体。完成的图形如图 19-18（b）所示。

（10）单击"默认"选项卡"绘图"面板中的"图案填充"按钮 ▨，选择"ANSI33"的填充图案，填充比例设置为 4，填充基础。完成的图形如图 19-19（a）所示。

（11）单击"默认"选项卡"注释"面板中的"多行文字"按钮 Ａ，标注文字和图名，完成坐凳的绘制，完成的图形如图 19-19（b）所示。

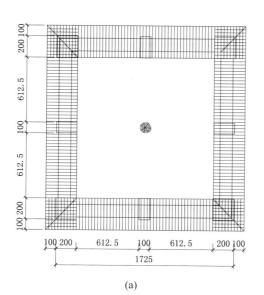

(a)

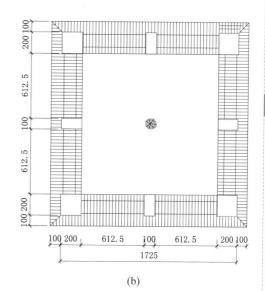

(b)

图 19-18　凳脚及红砖镶边大样绘制流程(二)

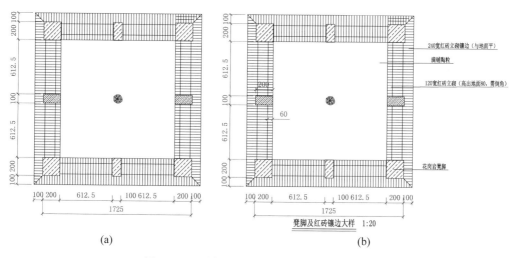

(a)

240宽红砖立砌镶边（与地面平）

满铺陶粒

120宽红砖立砌(高出地面80，需倒角)

60

花岗岩凳脚

凳脚及红砖镶边大样　1:20

(b)

图 19-19　凳脚及红砖镶边大样绘制流程(三)

19.3　垃圾箱绘制

19.3.1　前期准备及绘图设置

绘制思路

绘制垃圾箱平面图；绘制垃圾箱立面图。结果如图 19-20 所示。

19-6

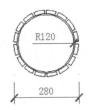

木制垃圾箱平面图　　　　　　　木制垃圾箱平面图

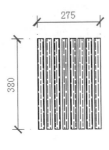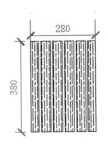

木制垃圾箱立面图　　　　　　　木制垃圾箱立面图

图 19-20　垃圾箱效果图

　操作步骤

1. 确定绘图比例

根据需绘制图形确定绘图的比例,建议采用 1∶1 的比例绘制。

2. 建立新文件

打开 AutoCAD 2020 应用程序,以"A4.dwt"样板文件为模板,建立新文件,将新文件命名为"垃圾箱.dwg"并保存。

3. 设置图层

设置以下 4 个图层:"标注尺寸""中心线""轮廓线"和"文字",把这些图层设置成不同的颜色,使图纸上表示得更加清晰,将"轮廓线"图层设置为当前图层。

4. 标注样式的设置

根据绘图比例设置标注样式,对标注样式线、符号和箭头、文字、主单位进行设置,具体如下。

　➢ 线:超出尺寸线为 25,起点偏移量为 30。

　➢ 符号和箭头:第一个为建筑标记,箭头大小为 30,圆心标记为标记 15。

　➢ 文字:文字高度为 30,文字位置为垂直上,从尺寸线偏移为 15,文字对齐为 ISO 标准。

　➢ 主单位:精度为 0.0,比例因子为 1。

5. 文字样式的设置

单击"默认"选项卡"注释"面板中的"文字样式"按钮 **A**，打开"文字样式"对话框。选择仿宋字体，宽度因子设置为 0.8。

19.3.2 绘制垃圾箱平面图

 操作步骤

（1）在状态栏中，单击"正交"按钮 └─，打开正交模式。在状态栏中，单击"对象捕捉"按钮 ⬚，打开对象捕捉模式。

（2）单击"默认"选项卡"绘图"面板中的"圆"按钮 ⊙，绘制同心圆，圆的半径分别为 140、125、120。

（3）把标注尺寸图层设置为当前图层。单击"默认"选项卡"注释"面板中的"半径"按钮 △，标注外形尺寸。完成的图形如图 19-21(a)所示。

（4）单击"默认"选项卡"绘图"面板中的"直线"按钮 ╱，在半径为 140、125 之间使用直线绘制两条直线。完成的图形如图 19-21(b)所示。

（5）单击"默认"选项卡"修改"面板中的"修剪"按钮 ✂，删除最外部圆多余部分。完成的图形如图 19-21(c)所示。

（6）单击"默认"选项卡"修改"面板中的"环形阵列"按钮 ⚙，弹出"阵列"对话框。阵列的设置为环形阵列，中心点为同心圆的圆心，项目总数为 16，填充角度为 360，选择外围装饰部分为阵列对象。完成的图形如图 19-21(d)所示。

（7）把文字图层设置为当前图层。单击"默认"选项卡"注释"面板中的"多行文字"按钮 **A**，标注文字。结果如图 19-21(e)所示。

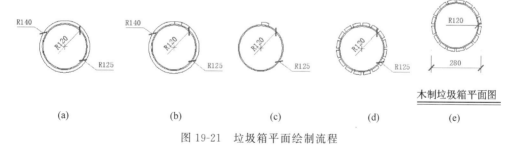

| (a) | (b) | (c) | (d) | (e) |

木制垃圾箱平面图

图 19-21 垃圾箱平面绘制流程

19.3.3 绘制垃圾箱立面图

 操作步骤

（1）把轮廓线图层设置为当前图层。单击"默认"选项卡"绘图"面板中的"矩形"按钮 ▭，绘制 280×380 的矩形。

（2）把中心线图层设置为当前图层。单击"默认"选项卡"绘图"面板中的"直线"按钮 ╱，取其 280 边的中点绘制垂直直线。完成的图形如图 19-22(a)所示。

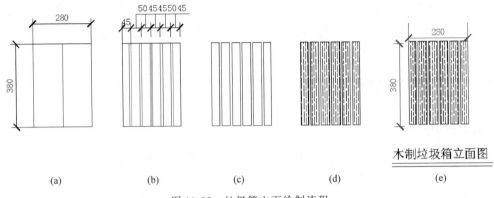

木制垃圾箱立面图

(a)　　　　　(b)　　　　　(c)　　　　　(d)　　　　　(e)

图 19-22　垃圾箱立面绘制流程

（3）单击"默认"选项卡"修改"面板中的"复制"按钮 ⬚⬚ ，复制刚刚绘制好的竖向线，向右复制的距离分别为 5、45、55、95、105，向左复制的距离分别为 5、45、55、95、105。

（4）把标注尺寸图层设置为当前图层。单击"默认"选项卡"注释"面板中的"线性"按钮 ⊢⊣ ，标注直线尺寸。

（5）单击"注释"选项卡"标注"面板中的"连续"按钮 ⊦⊦⊦ ，进行连续标注。复制尺寸和完成的图形如图 19-22(b)所示。

（6）单击"默认"选项卡"绘图"面板中的"矩形"按钮 ▢ ，绘制矩形。

（7）单击"默认"选项卡"修改"面板中的"删除"按钮 ✐ ，删除多余的直线。完成的图形如图 19-22(c)所示。

（8）单击"默认"选项卡"绘图"面板中的"图案填充"按钮 ▨ ，选择"GOST-WOOD"图例进行填充，填充比例和角度分别为 5 和 0，填充矩形。完成的图形如图 19-22(d)所示。

（9）把文字图层设置为当前图层。单击"默认"选项卡"注释"面板中的"多行文字"按钮 **A** ，标注文字和图名。结果如图 19-22(e)所示。

（10）把标注尺寸图层设置为当前图层。单击"默认"选项卡"注释"面板中的"线性"按钮 ⊢⊣ ，标注直线尺寸，如图 19-22(e)所示。

19.4　铺装大样绘制

绘制思路

使用阵列命令绘制网格；使用填充命令填充铺装区域；使用多行文字命令标注文字，保存铺装大样。结果如图 19-23 所示。

19.4.1　前期准备及绘图设置

　操作步骤

1．确定绘图比例

根据需绘制图形确定绘图的比例，建议采用 1∶1 的比例绘制，1∶50 的比例出图。

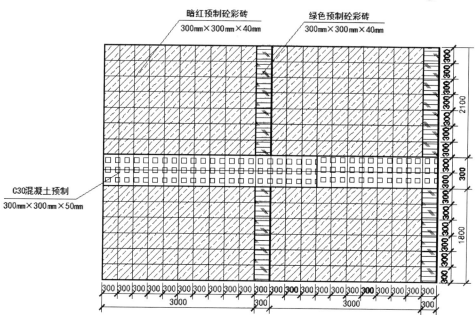

图 19-23　铺装大样

2．建立新文件

打开 AutoCAD 2020 应用程序，以"A3.dwt"样板文件为模板，建立新文件，将新文件命名为"铺装大样.dwg"并保存。

3．设置图层

设置以下 4 个图层："标注尺寸""材料""铺装"和"文字"，将"铺装"图层设置为当前图层。设置好的图层参数如图 19-24 所示。

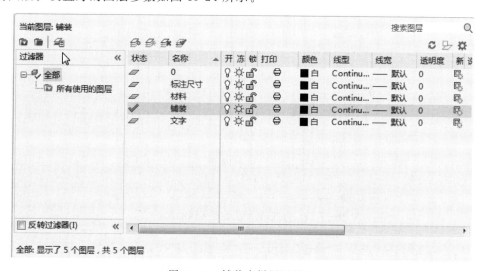

图 19-24　铺装大样图层设置

4．标注样式的设置

根据绘图比例设置标注样式，对标注样式线、符号和箭头、文字、主单位进行设置，具体如下。

- 线：超出尺寸线为125，起点偏移量为150。
- 符号和箭头：第一个为建筑标记，箭头大小为150，圆心标记为标记75。
- 文字：文字高度为150，文字位置为垂直上，从尺寸线偏移为75，文字对齐为ISO标准。
- 主单位：精度为0，比例因子为1。

5．文字样式的设置

单击"默认"选项卡"注释"面板中的"文字样式"按钮 A，打开"文字样式"对话框。选择仿宋字体，宽度因子设置为0.8。

19.4.2 绘制直线段人行道

操作步骤

（1）在状态栏中，单击"正交"按钮 ，打开正交模式。在状态栏中，单击"对象捕捉"按钮 ，打开对象捕捉模式。在状态栏中，单击"对象捕捉追踪"按钮 ，打开对象捕捉追踪。

（2）单击"默认"选项卡"绘图"面板中的"直线"按钮 ，绘制一条长为6600的水平直线。重复"直线"命令，绘制一条长为4500的垂直直线。使用直线命令绘制正交的直线，水平的长为6600，垂直的长为4500。

（3）复制垂直直线。单击"默认"选项卡"修改"面板中的"矩形阵列"按钮 ，选择垂直直线为阵列对象，设置行数为1、列数为23，列间距为300。

（4）把标注尺寸图层设置为当前图层。单击"默认"选项卡"注释"面板中的"线性"按钮 ，标注外形尺寸。完成的图形如图19-25所示。

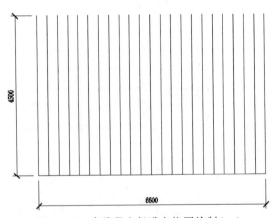

图 19-25 直线段人行道方格网绘制（一）

（5）单击"默认"选项卡"修改"面板中的"矩形阵列"按钮 ，选择水平直线为阵列对象。设置行数为16、列数为1，行间距为300。结果如图19-26所示。

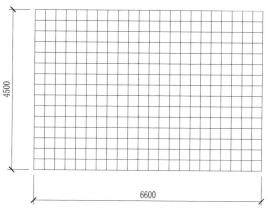

图 19-26　直线段人行道方格网绘制(二)

（6）把材料图层设置为当前图层。多次单击"默认"选项卡"绘图"面板中的"图案填充"按钮 ▨,填充铺装。依次选择如下：

① 预定义"ANSI33"图例,填充比例和角度分别为 15 和 0。

② 预定义"CORK"图例,填充比例和角度分别为 15 和 0。

③ 预定义"SQUARE"图例,填充比例和角度分别为 15 和 0。

填充完的图形如图 19-27(a)所示。

（7）把铺装图层设置为当前图层。单击"默认"选项卡"绘图"面板中的"多段线"按钮 ⁀⁀,设置起点宽度为 15,端点宽度为 15,加粗铺装分隔区域。

（8）把标注尺寸图层设置为当前图层。单击"默认"选项卡"注释"面板中的"线性"按钮 ⊢⊣,标注外形尺寸。

（9）单击"注释"选项卡"标注"面板中的"连续"按钮 ⊩⊩ ,进行连续标注。完成的图形如图 19-27(b)所示。

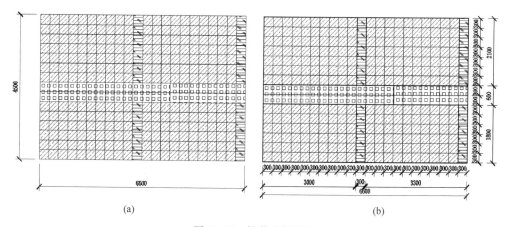

(a)　　　　　　　　　　　　　　　　　(b)

图 19-27　铺装大样绘制

（10）把文字图层设置为当前图层。单击"默认"选项卡"注释"面板中的"多行文字"按钮 **A** ,标注文字和图名。完成的图形如图 19-23 所示。

二维码索引

Note